작은 거인

작은 거인 The Middle Power's COIN
중견국가 한국의 안정화작전 성공 메커니즘

2017년 9월 15일 초판 인쇄
2017년 9월 20일 초판 발행

지은이 | 반길주
펴낸이 | 이찬규
펴낸곳 | 북코리아
등록번호 | 제03-01240호
주소 | 13209 경기도 성남시 중원구 사기막골로 45번길 14
　　　　우림 2차 A동 1007호
전화 | 02-704-7840
팩스 | 02-704-7848
이메일 | sunhaksa@korea.com
홈페이지 | www.북코리아.kr
ISBN | 978-89-6324-570-6 (93390)

값 22,000원

작은 거인

반길주 지음

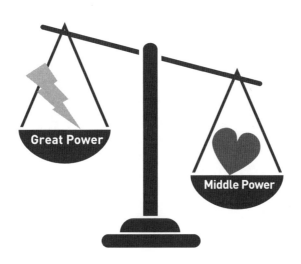

북코리아

프롤로그[*]

거인(골리앗)과 소인(다윗)이 싸우면 누가 이길까? 그렇다면 '작은 거인'과 소인이 싸우면 어떨까? 모든 전쟁 혹은 전투에서 물리적 힘이 강한 쪽이 반드시 승리할까? 2차 세계대전이나 6·25 전쟁 등 재래식 전쟁에서는 막강한 군사력, 즉 물리적 군사력을 보유한 진영이 승리했다. 이처럼 군사적 대결에서 힘이 센 거인은 힘이 약한 적을 쉽게 제압하는 것이 일반적이다. 그렇다면 힘이 센 거인의 상대가 국가 정규군이 아니라 국적이 모호한 비국가행위자(non-state actors)라면 어떨까? 이 경우에 답은 달라질 수 있다. 거인이 힘이 세다고 비국가행위자인 소인을 쉽게 이길 수는 없다. 킹콩이 코끼리와 싸우면 이길지 몰라도 모기와 싸워서 이기는 것은 어렵다. 군사임무도 마찬가지다. 대표적인 것이 바로 대게릴라/안정화작전(COIN: Counterinsurgency)이다. COIN 작전의 경우에 '거인'보다는 '작은 거인'이 소인인 게릴라를 상대하는 데 유리할 수 있다. '작은 거인'은 탄탄한 군사조직을 보유하고 있으면서 동시에 소인처럼 민첩하게 소규모 전투도 가능하며 소인 주위에 함께 사는 주민들에게 손을 내미는 것이 유리하기 때문이다. 특히 '작은 거인'은 물리적 자산뿐만 아니라 임무전장에서 유리하게 작용되는 사회적 자산도 있

---

[*] 본서는 정치학 박사논문(미 애리조나 주립대)을 번역·각색·보완하고 추가연구를 거쳐 출간된 것이다. 박사논문은 내용을 간략히 요약하여 영문으로 학술저널(『STRATEGY 21』 15, no. 1(2012))에 게재되기도 하였다. 본서는 논문 전체 내용을 한글로 번역하고 또한 최근의 정세를 반영하여 보완하고 추가연구를 거쳐 출간하게 되었다.

어 COIN 작전에서 '거인'보다 강한 모습을 보인다. 이 '작은 거인'은 국가로 분류하면 중견국(a middle power)에 해당한다.

한국은 세계 속에서 그 위상을 점점 높여 가고 있는 중견국이다. 한국은 강대국에 비해 덩치는 조금 작을지 몰라도 그 능력은 출중하고 옹골차며 나아가 할 수 있는 역할이 많다는 의미에서 '작은 거인'이라 불릴 만하다. 더욱이 강대국이 어려워하는 임무인 대게릴라/안정화작전에서 그 역할을 제대로 수행하며 한국이 '작은 거인'임을 입증하였다. 바로 베트남과 이라크 전장에서 말이다. 따라서 이 두 사례에 대한 역사적 사례를 COIN의 관점에서 추적하는 것은 한국의 국가안보, 나아가 국제안보 측면에서도 많은 시사점을 제공한다.

국제안보 차원에서 왜 이 비전통적 군사임무가 중요할까? 냉전기 미국과 소련이라는 두 거인이 주도하던 국제정치 무대에서 소련이 사라지면서 유일한 거인인 미국만 남게 되었다. 국제무대에서 가장 큰 거인인 미국의 막강한 국방력과 경제력 앞에 소련은 무릎을 꿇었다. 1991년 냉전의 종식으로 국제안보에 대한 기대감은 매우 높았다. 국제정치에서 안보 문제가 더 이상 주 이슈가 되지 않을 것이란 예측마저 있었다. 하지만 10년의 잠복기가 지나자마자 냉전 시기와는 전혀 다른 위협인 비국가행위자가 국제무대에서 안보위해를 가하기 시작했다. 대표적인 것이 2001년 알카에다(Al-Qaeda)가 미 본토를 공격한 9·11 테러다. 이 사건으로 인해 알카에다의 국제적 위상은 급상승하였고 국제안정은 급하강하였다.

9·11 테러는 거인 미국을 중동 지역에서 15년 이상 비전통적 전쟁(unconventional war)을 치러야 하는 소용돌이로 내몰았다. 이 전쟁은 전통적 군사력만으로는 이길 수 없는 힘든 싸움이었다. 적을 소탕하는 것이 쉽지 않았고 어렵게 소탕해도 또 다른 테러분자가 양성되어 전장으로 달려가는 상황이 반복되었다. 9·11 테러에 대한 보복 성격으로 시작된 아프가니스탄 전쟁 및 이라크 전쟁에서 세계 패권국 미국은 작고 초라한 무기를 갖고 덤비

는 게릴라에게 속수무책일 정도로 무기력한 모습을 보이며 대게릴라/안정화작전이라는 깊이를 알 수 없는 늪에 빠지고 만 것이다.** 알카에다의 전면 등장으로 비전통적 전쟁이 국제안보에서 중요한 메커니즘으로 인식된 후 10년이 지난 2011년, 알카에다의 수장인 오사마 빈라덴이 미군의 '넵튠 스피어 작전(Operation Neptune Spear)'으로 사살되었다. 이로써 국제안보 무대에서 비국가행위자와의 싸움은 소강될 것으로 기대했다.

하지만 2001년 알카에다에서 시작된 비국가행위자들의 안보파괴행위가 지역안보를 넘어 이제 전 세계의 안보를 위협하고 있다. 무장테러단체의 급속한 확산은 이제 국제안보의 불확실성에서 가장 큰 변수로 구조화되는 양상이다. 오사마 빈라덴의 사살로 잠시 위축되었던 알카에다는 예멘을 거점으로 알카에다 아라비안 반도 지부(AQAP)의 전면 등장으로 그 영향력을 넓히기 시작했다. 나이지리아에서 주로 활동하던 보코하람(Boko Haram)은 서양식 교육을 죄악이라 여기며 무자비한 테러를 자행하고 있고 결국 유엔은 2014년 이 단체를 알카에다와 연계한 테러단체로 규정하였다. 예멘에서는 시아파 무장단체인 후티(Houthis)가 정부군을 압박하며 그 세력을 확산하고 있다. 더욱이 중동 지역에서 현재의 국경을 초월하는 이슬람 국가 건설을 추구하는 이슬람 국가(ISIL: Islamic State of Iraq and the Levant, 줄여서 IS)도 그 테러의 잔혹성이 더욱 심해지고 있다. IS에 대항하는 연합군이 아직도 국제안보를 위해 활동하고 있는 것에서 보듯이 IS는 단순한 국지적 안보이슈가 아니다.

2차 세계대전과 냉전에서 승리한 미국이라는 국제정치 역사상 가장 큰 거인이 국가도 아닌 작은 게릴라 단체인 소인을 이기지 못하고 제2의 베트남 전쟁의 늪에 빠졌다는 오명까지 입고 있다. 테러와의 전쟁에서 적군인

** Counterinsurgency(COIN)는 본질적으로 임무지역에서 게릴라가 폭탄, 미사일, 소병기 등을 사용하여 임무군을 군사적으로 공격하고 임무지역 주민을 무기로 위협하는 측면과 주민들의 안보를 챙기고 그들에게 삶의 인프라를 제공하는 안정화라는 측면 모두가 공존한다. 즉 COIN 임무에는 게릴라와의 전투와 지역 안정화라는 임무가 공존하는 셈이다. 따라서 본 책에서는 COIN을 대게릴라/안정화작전으로 번역하여 사용한다.

알카에다만 없어진다고 문제가 해결되는 것도 아니다. 제2, 3의 새로운 알카에다 전사들이 지속적으로 양성되기 때문이다. 앞서 언급한 것처럼 현재 알카에다는 힘을 잃었지만 IS라는 후계자가 양성되어 현재 이라크에서 세력을 확장하고 있고 아프가니스탄에서도 게릴라 활동을 멈추지 않고 있다. 또한 ISIS(Islamic State of Iraq and Syria)란 명칭이 주목을 받을 정도로 시리아 내전까지 깊숙이 관여하면서 국제안보 질서를 다시 흔들고 있는 등 국제 게릴라 문제가 심각한 안보이슈로 남아 있다.

국제안보 문제의 해결사처럼 보였던 거인이 왜 이 '작은 전쟁(small wars)'을 해결하지 못하는 것일까? 비국가행위자와의 전쟁은 전통적 전쟁과 무엇이 다른 것인가? 역사적으로 거인이었던 영국, 소련, 미국 등 거인이 이를 해결하지 못했다면 다른 국가들이 해결사로 나설 수 없을까? 중견국가(a middle power)인 대한민국이 베트남과 이라크에서 수행한 COIN 임무 사례가 이에 대한 해답을 제공할 수 있다. 한국군은 이 두 전장에서 임무를 완수하며 '작은 거인'으로서 역할을 해냈다. 비결은 무엇이었을까? 이에 대한 해답을 추적하는 것은 국제무대에서 점차 능동적 행위자가 되고 있는 한국이 국제안보에서 보다 주도적인 역할을 수행하기 위해서 매우 중요하다. 나아가 비전통적 전쟁의 메커니즘은 통일 과정에서 한반도에서 나타날 수 있는 개연성이 매우 높기에 더욱 중요할 수밖에 없다.

대게릴라/안정화작전은 첫 단추를 제대로 맞추지 못하면 되돌릴 수 없는 블랙홀로 빠진다는 특징이 있다. 우선 전쟁수행 기간 측면에서 큰 차이가 난다. 대게릴라/안정화작전과 같은 비정규전은 재래식 전쟁에 비해 막대한 임무기간이 요구된다. 정규전은 하나의 정규집단이 눈앞에 쉽게 보이는 다른 정규집단을 파괴하거나 제압하여 특정 지역을 점령하면 승리하기 때문에 전투기간이 길지 않을 수 있다. 이스라엘 정규군은 1967년 6월 5일에서 10일까지 치른 '6일 전쟁'에서 이집트, 요르단, 아랍, 시리아 등 아랍 정규군을 빠른 템포로 무력화하고 재래식 전쟁에서 승리한 후 지역 강국으로 등장했다. 이스라엘이 단 6일 간의 전쟁을 통해 지역 군사구도를 재편하고 안보주도국으로서 지역을 평정한 결과 그 이후 이스라엘군과 아랍 정규군과의 정규전이 발생하지 않았다. 또한 미군은 2003년 3월 이라크 전쟁에서 단지 20일 만에 이라크 정규군을 와해시키고 이라크 수도 바그다드를 점령한 후 후세인 정권을 축출한다. 그리고 전쟁개시 2달도 안 된 시점인 2003년 5월 부시 대통령은 '주요 전투작전 승리'를 선언한다.

반면 비정규전, 분란전 등 비전통적 전투는 '시작은 쉬워도 끝이 보이지 않는' 임무인 경우가 많다. 게릴라, 테러리스트 등 비국가행위자인 저항세력은 눈에 쉽게 띄지도 않고 지역주민이 거주하는 마을에 함께 거주하는 경우도 있어 그들을 분리해 내기가 어렵다. 마을에 없어도 수색이 어려운 산악지대나 정글에 진지를 구축하고 있어 정규군의 접근성도 떨어진다. 6일 만에 재래식 전투에서 승리하여 중동 지역 강국으로 부상한 이스라엘도 이 전쟁 후 본격적으로 시작된 저항세력과의 비정규전은 50년이 된 지금까지 끝내지 못하고 있다. 마찬가지로 이라크 전쟁을 개시한 후 2달도 안 되어 이라크 정규군을 무력화시킨 후 '주요 전투작전 승리'를 선포한 미국도 대게릴라/안정화작전에 막대한 인원과 자산을 투입하여 15년에 가까운 기간 동안 임무를 수행하면서도 승리하지 못하고 이라크 전장이라는 긴 터널에서 여전히 허덕이고 있다.

또한 대게릴라/안정화작전은 군사력의 메커니즘이 다르게 작동한다. 전통적 전쟁에서는 A 고지를 점령하지 못하면 B 고지를 점령한 후 전투력을 복원하여 추후에 A 고지도 확보하면 된다. 하지만 대게릴라/안정화작전에서는 물리적 군사력 이외의 메커니즘이 작동한다. 임무를 시작하는 첫 시점에 지역주민의 마음을 얻지 못하면 그들은 쉽게 게릴라군에 합류하여 임무군의 적군이 되어 버린다. 그들이 당한 치욕과 희생당한 그들의 가족에 대한 분개로 마음이 떠난 주민을 임무군 편으로 다시 되돌리기는 거의 불가능하다. 하지만 첫 단추를 잘 맞추면 주민의 마음을 얻는 것이 가능하다. 게릴라의 마음을 얻는 것은 힘들더라도 주민의 마음을 얻는 것은 가능하다. 마음을 얻기 위해서는 무기를 잘 다루는 것보다 문화를 잘 이해하는 것이 중요하다. 포탄을 잘 다루는 군사지식보다 임무지역의 사람을 잘 이해하여 그에 맞는 처방(remedies)을 내리는 지혜가 더 중요하다. 군사적 요소 외에도 정치적, 경제적, 문화적, 사회적 요소 등 비군사적 메커니즘도 가동하는 것이다. 덩치는 작아도 지혜는 큰 사람, 즉 '작은 거인'이 이 독특한 전투에 유리하다.

　끝이 보이지 않는 비전통적 전쟁과 테러단체의 과격한 행동으로 인해 안보 및 군사 전문가는 대게릴라/안정화작전을 일회성 임무로 보지 않고 새로운 형태의 주요 안보임무로 여기고 있다. 이러한 국제안보 상황에서 국제무대에서 일정 역할을 해야만 하는 중견국가 한국도 먼 산 바라볼 수만은 없는 처지에 있다. 2015년 4월 12일에 IS 이슬람 지부는 리비아 한국 대사관을 습격하여 대사관 경비를 하던 현지인 2명이 피살되었다. 변방의 테러단체가 한국을 공격한 셈이다. 이처럼 국제안보 환경이 비국가행위자의 활동반경을 넓혀 놓았으며 이런 행태는 전 세계적으로 확산되고 있다. 비전통적 전쟁의 확산은 한반도까지 영향을 미칠 가능성이 높으며 특히 갑작스런 북한 체제 붕괴는 이런 비국가행위자의 전면 등장 상황을 만들어 낼 것이다.

　이런 특수한 임무는 강대국들도 다루기 힘들다는 점에서 문제의 심각성이 크다. 하지만 강대국이 하지 못한 임무를 중견국가가 더 잘할 수 있는 측면이 있다. 임무 메커니즘이 다르다는 것에 그 해답이 있다. 힘과 테크놀로지의 대결인 전통적 전쟁과 달리 대게릴라/안정화작전은 사람과 사람의 대결이기 때문이다. 사람의 대결이기에 먹고사는 문제, 심리적인 차원 등이 중요한 변수로 등장한다. 이런 변수를 풀어내는 데 중견국이 강대국보다 유리할 수 있다. 한국은 베트남과 이라크에서 거인 미국보다 해결사로 그 역할을 잘 해냈다. 강대국 주도하에 진행된 대게릴라/안정화작전이었기에 한국의 임무는 전략적으로 성공하지는 못했지만 한국군의 책임하에 있는 임무지역에서 전술적 성공을 거둔 것은 부인할 수 없다. 나아가 한국군의 전술적 성공을 제대로 이해하면 이를 전략적 성공으로 연계하는 통찰력도 제공할 수 있다는 점도 주목해야 한다.

Part I "퍼즐 찾기"에서는 국제안보의 중요한 이슈로 선점하고 있는 대게릴라/안정화작전에 대한 통찰력을 제공하기 위해 이 분석에 필요한 핵심 퍼즐을 찾는다. 특히 강대국들이 대게릴라/안정화작전에 빈번히 실패한 사례를 간략히 짚어 보고 그 원인을 스케치한다. 이어 강대국이 실패한 대게릴라/안정화작전에서 한국이 어떻게 성공했는지에 질문을 던지며 성공비결에 대한 메커니즘을 연역적 사고를 바탕으로 추론한다.

Part II "해답 찾기"에서는 문헌연구를 통해 전통적 전투와 비전통적 전투인 대게릴라/안정화작전과의 차이점을 식별해 낸다. 두 정규군 간의 직접적 대결인 전통적 전투와 달리 대게릴라/안정화작전에는 정규군과 게릴라라는 군사적 행위자 외에 정규군의 국민과 임무지역의 주민이라는 행위자가 임무성공 여부에 크게 영향을 미친다. 특히 상기 4개 행위자의 복합적인 상호작용이 임무성공에 영향을 미치는 상황에 주목한다. 나아가 문헌연구를 통해 대게릴라/안정화작전의 2개 임무방식—'적 중심적 접근'과 '주민 중심적 접근'—을 도출한다. 현재 문헌연구가 '결과 중심적'이라는 단점에 대한 보완책으로 '과정 중심적' 접근법의 필요성을 제시한다. 또한 COIN 문헌이 강대국 중심으로 연구가 진행됨에 따라 비강대국을 상징적 행위자로 하락시킨 문제점도 지적한다. 더불어 한국군의 베트남과 이라크 대게릴라/안정화작전 사례 분석의 틀을 제시하며 상기 2개 접근법을 통합한 방식의 효과성을 타진한다. 특히 '적응비용(adaptation costs)'의 중요성에 기반하여 3개의 가설을 제시한다. 사례 분석 방법으로는 '과정추적(process tracing)'을 사용한다.

Part III "베트남 사례 추적"에서는 구상한 이론적 틀을 활용하여 한국군의 베트남 임무 사례를 추적한다. 한국이 참전한 베트남 전쟁을 개관한 후 세부분석을 통해 종속변수인 임무성공 여부를 확인한다. 또한 임무성공을 위한 의지와 능력의 구비 여부에 대한 분석을 통해 한국군이 베트남 전장에 적합한 최적의 방식—先 적 중심적 접근, 後 주민 중심적 접근—을 채택하는 과정을 추적한다. 나아가 '사기'와 같은 의지요소가 능력으로 전환되는 과정을 분석하고 유교와 같은 사회-문화적 요소가 임무성공에 어떻게 영향을 미쳤는지 살펴본다.

Part IV "이라크 사례 추적"에서는 한국군이 이라크 전쟁에 참전하게 된 배경을 살펴본 후 대게릴라/안정화작전 성공 비결을 추적한다. 이라크 전장에서는 베트남 전장과 다른 방식—주민 중심적 접근을 주로 사용하고 보조로 적 기반 접근을 적용—을 채택하여 임무에 성공하게 된 과정을 살펴본다. 더불어 공동체 문화와 같은 사회-문화적 요소가 임무성공에 어떻게 영향을 미쳤는지 분석한다.

Part V "한국, 중견국 그리고 미래안보"에서는 국제관계 이론 차원에서 중견국가 역할 확대에 대한 통찰력 제공을 통해 학문적 기여방향을 타진한다. 강대국도 성공하지 못한 대게릴라/안정화작전 임무를 중견국가인 한국이 성공한 비결의 추적은 국제정치에서 중견국가의 역할을 확대하는 데 통찰력을 제공할 수 있다. 정책적, 군사적 시사점으로 아시아 안보, 국제안보에서 한국군의 성공사례가 일반화되어 적용 가능함을 제시한다. 또한 통일 과정에 부각될 수 있는 한반도의 미래 안보위협을 한국이 주도적으로 다룰 수 있도록 방향을 제시한다. 이를 통해 북한 체제 붕괴 과정에서 대게릴라/안정화작전 소요 발생 시 미국, 유엔 등 외부행위자보다는 한국이 더 효과적인 행위자가 될 수 있음을 증명한다.

본 책이 국제무대에서 그 위상을 확대하고 있는 '작은 거인' 한국이 국제안보를 위해 더 큰 역할을 하는 데 작지만 의미 있는 통찰력을 제공해 주길 바란다. 나아가 통일 과정에서 한국이 주도하여 북한 지역을 안정화시키고 통일한국의 당당한 주역이 되도록 대게릴라/안정화작전의 가이드라인을 제시하는 데도 조금이나마 기여하길 기대해 본다. 또한 다소 관심이 부족한 해상게릴라 대비임무에 대해서도 관심을 갖는 계기가 되길 바란다.

'작은 거인' 이순신 제독을 머릿속에 그리며
반길주

CONTENTS

PART IV 사례 추적 II: 한국군의 이라크 COIN

PART V 한국, 중견국가 그리고 미래안보

PART I

퍼즐 찾기: 작은 거인 한국의 성공 스케치

제1장

터널 속의 전투: 끝이 보이지 않는 강대국의 안정화작전

전쟁은 두 집단이 물리적 군사력을 주로 동원하여 싸우는 물리적 충돌 성격의 행위이다. 이와 같은 물리적 싸움에서 덩치가 크고 힘이 센 거인인 강대국이 주로 전장의 승리자가 되어 왔다. 역사적으로 전쟁에서 이긴 국가는 강대국이 되었고 이 강대국은 또 다른 전쟁에서 승리함으로써 강대국으로서의 지위를 유지하여 왔다. 강대국이 전쟁에서 승리를 하는 근본적 이유는 막강한 군사력과 이 군사력이 지속 유지될 수 있게 해 주는 부유한 경제력 때문이다. 강대국이 수행하는 전투는 이 강력한 물질적 자산으로 끝이 보이는 전투를 한다. 세계 최초의 자본주의 국가인 영국은 19세기에 바로 이 자본주의를 통해 막대한 부를 축적하고 막강한 군사력을 키워 전투에 승리하여 세계를 지배하였다. 이를 통해 영국은 20세기 초까지 패권국, 아니 제국으로서 지위를 누렸다. 19세기에 부를 축적하고 군사력을 키운 프랑스도 강대국으로서 군대를 동원하여 알제리를 점령하였고 인도차이나도 그들의 식민지로 만들었다. 강대국인 미국과 소련도 제2차 세계대전에서 승리하여 냉전 시대의 두 축으로 국제안보의 중심에서 국제질서를 주도하였다. 또한 물질적 파워에서 소련을 능가한 미국은 냉전에서 승리하여 탈냉전기에 유일한 패권국이 되었다.

하지만 국제안보 질서를 바꾸는 큰 전쟁에서 주요 행위자로 역할을 하고 승리까지 쟁취한 강대국도 '작은 전쟁(small wars)'에서는 고전을 면치 못했다. 두 상대국 정규군대의 전면대결인 큰 전쟁과 달리 국가행위자와 비국가행위자 간의 대결로 진행되는 작은 전쟁인 대게릴라/안정화작전(COIN:

Counterinsurgency)에서 강대국은 무기력한 모습을 보인 것이다. 강대국이 일단 대게릴라/안정화작전이라는 터널의 입구로 들어가면 터널의 반대쪽 출구를 찾지 못하고 헤매면서 끝이 보이지 않는 싸움에 허덕이는 것이 비일비재하다. 거인 강대국이 작은 적들이 산재한 터널 속에서 그들을 제압하기는커녕 오히려 수없이 많은 공격을 받으며 그들의 강력한 힘이 유명무실해지는 상황에 놓인 것이다.

19~20세기 세계 패권국인 영국은 북아일랜드의 대게릴라/안정화작전에서 약 100년간 고전을 면치 못했다. 영국의 지배에 불만을 품은 아일랜드는 제1차 세계대전을 기회 삼아 아일랜드 공화국군(IRA: Irish Republican Army)을 조직하였고, 남아일랜드는 1921년 독립하였으나 북아일랜드는 영국 자치령으로 잔류하면서 IRA가 무장투쟁을 벌이며 독립운동을 하였다. IRA의 게릴라 투쟁이 격화되면서 영국은 대게릴라/안정화작전이라는 긴 터널에 갇히게 되었고 1969년 IRA가 북아일랜드 공화국군(PIRA: Provisional Irish Republican Army)으로 바뀌면서 더욱 과격화되어 영국군은 지치고 긴 싸움을 해야만 했다.

유럽의 강호 프랑스도 대게릴라/안정화작전에서 고전을 면치 못했다. 1883년부터 프랑스의 식민지배를 받던 베트남은 1945년부터 프랑스를 제압한 일본의 지배를 받게 된다. 하지만 제2차 세계대전 후 프랑스군이 베트남에 들어와 다시 식민화하는 과정에서 1차 인도차이나 전쟁에 휘말리게 된다. 전쟁 초기 프랑스군은 강력한 무기와 자본을 바탕으로 베트남 게릴라를 몰아세우기도 했다. 하지만 무참히 학살되는 주민들을 보고 시민들과 농민들이 게릴라 편에 가담하며 싸우면서 프랑스군은 대게릴라/안정화작전의 늪에 빠지게 된다. 베트남 게릴라는 프랑스의 탱크에 소총으로 맞서 싸우면서도 주민들의 후원 속에 뛰어난 지략을 펼칠 수 있었다. 결국 1954년 프랑스군은 디엔비엔푸 전투에서 궤멸되고 베트남은 프랑스의 식민지 지배에서 벗어나 독립하게 된다.

프랑스는 또한 알제리에서 펼쳐진 대게릴라/안정화작전에서도 패배했다. 1954년부터 1962년까지 진행된 알제리 전쟁이 바로 그것이다. 1830년 이래 프랑스의 지배하에 있던 알제리인들이 식민지배에 불안을 품던 중 1954년 민족해방전선(FLN: Front de Libération Nationale) 주도로 전국적 규모의 무장투쟁을 벌인다. 프랑스군은 주민들의 적극 지지를 받는 FLN을 제압하는 데 실패하면서 약 8년간 어두운 터널에서 헤매다가 알제리의 독립을 승인해 주면서 전쟁을 패배자로서 끝내게 된다.

제2차 세계대전에서 승리하고 냉전 시기 국제안보 질서를 주도하던 거인 미국도 1960년부터 1975년까지 베트남 전장에서 대게릴라/안정화작전의 터널에 빠져 고전을 면치 못했다. 초기에는 북베트남(월맹)의 지원을 받는 남베트남 민족해방전선(NLF, 베트콩 집단)과 소규모 전투 수준으로 시작했지만 1964년 미국이 통킹 만 사건을 구실로 삼아 북베트남을 폭격하면서 전면전으로 확대되었다. 하지만 이 전면전의 확대는 대게릴라/안정화작전의 확대라는 결과를 낳았다. 미군은 지상군 55만 명을 파병하고 폭탄을 1만 톤이나 사용하였지만 전장을 주도하지 못하고 동남아시아조약기구(SEATO) 등 다른 국가에 참가를 요청하는 등 베트남 전쟁을 세계의 대게릴라/안정화작전으로 만들고 말았다. 베트남 주민은 미군을 해방군이 아닌 점령군으로 인식했으며 이는 대게릴라/안정화작전이라는 비전통적 전쟁의 메커니즘을 인식하지 못한 미국의 전략적 실수였다. 결국 1973년 미군은 베트남에서 철수하고 1975년 북베트남이 남베트남(월남)의 사이공을 점령하면서 공산국가 베트남으로 통일되고 말았다.

냉전기 양극체제의 하나의 축이던 강대국 소련도 아프가니스탄에서 대게릴라/안정화작전에 실패했다. 아이러니하게도 양극 시대 경쟁국가였던 미국이 베트남 전쟁에서 패배한 것을 기회로 영향력 확장을 노리던 소련도 대게릴라/안정화작전에 잘못 뛰어들었다가 터널에 갇히는 신세가 된 것이다. 소련은 1950년대부터 아프가니스탄에서 영향력을 행사하고 있었는데 이슬람 원리주의자들이 정치세력을 형성하자 이를 차단하기 위해 아프간 공산당을 지원하여 친소 정권을 탄생시켰다. 하지만 친소 정권은 수많은 사람들을 처형시켜 국민들의 원성을 사고 있었기에 이런 혼란의 틈을 타 아프가니스탄 전 지역에서 무장 게릴라 조직인 무자혜딘(Mujahideen)이 크게 영향력을 키웠다.

이에 소련은 1979년 아프가니스탄을 침공하여 무자혜딘과 1989년까지 10년간 긴 싸움을 하게 된다. 이 전쟁에서 소련군은 주민과 게릴라의 구분이 쉽지 않은 임무지역에서 싸우는 비전통적 전쟁을 간파하지 못하고 전통적 방식으로 전투에 임하면서 마을을 파괴하고 지뢰를 부설하면서 수많은 민간인 사상자를 내게 된다. 결국 주민은 소련군에 등을 완전히 돌렸고 그 결과 소련은 1989년 도망치듯 철수하게 된다. 결과적으로 소련은 아프가니스탄에서 실시한 작은 전쟁에 지고 혼란한 상황에서 2년도 되지 않아 냉전이라는 큰 전쟁에마저 패배함으로써 대게릴라/안정화작전의 잘못된 개입으로 인한 이중고를 겪은 국가가 되었다. 사실 아프간 무장세력은 1842년 아프간을 침공한 영국도 고전하게 만든 비국가 행위자였지만 소련은 이러한 역사적 교훈을 간과하였다.

이처럼 강대국들이 대게릴라/안정화작전에서 수없이 쓰라린 패배를 맛보았지만 교훈은 그들의 것이 아니었고 실패의 터널은 계속되었다. 최근까지 대게릴라/안정화작전 실패라는 오명을 이어 간 강대국은 다름 아닌 미국이었다. 먼저 미국의 아프가니스탄 전쟁은 미국으로 하여금 영국, 소련에 이어 세 번째로 현지 무장세력과의 싸움이라는 긴 터널에 빠지게 한 사건이었다. 2001년 10월 미국은 9·11 테러의 배후인 오사마 빈라덴을 보호하고 있는 아프가니스탄의 탈레반 정권에 대한 공격을 단행한다.[1] 이 공습으로 탈레반 정권은 붕괴되었지만 오사마 빈라덴이 파키스탄으로 도주하여 탈레반 잔당과 오사마 빈라덴이 파키스탄에서 게릴라전을 지휘하는 형국으로 전투가 진행되면서 전통적 전투(conventional warfare, 통상전·정규전)에서 대게릴라/안정화작전으로 전투의 메커니즘이 바뀌게 된다. 이런 전투 메커니즘의 전환은 어린이 등을 포함한 무고한 시민의 죽음으로 현지주민이 미군에 등을 돌렸기 때문에 이루어졌다. 이 결과 미국은 15년이 지난 아직도 아프가니스탄에서 게릴라와의 싸움을 끝내지 못하고 있다. 2017년 4월 미군은 아프가니스탄의 IS 게릴라 소탕의 난국을 타개하기 위해 핵무기를 제외한 가장 강력한 무기로 알려진 GBU-43(MOAB: Mother of All Bombs)을 최초로 사용하기도 했다.

미국이 테러와의 전쟁의 일환으로 아프가니스탄에 이어 두 번째로 지목한 전장은 이라크였다. 미국은 후세인이 대량살상무기(WMD)를 숨기고 있고 테러를 지원했다고 주장하며 2003년 3월 20일 이라크를 침공했다. 전쟁 초기 이라크 전쟁은 전통적 전쟁의 메커니즘으로 진행되었다. 거인 미국은 USS Abraham Lincoln 항공모함 등 강력한 물리적 군사력을 투입하여 침공 두 달도 지나지 않은 5월 1일에 "임무가 완료되었다"는 선언을 한다. 미국은 두 달도 되지 않는 전통적 전쟁에는 성공했지만 그 후 10년, 20년 이상 지속될 비전통적 전쟁에는 대비하지 않았다. 베트남전의 교훈은 잊힌 지 오래되었고 이라크를 침공한 미국에게 적용되지 않았다. 미국의 이라크 침공은 알카에다를 국제적 게릴라로 성장시키는 계기가 되었고 국제안보 불안의 대명사인 이슬람 국가(ISIL: Islamic State of Iraq and Levant)의 탄생을 촉진하는 결과를 낳았다.[2] 또한 이슬람 극단주의 테러조직의 국제 게릴라는 반미감정을 고취시켜 새로운 병사를 양성하는 데 활용하고 있다. 강대국 미국의 강한 적은 바로 반미감정이라 해도 과언이 아니다.[3]

대게릴라/안정화작전은 끝없는 터널에서의 싸움이라는 속성을 이라크와 아프가니스탄에서도 그대로 드러냈다. 미국은 공식적으로 이라크 전쟁은 2010년에, 아프가니스탄 전쟁은 2014년에 종전을 선언했지만 이 종전선언은 안보위협이 제거되었기에 선언한 것이 아니라 정치적으로 내린 결정이었다. 종전선언을 한 지역에 여전히 게릴라가 활동하고 있으며 여전히 미국을 비롯한 주요 국가들이 힘들게 대게릴라/안정화작전을 하고 있다.

그렇다면 강대국은 대게릴라/안정화작전에서 무엇을 간과했기에 실패의 늪에 빠진 것일까? 강대국은 전통적 전쟁에서는 '파괴'의 메커니즘이 가동되지만 대게릴라/안정화작전으로 대변되는 비전통적 전쟁에서는 '보호'의 메커니즘이 작동된다는 점을 간과했다. 전통적 전쟁에서는 적군이 사용하는 지휘시설, 기지, 탱크, 항공기 등 군사자산을 파괴하여 제압하는 것이 작전승리를 위해 매우 중요하다. 하지만 주민과 게릴라가 같은 곳에서 활동하는 특수한 임무지역에서의 대게릴라/안정화작전에서는 주민들을 게릴라로부터 분리시켜 그들을 보호하고 그들에게 정치적, 경제적, 사회적 인프라를 건설해 주어야 한다. 이런 세심하고 지혜로운 과정을 통해 주민들의 마음을 얻는 것이 중요하다. 예를 들어 미국의 아프가스니탄 및 이라크 전쟁 과정에서 민간인에 대한 오인폭격과 전쟁포로를 학대한 사건 등의 실수는 온건 이슬람 신도들마저 ISIL과 같은 이슬람 극단주의 조직에 가담케 하는 단초를 제공하여 대게릴라/안정화작전이라는 터널을 더 어둡게 만들었다. 일반 사람들의 미국에 대한 반감은 그들을 잠재적 게릴라로 만들고 그들은 가족, 친척, 신도 등이 희생되면 바로 게릴라로 변하게 된다. 또한 미국에 대한 알카에다의 복수에 조금이나마 위안을 받은 사람들은 그들에 박수를 보내며 대게릴라/안정화작전 임무지역이 아닌 미국 내에 있는 동조자들조차 자생적 게릴라로 만드는 파국으로 치닫게 한다.

조셉 나이의 주장처럼 국제정치에서 하드파워만으로는 세계에 영향력을 행사할 수 없다. 다른 국가들이 해당 국가에 호감을 가질 수 있도록 소프트파워를 구축해야만 한다. 미국은 민주주의, 헐리우드, 맥도널드 등의 가치가 소프트파워를 형성하는 데 도움을 주었다. 하지만 이러한 소프트파워는 국제체제의 영향력에만 영향을 끼치는 것이 아니다.[4] 대게릴라/안정화작전에 투입되는 임무군은 탱크, 전투기 등 하드파워만으로 승리할 수 없다. 주민들이 임무군을 믿게 하는 소프트파워 구축이 필요한 것이다.[5] 미국 등 강대국은 이러한 점을 소홀히 했다.

강대국이 하지 못한 '보호'의 메커니즘을 잘 이해하여 대게릴라/안정화 작전을 성공적으로 이끈 중견국가가 바로 한국이다. 그것도 강대국이 실패한 베트남과 이라크에서 성공한 것이다. 이 두 임무는 전체적으로는 강대국이 주도했기 때문에 전략적으로는 실패하였지만 한국군이 책임지고 있는 지역 내에서만큼은 성공했다. 한국군은 과거 국난과 가난을 극복하는 과정에서 겪은 경험을 바탕으로 베트남 및 이라크 주민을 잘 이해해 주었으며 그들에게 경제적, 사회적 인프라를 구축해 줄 정도의 능력도 갖춘 중견국가였다. 또한 한국 고유의 유교적 예의가 현지주민들을 친한화하는 데 크게 기여하였다. 이런 자산을 바탕으로 한국군은 베트남과 이라크에서 현지주민의 마음을 얻는 데 성공하여 독창적 아이디어를 전술에 접목시켜 게릴라를 저지하였다. 한국은 강대국보다 작은 국가지만 임무지역의 비물질적 메커니즘이 무엇인지 간파한 지략이라는 자산이 있었고, 중견국가로서 해당 지역에 임무기반을 구축할 물질적 자산을 보유한 측면에서 거인으로서의 자격도 갖춘 국가였다. 즉 한국은 작은 거인이었다. 이런 자산들은 강대국들이 갖지 못했던 중견국가 한국의 독특한 자산이었고 중견국가의 이런 자산활용은 다른 중견국가들에게도 던지는 시사점이 많다. 대게릴라/안정화 작전이라는 터널에서 출구로 안내하는 역할을 하는 국가로 중견국가를 주목해야 할 이유가 여기에 있다.

제2장

퍼즐 찾기: 터널의 안내자 중견국 한국

대게릴라/안정화작전(COIN)은 민간기관과 군사기관의 전 영역을 통합시켜야 하는 총합적인 노력의 과정을 요구하는 임무이다. 이 임무는 적 중심적 사고(적군을 패배시키는 것에 중심을 둔 방법)보다는 주민 중심적 사고(주민을 보호하고 통제하는 것에 중심을 둔 방법)가 더 유리하게 작동되는 특징이 있다. 이것이 COIN이 다른 군사임무보다 덜 폭력적이라는 의미는 아니다. 오히려 다른 형태의 전투처럼 COIN은 항상 인명손실을 동반해 왔다. COIN은 수행하기가 매우 어려운 임무이고 정치적으로 무수히 많은 논쟁거리를 유발하기도 하며 설명하기도 쉽지 않은 수많은 모호한 과정을 포함하는 임무이다. 또한 애초 예견했던 것보다 막대하게 많은 자원과 시간이 소모되기도 한다.

- U. S. Government Counterinsurgency Guide, January 2009 -

최근 대게릴라/안정화작전에 대한 관심이 전 세계적으로 확대되었다. 양극체제, 다극체제 등 국제안보에 대한 전통적인 담론의 빈자리를 대게릴라/안정화작전이 채우고 있다는 것을 부인하기 힘들 정도다. 이런 관심은 역사적으로 강대국 미국조차 베트남에서 고전을 면치 못했고 현재도 이라크, 아프가니스탄, 시리아 등지에서 끝없는 싸움을 이어 가고 있기 때문이기도 하다. 대게릴라/안정화작전은 전통적 전쟁보다 훨씬 어렵고 힘들며 더 많은 시간이 소요된다. 대게릴라/안정화작전 임무 전장에는 단순한 물리적 군사력 말고도 정치적, 문화적 요소와 같은 다양한 변수들이 복합적으로 영향을 미치기 때문이다. 그럼에도 불구하고 한국군은 베트남과 이라크 전장에서 큰 활약을 하며 임무에 성공했다. 따라서 여기서 찾고자 하는 퍼즐은 바로 "한국의 대게릴라/안정화작전 성공의 숨겨진 메커니즘은 무엇인가?"이다.

1. 한반도와 한국군 군사독트린

한국이 OECD 회원국이 되고 G-20 국가가 되면서 더 이상 국가안보만을 생각할 수 없고 다른 국가와 국제안보 위협을 함께 고민해야 하는 상황에 놓이게 되었다. 즉 중견국가로서 국제안보의 유력한 행위자로 그 역할을 해야 되는 것이다. 현재 중견국가 한국은 고립주의적 내부 지향 전략보다는 외부 지향적 전략을 지향하고 있다. 뿐만 아니라 현 국제구조도 한국에 그러한 요구를 하고 있다. 그 이유는 한국이 그만한 자원을 보유한 국가이고 또한 대게릴라/안정화작전과 같은 비전통적 전쟁의 부상으로 이에 대응할 행위자가 더 많이 요구되기 때문이다.

하지만 외부 지향적 국가전략과 달리 현 군사전략은 북한과의 전쟁 중심의 내부 지향적 모습을 보이고 있다. 북한과의 전쟁도 정규 북한군과의 전투, 핵 및 미사일 위협에 초점을 맞추고 있다. 한국군도 최근 안정화작전도 전쟁의 일부로 인식하기 시작했다. 합참 차원에서 『합동안정화작전』 교범까지 제작하며 안정화작전도 교범화되고 있는 것이 대표적인 사례이다. 하지만 여전히 이 교범에서조차 안정화작전은 군사적 활동을 우선시하고 있으며 범정부적인 노력이 요구되는 안정화작전의 속성을 다 담아내지는 못하고 있다. 또한 여전히 COIN에서 가장 중요하다고 할 수 있는 '민군작전'을 '안정화작전'의 하위 임무수준으로 평가하는 경향이 있다.[5] 나아가 현 한국의 군사문화에서는 안정화작전이 정규전에 이은 부차적인 수준의 임무로 평가 절하되고 있는 것이 현실이다. 또한 평소부터 치밀하게 준비하는 데 필수적인 대게릴라/안정화작전 전문조직이 부재한다. 국방대의 국제평화활동센터나 육군의 온누리부대가 평소에 유사임무에 관심을 갖는 수준이다. 전통적 전쟁이 연합 및 합동훈련 그리고 각종 연습에서 주 대상이고 비전통적 전쟁은 뒷전으로 밀려 있다. 『2016 국방백서』에서 소개된 연합·합동 연습 및 훈련 현황에서도 전시전환 절차 연습 등 전통적 전쟁에 관련한

내용이 주로 언급되어 있고 비전통적 전쟁에 대한 기술은 거의 부재한다.[6]

　한국군은 6·25 전쟁 이후 줄곧 북한군과의 전통적 전쟁에 주된 관심을 두고 전략을 구상하고 전력을 건설하여 왔다. 크게 세 가지 요인—역사적 기반(6·25 전쟁의 쓰라린 경험), 구조적 기반(마지막 냉전지로서의 한반도), 군사조직문화(장교들의 전통적 전쟁 우선의식)—이 한국군의 이와 같은 군사적 기반 형성의 원인이 되었다. 첫째, 한국과 북한은 전통적 전쟁인 전면전을 통해 치열한 전투를 벌였고 그 과정에서 많은 인명피해를 입고 각종 기반시설도 파괴된 역사적 경험을 가지고 있다. 이런 경험은 한국에게 전통적 전쟁에 대비하는 것이 가장 우선시되는 것으로 인식되도록 조성하는 추동력이 되었다. 둘째, 국제안보라는 구조적 측면에서 1991년 공식적으로 냉전체제가 와해되었음에도 불구하고 한반도는 아직도 민주체제와 공산체제 간의 대결이라는 냉전의 최후전선으로 남아 있는 구조하에 있다.[7] 마지막으로 이와 같은 역사적, 구조적 요인이 한국 군대로 하여금 제2의 6·25 전쟁에 대비하여 북한군을 제압하고 물리칠 수 있는 대칭적 무기와 전통적 군사독트린에 몰두하도록 만들었다. 이런 요인이 복합적으로 작용하여 아직도 6·25 전쟁의 메커니즘이 한국군의 조직문화에 녹아 있다.[8]

　따라서 한국군은 북한 위협에 대비하는 것이 통상임무였다. 비슷한 이유로 한국군은 비전통적 전쟁 혹은 비대칭적 전투에 다소 소홀한 경향을 보여 왔다. 한편 국제적 안보상황으로 한국은 베트남과 이라크에서 비전통적 전투에 참가할 처지에 놓이게 되었고 이는 한국군에게 일상 임무가 아닌 매우 색다른, 그리고 특별한 임무였다.

2. 베트남과 이라크에서 한국군의 활약상 스케치

　작은 거인 한국군은 게릴라 활동으로 악명 높은 베트남과 이라크에서 대게릴라/안정화작전을 수행했다. 대게릴라/안정화작전이 매우 어렵고 힘든 고난의 과정임에도 불구하고 중견국가인 한국은 놀랍게도 이 두 특별한 임무에서 큰 성공을 거두었다. 물론 베트남 전쟁이나 이라크 전쟁이 정치적이나 전략적 차원에서 성공을 거두었다고 평가할 수는 없다. 하지만 이런 비판에도 불구하고 전술적 수준에서 한국군이 거둔 성공의 이야기마저 부인할 수는 없다. 한국군은 책임지역에서 베트콩을 효과적으로 제압하였다. 또한 한국군은 쿠르드 지역주민의 마음을 얻음으로써 쿠르드 자치정부(KRG: the Kurdistan Regional Government)의 통치하에 있는 아르빌 지역을 안정화시키는 데 성공하였다. 작은 거인 한국군은 보다 민첩했고 주민들에게 다가가기 유리했으며 그 결과 주민들을 보호해 줌으로써 임무지역을 안정화시킬 수 있었다. 한국군은 임무전장에서 총과 같은 하드파워뿐만 아니라 소프트파워도 지혜롭게 사용했다. 아니, 정확히 말하면 소프트파워를 더 잘 활용하여 임무를 선도해 나갔다. 이런 측면에서 한국의 대게릴라/안정화작전 부대는 강대국을 보좌하는 부차적 행위자가 아닌 실질적인 행위자였다 할 수 있다.[9]

3. 분석 퍼즐과 퍼즐 해결의 중요성

한국군의 베트남과 이라크에서의 임무는 평소 전통적 군사임무에 매진해 온 한국이 비전통적 군사임무에서 괄목할 만한 성과를 이루었다는 독특함 때문에 연구대상으로서의 가치가 매우 높다. 그렇다면 과연 한국군 성공의 추동력은 무엇이었을까? 다시 말해 베트남과 이라크의 대게릴라/안정화작전에서 한국군을 성공으로 이끈 메커니즘은 무엇이었나?

이 퍼즐은 흥미로운 이슈이기도 하지만 학문적, 그리고 정책적으로 던지는 시사점도 많다. 우선 학문적 시사점으로는 강대국 이외의 국가들이 국제안보에 기여하는 역할의 영역을 확장시킬 수 있는 논의에 출발점을 제공한다는 점을 들 수 있다. 강대국이 주도가 되는 국제적 대게릴라/안정화작전에서 비강대국은 상징적 행위자에 불과하다는 기존의 설명에 오류가 있음을 밝히는 기회가 되어 국제체제에서 중견국가의 역할을 부각시킴으로써 국제정치 이론의 확장에 기여할 수 있다. 국제체제에서 실질적 행위자는 오직 강대국뿐이라는 전통적 현실주의자의 설명을 보완하여 국제 현실주의를 보다 적실한 이론으로 진화시키는 출발점을 제공할 수 있는 것이다.

또한 이 퍼즐은 미래안보를 위한 정책개발에 시사점을 제공해 준다. 핵과 탄도미사일로 무장하고 있는 북한 문제는 더 이상 한반도만의 문제가 아니며 동북아, 나아가 국제안보의 문제로 인식되고 있다. 3대 세습을 하고 있는 북한 체제는 북한 내부적으로도 정권의 합법성을 잃고 있으며 일반 북한 주민의 식량난 속에도 핵과 미사일에 국가재원을 투입하는 과정에서 나타나는 불만으로 인해 붕괴 가능성이 항상 잠재되어 있다. 한국과 미국도 이에 대비하기 위해 작계 5029를 마련하고 있다.[10] 2014 QDR 보고서에서도 북한의 핵과 미사일 프로그램에 대해서 우려를 표명하며 북한의 불확실성을 심각한 안보 문제로 인식하고 있다.[11]

북한을 둘러싼 불확실성은 점점 증가하고 있지만 북한 정권 붕괴 시 한국군이 상황을 주도하여 안보를 보장하기 위한 세부 절차 마련은 미비하다. 북한 급변사태에 대비한 시나리오는 있지만 장기간 소요되는 고난이도 임무인 대게릴라/안정화작전을 주 임무로 하는 세부지침 마련에는 관심이 부족한 것이 사실이다. 하지만 북한 붕괴 시 혹은 정권교체 시, 나아가 통일 과정에서 베트남과 이라크에서와 비슷한 메커니즘으로 게릴라가 등장하여 안보상황을 파국으로 몰아갈 수 있다. 한국군의 베트남과 이라크에서의 교훈은 북한의 대게릴라/안정화작전에 매우 중요한 시사점과 방향을 제시해 줄수 있는 것이다.

뿐만 아니라 이 퍼즐은 또 다른 정책적 방향성도 제시해 줄 수 있다. 중견국가인 한국에게는 앞으로 국제무대에서 보다 확대된 역할이 주어질 수밖에 없다. 대게릴라/안정화작전이 끊임없이 발생하는 국제안보 상황에서 한국은 베트남과 이라크에서와 비슷한 임무를 위해 파병될 수 있고, 이를 위해 사전에 작전절차 혹은 독트린을 수립하는 데 본 사례분석이 충분한 방향성을 제시해 줄 수 있다. 탈탈냉전기에 강대국 간의 전통적 전쟁의 가능성은 점차 줄어들고 있다. 최근 미·중 간의 갈등은 전통적 전쟁을 우려하는 갈등이라기보다는 남중국해 등 일정 해역에 대한 대결이라는 측면에서 이해해야 한다. 반면 비전통적인 군사임무 소요는 이라크, 시리아, 아프가니스탄, 소말리아 등 세계 각지에서 끊임없이 발생되고 있다. 현 국제안보 상황 하에 실패국가 혹은 국가기능 상실 국가 문제는 지속될 수밖에 없으며 이는 전통적 전쟁과는 매우 다른 임무 소요를 창출시킬 것이다.

이와 같은 비전통적 임무는 부득이 현지주민과의 소통이 성공의 중요한 요소가 될 것이며 이는 하드파워만으로는 달성할 수 없다. 오히려 소프트파워 활용이 더 중요할 것이며 이런 차원에서 '한류' 덕분으로 상당한 수준의 소프트파워를 이미 구축한 한국이 이를 지혜롭게 활용하면 미래 국제안보의 한 축을 담당하는 데 매우 유리할 것임에 틀림없을 것이다. 분명한 점은 중견국가인 한국이 국제무대에서 뒷전으로 물러나 있을 수는 없는 상황이 가까운 미래에는 더욱 증가할 것이며, 이에 대비하기 위해 소프트파워를 잘 적용한 한국군의 베트남과 이라크 성공 스토리는 미래안보 정책 혹은 전략 수립 시 참고할 만하다는 것이다.

4. 한국군 임무성공의 추동력

주지한 바와 같이 한국군은 6·25 전쟁과 같은 전통적 전투에 익숙한 군사문화를 가지고 있었기에 대게릴라/안정화작전은 생소하고 낯선 임무였다. 전통적 전투는 적의 군사기반을 파괴하여 전투의 지속능력을 제거하는 '파괴(destruction)'의 메커니즘이 가동되는 반면 대게릴라/안정화작전은 지역의 안보를 회복하는 '보호(protection)'의 메커니즘이 작동한다. 또한 전통적 전투는 두 정규군 간의 대규모 폭력사태이지만 비전통적 전투에는 보다 많은 행위자—임무군(국가행위자), 임무군의 국민, 게릴라(비국가행위자), 임무지역 주민—가 혼재한다.

이와 같은 비전통적 전투의 속성으로 인해 COIN 임무군은 막대한 '적응비용(adaptation costs)'을 지불해야 하는 경우가 발생한다. 따라서 임무성공을 위해 임무 첫 단계에서 이와 같은 적응비용을 최소화하는 것이 매우 중요하다. 첨단무기, 고화력의 무기체계로 중무장한 강대국 군대는 비전통적 임무에 적응하는 데 상대적으로 오래 걸리는 경향이 있는데 이는 결국 적응비용을 상승시킨다. 더불어 강대국 임무군은 임무 첫 단계에서 주민들에게 첫인상에서 나쁜 평가를 받아 전장환경을 자신에게 유리하게 만들 기회를 상실하여 임무실패의 길로 들어서게 된다.

한편 한국군은 성공의 두 가지 핵심 축—특별임무 메커니즘과 지위적 이점—으로 인해 한국군은 베트남과 이라크에서 적응비용을 줄일 수 있었다. 먼저 특별임무 메커니즘은 임무군으로 하여금 '선택과 집중'의 장점을 극대화시키는 데 유리하게 작용했다. 역사적으로 오랜 기간 비슷한 임무를 수행했던 강대국 군대와 달리 한국에게 해외에서 수행되는 대게릴라/안정화작전은 특별한 임무였기 때문에 한국 병사들의 임무성공 의지는 높았고 국가로부터 임무에 필요한 지원도 적극적으로 받았다. 강대국과 달리 중견국에게 이러한 임무가 맡겨지면 매너리즘이 적다는 점이 강점으로 작용한 것이다. 또한 한국군들은 자신들의 임무가 국가의 위상을 높이고 국익을 극대화시키는 데 매우 중요하다는 판단하에 임무성공에 대한 강한 의욕을 가지고 있었다.

한국군의 베트남 참전은 독립국가 수립 후 첫 번째 해외파병 임무였다.

또한 한국군의 이라크 임무는 베트남 전쟁 이후 가장 규모가 큰, 그리고 가장 중요한 해외파병임무라는 특수성을 가지고 있었다. 특히 이라크 임무는 성장하는 중견국가로서 자신을 테스트해 보는 의미도 담겨 있었다. 따라서 이 두 임무는 중요할 수밖에 없었고, 이에 한국군은 이러한 도전에 적극적으로 임할 준비를 치밀하게 하였다. 이 특별한 임무가 국가위상(national prestige) 제고에 매우 중요하다는 인식으로 한국군은 사기와 긍지로 강하게 무장되어 있었다. 또한 임무가 중요했기 때문에 최고의 부대와 최고의 병사를 파병함으로써 의지뿐만 아니라 능력까지 구비하게 하는 임무 인프라를 구비하게 된다.

성공의 두 번째 핵심 축은 한국이 향유하고 있는 지위적 이점에 기인한다. 첫째, 국제정치에서 강대국으로 분류되지 않은 한국에서 온 군대는 강대국의 군대와 달리 점령군으로 인식되지 않는 장점이 있었다.[12] 둘째, 1950년대 빨치산 게릴라와의 전투 경험은 한국군으로 하여금 베트남과 이라크 전장에서 두 가지 방향에서 유리하게 작용했다. 한국군은 대게릴라/안정화작전의 임무특성에 대해 보다 잘 이해하고 있었고 이는 맞춤형 전술 개발 등에 필요한 적응비용을 줄이는 데 도움을 주었다. 또한 한국군은 임무지역 주민들의 개인안보를 지켜 주는 것이 전체 임무성공을 위해 얼마나 중요한지 잘 이해하고 있었다. 셋째, 실패국가나 약소국과 달리 한국은 대게릴라/안정화작전에 필요한 재원을 가지고 있었고 체계적으로 조직된 군대도 보유하고 있었다. 마지막으로 한국은 유교문화가 내재되어 있어 임무지역의 문화를 이해하는 데 더 좋은 환경에 있었다. 베트남에서 한국군은 베트남 주민의 유교문화를 아주 잘 이해했다. 더불어 한국은 이라크 주민과 유사한 공동체적 문화에 익숙했다. 이런 문화에 대한 이해는 개인주의 문화가 내재되어 있는 서구국가들이 가지지 못한 자산이었다.

이와 같은 두 가지 축을 기반으로 적응비용을 줄임으로써 중견국의 군대인 한국군은 보다 빨리 임무지역에 적합한 맞춤형 전술을 개발할 수 있었다. 베트남 전장에 게릴라의 통제력이 높다는 것을 인지한 한국군은 우선 '적 중심적 접근(an enemy-centered approach)' 방식을 적용하여 게릴라 활동을 위축시킨 후 '주민 지향적 접근(a population-oriented approach)' 방식을 도입하였다. 반대로 이라크 전장에서는 게릴라 통제력이 상대적으로 적었기에 '주민 중심적 접근(a population-centered approach)' 방식에 무게를 두어 임무를 수행했다. 간단히 말해 '임무의 특수성'과 '한국의 지위'라는 두 요소가 서로 복합적으로 작용되면서 대게릴라/안정화작전 성공의 충분조건으로 기능할 수 있었다. Part II에서는 대게릴라/안정화작전에 대한 문헌연구와 분석의 틀 구상을 통해 보다 체계화된 해답 모색을 시도한다.

PART II

해답 찾기: 전통적 전투 vs. 비전통적 전투

제3장

문헌연구: 대게릴라/안정화작전(COIN: Counterinsurgency)

1. 전통적 전투(Conventional warfare) vs. 대게릴라/안정화작전(COIN)

전통적 전투와 대게릴라/안정화작전(COIN: Counterinsurgency)의 차이점을 도출하기 위해서는 개념정의가 먼저 이루어져야 한다. Counterinsurgency는 insurgency에 대항하는 개념이므로 우선 insurgency를 살펴볼 필요가 있다. insurgency는 사전적 용어로 분란전, 반란전, 폭동전으로 번역된다. 콜린스 영어사전은 insurgency를 "자국민이 폭력을 사용하여 정부에 반대하는 행위(a violent attempt to oppose a country's government carried out by citizens of that country)"로 정의한다. 한편 미 육군 야전교범은 insurgency를 "비밀공작이나 무장투쟁을 동원하여 정부 전복을 시도하는 조직적인 활동(an organized movement aimed at the overthrow of a constituted government through the use of subversion and armed conflict)"으로 개념화한다.[1] 또한 미 정부 COIN 지침서는 insurgency를 "한 지역에 대한 정치적 통제, 무력화, 도전을 위해 벌이는 조직화된 전복활동이나 무장투쟁(the organized use of subversion and violence to seize, nullify, or challenge political control of a region)"이라 정의하고 있다.[2] 결국 게릴라(insurgents)들은 국가정부를 자신들의 합법적 정치체로 인정하지 않기 때문에 투쟁하는 것이다. 비국가행위자인 게릴라가 그들이 인정하지 않는 국가행위자와 싸우는 성격인 셈이다. 따라서 그들의 투쟁은 국가행위자 간 대규모 폭력사태인 전통적 전투와는 본질적으로 다를 수밖에 없다.

그렇다면 COIN은 어떻게 개념화될 수 있는가? 미 육군 야전교범은

COIN을 "정부가 게릴라(반란자, 폭도)를 무력화하기 위해 행해지는 정치적, 경제적, 군사적, 준군사적, 심리적, 시민적 활동(political, economic, military, paramilitary, psychological, and civic actions taken by a government to defeat an insurgency)"으로 정의한다.[3] 이런 차원에서 미 육군 야전교범은 "COIN 임무군은 작전지역의 전략적 환경을 폭넓게 이해하는 것의 중요성"을 강조하고 있다.[4] 또한 미 정부 COIN 지침서는 COIN을 "게릴라를 패퇴 혹은 봉쇄하고 동시에 반란활동의 근본적 원인을 해결하기 위해 취해지는 민간, 군사의 포괄적인 노력"이라 개념화한다.[5] 결국 COIN은 군사력을 활용하여 게릴라 활동을 무력화 혹은 봉쇄하면서 동시에 정치적, 경제적 등 비군사적 방법까지 동원하여 해당 지역을 안정화시키는 임무라 할 수 있다. 게릴라에 대한 제압과 지역 안정화라는 두 요소가 공존하고 있으므로 본질적 의미를 그대로 살려 여기서는 COIN을 대게릴라/안정화작전으로 번역하여 사용하기로 한다.

대게릴라/안정화작전은 전통적 전투와 크게 두 가지 차원—본질적 속성과 처방(임무방법)—에서 차이점을 드러낸다. 먼저 본질적 속성 측면을 살펴보면 전통적 전투와 대게릴라/안정화작전은 〈표 3-1〉에서와 같이 네 가지 범주—행위자, 임무수행 논리, 목표, 전장환경—에서 차이점을 확인할 수 있다.

첫째, 대규모 군사력이 충돌하는 전통적 전투는 양국의 정규군이라는 2개의 행위자가 있는 반면, 대게릴라/안정화작전에는 임무군(국가행위자), 임무군 국민, 게릴라 조직, 지역주민 등 4개 행위자가 전장 내외에서 역학적으로 활동한다.[6]

이와 같은 첫 번째 본질적 속성의 차이는 다른 중요한 차이점을 창출해낸다. 우선 임무논리에서 차이가 크다. 전통적 전투는 중무장한 정규군 간 대규모 무력충돌이므로 전투승리의 논리는 적과 적의 기반시설을 파괴하고 와해시키는 역학을 따른다. 즉 전통적 전투는 '파괴'의 논리에 입각한 임무인 셈이다. 갈룰라(Galula, 1964)는 "전통적 전쟁에서 전투전략은 적 주둔지역

〈표 3-1〉 전통적 전투와 COIN의 본질적 속성 측면의 차이

구분	전통적 전투	COIN
행위자	• 2개(각국 정규군)	• 4개 　－ 임무군, 국민 　－ 게릴라, 지역주민
논리(Logic)	• 파괴(Destruction)	• 보호(Protection)
목표	• 지역 확보 및 통제 • 영향권 확대	• 안보유지 • 국가건설 • 국가기능 정상화
전장환경	• 명확(적과 주민 구분 가능) 　－ 제복을 착용한 정규군 　－ 전장경계 명확	• 모호(적과 주민 구분 난해) 　－ 다양한 게릴라 　－ 전장경계 불명확

을 파괴하고 적군을 파멸하는 것이다"라고 하면서 정규전에서 '파괴'의 논리가 가동되고 있다고 주장한다.[7] 그는 반대로 "대게릴라/안정화작전에서는 파괴가 승리를 견인해 주지 못한다"고 주장한다.[8] 임무지역 주민과 고국의 국민이라는 행위자가 임무성공 경로에 지속적으로 영향을 미치므로 대게릴라/안정화작전은 임무지역에서 전반적인 인프라를 잘 구축하여 지역의 안보를 회복하는 데 초점을 두어야 한다. 즉 '보호'의 논리가 중요한 것이다. 더불어 국가행위자인 정규임무군이 싸우는 대상은 비국가행위자인 게릴라이기 때문에 대규모 파괴의 논리로만으로는 임무수행을 하는 것은 한계가 있을 수밖에 없다.

전통적 전투와 대게릴라/안정화작전은 목표에서도 큰 차이가 있다. 전자가 강력한 군사력을 투입하여 전투지역을 확보하고 통제하며 그 지역에서의 영향권을 확대하는 것인 반면 후자는 임무지역에서 안보를 확보하는 장기적인 목표를 가진다. 즉 대게릴라/안정화작전은 국가를 파괴하는 것이 아니라 국가를 건설하는 것과 관련이 있는 임무인 셈이다.

더불어 전장환경에서도 차이가 있다. 전통적 전투에서 전장환경은 보다

가시적이고 명확하다. 단적인 예로 전통적 전투에서는 주 행위자가 정규군이므로 통일된 유니폼을 착용하고 있어 적과 주민을 구분하기 용이하다. 반면 대게릴라/안정화작전에서는 전장환경이 가시적이지 않고 모호하다. 게릴라는 유니폼을 입는 경우가 많지 않으므로 주민과 게릴라를 구분하는 것이 쉽지 않다. 더욱이 그들은 주민들과 같은 지역에 거주하며 활동하므로 임무수행 중 그들을 구분하는 것이 극히 제한된다. 따라서 대게릴라/안정화작전에서는 명확한 전장이 없다고도 할 수 있다.

본질적 속성에 이러한 차이가 있으니 임무수행 방법에서도 다를 수밖에 없다. 〈표 3-2〉에서 보는 바와 같이 임무수행 방법 차원에서 전통적 전투와 대게릴라/안정화작전의 차이는 임무 접근법, 핵심자산, 군사조직, 다른 전투에 임무수행 방법의 적용 가능성 등 네 가지 범주로 나누어 생각해 볼 수 있다. 우선 임무 접근법 차별성 측면에서 전통적 전투는 적의 전투능력을 와해시켜야 하므로 적 중심 접근법에 전력을 다해야 한다. 전통적 전투에 있어 이 접근법은 선택의 여지가 없는 필수적인 방법이다. 반대로 대게릴라/안정화작전 임무군은 전장상황을 치밀하게 분석한 후 두 접근법—적 중심 혹은 주민 중심—중 하나를 신중히 선택해야만 한다. 초기 선택이 대게릴라/안정화작전 전반에 지속적으로 영향을 미친다는 것을 염두에 두고 예리한 선택을 해야 하는 것이다.

임무 접근법에 이러한 차이가 있기 때문에 임무에 필요한 핵심자산도 다를 수밖에 없다. 전통적 전투는 적 기반을 와해시키는 적 중심적 접근법을 채택하므로 최첨단 무기, 중화기, 막대한 병력 등이 임무성공을 위한 핵심자산이다. 전통적 전투에는 물리적 군사력이 최강의 자산이므로 강력한 물리적 군사력을 가질수록 승리 가능성도 높아진다. 전통적 전투와 달리 대게릴라/안정화작전에는 임무지역 주민과 게릴라 등 비국가행위자도 전장 메커니즘에 관여한다. 따라서 화력(firepower)만 가지고 대게릴라/안정화작전에서 승리를 거둘 수는 없다. 화력은 단지 COIN 임무군이 보유해야 하는 자산 중 하나일 뿐이다. COIN 임무군에게는 오히려 중무장한 화력보다는 정글작전과 같은 소규모 작전이 가능하도록 하는 경무장이 더 효과적일 수 있다. 또한 임무군은 임무지역 내 주민사회에 내재된 문화를 이해해야 한다. 때로는 인프라 구축능력이 물리적 전투능력보다 중요하게 여겨지기도 한다.

〈표 3-2〉 전통적 전투와 COIN의 임무수행 방법적 측면의 차이

구분	전통적 전투	COIN
임무 접근법	• 옵션 없음(적 중심적 접근법)	• 옵션 있음 　- 적 중심적 접근법 　- 주민 중심적 접근법
자산(Assets)	• 물리적 군사력(Kinetic Power) 　- 중무장, 대규모 병력	• 다양한 자산 　- 경무장, 소병기 　- 문화적 이해 　- 인프라 건설능력
조직	• 하향식 조직 　- 철저한 상하 위계조직 　- 통합사령부	• 상향식 조직 　- 통합사령부하 분권적 조직 　- 하위제대가 중요한 조직
단일 작전표준 절차(SOP)	• 적용	• 미적용 * 상황에 따라 다른 방법 적용

군사조직도 분명한 차이가 있다. 전통적 전투에서는 하향식 조직(a top-down setting)이 효과적이다. 즉 대규모 작전을 수행하고 막대한 병력과 군사자산을 운용하기 위해 철저한 상하 위계질서에 기반한 조직이 필요하다. 마찬가지 이유에서 통합사령부가 유리하고 최고사령관의 지휘역량이 임무성공에 매우 중요하다. 반대로 COIN 임무부대는 상향식 조직(a bottom-up setting)이 임무성공에 더 유리하다. 통합사령부가 필요하긴 하지만 예하부대에는 분권적 임무조직 구성이 매우 중요하다. 대게릴라/안정화작전에서는 주로 소규모로 단위작전이 수행되기 때문에 소대장, 중대장 등 현장전투지휘관

의 역할이 절대적으로 중요하다.

마지막으로 전통적 전투와 대게릴라/안정화작전은 다른 사례에 적용할 수 있는가에 관한 일반화 여부의 차이가 존재한다.[9] 전통적 전투에서는 전투방식과 전장환경 메커니즘이 상수에 가깝기 때문에 대개 한 전투에서 적용한 표준작전절차(SOP)가 다른 전투에서 그대로 적용될 수 있다. 반대로 대게릴라/안정화작전에서는 임무전장 메커니즘이 매번 다르기 때문에 COIN 임무군은 매 임무마다 맞춤형 처방을 내려야 한다. 따라서 조직, 전술, 전략에 관해서 유연성이 매우 중요하다.

지금까지 살펴본 전통적 전투와 대게릴라/안정화작전의 차이를 만드는 두 개 축—본질적 속성과 처방(임무방법)—은 근본적으로 임무전장에 영향을 미치는 행위자가 다르다는 데에 기인한다. 따라서 COIN에 관한 문헌연구는 이 행위자를 중심으로 분석할 필요가 있다.

2. 대게릴라/안정화작전(COIN) 행위자

대게릴라/안정화작전의 독특함 때문에 많은 군사전문가와 학자들은 적합한 처방을 내리기 위해 필사의 노력을 다해 왔다. 이러한 노력을 4대 행위자—임무군, 게릴라, 임무군 국민, 임무지역 주민—로 분류하여 살펴보자. 먼저 임무군이라는 국가행위자에 중점을 둔 학파는 무기, 병력, 독트린, 군조직, 지역군 혹은 동맹군 활용, 병사의 전투의지, 적절한 정보 등을 분석하여 적절한 COIN 처방을 분석한다. 던랩(Dunlap)은 COIN 전장에서 폭력을 최소화하기 위해 공대지타격과 같은 첨단무기 사용이 효과적이라고 주장한다.[10] 오이울(Oyewole)도 COIN 임무에서 주민의 생명과 재산을 보호하고 법질서를 회복하는 데 공중폭력이 효과가 있다고 분석한다.[11] 반대로 베넷(Benett)은 게릴라와의 싸움에는 소병기와 같은 경무장이 더 효과가 있다고 주장한다.[12] 비슷한 맥락에서 노로즈(Nawroz)와 그로우(Grau)도 소병기의 중요성을 언급한다.[13] 그들은 소련군이 아프가니스탄에서 게릴라에 패배한 것은 소병기를 활용하여 근접전투를 하기보다는 포격이나 공중폭력과 같은 중무장에 의지했기 때문이라고 주장한다. 임무군의 병력규모도 성공을 위한 요소로 종종 연구된다. 퀸리번(Quinlivan)은 지역안정화라는 임무가 성공을 거두려면 주민인구수와 임무지역 영토 크기를 고려하여 적절한 병력수가 배치되어야 한다고 주장한다.[14]

COIN 임무군을 중심으로 연구하는 학자들 일부는 군조직이나 독트린의 중요성을 강조하기도 한다. 애번트(Avant)는 COIN이 성공하려면 지휘통일과 최소한의 무력 사용을 강조하는 독트린이 있어야 한다고 주장한다.[15] 군조직과 관련하여 내글(Nagl)은 COIN의 성공을 위해서 군조직은 학습(Learning)을 위한 기관으로서 기능해야 함을 강조한다.[16] 자발라(Zavala)도 과거 실패사례를 잘 분석하여 군조직을 개혁하는 것이 중요함을 역설한다.[17] 마찬가지로 맥마이클(McMichael)은 소련군이 아프가니스탄에서 무자헤딘에 패배한 것은 학습 과정이 매우 느렸기 때문이라고 주장한다.[18]

이라크 전쟁이나 아프가니스탄 전쟁에서 보는 바와 같이 다국적군 리더국가는 현지 지역군이나 동맹군을 동원하여 대게릴라/안정화작전을 수행한다. 이런 '지원군'의 효과 유무에 대한 의견은 분분하다. 바이만(Byman)은 현지인들로 구성된 지역군(indigenous forces)은 단기적으로는 효과적이지만 COIN 임무 주도국과 관심사가 다르기 때문에 오히려 종종 문제를 야기시키며 동맹국 병사들은 리더십 부재로 효과성이 떨어진다고 주장한다.[19] 포티어(Pottier)는 현지 지역병사들의 효과를 인정하면서도 그들이 정상적으로 임무를 수행하기 위해 훈련시키는 기간이 너무 오래 걸린다는 단점을 지적한다.[20] 골작(Gortzak) 또한 강대국이 임무지역의 사회에 대해 잘 이해하고 있다면 COIN에 현지 지역군 장병들의 투입이 효과적일 수 있고, 실제로 현지 지역군에 능력 있는 초급장교가 많다는 점을 잘 활용한다면 매우 유리할 것

이라는 점을 강조한다.[21]

　　임무군 중심으로 해답을 찾는 전문가들은 또한 병사들의 '전투의지'가 임무성공에 중요하다고 강조한다. 맥(Mack)은 이익 비대칭(interest asymmetry) 문제를 언급하며 COIN 임무군의 전투의지 부족이 실패 원인이라 지목한다.[22] 강대국에게 대게릴라/안정화작전은 그들의 생존과 직접 관련된 문제가 아니므로 전투의지가 떨어지는 반면 게릴라는 전투가 그들의 직접적 생존과 관련된 문제이므로 전투의지가 매우 높다. 이와 같은 임무이익에 대한 차이가 강대국 COIN 실패의 구조적 문제라고 주장한다. 또한 임무군의 정보 부족을 지목하는 학자도 있다. 턱(Tuck)은 양질의 정보하 최소한의 무력 사용이 성공에 매우 중요하다고 주장한다.[23] 지금까지 살펴본 학파는 대게릴라/안정화작전 성공방안을 임무군 중심으로 찾는다는 공통점이 있다.

　　한편 게릴라 중심―특히 게릴라전의 심리적 원인 및 모병 메커니즘―으로 방안을 모색하는 학파가 있다. 우선 게릴라 조직에 가담하게 되는 심리적 동기에 관심을 갖는다. 거(Gurr)는 심한 좌절과 같은 심리적 요소가 반란, 폭동을 유발하는 원인이라고 주장한다.[24] 또한 모병 메커니즘을 연구한 킬컬런(Kilcullen)은 물리적 군사력을 동원한 공격형 방법으로 대게릴라/안정화작전을 수행했기 때문에 관심 없던 일반인들이 "우연히 게릴라(accidental guerrillas)"로 바뀌게 된다고 주장한다.[25] 비슷한 논리로 데스커(Desker), 아카르야(Acharya) 그리고 에브라헴(Abrahms)도 비국가행위자인 게릴라의 모병 과정을 분석한다.[26]

　　부패하고 신뢰를 잃은 정부 때문에 일반 주민이 게릴라 조직에 가담함으로써 대게릴라/안정화작전에 어려움이 발생하기도 한다. 미 정부의 COIN 지침서는 "게릴라의 1차 공격대상인 국가정부가 가장 중요한 행위자"라고 지목하고 있다.[27] 게릴라 조직은 COIN 임무군이 민간인과 군인을 가리지 않는 무차별 공격을 감행하도록 조장해서 모병의 논리가 자신에게 유리하도록 하는 전술을 펼친다는 것이다. 따라서 국가정부는 이 점에 유념

해야 함을 강조한다. 비슷한 논리로 게릴라는 모병 논리가 그들에게 유리해 지는 환경이 될 수 있도록 정부가 부패하기를 바란다. 돈이라는 요소도 모병을 촉진시키는 요소가 되기도 한다. 예를 들어 아프가니스탄 전쟁에서 탈레반이 게릴라에게 주는 봉급이 아프간 정부가 병사들에게 주는 봉급보다 많았다. 이라크 전쟁에서는 미군이 통치권을 아프가니스탄 정부에 넘겨준 후 재정이 어려워지면서 병사들에게 주는 봉급도 줄어 정규군 병사들의 전투의지가 떨어지기도 했다.

지금까지 살펴본 국가행위자(임무군)와 게릴라 조직이라는 행위자에 기반을 둔 연구는 대게릴라/안정화작전에 대한 처방이 '적 중심적 접근법'이라 볼 수 있다. 하지만 대게릴라/안정화작전의 '적 중심적 접근법'은 주민과 같은 비국가행위자가 임무성공에 중요한 메커니즘을 제공하므로 전통적 전투의 '적 중심적 접근법'하고는 분명 다르다. 화력 측면에서 임무군인 정규병사는 게릴라에 비해 비대칭적으로 강력한 무장을 보유하고 있다. 하지만 게릴라와 싸우는 정규병사에게 중무장보다는 경무장이 더 효과적인 자산이다.

대게릴라/안정화작전을 연구하는 세 번째 학파로 지역주민이라는 행위자를 연구하는 학자 및 전문가를 들 수 있다. 그들은 특히 치안제공(개인보호), 마음 얻기, 주민통제에 대해서 연구한다. 칼리바스(Kalyvas)는 '비난(denunciation)'과 '배신(defection)'이라는 연역적 논리를 분석하며 전장에서 개인은 자신을 보호하려고 전력을 다한다고 주장한다.[28] 비버먼(Biberman), 헐퀴스트(Hultquist), 자히드(Zahid)도 COIN에서 가장 중요한 기능은 '치안제공/질서유지(Policing)'가 되어야 한다고 주장한다.[29] 이런 주장은 결국 대게릴라/안정화작전에서 개인들의 생명을 잘 지켜 주는 치안의 중요성을 강조한다는 데 공통점이 있다.

'지역주민 행위자'를 연구하는 전문가가 가장 주목하는 것은 '지역주민의 마음을 얻는 것(gaining the hearts and minds of the local population)'의 중요성이다.

제3장 문헌연구: 대게릴라/안정화작전(COIN: Counterinsurgency)

임무군을 주 대상으로 연구하는 첫 번째 학파의 주장과 달리 이 학파는 현지 병사(the indigenous force)의 임무효과에 대해 긍정적 견해를 견지한다. 캐시디(Cassidy)는 현지병사를 활용하면 지역주민의 마음을 얻는 데 유리하다고 주장한다.[30] 그는 1957~1958년 프랑스군이 알제리에서 대게릴라/안정화작전을 수행 시 SAS 파견대라는 혁신적인 계획하에 현지 알제리인을 병사로 활용하여 일부나마 지역주민의 마음을 얻는 데 성공을 거두었다고 주장한다. Schulzke도 지역주민의 마음을 얻는 것이 중요하다고 강조하면서도 이 목표가 안보회복, 민주화라는 목표와 충돌이 되지 않도록 하는 것이 필요하다고 주장한다.[31]

주민통제(population control)와 정치적·경제적 인센티브가 중요한 요소로 고려되기도 한다. 마켈(Markel)은 영국의 COIN 임무군은 말라야에서 '마음얻기' 캠페인에 기반을 둔 주민통제 방법을 통해 게릴라 세력을 고갈시키는 데 성공했다고 주장한다.[32] 칼(Kahl)은 민간인 살상을 최소화하는 등 지역주민에게 관심을 쏟아야 한다고 분석한다.[33] 같은 맥락을 견지하며 뉴싱어(Newsinger)는 마우마우 폭동(the Mau Mau uprising)에 대한 사례연구를 통해 지역주민에게 정치적, 경제적 인프라를 제공하는 것이 성공요소라는 결론을 내린다.[34]

마지막으로 '임무군의 국민'과 같은 국내행위자에 대한 연구를 살펴보자. 이 학파는 임무군의 조국에 있는 국민의 목소리와 견해가 그들의 임무수행에 영향을 미친다는 점에 착안하여 분석을 한다. 일부 학자는 대게릴라/안정화작전 성공을 위해서는 군사적인 노력을 뛰어넘어 정치엘리트와 같은 국내행위자의 정치적, 외교적 역할도 중요함을 강조한다. 카티그나니(Catignani)는 대게릴라/안정화작전의 성공은 군사력만으로 이룰 수 없으며 정치적 활동이 반드시 동반되어야 한다고 주장한다.[35] 예를 들어 제2차 인티파다(Al-Aqsa Intifada) 시 이스라엘군이 대게릴라/안정화작전에서 승리를 한 것은 외교와 같은 정치적 활동 덕분이라고 분석한다.[36]

또한 일부 전문가는 임무군이 국내행위자에게 많은 구속을 받아 임무수행에 난관이 될 수 있다고 주장하기도 한다. 아래귄-토프트(Arreguin-Toft)는 이에 주목하며, 게릴라와 대적해야 하는 덩치가 큰 행위자인 강대국의 임무군은 장기간 전쟁을 치러야 하는데 국내국민은 장기전쟁을 달갑게 생각하지 않으므로 그들을 설득하는 것이 쉽지 않다는 점을 지적한다.[37] 마찬가지로 메롬(Merom)은 현지 전장 말고도 임무군의 조국이라는 또 다른 전장(the battleground at home)이 있음을 분석한다.[38] 그는 COIN 임무군이 자신의 임무에서 성공하려면 어쩔 수 없이 막대한 인명사상자가 발생할 수밖에 없는데 국내에 있는 민주주의 국가의 국민과 제도가 이를 허용치 않기 때문에 COIN과 같은 작은 전쟁(small wars)에서 거인인 COIN 임무군이 소인인 게릴라에게 지게 마련이라고 주장한다.

지역주민과 국내행위자에게서 COIN의 처방을 찾으려는 방식은 '주민 편향적 접근법(the population-oriented approach)'이라 할 수 있다. 이런 접근법은 국내주민과 지역주민 모두가 COIN 임무군에게 유리하게 메커니즘을 구성해야 성공이 가능함을 강조한다. 하지만 대게릴라/안정화작전에서 '적 중심적 접근법'과 '주민 중심적 접근법'을 무 자르듯이 구분 지어 적용하기는 힘들다. 이런 두 접근법은 전술적으로나 전략적으로나 서로 영향을 미치므로 유연하게 혼합 적용하는 구상이 필요한 것이다.

3. 현 문헌연구 공백 진단

지금까지 살펴본 COIN 문헌연구에서 어떤 문제점을 발견할 수 있는가? 기존의 COIN 연구에서 빠진 공백은 없는가? 상기 문헌을 종합해 보면 두 가지 공백을 발견할 수 있다. 첫째는 과정에 중심을 둔 COIN 분석이 부족하다는 것이다. 기존의 COIN 연구는 임무성공 여부라는 종속변수에 중점을 두면서 상호 연관되는 다양한 변수 중 특정 변수의 영향만을 강조하고 다른 변수는 소홀히 하는 경향이 있다. 따라서 다양한 변수의 상호작용을 통해 나타나는 과정추적(process tracing)에 탄탄하지 못한 단점이 있다. 특히 여기서 분류한 4개 행위자를 관점으로 한 과정추적은 부족한 측면이 있다.

두 번째 공백은 현 COIN 문헌연구가 실질적인 역할을 할 수 있는 중견국가의 영향을 과소평가하거나 관심을 크게 두지 않는다는 점이다. 강대국은 임무수행에 필요한 강한 국력—경제력과 군사력—을 보유하고 있으므로 대게릴라/안정화작전의 책임자일 수밖에 없다는 가정을 염두에 두고 분석을 했기 때문이다. 국제관계의 현실주의자는 COIN 임무에 있어서도 비강대국(non-great powers)은 실체적 행위자가 아니라 단순히 상징적 존재라고 인식하는 경향이 있다. 상대국 정규군이라는 2개의 행위자가 싸우는 전통적 전투와 달리 대게릴라/안정화작전에서는 4개의 행위자의 복합적인 과정이 임무성공 여부에 영향을 미치는 특수성이 있다. 대게릴라/안정화작전에는 다른 행위자가 개입하여 영향을 미치므로 강대국 중심의 역할론에는 변화가 불가피하고 특정한 조건만 갖추면 비강대국도 실체적 행위자가 될 수 있다. 비강대국, 특히 중견국처럼 체계적으로 정비된 군대조직을 갖춘 국가라면 그들도 실질적 역할이 가능하다. 또한 중견 병사들에게 대게릴라/안정화작전의 임무는 일상임무가 아닌 특별임무이므로 사기라는 강한 정신적 자산도 보유하게 되는 강점이 있다. 무엇보다 중요한 점은 중견국가 병사들은 강대국 병사보다 전장에서 현지의 문화를 더 잘 이해하는 데 유리하다. 이를 종합적으로 판단해 보면 대게릴라/안정화작전에서 강대국보다 오히려 중견국이 더 유능한 리더일 수 있다.

그렇다면 기존의 문헌연구를 고려하고 동시에 새롭게 찾은 공백을 메움으로써 다른 사례에도 적용 가능한 COIN 처방에 대한 이론적 틀을 제시할 수 있을까? 제4장에서는 이를 구상해 보고자 한다.

제4장

COIN 성공 메커니즘: 이론적 추적

1. 대게릴라/안정화작전 메커니즘 추적과 적응비용(adaptation costs)

　　대게릴라/안정화작전이 진행되는 과정(process)을 충분히 이해하면 적응
비용을 줄일 수 있다. 주지한 바와 같이 대게릴라/안정화작전 처방은 크게
두 가지—'적 중심적' 접근법과 '주민 중심적' 접근법—가 있다. 전자는 후자
보다 폭력적이고 때론 잔인성을 동반하기도 하며 나아가 압박적 방법인 동
시에 물리적 군사력에 초점을 두는 접근법이다. 따라서 무력으로 게릴라를
제압하기 위해 최적의 임무수행 독트린 개발 등 가시적 처방이 뒤따른다.
반대로 후자는 폭력에 의존하는 정도가 덜하며 사고나 정체성과 같은 비군
사적 수단에 보다 많이 의존하는 접근법이다. 그러므로 신뢰구축, 민심 잡
기(gaining the hearts and minds) 전략, 공감대 형성, 주민과의 대화, 문화이해 등 무
형적 요소가 주로 관심의 대상이다.

　　'적 중심적' 접근법은 대게릴라전에 가까운 처방이고, '주민 중심적' 접
근법은 안정화작전에 가까운 처방이다. 이 두 가지 방법은 다소 상반적이지
만 임무성공을 위해서는 이 두 처방을 잘 통합하여 활용해야 한다. 이것이
여기에서 COIN을 대게릴라/안정화작전으로 표현하는 이유다. 중요한 점
은 이러한 방법의 통합이 시간적 흐름이 아니라 과정(process)의 차원으로 이
해되어야 한다는 것이다. 대게릴라/안정화작전을 수행하는 과정은 세 가지
로 나누어 볼 수 있다. 첫 번째는 '적 중심적 접근법'을 주 무기로 사용하고
보조적으로 '주민 편향적 접근법'을 활용하는 것이다. 이 방법은 순서적으

로는 우선 '적 중심적 접근법'을 채택하고 임무지역 상황을 판단한 후 점진적으로 '주민 편향적 접근법'을 추가 도입하는 과정을 말한다. '주민 편향적 접근법'의 추가 도입 시기는 게릴라 활동 강도에 따라 결정된다. 한국군은 베트남에서 바로 이 방법을 활용하여 대게릴라/안정화작전을 성공적으로 수행하였다.

두 번째 과정은 '주민 중심적 접근법'을 주 방안으로 활용하되 게릴라들의 활동을 위축시키기 위해 보조적으로 물리적 군사력을 운용하는 것이다. 순서적 차원에서는 초기에 '주민 중심적 접근법'을 채택하고 나중에 전장환경을 지속 판단 후 '적 기반 접근법' 일부를 사용하는 경우이다. 한국군은 이라크에서 이 방법을 채택하여 성공을 거두었다.

또한 COIN 수행 과정의 세 번째 방법으로 '적 중심적 접근법'과 '주민 중심적 접근법'이 최적의 균형을 유지하는 처방이다. 이 방법은 이론적으로는 구상할 수 있지만 COIN 임무전장에서 게릴라 조직과 지역주민이라는 두 행위자의 영향력이 완벽하게 균형을 이루기는 힘들기 때문에 현실 사례에서 적용하기는 힘든 이상적인 방안이다.

따라서 첫 번째와 두 번째가 일반화 가능한 방안이며 임무군의 '적응비용'을 최대한 줄이기 위해서 이 두 방안을 추적하는 것은 매우 중요하다. 전통적 전투를 수행하는 병사들은 그들의 작전절차를 다른 지역과 다른 시간에 수행하는 전통적 전투에서 그대로 적용할 수 있다. 결국 적응비용을 지불할 필요가 없는 것이다. 반면 대게릴라/안정화작전에서 정규군은 그들이 평소 훈련한 표준작전절차(SOP)를 그대로 적용할 수 없기 때문에 높은 적응비용을 지불해야 한다. 따라서 이 적응비용을 최소화하는 것이 성공의 핵심적 요소이다. 그렇다면 적응비용을 최소화하기 위한 조건은 무엇인가? 다시 말해 어떻게 하면 임무군의 적응비용을 줄여 대게릴라/안정화작전에서 성공할 수 있을까?

2. 한국군 대게릴라/안정화작전 성공의 논리

'성공 여부'라는 종속변수를 정교하게 측정하기 위해서 COIN을 명확히 개념화할 필요가 있다. 여기서는 COIN을 '4개 행위자—임무군, 게릴라, 국민, 지역주민—의 복합작용이 성공의 궤도에 영향을 미치는 전장지역에서 안보(질서)를 유지하거나 회복하는 과정'으로 개념화한다. 이런 개념을 바탕으로 전술적 차원의 성공은 전략적 차원의 성공과는 구분될 필요가 있다. 전술적 성공은 COIN 전체 임무지역 중 일부(하나 혹은 수 개의) 지역 내에서 안보통제 수준을 견지하는 것이라 정의할 수 있는 반면 전략적 성공은 임무지역 전체에서 안보통제를 달성한 것이라 정의할 수 있다. 전술적 성공이 전장 전반으로 확대되면 전략적 성공에도 청신호가 켜질 수 있고 이렇게 되기 위해서는 전장의 모든 국가의 임무군 간 조직화된 협력이 필요하다. COIN 연합군을 지휘하는 주도국가는 전장 전체에 책임을 지고 있는 가운데 일부 특정 지역을 연합군 중 한 국가에 위임한다. 일부 지역을 할당받은 국가는 그들의 전술책임구역(Tactical Area of Responsibility) 안정화를 목표로 임무에 착수한다. 따라서 본 분석에서의 종속변수는 '전술적 수준의 성공'이다.

한국 COIN 임무군은 베트남과 이라크 전장에서 '임무의 특수성'과 '한국의 지위적 위치'라는 두 가지 요소를 추동력으로 하여 성공적으로 임무를 수행했다. '임무의 특수성'은 적응비용을 줄이는 첫 번째 추동력이었다. 병사들은 자신의 임무가 매우 중요한 것이라고 생각할 때 더 열심히 임무를 수행하고 또한 더 잘 싸우는 경향이 있다. 자신의 임무가 국가위상을 드높이는 중요한 임무라고 생각하기 때문에 전투의지가 높고 이에 따라 능력도 신장되기 때문이다.

높은 전투의지는 병사들로 하여금 열심히 싸우게 하는 데 기여했을 뿐만 아니라 싸우는 능력의 향상에도 기여함으로써 결국 '적응비용' 최소화라는 긍정적 산물을 낳았다. 전통적 전투에서 능력은 물리적 군사력으로 조작화될 수 있다. 반면 대게릴라/안정화작전에서는 적용한 소규모 전술형태, 조직적 유연성, 유·무형 포함 자산의 형태, 개별 병사의 전투력 등 구체적으로 조작화되어야 한다. 높은 사기와 전투의지는 COIN 능력 구비에 필요한 시간 및 과정을 최소화시켜 줌으로써 COIN 임무군의 능력을 향상시켜 주었다. 결국 전투의지가 없다면 능력도 없는 셈이다. 주어진 임무의 희소가치로 인한 특수성이 전투원의 사기를 높였고 이는 결국 성공적인 결과를 이끄는 추동력이었다. COIN 전투원은 자신들이 임무에 성공하면 그들 조국의 국가위상을 드높이는 데 크게 기여할 것이라 생각한 것이다.

그렇다면 한국군에게 무엇이 통상임무이고 무엇이 특별임무였는가? 한국군에게는 북한군의 도발에 대비하는 전통적 전투가 60년 이상 통상임무로 인식되어 오고 있다. 따라서 군에게 능력이라 함은 평소 북한군의 도발을 억제하고 도발 시 이를 패퇴시키는 능력을 일컫게 되었다. 따라서 비무장지대(DMZ)나 북방한계선(NLL)과 같은 지역에 대한 경계가 매우 중요한 임무로 위상을 차지하여 왔다. 한국군에게 전통적 전투에 대한 대비태세는 반드시 갖추어야 하는 필수임무였던 동시에 늘 반복되는 통상임무이기도 했다. 이 임무는 국가위상을 높이는 것과 관련이 있다기보다는 외부의 직접적 위협으로부터 국가를 지키는 현상유지적 성격의 임무였다.

반대로 베트남과 이라크 임무는 극히 드물기도 했고 매우 중요하기도 했다. 이로 인해 한국군 각 병사들은 임무 참가에 대한 높은 열정으로 무장되어 있었다. 한국군의 베트남 임무는 독립 후 최초의 해외파병 임무라는 특수성이 있었다. 따라서 이는 한국의 국가위상 제고에 매우 중요한 임무였다. 한국군 병사들은 자신들의 임무가 조국의 경제발전과 군 현대화에 크게 기여하게 될 것이라는 것을 인식하고 있었다. 나아가 정치 지도자와 군 수뇌부는 베트남 임무에서 성공하면 한국의 외교력도 향상되어 국가이익을 극대화하는 데 잘 활용될 수 있을 거라 생각하고 있었다. 당시 미군은 비국가행위자인 베트콩 게릴라와의 싸움에서 고전을 면하지 못하고 있었기에 타국군의 도움이 필요한 상황에서 한국군은 약방의 감초였다. 한국에게 이 임무는 단순 군사작전이 아니라 국가적으로 중요한 임무로서 기능하고 있었던 것이다.

한국군의 이라크 임무는 베트남전 이후 30년 만에 가장 중요한 국제임무였다. 특히 탈탈냉전기에 주목받는 중견국가로서의 위상을 다지고 있었기에 이라크 임무는 바로 그 역량을 보여 줄 절호의 기회로 인식되었다. 중견국 한국에게 이라크 임무는 안보역량을 국제적 수준으로 신장시켜 줄 기회의 창이였던 셈이다. 한마디로 베트남과 이라크 임무는 매우 특별하며 중요한 임무였고 이런 메커니즘은 한국군의 임무수행 의지를 극대화하는 추동력으로 작용했다.

한국군에게 베트남 임무는 국가위상을 제고하고 국가적 차원의 효용성을 극대화시켜 줄 수 있는 기회였기에 임무성공 여부가 중요한 관건이었다. 보다 구체적으로 병사들이 한국을 대표하여 임무에 참여함으로써 국가 경제발전과 군 현대화라는 두 마리 토끼를 동시에 잡을 수 있는 기대효용이 있었다. 마찬가지로 한국에게 이라크 임무는 중견국가로서 한반도 안보를 넘어 국제무대의 책임 있는 행위자로서 자신의 신장된 능력을 입증하게 해 줄 수 있는 절호의 기회였다. 따라서 이라크 임무는 국가적 차원에서 매우 중요한 임무로 인식되었고 이러한 인식은 임무병사들의 사기 충전으로 이어졌다.

베트남과 이라크 임무에 참가한 한국군은 이처럼 강한 동기부여로 인해 '적응템포(a adaptation tempo)'를 가속할 수 있었다. 한국군은 지원병 중 엄격하게 선발하여 최고의 병사로 구성된 부대를 보유하였다. 또한 그들의 빠른 적응템포는 임무조직을 대게릴라/안정화작전에 적합하도록 진화시키는 긍정적 요인이 되었다. 한국군은 본대가 임무전장으로 가기 전 선발대를 보내어 임무군이 최초 어떠한 처방을 채택해야 하는지에 대해 치밀하게 판단하는 절차를 거쳤다. 이런 과정은 임무군의 적응비용을 최소화시키는 데 크게 기여했다.

그렇다면 이런 '적응템포'의 중요성을 염두에 두고 COIN 임무성공의 추동력이 무엇이었는지 살펴보자. 우선 대게릴라/안정화작전의 고유한 특성과 본질에서 그 해답을 찾을 수 있다. 전통적 전투와 달리 COIN 임무군에게 적군은 상대방의 정규군이 아니라 비국가행위자인 게릴라이다. 그런데 그들은 명확한 전투지역 없이 정치적 목적에 따라 여러 지형을 옮겨 다니기도 하고 민간지역에 숨어 있기도 하는 속성이 있다. 게다가 지역주민이라는 특수한 행위자가 임무지역의 역학관계에 깊숙이 관여하고 있는 특성도 가지고 있다. 따라서 COIN 임무군에게 지역주민의 마음을 얻는 것과 전장의 특수환경을 제대로 파악하는 것은 임무성공 여부를 가르는 분수령이라 할 수 있다.

한국군은 대게릴라/안정화작전의 이와 같은 특성을 유리하게 전환할 수 있는 지위적 이점—물질적, 비물질적—도 보유하고 있었다. 우선 가시적·물질적 차원(the material dimension)에서 보면 한국군은 1950년 초반 자국의 땅에서 공산주의 게릴라와 COIN 임무를 수행한 경험이 있었고 6·25 전쟁 이후 빈곤국으로서의 경험이라는 노하우를 보유하고 있었다.[39] 둘째, 미국과 달리 한국은 임무지역의 국가와 물질적 비대칭성(power asymmetry)이 덜하기 때문에 점령국으로 비치지 않는 데 유리했다. 셋째, 한국군은 미군보다 임무지역의 전장과 지리에 익숙했다. 예를 들어 한국은 지형적으로 산이 많아 한국군은 산악작전에 익숙했는데 이는 베트남의 정글작전을 수행하는 적응비용을 최소화하는 데 기여했다. 더욱이 남북한 분단상황이 베트남의 정치적 분단상황과 매우 유사했다는 측면에서 임무병사들은 현지 정치적 환경과 주민들의 상황을 이해하는 데 유리했다. 한국과 베트남 두 국가는 모두 민주주의와 공산주의라는 정치적—이데올로기적—으로 분단된 상황에 놓여 있다는 공통점이 있었던 것이다. 넷째, 성장하는 중견국으로서 한국은 조직화된 군조직을 구축하고 있었다는 점에서 약소국에는 없는 자산도 보유하고 있었다. 전통적 전투임무 수행능력 측면에서는 강대국과 중견국의 역량 차이가 크지만 비전통적 전투인 대게릴라/안정화작전 수행을 위한 물질적 능력 차이는 크지 않았던 것이다.

한국은 비가시적·비물질적 차원(the non-material dimension)에서 가지는 이점도 있었다. 우선 한국은 사회적-문화적 특성 측면에서 베트남 및 이라크와 유사한 환경을 가진 국가였다. 베트남처럼 한국 사회에는 유교문화가 내재되어 있었다. 따라서 한국군은 마을의 유교적 위계질서를 이해하는 데 필요한 적응시간을 최소화할 수 있었다. 또한 개인주의 문화가 내재된 미국과 달리 한국은 이라크처럼 공동체적 문화가 사회 곳곳에 자리를 잡고 있었다. 따라서 한국의 COIN 임무군은 임무지역인 아르빌의 공동체적 사회문화를 자연스럽게 이해함으로써 적은 적응비용으로 이라크 주민의 마음을 얻는 것이 가능하였다. 또한 한국은 이라크와 사회적 연대감이 강했다. 한국인과 이라크인 간에는 우호적 감정과 상호 간 긍정적 이미지가 이미 존재하고 있었다. 그들의 가정 곳곳에서 삼성전자 가전제품과 현대자동차를 발견하는 것은 어려운 일이 아니었다.

한국이 보유한 이와 같은 두 가지 이점은 임무지역 주민들의 한국군에 대한 첫인상을 미군보다 긍정적으로 만들어 주었다. 한국의 위치는 국내 여론이나 지역주민 관점에서도 유리했다. 국가적 차원에서 한국에게 타지의 대게릴라/안정화작전이 매우 중요한 임무였기에 많은 한국 국민은 한국군의 임무에 성원을 보냈고 이 점에서 미군에 비해 국내행위자라는 지원군으로부터 보다 큰 혜택을 받았다. 이와 같은 물질적·비물질적 '지위(positional)' 차원의 이점은 한국군이 대게릴라/안정화작전에서 적응비용을 줄이는 메커니즘을 제공해 주었다.

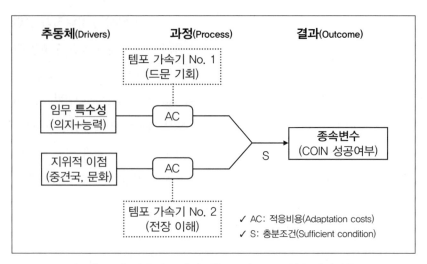

〈그림 4-1〉 이론적 프레임: 한국군의 COIN 성공 메커니즘

결국 〈그림 4-1〉에서 보는 것처럼 '임무 특수성'과 '지위적 이점'은 '적응비용'을 최소화해 줌으로써 이 두 요소가 복합적으로 작용해 대게릴라/안정화작전의 충분조건으로 기능하였다.

요약하면 COIN 작전 성공을 위해서는 전장에서 '적응비용'을 최소화하여 단기간에 전장상황을 COIN 임무군에 유리하도록 만드는 것이 중요한데 이런 '적응비용'은 〈그림 4-1〉에서 보는 것처럼 매개변수로 작용하였다. 한국 COIN 임무군을 성공으로 이끈 두 가지 추동논리―'임무 특수성'과 '지위적 이점'―는 바로 '적응비용' 최소화에 있었다. 이 두 요소가 합쳐져 COIN 임무성공의 충분조건으로 기능하였다. 단순 군사적 차원을 넘어서 국가적 차원에서 중요한 임무라는 특수성과 중견국 한국이 가진 정치적·문화적 이점이 베트남과 이라크 COIN 임무 성공의 숨겨진 비결이었던 것이다.

〈그림 4-2〉 적응비용 최소화 과정추적: 임무 특수성

이 두 가지 요소는 시너지 효과를 창출하여 COIN 임무 성공을 견인했다. 〈그림 4-2〉에서처럼 '임무 특수성'이 성공 동기를 촉진시키는 첫 번째 추동체(the first driver)였다. 국가 전체가 그 임무를 통상임무가 아니고 '국가위상' 제고를 위해 중요한 임무라고 받아들이면 임무병사는 더 높은 사기와 긍지라는 의지적 자산으로 무장된다. 관중(audience)이 많은 경기에서 선수는 더 잘하려고 노력하는 것과 마찬가지 논리다. 그리고 관중이 많은 경기는 중요한 경기라는 의미를 내포하고 있다. 이런 차원에서 국가 전체적 관심과 성원은 병사들이 더 적극적으로 임무를 수행하도록 동기를 부여했다. 이런 동기부여는 한국군으로 하여금 전장환경에 적합한 임무부대를 위해 우수병력을 선발하고, 조직을 변화시키며, 나아가 최적의 전술을 개발하게 하는 의지를 만들어 냈고 이러한 의지는 결국 COIN에 적합한 능력을 구비케 하는 결과로 이어졌다.

〈그림 4-3〉처럼 정치적·사회-문화적 차원(political/socio-cultural)의 지위적 이점은 두 번째 추동체로 작용했다. COIN 임무성공을 위해서는 임무전장에 도착하자마자 가장 빠른 시간 내에 전장환경을 파악하고 속도감 있게 적응하는 것이 중요하다. 한국은 두 가지 차원—물질적, 비물질적—의 지위

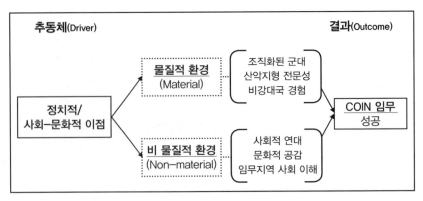

〈그림 4-3〉 적응비용 최소화 과정추적: 정치적/사회-문화적 차원의 지위적 이점

적 자산을 보유하고 있었다. 우선 한국은 조직화된 군대, 산악지형에 대한 전문성, 비강대국으로서의 경험과 같은 가시적 · 물질적 차원(material environments)의 이점을 보유했다. 또한 한국은 임무지역 국가와의 사회적 차원의 연대, 문화적 공감, 임무지역 사회에 대한 폭넓은 이해라는 비가시적 · 비물질적 차원(non-material environments)의 이점도 가지고 있었다.

3. 가정과 가설

지금까지 살펴본 COIN 성공 메커니즘 추적을 통해 아래와 같은 2개의 가정과 3개의 가설을 구상할 수 있다.

1) 가정

(1) 임무유형은 임무군의 임무완수 '의지'에 영향을 미치고 이는 결국 임무수행 '능력'에도 영향을 미친다.

(2) 국가가 보유한 정치적, 사회적 차원의 지위적 이점은 군의 임무수행 과정에 영향을 미친다.

2) 가설

(1) COIN 임무군이 독특한 임무라는 특수성에 의해 사기가 충전되는 경우 국가위상을 제고시키기 위해 병사들은 더 열심히 그리고 더 잘 임무를 수행하게 되고 이는 결국 COIN 성공으로 이어진다.

1A. COIN 병사들이 사기와 긍지가 높을 때 성공 개연성이 높아진다.

1B. 기대효용치가 높을 때 COIN 임무군은 현재와 과거의 교훈을 빨리 습득하고 군대조직 변화에 대한 의지를 가동시켜 임무 맞춤형 조직을 구성함으로써 더 잘 싸우게 된다.

(2) 군대의 전체 능력보다는 COIN 임무군의 맞춤형 능력이 임무성공에 더 중요하다.

2A. 게릴라 활동이 우세한 지역에서는 최초 '적 중심적 접근법'을 적용하는 것이 보다 효과적이다. 게릴라 활동이 다른 지역보다 상대적으로 약한 곳에서는 최초 '주민 중심적 접근법'이 효과적이다.

2B. COIN 임무군이 전술적으로 유연적일 때 성공 가능성이 높아진다.

2C. COIN 임무군이 우수병사로 구성되고 병사들이 소규모 전투에 적합한 소병기로 무장하는 경우 성공 가능성이 높아진다.

(3) 한 국가의 정치적·사회-문화적 특성이 임무지역의 환경과 연계성이 높으면 그 국가 군대의 COIN 임무수행 성공 가능성도 높아진다.

제5장
COIN 성공 메커니즘: 방법론적 추적

1. 분석방법 선택(selecting methodology)

사례연구를 위해 여기서는 질적 연구방법(qualitative methodology)이 적용된다. 정치학에는 합리적 선택(rational choice), 양적 연구방법(quantitative methodology), 질적 연구방법(qualitative methodology) 간 방법론적 경쟁이 치열하다. 하지만각 방법론은 각자의 장단점을 가지고 있다. 합리적 선택 방법론은 이론적으로 체계적이고 철저하기 때문에 정치학에서 패권적 방법론으로 자리를 잡기 시작했다.[40] 하지만 두 가지 측면—경험적 사례분석상 제한, 안보연구에의 적용 제한—에서 단점이 있다. 우선 '합리적 선택' 방법론은 다소 비현실적인 가정을 제시하기 때문에 사례를 통해 검증하는 것이 매우 어렵다. 또한 이 방법론은 주로 '협상(bargaining)'과 '협력(cooperation)'의 논리에 중점을 두고 있기 때문에 안보연구(security studies) 적용에도 한계가 있다.[41] Walt의 주장처럼 합리적 선택 방법론은 "이론의 내용(the contents of theory)"보다는 "이론 정립(theory construction)"을 중요시하므로 정교할 수 있지만 주장의 내용은 새로운 것이 없는 측면이 있다.[42]

본 연구는 풍부한 경험적 사례분석을 필요로 하며 안보연구 분야 중 하나인 군사적 효과 측정을 대상으로 한다. 따라서 합리적 선택은 이 연구를 위해 적합한 방법론이 아니다. 여기서 합리적 선택을 방법론으로 채택하지는 않았지만 합리성(rationality)에 대한 개념은 유지하고 있다. 본 연구는 '중견국가(middle powers)'를 전략적인 합리적 행위자로 정의하면서 그들의 임무성공 목표를 매우 중요한 전략적 이익인 것으로 간주한다. 이러한 측면에서 여기에서 방법론적 틀은 수학에 기초한 합리적 선택—소위 정교한 공식화(hard formalization)—을 사용하지 않는다 하더라도 합리적 결과(rational outcomes)에는 관심을 갖는다 할 수 있다.[43]

합리적 선택이론이 이 연구의 적합한 방법론이 아니므로 다른 두 가지 방법론의 적합성을 따져 볼 필요가 있다. 이 두 가지는 합리적 선택이론의 급부상에도 불구하고 아직도 널리 통용되는 양적 연구와 질적 연구 방법이다.[44] 사회과학 분야에서는 오랫동안 양적 연구와 질적 연구 간의 치열한 방법론적 경쟁이 있어 왔다. *Designing Social Inquiry*(DSI)라는 방법론을 다룬 책자에서는 대량의 통계자료를 사용하는 양적 방법론이 질적 방법론보다 적실하다고 주장한다.[45] *Rethinking Social Inquiry, Case Studies and Theory Development in the Social Sciences*, 그리고 *Case Study Research* 등의 책자는 질적 연구의 필요성을 주장하며 *DSI*에 반론을 던진다.[46]

양적 연구는 여러 차원에서 질적 연구와 다르다. 양적 연구는 규칙적 패턴을 찾고 상관관계(correlation)를 찾는 방법이지만 질적 연구는 인과관계(causality)를 찾는 데에 주안점을 둔다. 전자는 대량의 데이터에 기반하여 가능성을 분석(probabilistic analysis)하는 것이지만 후자는 일부 사례에 기반하여 결정론적 결과(deterministic outcomes)를 추적하는 것이다. 더불어 전자는 많은 데이터를 사용하여 적은 지식을 찾지만 후자는 적은 데이터로 많은 지식을 찾는 차이가 있다.[47]

상기처럼 양적 연구와 질적 연구의 차이점을 분석해 보면 본 연구에는 질적 연구가 적합한 방법임을 알게 된다. 본 연구는 4개 행위자들의 복합적 상호작용에 중점을 두어 한국군의 COIN 효과에 대한 인과적 메커니즘(the causal mechanism)을 추적하기 때문이다.[48]

2. 과정추적(process tracing)과 연구대상 사례 선정(case selection)

질적 연구방법론에도 사건들이나 행위자들의 많은 이야기를 추적하는 다양한 방법이 있는데 대표적인 것이 역사실적 추론(counterfactual reasoning), 일치검증(congruence testing), 경로의존(path dependence) 그리고 과정추적(process tracing)이다. 역사실적 추론은 'X'가 없다면 어떻게 되는가라고 질문함으로써 'X'가 'Y'의 필요조건인지 확인하는 것으로 사실과 반대되는 상황에 기반을 두고 사고하는 방법이다. 일치검증은 양적 연구와 유사한 방식으로 독립변수와 종속변수의 상관관계 패턴을 식별하여 예측하는 방법이다.[49] 경로의존은 과거 사건은 일련의 미래 사건에 영향을 미친다는 것에 중점을 두어 역사를 강조하는 방법이다.[50]

마지막으로 과정추적은 매개변수를 식별하여 일련의 사건 과정을 추적하는 데 중점을 두는 방법이다. 본 연구에서는 베트남과 이라크에서 대게릴라/안정화작전 수행 시 다른 접근방법에도 불구하고 성공이라는 동일한 결과를 얻은 과정을 식별하기 위해 과정추적법을 사용할 것이다. 과정추적은 독립변수가 종속변수로 이어지는 경로는 다양할 수 있다는 가능성에 주목하기에 본 연구에 최적의 방법론이라 할 수 있다. Van Evera의 주장처럼 과정추적을 통해 "최초의 조건이 결과로 이어지게 되는 일련의 사건, 의사결정 과정"에 대한 연구가 가능하다.[51]

질적 연구에 있어 사례연구(case study)는 중요하다. Gerring은 사례연구를 "하나의 사례를 집중적으로 분석해 다른 많은 사례에 대한 영감도 줄 수 있도록 하는 것을 목적"으로 하는 것이라 정의한다.[52] 그래서 그는 '사례연구'를 하나 혹은 소수의 사례에 대한 분석으로 분류하면서 총괄적 사례연구와는 분명 다르다고 주장한다. 물론 *DSI*의 주장처럼 질적 연구는 사례를 잘못 선택하는 데서 오는 오류(selection bias)가 있을 수 있다는 비판에 직면하기도 한다.[53]

선택적 오류를 최소화하기 위해 Van Evera가 제안한 '사례선택 기준 (case-selection criteria)'에 의거하여 두 가지 사례를 선정한다.[54] 본 연구의 분석 단위는 '군사적 갈등/충돌(military conflict)', 그중에서도 특히 COIN이고 행위자는 한국군이다. 세 가지 이유를 근거로 한국군이 베트남과 이라크에서 수행한 COIN 임무 사례가 선택된다. 이 세 가지는 독립변수 및 종속변수에서 "자료의 풍부성(data richness)", "매우 유용한 가치(extreme value)", 그리고 "아웃라이어/매우 중대한 속성(outlier/crucial characteristic)"이다.[55]

베트남 전쟁은 The Vietnam Virtual Archives 등 여러 소스를 통해 다양한 자료 활용이 가능하다. 이라크 전쟁도 오랜 기간 동안 진행되었고 어떤 측면에서는 아직도 진행형이므로 풍부한 자료가 계속 축적되고 있다. 풍부한 자료에 대한 접근성은 퍼즐 해결을 위한 많은 질문에 대한 해답 찾기를 가능하게 해 준다. 둘째, 이 두 임무는 최소한 전술적 수준에서 종속변수인 'COIN 성공'에 대한 적합한 사례를 제공한다. 또한 베트남과 이라크에서 다른 처방으로 성공이라는 동일한 결과를 얻었다는 측면에서 '종속변수'로서의 가치적 측면도 있다. 마지막으로 한국군의 베트남·이라크 임무는 현 문헌연구나 이론상으로 쉽게 설명되지 않는 사례이다. 이러한 아웃라이어/매우 중요한 속성은 이 사례 선택의 타당성을 제공한다.

3. 연구자료(data sources)와 측정(measurement)

연구자료는 분석의 적실성을 높이기 위해 매우 중요하다. 한국군의 COIN 성공 과정을 추적하기 위해 한미 온라인 기록물 자료, 참전용사 전기, 텍사스 Tech Vietnam Archive, ProQuest Historical Newspapers 등 다양한 소스의 풍부한 자료를 활용했다.

측정의 적실성도 확보되어야 한다. 특히 독립변수와 종속변수를 정확히 측정하는 것은 분석의 논리적 타당성 확보를 위해 매우 중요하다. 우선 본 연구의 종속변수는 '대게릴라/안정화작전 임무수행 결과(COIN outcome)'(성공 혹은 실패)이다. COIN 성공은 〈표 5-1〉에 제시된 지표(indicators)로 측정된다.

〈표 5-1〉 대게릴라/안정화작전 성공 측정 지표

지표	측정
임무지역 통제 (TAOR control)	1. 전투 결과: 사망자 수, 전쟁포로 2. 지역주민과 게릴라 분리 여부 3. 임무지역 내 주민 증가 여부 4. 게릴라 활동 정도
지역주민 정상생활 기능	1. COIN 임무군의 인프라 구축에 대한 주민 반응 2. 지역자치권 정도 3. 지역시장 성장 여부
외부평가 (타 COIN 임무군과 비교)	1. 한국군 COIN 모델의 타국군 채택 여부 2. COIN 임무 주도국의 요청 정도 3. COIN 임무 주도국의 한국군에 대한 평가 4. 한국군에 대한 보도

주지한 바와 같이 COIN 성공 여부는 임무지역의 안보통제와 직접적으로 관련된다. 안보통제는 '물리적 통제와 지역주민에 대한 치안제공'이라는 두 경로를 통해 달성될 수 있다. 물리적 통제는 전술책임구역(TAOR: Tactical Area Of Responsibility)에서 임무군을 주도하여 통제하는 것을 말하며 전투 결과, 지역주민과 게릴라 분리 수준, 임무지역 내 주민 증가 여부, 게릴라 활동 정도로 측정될 수 있다. 지역주민들이 자신의 고장에서 정상적인 생활을 하고 있는지는 인프라 구축 정도, 지역자치권 정도 및 지역시장 성장 여부를 통해 측정된다.

또한 한국군이 COIN에 성공했는지는 외부평가를 통해서도 확인할 수 있다. 한국군의 COIN 처방을 다른 국가가 주목하고 자신도 채택했다면 성공적인 처방이라 할 수 있다. COIN 임무 주도국이 한국군에게 임무역할 확

장을 요구했는지와 한국군의 임무수행에 대한 전반적인 평가도 확인할 것이다. 또한 한국군에 대한 외신 보도 등도 추적할 것이다.

독립변수는 '매우 드문 임무라는 특수성과 지위적 이점'에 기반을 두고 '의지(willingness)'와 '능력(capability)'을 측정한다. 〈표 5-2〉처럼 '의지'는 4개 지표로 측정된다. 우선 한국군의 '의지'는 임무성공 시 한국이 획득하게 될 기대효용으로 측정된다. 둘째, '의지'는 또한 임무병사들의 사기와 긍지로 측정된다. 셋째, 통상적인 군조직을 COIN 임무에 적합하도록 바꾸려는 열의를 측정한다. 마지막으로 한국군의 전방위적 임무에 대한 사전준비를 측정한다.

〈표 5-2〉 임무 특수성 논리에 의해 추동된 '의지' 요소 측정

구분	지표	측정
의지	임무 기대효용치	1. 임무와 국가위상 상관성 2. 임무 관심도 3. 정부 대화
	사기와 긍지	참전용사의 회고
	조직 변화 추진 의지	지도자의 조직 변화 시도 과정
	임무 사전준비	1. 파견대 가동 여부 2. 과거 사례 분석을 통한 교훈 도출 3. 현재 사례에 대한 철저한 분석

독립변수 측정에 있어 더 중요한 것은 이러한 '의지적' 요소들이 어떻게 '능력적' 요소로 진화되었는가이다. 임무성공에 대한 의지가 높으면 그들이 맞춤형 전술을 개발하고 조직의 유연성을 불어넣음으로써 임무군을 비전통적 전투에 보다 능력 있는 조직으로 변화시키기 마련이다. 이런 변화 과정에 착안하여 〈표 5-3〉처럼 '능력'은 최초 채택된 전술, 조직적 유연성, COIN에 적합한 병사 및 자산 구비 여부를 측정한다.

〈표 5-3〉 임무 특수성 논리에 의해 추동된 '임무' 요소 측정

구분	지표		측정
능력	초기 전술 선택	COIN 맞춤형 군사전술 (적 기반적 접근)	채택된 전술 - 소규모 전술(소규모 제대) - 야간작전
		COIN 맞춤형 사회전술 (주민 기반적 접근)	채택된 전술 - 마음 얻기 - 민사작전
	조직 유연성		1. 임무 지향적 조직 여부 2. COIN 임무군의 인프라 구축
	COIN 적합 병사/자산 구비		1. 정예 병사 구성 - 병사 선발 과정 - 임무훈련 프로그램 - 임무규칙 2. 적절한 군사자산 - 무기, 장비 등

우선 소규모 전술, 민사작전 등 최초 무슨 전술이 채택되었는지 측정한다. 또한 임무 지향적 군대조직 개편, 인프라 구축능력, 현지군 양성 등 다양한 COIN 특성을 조사함으로써 COIN 성공에 필수적인 조직적 유연성이 있었는지 분석한다. 셋째, 임무군이 COIN에 적합한 병사와 자산을 보유하고 있었는지 확인하기 위해 임무병사 모집 및 양성 과정을 확인하고 그들이 보유한 군사자산도 분석한다.

지금까지 살펴본 '임무 특수성'이 임무성공 추동의 한 축이라면 한국이 보유한 '지위적 이점'이 다른 한 축이었고 이는 물질적, 비물질적 이점으로 구분된다. 물리적 환경에 기반한 이점은 〈표 5-4〉처럼 네 가지 지표로 측정된다.

〈표 5-4〉 정치환경적 이점(물질적 환경)

국가의 이점		측정
물질적 환경	비강대국 경험 (non-great power experiences)	1. 한국의 역사 추적 2. 자국 COIN 경험 사례 3. 자국의 경제발전 과정
	상대적으로 적은 비대칭성	해당국과 경제 및 군사적 능력 비교
	지형 및 지리 숙달	COIN 국가와 지역국가 간 비교
	약소국은 구비하지 못한 조직화된 군대	군조직 수준 - 전반적 군대조직 - 병력 및 무기 수준

우선 비강대국으로서 겪은 역사적 경험을 한국의 역사 추적, 자국 COIN 경험 사례 분석, 자국의 경제발전 과정 확인을 통해 조사한다. 둘째, COIN 국가와 게릴라가 활동하는 임무지역 국가의 경제적, 군사적 능력 차이를 분석함으로써 비강대국으로서 구조적 지위가 긍정적으로 영향을 미친 측면을 확인한다. 셋째, 지역과 지리에 대해 숙달되어 있는 전문성이 조사된다. 마지막으로 약소국과는 다른 중견국으로서의 지위 판단을 위해 군사조직 강도를 확인한다.

비물질적 환경에 기반한 이점도 〈표 5-5〉처럼 네 가지 지표로 측정된다. COIN 국가와 게릴라 활동지역 국가와의 사회적 차원의 연대감이 '적응비용'을 최소화하는 데 중요하다. 따라서 베트남인과 이라크인들의 한국인에 대한 우호 정도가 추적된다. 둘째, 지역주민의 마음을 얻는 데 중요한 문화적 이해 수준이 측정된다. 셋째, 한국군이 현지에서 COIN 임무를 막 시작했을때 지역주민의 한국군에 대한 최초 이미지 수준을 확인한다. 넷째, COIN 임무군이 지속적으로 현지에서 임무를 수행하기 위해서는 국내행위자, 즉 국민들로부터의 지지가 필요하다. 따라서 국내국민의 지지 여부를 확인한다.

〈표 5-5〉 사회–문화적 이점(비물질적 환경)

국가의 이점		측정
비물질적 환경	국민 간 유대감	베트남인과 이라크인들의 한국에 대한 우호 정도 – 일간지 등 인터뷰 자료
	문화적 이해도	국가 간 공통적 속성 – 사회적 수준 – 임무군의 사회에 대한 이해도
	COIN 임무군에 대한 지역주민의 최초 반응	1. 베트남인과 이라크인의 인터뷰 자료 2. 첫인상 전술 3. 주민들의 게릴라에 대한 반감
	국내국민의 지원	COIN 임무군 지원 활동

제6장

사례선정 적절성 검증: 통상임무 실패 사례(within-case variation)

쉽게 찾아오지 않는 드문 임무라는 특수성이 임무성공 의지를 끌어올린 첫 번째 추동체라고 하면 그렇지 않은 경우 임무에 실패했는지에 대한 반대 사례(within-case variation) 분석을 통해 사례선정이 적절한지 검증할 필요가 있다. 독특한 임무가 성공 가능성이 높고 통상임무는 그럴 가능성이 적은가? 이를 검증하기 위해 한국군의 통상임무가 무엇인지부터 살펴보아야 한다.

〈표 6-1〉 통상임무 실패 사례

구분	사건명	침투 형태	결과
1968. 1. 17.~2. 3.	청와대 습격사건	무장공비 31명 비무장지대 침투	• 남한 군인: 23명 전사, 52명 부상 민간인: 7명 사망 • 북한 무장공비 사망: 28명 도주: 2명 체포: 1명
1968. 10. 30.~11. 2.	울진 삼척지구 무장공비 침투사건	무장공비 124명 해안/마을 침투	• 남한 군인: 52명 전사, 67명 부상 민간인: 30명 사망 • 북한 무장공비 사망: 107명 도주: 6명 체포: 7명
1976. 8. 18.	도끼만행사건	북한군 아 영토 침범	미 장교 2명 사망, 한미 장병 9명 부상

국경 경계(border security) 임무는 6·25 전쟁 이후로 한국군에게 가장 중요한 통상임무였다. 남북한은 약 250km에 달하는 군사분계선(MDL: Military Demarcation Line)으로 국경이 나뉜다. 군사분계선에 따라 병력을 분리시키고 있으며 군사분계선 남북 양쪽에 2km의 폭으로 비무장지대(DMZ)를 설정하여 완충지대로 운용한다. 한국군은 국경 경계의 일환으로 이 지역 주변을 철통같이 경계하는 임무를 수행한다. 한국 육군의 전방 군사령부는 북한군의 도발을 억제하기 위해 북한과 대치하고 있는 이 지역의 경계를 평시 가장 중요한 임무로 판단하여 이러한 임무를 수행하여 왔다. 특수임무가 병사의 전의를 끌어올린다면 반대로 통상임무는 전의가 상대적으로 약할까? 이런 사례는 경험적으로 실제 있었다. 한국군이 국경 경계를 매우 중요한 임무로 간주했다는 것을 무색하게 할 만큼 북한군은 수차례 이 경계를 뚫는데 성공해 왔다.

북한과 대치하고 있는 경계를 지켜 북한군이 침투하지 못하게 하는 것은 한국 병사의 통상임무였다. 하지만 이런 통상임무에 실패하는 사례는 종종 발생하였다. 상당수의 북한군 혹은 요원이 한국에 침투하여 작전을 벌였다. 대표적인 사례가 〈표 6-1〉에서 보는 것처럼 1968년 청와대 습격사건, 울진 삼척지구 무장공비 침투사건, 1976년 도끼만행사건이다.

1. 1968년 청와대 습격사건(1·21 사태)

통상임무에 실패한 사례로 먼저 1968년 발생한 청와대 습격사건을 살펴보자. 김신조 등 북한군 제124군부대 소속 무장공비 31명은 1968년 1월 17일 야간 시간대를 이용하여 비무장지대 침투에 성공한다. 침투 목적은 박정희 대통령을 살해하고 사회 전반에 혼란을 야기하여 적화통일의 발판을 마련하기 위함이었다. 비무장지대를 성공적으로 침투한 것도 놀라운 일이지만 더욱 놀라운 점은 무장공비들이 서울까지 아무 제지 없이 침투했다는 것이다. 그것도 4일 동안 한 번도 잡히지 않고 활보했다. 당시 체포된 김신조 소위는 언론 인터뷰에서 경찰과 조우하기 전에 군경 수색대를 본 적이 있는지에 대한 질문에 "아무도 만나지 못했고 간첩작전을 벌이고 있는 줄도 몰랐습니다. 당초 계획대로 내려왔는데 막는 사람들이 없었습니다"라고 답하기도 했다.[56] 아이러니하게도 1968년은 한국군이 베트남에서 성공적으로 베트콩 게릴라의 마을 침투를 막아 그 명성을 날리던 시점이었다. 따라서 이는 국내에서 한국군의 실패와 국외에서 한국군의 성공이 대조를 이루는 사례이다.

북한 무장공비는 어떻게 한국에 성공적으로 침투할 수 있었겠는가? 통상 경계임무를 수행하고 있는 병사들은 임무의 반복성이라는 특성 때문에 열정이 상대적으로 약했다. 그들의 임무는 국가위상을 높이는 기회라기보다는 통상적 의무로 받아들여졌다. 반대로 무장공비는 그들의 임무성공이 북한을 위해 매우 중요한 일이라 생각하고 있었기에 임무에 대한 열정도 높았다. 김신조 소위는 "김일성 수령님을 위해 자폭하려 했는데… 특공대의 철학은… 나라 지키기 위해 목숨 거는 것"이라고 당시 상황을 회고하기도 했다.[57]

북한 무장공비의 높은 사기는 높은 수준의 침투능력으로 진화되었다. 침투 전 그들은 임무 맞춤형 훈련을 수없이 받아 침투전문가가 되었다. 특히 그들은 한국군이 자신들을 감지하지 못하도록 조용히 움직이는 방법을 습득했고, 심지어는 한 시간 동안 움직이지 않는 능력까지 구비했다. 게다가 무장공비들은 임무달성을 위해 아주 치밀한 계획까지 세웠다. 예를 들어 그들은 한국 내 활동이 용이토록 한국군의 군복까지 착용했다. 무장공비들은 맞춤형 훈련과 치밀한 계획을 통해 비무장지대를 성공적으로 넘어와 청와대 500m 앞까지 침투하는 데 성공할 수 있었다.

북한 무장공비들의 높은 사기 및 전문적인 능력과는 대조적으로 경계

임무는 통상적 임무의 본질적 속성으로 인해 한국 병사들에게 중요한 것으로 인식되는 경향이 낮았다. 군사분계선에 설치된 철책선은 녹슨 곳이 있었고 예산 부족을 이유로 교체도 되지 않고 있었다. 이런 허점은 무장공비가 성공적으로 침투하는 기회의 창으로 작용했다.

북한 무장공비는 청와대에 습격하여 박정희 대통령을 암살하는 데는 실패했다. 세검동 파출소 자하문 초소 검문 과정에서 경찰 병력과 총격전을 벌이고 이후 군경합동수색팀이 대게릴라작전을 벌여 침투한 31명 중 28명을 사살하고 2명이 도주, 1명이 체포되었다.[58] 하지만 무장공비의 침투 자체는 분명한 성공이었고 한국군에게는 경계임무의 실패였다. 더욱이 무장공비들은 서울 한복판에서 32명의 시민을 인질로 잡아 사회를 혼란하게 만드는 데 성공했다. 이런 측면에서 경계병의 소소한 임무실패가 군 및 사회 전반에 치명적인 결과를 가져왔다는 점은 부인할 수 없다.

2. 1968년 울진 삼척지구 무장공비 침투사건

또 다른 한국군의 통상임무 실패는 1968년 북한 무장공비가 울진과 삼척 지역에 성공적으로 침투한 사건에서 찾아 볼 수 있다. 무장공비 120명은 15명씩 15개 조로 나누어 10월 30일, 11월 1일, 11월 2일 3일간 울진군 고포해안에 상륙한 후 울진 · 삼척 등 5개 마을에 성공적으로 침투하였다.[59] 그들의 침투는 남한 내 민중봉기를 유도하고 월남전 종식에 대한 우려 상황을 타개하기 위해 한반도 내에서 긴장을 조성하기 위한 정치적 의도에서 감행되었다. 특히 남한 지역 내 게릴라 활동의 가능성을 타진하는 것이 숨은 의도였다. 이 사건은 6 · 25 전쟁 후 가장 많은 병력의 한국 침투였다.

무장공비는 야간 시간대에 해안 지역을 이용하여 침투했다. 북한은 울진 지역이 조석간만의 차이가 적어 침투에 적합하다고 판단하였다.[60] 무장공비는 침투지 인근 마을에 진입하여 마을 주민들에게 공산주의 사상을 주입하려 했다. 나아가 마을 주민들에게 게릴라 그룹에 가담하여 민중봉기를 일으키도록 독려했다.[61]

육군은 통상임무인 해안경계를 책임지고 있었는데 38사단이 삼척 지역을, 36사단이 울진지역을 책임지고 있었다. 이처럼 정확히 책임지역이 지정되어 있었지만 당시 36사단은 침투 당일에 순찰조를 보내지 않았다. 순찰조가 없었다는 것은 무장공비에게는 침투성공 기회를 늘리는 계기가 되었다. 첫 번째 팀 30명이 1968년 10월 30일 성공적으로 울진에 침투하였고 후속팀도 성공적으로 침투하게 된다.[62] 당시 체포된 무장공비는 자신들이 침투하는 데 방해되는 것은 전혀 없었다고 주장하며 침투임무가 어렵지 않았음을 강조했다.[63] 한국군의 통상임무인 경계가 얼마나 소홀했는지 가늠할 수 있는 대목이다.[64]

앞서 언급한 바와 같이 일부 지역은 순찰조 자체가 없었고 다른 지역도 소수 인원만이 경계임무를 위한 순찰에 투입되었다. 경계병들은 임무에 대한 의지도 능력도 부족했다. 한 경계병은 1968년 11월 2일 4대의 고무보트가 해안으로 접근하는 것을 목격했지만 겁에 질려 상부에 보고하지 않고 자리를 이탈했다.[65] 경계병의 이런 모습은 베트남전에 참전하고 있던 한국 병사와 극명하게 대조를 이루는 것이었다. 1968년 베트남의 한국 병사들은 가장 용맹스럽고 충직한 군인으로 명성을 날리고 있었다. 반면 1968년 11월 3일 울진 주민 한 명이 무장공비 침투 사실을 신고한 후에야 한국군은 그들의 침투 사실을 인지했다.

무장공비 침투 신고를 받은 한국군은 대규모 병력을 동원하여 대게릴라 작전을 실시했다. 하지만 작전지역이 험한 산으로 둘러싸여 있어 작전이 어려워지면서 2달이나 지속되었다. 한국군은 무장공비 107명을 사살하고 7명을 체포했지만 한국 측도 군인 52명 전사, 민간인 30명 사망이라는 막대한 피해를 입었다. 활동이 쉽지 않은 지형에서 게릴라들이 두 달이나 싸

제6장 사례선정 적절성 검증: 통상임무 실패 사례(within-case variation)

움을 이어 갔고 한국 측 피해도 막대한 것을 고려하면 대게릴라전은 실패라 할 수 있다. 하지만 더 큰 문제는 청와대 습격사건이 발생한 지 얼마 되지 않아 경계임무 실패 사례가 다시 발생했다는 점이다. 작전 실패의 책임이 있는 장교와 병사들은 경계임무 태만과 전비태세 부족을 이유로 군사법원에 보내졌다.[66] 고국에서 작전 실패에 고전을 면치 못하던 1968년 바로 그해에 베트남의 한국군 병사들은 작전 성공을 이어 가면서 훈장까지 받는 등 극명한 대조를 이루었다.

3. 1976년 판문점 도끼만행사건

통상임무 실패 사례로 판문점 도끼만행사건도 살펴볼 필요가 있다. 판문점으로도 호칭되는 공동경비구역(JSA: Joint Security Area)은 비무장지대에서 남북한 병사들이 공동으로 경비하는 유일한 구역으로 그 크기가 동서 800m, 남북 400m인 지대이다. 남북한 군대의 병사들이 근거리에서 서로 마주 보고 삼엄한 경비에 임하는 곳이고 북단의 대표적인 상징으로 인식되기도 한다. 공동경비구역은 6·25 전쟁 이후 미군 지휘하에 한국 병사와 미국 병사들이 경계를 담당해 오다가 2004년 지휘권이 한국에게 이양되었다.

1976년 8월 8일 미군 보니파스 대위를 포함한 한미 군인들이 초소의 시야를 가리고 있던 미루나무를 베려는 작업을 하는 과정에서 북한 경비병이 도끼로 보니파스 대위를 가격하는 상황이 발생했다.[67] 이 사건으로 보니파스 대위를 포함하여 2명의 미 장교가 사망하였고 9명의 한미 군인들이 부상을 입었다.[68] 이에 당시 박정희 대통령은 "미친개에게는 몽둥이가 약"이라 말하며 분개하였고 한국군은 경계를 강화했으며 미군도 데프콘-3까지 발령하며 군사조치에 들어갔다.[69] 북한의 김일성도 군에 전투태세에 돌입도록 지시하면서 군사대결 상태가 이어졌다. 북한에 대한 타격까지도 고려했던 미국의 포드 대통령은 군사적 타격 대신 미루나무를 절단하는 '폴 버넌 (Paul Bunyan)' 작전을 통해 상황을 마무리했다.

공동경비구역은 적군이 코앞에서 대치하는 경계수준이 가장 높은 지역이다. 한순간 바로 화약통이 터질 수 있는 곳이다. 하지만 그곳에서조차 경계임무는 한국 및 미국 병사들에게 통상임무였다. 그들은 북한 경비병의 폭력적 도발 가능성에 대해 심각하게 고려하지 않았다. 그 결과 북한 경비병의 잔인한 도발을 허용하고 말았다. 물론 북한이 이 비극에 책임을 져야 하고 비난을 받아야 할 당사자이다. 하지만 동시에 이러한 위험한 지역에서 경비임무를 하고 있는 병사들의 경계의식이 낮았다는 점도 교훈으로 새겨야 할 대목이다.

지금까지 살펴본 세 가지 사례는 통상적 경계라는 임무의 성격이 임무완수에 대한 경계태세, 즉 의지를 낮추고 나아가 능력수준도 낮추게 된 메커니즘이 작동되어 임무실패로 귀결된 상황들이다. 경계임무와 같은 매일 반복되는 일상업무에 책임을 지는 병사들은 '반복적 피로감(repetition fatigue)'에 시달린다. 이런 허점을 이용하여 북한군은 침투에 쉽게 성공했다. 따라서 이 세 가지는 의지와 능력(독립변수)이 임무성공 여부(종속변수)에 어떠한 영향을 미쳤는지 판단할 수 있는 좋은 사례들이다. 나아가 특수한 임무를 수행하는 병사들과는 대조적으로 통상임무라는 속성으로 인해 병사들의 임무가 실패로 귀결될 개연성이 높다는 점을 확인한 사례들이기도 하다.

결론적으로 이 사례들은 '임무의 형태/속성'이 '임무성공 여부'라는 종속변수에 어떻게 영향을 미치는지 여실히 보여 준다. 반복적인 통상임무를 수행하는 병사들의 자긍심과 사기를 끌어올리기는 어렵다. 따라서 통상임무 성공을 위해서는 많은 지휘관심이 요구된다. 반면에 매우 중요하고 아주 독특한 흔치 않은 임무는 병사들로 하여금 임무성공에 대한 열정을 창출하게 하고 결국에는 능력도 구비하게 하는 촉매제로 작용한다. 특히 COIN 임무의 특수성은 그 메커니즘이 더욱 명확하다. 임무가 귀하고 소중하기에 의지와 능력을 키우는 선순환이 이루어지는 것이다. 한국의 COIN 임무군 성공의 또 다른 비결은 앞서 수차례 언급한 것처럼 중견국 한국이 보유하고 있는 정치적·사회-문화적 지위에 있었다. 결국 '임무 특수성'과 '지위적 이점'이 한국군이 베트남과 이라크에서 COIN 임무에 성공한 비결이다.

사례 추적 I: 한국군의 베트남 COIN

제7장

한국군의 베트남 임무 개관

대부분의 전쟁처럼 베트남전도 국가를 중심으로 하는 두 그룹 간의 대규모 대결이라는 측면에서 전통적 전쟁으로 시작되었다. 한 그룹은 미국과 동남아시아조약기구(SEATO, Southeast Asia Treaty Organization)를 중심으로 남베트남 정부를 지원하였고 다른 한 그룹은 공산국가 동맹군으로 북베트남을 후원하였다.[1] 하지만 남베트남의 응오딘지엠(Ngo Dinh Diem) 대통령이 선거를 거부하고 또한 친가톨릭 정책 등에 문제가 발생하면서 국내정치적 상황이 혼란에 빠진다. 이에 곳곳에서 민중봉기가 일어나면서 전쟁의 본질적 성향이 변하게 된다. 이런 민중봉기에 베트남 시민들이 대거 합류하면서 1950년 중반에 이르러 베트콩(Viet Cong) 게릴라 조직이 체계화된다. 나아가 1960년 남베트남 민족해방전선(NLF)이 결성되면서 반군의 힘이 더욱 강해지기 시작했다. 이런 환경 속에서도 베트남전은 '전통적 전투'에서 '대게릴라/안정화작전'이라는 형태로 그 성격이 급속히 변하게 된다.

〈표 7-1〉 베트남 전장의 COIN 연합군 참가국

〈병력 수〉

구분	1964	1965	1966	1967	1968	1969	1970	1971	1972
미국	17,200	161,100	388,568	497,498	548,383	475,678	344,674	156,975	29,655
한국	140	20,541	45,605	48,839	49,869	49,755	48,512	45,694	37,438
호주	200	1,557	4,525	6,818	7,661	7,672	6,763	1,816	128
태국	0	16	244	2,205	6,005	11,568	11,568	6,265	38

필리핀	17	72	2,061	2,020	1,576	189	74	57	49
뉴질랜드	30	119	155	534	516	552	441	60	53
대만	20	20	23	31	29	29	31	31	31
스페인	0	0	13	13	12	10	7	0	0

출처: 최용호, 『통계로 본 베트남전쟁과 한국군』, 서울: 대한민국 국방부 군사편찬연구소, 2007.

미국은 베트남이 공산화되면 동남아시아 전력이 공산화될 수 있다는 도미노 이론(domino theory)을 명분 삼아 1961년 군사고문단을 중심으로 군병력을 베트남 전장에 파병한다. 하지만 국제정치적 측면에서 민주진영과 공산진영 간 대결의 격전지이던 베트남 전장은 베트콩이 게릴라전을 강화하면서 비전통적 전투, 특히 COIN의 전장으로 변하게 된다. 미군은 베트콩이라는 게릴라가 활보하는 전장에서 전통적 전투 방식인 물리적 군사력 중심─대규모 병력, 중화력, 첨단무기 운용 등─으로 임무를 수행했다. 미군의 이러한 처방은 실패로 귀결된다. 1973년 미군은 미해결 전장을 버려둔 채 떠났고 1975년 월맹군은 사이공을 함락시켰다.

베트남 전장에서 싸운 것은 미군만이 아니었다. 미국은 다른 국가들의 참가를 희망하고 있었고 이는 "More Flags to Vietnam"이라는 슬로건으로 탄력을 받으면서 〈표 7-1〉에서 보는 바와 같이 한국, 호주, 스페인 등 7개국이 미국과 함께 전장에서 힘든 싸움을 함께하게 된다.

한국은 베트남 전쟁이라는 매우 드문 임무에 미국 다음으로 가장 많은 병력─연인원 약 32만 명─을 파병했다. 주 파병 부대는 육군 수도기계화보병사단(맹호부대), 제9보병사단(백마부대), 해병 제2여단(청룡부대)이었다. 〈표 7-2〉는 이 COIN 임무에서 한국군 주둔지(북쪽에서 남쪽 순)를 보여 준다.

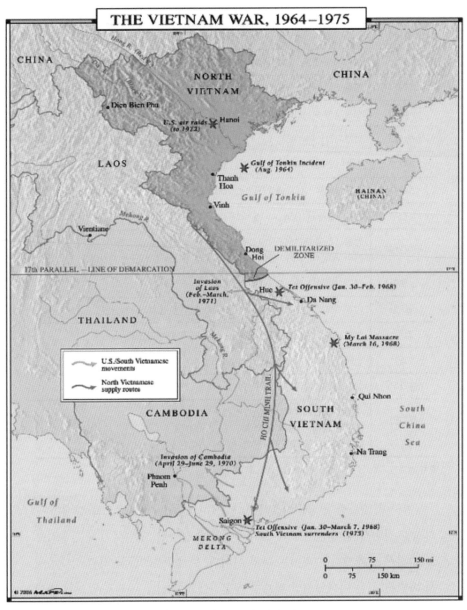

〈그림 7-1〉 베트남 전장 지도

출처: www.maps.com

〈표 7-2〉 베트남 COIN 한국군 주둔지

구분	부대(임무 기간)
다낭	십자성 1지원단 11지원대대(1966. 9. 19.~1972. 1. 29.)
호이안	청룡 3차 주둔(1968. 1. 7.~1972. 1. 29.)
추라이	청룡 2차 주둔(1966. 9. 19.~1968. 1. 6.)
빈케	맹호기갑연대(1965. 11. 1.~1973. 3.)
푸캇	맹호 1연대(1965. 10.~1973. 3.)
퀴논	맹호사령부 · 십자성 1지원단, 106후송병원
송카우	맹호 26연대(1966. 4. 15.~1973. 3.)
투이호아	청룡 1차 주둔(1965. 12. 26.~1966. 9. 18.) 백마 28연대, 209이동외과병원, 십자성 1지원단, 12군수지원대대
난호아	백마사령부(1966. 9.~1973. 3.), 백마 29연대
나트랑	야전사령부 · 100군수사령부 · 102후송병원, 십자성 2지원단
캄란	청룡상륙주둔(1965. 10. 9.~1965. 12. 25.), 백마 30연대
디안	비둘기부대(1965. 3. 16.~1973. 3.)
붕타우	제1이동외과병원(1964. 9. 22.~1973. 3.), 태권도 교관단(선발대)
호치민 (사이공)	주월 한국군사령부(1965. 10. 20.~1973. 3.) 백구부대[해군수송부대](1965. 7. 7.~1973. 3.) 은마부대[공군지원단](1967. 7. 1.~1973. 3.)

출처: 채명신, 『베트남전쟁과 나』, 서울: 팔복원, 2006.

미군이 주도한 연합군의 베트남 COIN 임무는 전략적으로 실패했다. 하지만 전략적 실패라는 것이 COIN 임무에 참가한 모든 국가가 전술적으로도 전부 실패했다는 의미는 분명 아니다. 한국군은 미국군처럼 강대국에서 파병된 군은 아니었지만 베트콩 게릴라에게 무서운 존재로 인식될 만큼 잘 싸웠다. 따라서 한국은 연합군에 '국기 하나를 추가(more flags)'하는 상징적 수준의 국가(a symbolic player)가 아니라 제대로 된 역할을 하는 실체적 국가(a substantial player)였다. 한국군은 타국군에게 성공 비법을 전수해 줄 정도로 임무성과가 높아 작은 거인으로서 위상을 견지했다. 한국군이 베트남 전장에서 COIN 임무의 실체적 행위자였는지 확인하기 위해 임무성공 스토리를 보다 구체적으로 살펴볼 필요가 있다.

제8장

한국군의 베트남 임무 성공 스토리

1. 안보 쟁취(gaining security): **임무지역에 대한 강한 통제**

한국군이 임무를 수행하게 될 베트남 전장은 베트콩이라는 게릴라의 활동이 우세한 지역이었다. 따라서 한국의 COIN 임무군은 게릴라 활동을 최대한 억압하는 것이 최우선적으로 조치해야 할 분야라 판단하였고 이를 위해 최초 처방으로 '적 기반 접근법(an enemy-based approach)'을 선택했다. 임무지역 통제를 위한 초기 국면에서 한국군은 북베트남 정규군과의 주요 전투에서 승리하고 베트콩 게릴라를 효과적으로 제압함으로써 COIN의 첫 단추를 잘 맞추었다. 〈표 8-1〉의 전사 비율(the kill ratio)에서 보는 것처럼 한국군은 주요 전투에서 맹렬히 잘 싸웠다.

〈표 8-1〉 한국군의 '적 기반 접근법'의 주요 성과

작전명(수행 부대)	기간	작전 핵심 및 결과
맹호5호 작전 (맹호부대)	1966. 3. 23.~26.	• 대규모 야간 침투 * 전사 비율 25 : 1 　- 월맹군: 사망 331, 포로 287 　- 한국군: 사망 13, 무기 노획
두코 전투 (맹호부대)	1966. 8. 8.	• 분권화된 작전(Decentralized operations) • 맞춤형 전술(중대전술기지)의 승리 * 전사 비율 27 : 1 　- 월맹군: 사망 187, 포로 6 　- 한국군: 사망 7, 무기 노획

맹호6호 작전
(맹호부대)
	1966.
	9. 23.~11. 9.
		• 동굴작전(푸켓 산 게릴라 본거지 무력화)
		• 산악전투
		* 전사 비율 39 : 1
		   – 베트콩: 사망 1,161, 포로 518
		   – 한국군: 사망 30, 무기 노획

백마1호 작전
(백마부대)
	1967.
	1. 21.~3. 5.
		• 동굴작전
		• 포로를 활용한 정보 획득
		* 전사 비율 21 : 1
		   – 베트콩: 사망 393, 포로 31
		   – 한국군: 사망 19

짜빈동 전투
(청룡부대)
	1967.
	2. 14.~15.
		• 분권화된 작전
		• 병력 측면에서 다윗과 골리앗의 싸움
		* 한국 해병 1개 중대(294명): 월맹군 여단
		   (2,400명)
		• 중대전술기지 효과 입증
		* 전사 비율 16 : 1
		   – 월맹군: 사망 246
		   – 한국군: 사망 15

오작교 작전
(백마/맹호)
	1967.
	3. 8.~4. 18.
		• 중앙집권적 작전
		• 두 개 사단 간 통합작전
		• 보급로 확보(1번 고속도로)
		* 백마부대 전사 비율 14 : 1
		   – 베트콩: 사망 266, 포로 145
		   – 백마부대: 사망 19
		* 맹호부대 전사 비율 38 : 1
		   – 베트콩: 사망 608, 포로 272
		   – 맹호부대: 사망 16

홍길동 작전
(백마/맹호)
	1967.
	7. 9.~8. 26.
		• 중앙집권적 작전
		• 베트콩 지휘망 파괴
		• 두 개 사단 간 통합작전
		* 백마부대 전사 비율 30 : 1
		   – 베트콩: 사망 271, 포로 61
		   – 백마부대: 사망 9, 무기 노획
		* 맹호부대 전사 비율 19 : 1
		   – 베트콩: 사망 394, 포로 57
		   – 맹호부대: 사망 21, 무기 노획

보물선 작전 (청룡)	1967. 7. 14.	• 한국군과 미군의 연합작전 • 전쟁보급물자 대량 나포 * K44 자동소총 975정, K56 자동소총 189정, 유도탄 25문, 대공기관포 2문 등
매화 작전 (맹호)	1967. 8. 20.~9. 6.	• 정치 인프라 제공(대통령 선거 성공적 시행) • 맹호부대 임무지역 통제력 과시: 주민 투표율 90% 이상

출처: 채명신, 『베트남전쟁과 나』, 서울: 팔복원, 2006.

한국군은 베트남 COIN 전장에서 자신들에게 할당된 작전구역(AOA: Area of Operation)을 완벽하게 통제했다.[2] 또한 한국군 COIN 병사들은 산악지형에 능숙했는데 이러한 산악에 대한 전문성을 살려 푸켓 산에 주둔하던 월맹군 2개 대대를 단지 수일 만에 소탕하여 통제권을 가져왔다.[3] 더욱이 연인원 32만 명의 한국군이 베트콩 게릴라와 북베트남 정규군인 월맹군과 치열한 전투를 했지만 전쟁포로가 된 한국 병사는 단지 3명에 불과했다.[4] 반면 한국군은 많은 전쟁포로를 체포하였다. 특히 임무 초기이던 1966년 한국군의 전쟁포로 체포율은 100명당 7명으로 체포 1등국이었고, 미국군은 1,000명당 4.5명으로 2등이었다.[5] 한국군의 놀라운 성과에 감명을 받은 베트남 COIN 임무 주도국인 미국은 266명의 한국 병사들에게 훈장을 수여하기도 했다.[6]

이처럼 한국군이 베트남의 전장에서 제일 먼저 채택한 '적 기반 접근법(an enemy-based method)'은 매우 효과적이었다. 이런 게릴라 활동 제압의 효과를 등에 업고 두 번째 단계로 '주민 기반 접근법(a population-based method)'을 점차 도입하기 시작했다. 즉 게릴라 활동을 위축시켜 임무지역의 안보상황을 어느 정도 통제 가능하도록 환경을 구축한 후 주민 친화적 활동을 본격적으로 개시한 것이다.

한국군은 1965년 첫 번째 주력 부대가 베트남 전장에 도착하자마자 채명신 주월 한국군사령관 지휘하에 괄목할 만한 성과를 이어 갔다. 당시 남베트남은 4개 지역으로 구분되었는데 한국군은 주로 '제2군단 지역(Region II)'을 담당했다.[7] 한국군은 미군, 특히 이 지역에서 임무를 수행하던 미 해병대와 작전지역을 공유하고 있었지만 미군사령부로부터 직접적인 통제를 받지 않고 독립 작전권을 갖고 임무를 수행하였다. 주월 한국군사령부는 사이공에 위치하고 있었고 청룡부대는 호이안, 츄라이, 뚜이호아, 캄란 지역을, 맹호부대는 빈케, 푸켓, 퀴논, 송카우 지역을 통제했다. 바로 이 1개 해병 여단과 1개 육군 사단은 임무지역 도착과 동시에 발 빠르게 적응했다. 이와 같은 빠른 '적응템포'에 힘입어 지정구역을 샅샅이 수색하며 지역의 안보를 신속하게 확보하기 시작했다.[8]

2. 한국군 베트남 COIN에 대한 평가 추적

한국군이 진짜로 베트남 전장에서 뛰어난 병사로 이름을 날렸을까? 아니면 실제 성적표보다 과대포장된 것일까? 분석의 적실성 판단을 위해 한국군의 베트남 COIN 성적표를 보다 객관적으로 살펴볼 필요가 있다. 한국군의 베트남 임무 성공에 대한 평가는 한국군 내부적 평가, 미군 지휘관 평가, 미군의 평가, 미국 차원의 판단, 남베트남의 평가, 민간인 인터뷰 내용 등 다양한 자료로 확인할 수 있다.

우선 한국군의 내부적 평가를 살펴보자. 채명신 장군의 회고록 『베트남 전쟁과 나』에는 한국군이 베트남에서 펼쳤던 활약상이 구체적으로 묘사되어 있다. 한국군은 COIN 성공의 핵심적 요소인 '주민과 게릴라의 분리'에 성공했다. 한국군은 맞춤형 전술을 통해 게릴라를 억압한 후 작전구역에 대한 우세권을 잡아 마을의 베트남 주민과 베트콩을 성공적으로 분리해 냈다. 앞서 살펴본 바와 같이 1966년에 한국군의 전쟁포로 체포율이 가장 높았다는 것은 작전지역에 대한 통제권을 강력히 확보하고 있었다는 방증이다. 한국군은 해당 지역의 물리적 안보가 확보되자마자 주민 친화 프로젝트도 추진했다.

　이러한 한국군의 성과에 대한 외부적 평가도 한국의 자체 평가와 비슷할까? 우선 미군 지휘관들은 베트남에서 한국군의 활약에 존경심을 가질 정도였다. 윌리엄 웨스트모어랜드(William Westmoreland) 주월 미군사령관은 수차례에 걸쳐 한국군의 뛰어난 임무수행능력을 칭찬했다. 또한 1966년 여름 한미 국방장관 회담에서 로버트 맥나마라(Robert McNamara) 미국 국방장관은 김성은 한국 국방장관에게 "웨스트모어 장군이 한국군의 우수한 임무능력을 매우 칭찬했다"고 말했다고 전했고 또한 한국 병사들은 매우 충성스럽고 훈련이 잘되어 있다고 언급했다.[9] 웨스트모어랜드 장군은 미 상하 양원 합동회의에서 "1952년 한국전쟁 당시 한국군이 세계 제1급 전사가 되리라고 믿는 사람들은 얼마 없었으나 오늘날 베트남전에서 용감히 싸우고 있는 한국군을 볼 때 이들이 베트남전에서 제1급 전사인 동시에 가장 유능한 대민봉사단이라는 것을 의심할 사람은 하나도 없을 것"이라며 감동의 연설을 하였다.[10] 1967년 10월 회담 시도 웨스트모어랜드 장군은 한국 국방장관에게 "베트남에서 활약하고 있는 한국 병사와 한국군 지휘관들에게 매우 깊은 존경심이 든다"고 언급했다.[11] 그는 "특히 채명신 장군을 높게 평가하면서 자신의 참모진이 작성한 한국군을 높이 평가하는 보고서"를 국무총리에게 보여 주었다.[12]

　한국군의 탁월한 성과에 대한 미군의 평가는 지휘관의 개인적인 수준에 그치지 않았다. 베트남 전장에서 연합군을 이끌고 있던 미군은 전체적 차원에서 한국군의 임무수행을 아주 높게 평가했다. 1975년 미 육군성에서 발행한 "베트남 전쟁에서 동맹군의 역할에 관한 보고서"에 따르면 미군은 한국군의 임무효과와 전장관리 능력에 대해 아주 좋은 평가를 하고 있음을 알 수 있다. 동 보고서는 "한국군은 독창적 방법으로 적은 자산을 가지고 많은 임무를 잘 수행할 수 있음을 보여 주었다"고 평가했다.[13] 또한 동 보고서는 한국군 병사들이 아주 전문적인 전투원들이라고 분석했다.[14] 미군의 또다른 보고서는 특히 적 사살 비율(kill ratio) 측면에서 한국군은 큰 성과를 거두었다고 기록했다.[15]

비전통적 전투의 현장인 베트남 전장에서는 비전투 병력도 게릴라와의 전투에 임해야 하는 상황이 종종 발생하였는데 심지어 이런 지원임무를 수행하는 병사들의 전투능력도 타의 귀감이 되었다. 예를 들어 건설을 지원하는 공병부대인 비둘기부대는 1966년 한 번의 전투로 18명의 베트콩을 사살하고 그들이 보유한 무기를 노획하는 성과를 거두었다.[16] 미군 1사단장은 비둘기부대의 기습전술에 놀라면서 자신들의 병사들에게 비법을 지도해 달라고 요청하기도 했다.[17]

베트남 전장에 도착한 지 얼마 되지 않아 한국군의 놀라운 성과는 전장 전반에 널리 알려지기 시작했고 미군조차 한국군에게 자신의 책임구역에서 함께 싸워 달라고 요청하기까지 했다. 1966년 한국군이 퀴논에서 '중대전술기지'로 베트콩 게릴라를 효과적으로 제압하고 있는 동안 미군은 캄보디아 인근 두코에서 월맹군과 힘든 전투를 하고 있었다. 그래서 미군은 한국군에게 두코 지역으로 한국 병력을 파견해 주어 미국 병사와 함께 싸워 주면 좋겠다고 요청했다. 한국군이 실속 없는 단지 상징적인 존재였다면 미군이 이런 요청을 했을까? 미군은 한국군을 실체적 행위자로 인식한 결과 실제적인 한국군의 도움이 필요했던 것이다. 보다 구체적으로 미군의 두코 전투 참가 요청은 한국군의 독창적인 전술이 게릴라와의 소규모 전투뿐만 아니라 북베트남과의 대규모 전투에도 가용한지 효과를 측정하기 위한 목적도 있었다.[18] 한국군의 맹호사단 1연대 9중대는 두코 전투에서 그 효과를 입증했다. 전투 후 한국군의 전술에 의구심을 품고 있던 미 워커 장군조차도 한국의 최병수 연대장의 손을 잡으며 "당신 정말 잘해 주었소(you did a great job)"라며 찬사를 보냈다.[19] 결과적으로 이 전투는 미 병사들이 한국 병사들을 더 훌륭하게 평가하는 계기가 되었고 미군은 본격적으로 한국군의 전술을 습득하기 시작했다.

미 의회도 베트남 전장에서 함께 싸우고 있는 동맹군 한국군의 탁월한 성과에 주목했다. 미 의회 외교관계위원회 보고서는 아주 이례적으로 자군이 아닌 타군, 즉 한국군의 성과에 찬사를 보냈다. 예를 들어 미 의원이 1972년 빈딘에서 한국군의 임무성과에 대해 질문을 던졌을 때 미군은 "한국군은 아주 임무를 잘 수행했다(they had done a good job)"고 답변했다.[20]

남베트남 정부도 한국군의 COIN 성공에 놀라움을 금치 못했다. 한국군의 탁월한 게릴라 소탕능력을 지켜본 남베트남 정부는 베트남에 추가 병력을 파병해 달라고 요청했다. 한국군이 상징적인 존재였다면 숫자는 의미가 없을 것이다. 그와는 반대로 실제적 행위자였기에 추가 병력이 의미가 있었던 셈이다. 1966년 2월 14일 남베트남 총리가 한국 총리에게 보낸 서한에서 그는 한국군을 용맹스럽고 베트남에서 크게 활약하는 군이라고 추켜세웠다.[21] 이처럼 외부에서 베트남의 한국군에 대한 찬사가 쏟아지자 한국 정부는 국회에 보낸 서한을 통해 한국군의 베트남 임무 성공이 추가 파병의 이유라고 밝히기도 하였다.[22]

한국군의 임무성공 평가에 대한 객관성은 정부가 아닌 곳에서도 동일한 평가가 있다는 것을 통해서 확인할 수 있다. 『뉴욕 타임스』(The New York Times)는 1967년 2월 12일 기사를 통해 15:1의 적 사살비율, 성공적 안정화 작전 등 한국군의 인상적인 성과에 대해 보도했다.[23] 미국이 아닌 다른 국가의 기자도 비슷한 보도를 했다. 일본의 『아사히신문』 특파원이던 혼다(Kat-suichi Honda) 기자는 1966년부터 1968년 동안 베트남 종군기자로 전장상황을 지켜보았다. 그는 자신의 눈이 바로 실제 데이터라고 주장하면서 "한국군은 의심할 바 없이 베트남 전장에서 최고의 외국군이었다"고 평가했다.[24]

이처럼 한국군의 베트남 임무는 더할 나위 없이 훌륭하게 평가되었다. 한국군이 너무 훌륭히 임무를 수행한 나머지 다른 외국군이 시기하는 사태까지 있을 정도였다.[25] 이처럼 한국군이 베트남에서 COIN 임무를 잘 수행했다면 이제 남은 퍼즐은 '어떻게(how)?'에 맞추어져야 할 것이다. 6·25 전쟁을 경험한 한국, 그래서 전쟁의 시작과 끝은 오직 정규전(전통적 전투)이라 인식하고 있는 군사문화 속에서 한국군이 이 비정규전을 어떻게 승리로 이끌 수 있었을까? 한국군의 베트남 COIN 성공은 바로 이 흔치 않은 '임무의 특수성'과 비전통적 전투라는 본질로 인해 소중한 자산으로 기능한 '한국의 지위적 이점' 때문에 가능했다.

제9장

한국군의 베트남 COIN '임무 특수성' 기능 I: 의지(Willingness)

한국군의 베트남 COIN의 첫 번째 추동체는 '임무의 특수성'이었다. 외국의 COIN 임무는 강대국에게는 국제무대에서 그들의 지위를 굳건히 하기 위해 수시로 실시하는 통상임무에 가까웠지만 한국에게는 매우 드문 특수한 임무였다. 그렇다면 한국에게 베트남 전쟁은 어떠한 임무로 인식되었는가? 다시 말해 본질적 측면에서 베트남 임무의 특성은 어떠했는가? 이에 대한 해답을 추적하기 위해 베트남 임무의 특수성을 먼저 스케치해 보자. 전통적으로 한국에서 '안보(security)' 하면 통상 '국가안보(national security)'를 말하는 것이고 이 국가안보에 위해를 가하는 것은 바로 북한이라고 인식했다. 또한 이런 북한위협을 차단하기 위해 제2의 6·25 전쟁이 발생하지 않도록 평시 억제를 위해 정규군과 전력을 발전시키고 전쟁 발발 시 전통적 전투를 통해 북한군을 격멸하는 것을 가장 중요시하였다. 이런 군사적 환경에서 베트남이라는 전장의 해외파병 임무는 아주 드문 임무(an extremely rare mission)일 수밖에 없었다. 좀 더 정확히 말해 베트남 파병은 한국의 현대 역사에서 최초의 해외파병이었다. 미 육군 문서 *Vietnam Studies*를 보면 미군도 극동 지역 국가들에게 베트남 파병이 매우 "드문 임무"라는 특수성을 인식한 것을 알 수 있다. 이 문서는 "베트남 전쟁은 아시아 역사에 있어서 극동 지역 국가들이 다른 국가를 돕기 위해 달려간 아주 드문 사례"라고 언급한다.[26]

베트남 COIN이라는 '임무의 특수성'은 한국군 임무성공의 근본적인 추동력으로 기능했다. 파병병사들은 자신들의 임무성공이 국가위상 제고라는 결과와 직접적 관련이 있다고 판단하고 있었고 이에 파병병사들의 '의지'와 '능력' 구비로 이어지는 선순환 구조를 낳게 된다. 그렇다면 베트남 임무가 구체적으로 어느 분야에서 국가위상을 높이는 것이 가능했는가? 바로 안보와 경제에서 기대효용치가 높았다.[27]

우선 안보 측면을 살펴보자. 베트남 파병에 대해 논의하던 1960년대 초반 북한군은 한국을 침범할 기회를 호시탐탐 노리고 있었다. 따라서 한국의 생존을 위해 한미동맹이 어느 때보다 중요한 시기였다. 또한 북한의 도발을 억제하기 위해 군사현대화가 너무 절실한 시기이기도 했다. 베트남 파병은 바로 한미동맹 강화와 군사현대화라는 두 마리 토끼를 동시에 잡을 수 있는 기회였다. 다음으로 경제 측면에서 1960년대 초는 한국 정부가 경제개발 5개년계획을 추진하던 시기로 이를 가시화하기 위해 자금과 자원 충당이 큰 고민거리가 되던 시기였다. 한국은 군인을 베트남 전장에 파병함으로써 미국으로부터 경제적 지원을 받을 수 있었기에 베트남전 참전은 경제발전을 위한 디딤돌로 기능했다.

이와 같은 기대효용을 인식하고 있었기에 미 존슨 대통령이 공식적으로 한국군의 파병을 요청하기 전에 한국 정부는 이미 베트남에서 한국군의 역할에 관한 세부적인 계획을 수립하고 있었다.[28] 한국 정부는 쉽게 찾아오지 않는 이런 임무의 중요성에 대해 충분히 인식하고 있었고, 한국군은 베트남에서 자신들의 임무를 한국을 대표하여 국가이익을 극대화시킬 절호의 기회로 여기고 있었다. 이에 따라 국민적 성원도 컸고 파병되는 군인들의 열정과 자부심이 매우 높았다. 나아가 이와 같은 한국군 병사들의 강한 열정은 '적응비용'을 최소화하는 데 기여함으로써 COIN 맞춤형 능력을 구축하는 촉매제로 작용했다.

결국 '임무의 특수성'은 한국군 병사들로 하여금 군사임무 승리의 가장 중요한 두 가지 요소인 '의지', '능력'을 구비하게 해 주는 메커니즘을 가동시켰다. 그렇다면 먼저 '의지적 요소'가 성공이라는 종속변수를 이끄는 과정을 살펴보기로 하자. 주지한 바와 같이 한국군의 베트남 임무는 안보와 경제발전이라는 기대효용이 있었기에 한국 전체가 이에 거는 기대가 강했다. 즉 관중이 많았던 셈이다. 국가 전체로부터 오는 이러한 기대감으로 인해 한국 병사들은 자신들이 국가의 대표라 인식했고 이러한 인식은 임무를 완수하겠다는 동기 유발로 이어졌다. 나아가 이러한 동기는 임무완수에 필요한 능력을 구축하는 결과로 진화했다.

베트남전 참가를 아주 중요한 임무로 인식한 한국군 병사들은 국가적 긍지와 사기로 무장되어 작은 거인으로 진화하고 있었다. 이런 의지적 요소는 임무조직을 게릴라와 싸울 수 있는 조직으로 바꾸는 유연성 발휘가 가능하게 해 주었다. 마찬가지 이유로 강한 임무의지는 성공을 반드시 이루겠다는 목표를 이루기 위해 베트남 전장환경을 치밀하게 사전 연구하는 분위기를 창출했다. 한국군 COIN 부대의 임무성공에 대한 열정은 '적응비용'을 줄이는 데 기여함으로써 '의지의 능력화' 구조도 만들어 냈다. 그러면 우선 베트남 임무를 중요한 것으로 인식한 기대효용에 대해 살펴보자.

1. 임무성공의 기대효용(expected utilities of mission success)

1) 두 가지 기대효용(two key utilities)

임무성공의 기대효용은 한미 동맹관계를 살펴봄으로써 설명될 수 있다. 동맹국 미국이 주도하는 전쟁에 한국이 참가하는 것은 두 가지 기대효용을 창출했다. 첫 번째는 주한미군의 철수를 막는 효과와 미군의 도움으로 한국군의 현대화를 시도하는 기회라는 안보 측면의 기대효용이고, 두 번째는 경제현대화라는 경제 측면의 기대효용이었다.

안보 측면의 기대효용부터 자세히 살펴보자. 한국의 안보는 본질적으로 서울과 워싱턴 사이의 오랜 동맹관계에 의지하고 있었다. 1953년 한미 상호방위조약 체결 이후 줄곧 미 정부는 한국군의 조직 발전에 많은 원조를 하여 왔다. 예를 들어 미 정부는 한국의 전체 국방비의 60%를 지원하고 있었다.[29] 미국의 이와 같은 적극적인 원조에 힘입어 6·25 전쟁 후 불과 10년 만에 한국군은 상당한 조직력을 갖출 수 있었고 베트남 전쟁에 파병까지 할 수 있는 군조직을 갖출 수 있었다. 한미동맹이 한국의 국가안보에 더욱 중요한 역할을 한 것은 바로 한국이 북한위협에 대비한다는 목적으로 미국과 군사정보와 무기체계를 공유할 수 있기 때문이었다.[30]

미국의 한국에 대한 안보공약이 이처럼 강했지만, 미군이 베트남에서 고전을 면치 못하면서 주한미군 중 일부를 베트남으로 보내야 할 개연성이 생기고 있었다.[31] 당시 한미 관료 간 대화 메모를 보면 주한미군 병력규모가 한국의 베트남전 참전을 결정하는 주요 이슈였음을 알 수 있다. 이 메모는 "주한미군 병력규모와 관련해서 … 미국은 명확하고 변화 없는 공약을 할 수는 없다. (그리고) 어느 특정한 시간에 특정한 수의 병력을 유지할 수 있다고도 말할 수 없다"고 적혀 있다.[32]

북한의 위협이 더 강해지고 있다는 점도 한국의 참가 결정에 영향을 주지 않을 수 없었다. 한국 병력이 최초로 파병된 1964년은 북한의 남침위협이 더욱 강해진 시점이었다. 이런 남침의 위협을 억제하기 위해 주한미군 병력은 그대로 유지되어야 했다. 이런 안보환경 속에서 한국의 베트남전 참전 결정은 주한미군이 그대로 유지되게 함으로써 한국의 국가안보에 기여하는 결과로 이어졌다.

또한 한국군의 베트남전 참전은 군 현대화를 가속화시키는 계기가 되었다. 정부 기록들은 베트남 전쟁 당시 한국군이 현대화를 위해 얼마나 노력하였는지 여실히 보여 준다. 한국 정부는 군을 현대화시키면 베트콩 게릴라 진압에도 효과적이고 미래 북한의 도발도 억제할 수 있다고 판단하고 있었다. 1965년 5월 18일 김성은 국방장관과 맥나마라(McNamara) 미 국방장관과의 회담에서 한미 양국은 한국에 대한 군사원조 및 군사양도 프로그램에 합의했다.[33]

맥노튼(John McNaughton) 미 국방차관의 메모에서도 군 현대화 관련 내용을 확인할 수 있다. 이 메모에는 브라운 주한 미국대사가 155밀리 곡사포, 한 척의 공격 수송함 등 추가 군사지원 패키지를 포함하는 한국군의 현대화를 지원했다는 것이 적혀 있다.[34] 번디(McGeorge Bundy) 미 대통령 특별보좌관 메모에는 미국이 한국군의 현대화를 위해 차관을 제공함으로써 한국군 1개 여단의 베트남 추가 파병이 가능해졌다고 명시하고 있다.[35] 『워싱턴포스트』(The Washington Post)는 1966년 5월 23일 자 기사를 통해 미국이 한국군 현대화를 위해 수백만 달러를 투입할 계획이라고 보도했다.[36] 이 보도가 있기 전에 이미 미국은 은밀히 한국군 현대화 계획을 구체화하고 있었는데 대표적으로 1966년 3월 4일의 "브라운 각서(The Brown Memorandum)"가 있다. 이 각서에는 한국군 현대화의 10개 분야, 경제지원의 6개 분야를 구체적으로 담고 있다.[37] 특히 한국군 현대화를 언급하며 "(미국의) 군사지원은 한국군의 현대화를 위해 실제 필요한 장비 및 물자를 몇 년 내에 제공하는 것을 목표로 하고 있다"고 적혀 있다.[38]

이처럼 미국의 한국군 현대화 지원은 한국군이 베트남 전장으로 달려가면서 더욱 탄력 받았다. 베트남 임무가 군 현대화를 위한 인프라 구축에 절호의 기회를 제공한 셈이다. 이런 군 현대화에 힘입어 1972년 드디어 한국 최초로 M-16 소총을 독자 개발하게 되었고 1977년에는 다양한 총을 스스로 제작하는 능력을 구비하게 된다.[39] 베트남 파병 전에 한국 병사들은 구형 M-1 소총을 사용하고 있었는데 베트남 임무가 종료된 후 몇 년 지나지 않은 1975년에는 전 병사들이 M-16 소총을 사용하는 수준으로 군 현대화를 달성하게 된 것이다.[40]

마찬가지로 미국의 군사지원에 힘입어 한국의 국방비도 증가하여 결과적으로 북한군의 도발에 대비하는 능력도 향상되었다. 한국군이 해외임무를 수행함으로써 조국의 국가안보 문제까지 개선되는 시너지를 창출한 셈이다. 1965년 한국의 국방비는 230억 원이었는데 1971년 1조 270억으로 급상승하였다.[41] 미 국무성의 정책개발위원회(the Policy Planning Council) 보고서는 "한국이 병력을 추가 파병해 준다면 미국이 한국군을 더욱 강하게 하는 기회를 제공할 것이다"라고 밝히고 있다.[42]

나아가 한국군의 베트남 COIN 병사들이 임무를 마치고 조국으로 돌아왔을 때 그들의 수많은 전투경험과 노하우는 한국군 조직 전반을 현대화하고 개혁하는 데 크게 도움이 되었다. 미국도 한국군의 베트남 참전 경험이 군을 현대화하고 북한군에 대비하는 능력을 향상시키는 데 기여한 긍정적인 측면을 잘 인식하고 있었다. 작은 거인의 포효가 해외나 국내적으로 큰 영향을 미치고 있었던 것이다.

한국군의 베트남 임무는 경제발전이라는 기대효용에도 부흥했다. 베트남전 참전은 한국에게 앞서 살펴본 군 현대화뿐만 아니라 경제발전의 기회도 될 수 있는 두 마리의 토끼였던 셈이다.[43] 『로스앤젤레스 타임스』(The Los Angeles Times)는 1966년 3월 1일 자 기사를 통해 "한국이 베트남전 참전을 통해 받게 되는 직접적, 간접적 혜택이 증가할 것이다"라고 보도했다.[44]

1960년대 한국은 경제적 빈곤으로 사회 전반이 어려운 상태였다. 5~6월 동안의 식량부족 사태를 지칭하는 보릿고개라는 명칭이 있을 정도였다.[45] 이런 환경에서 경제발전은 한국인들에게 국가번영의 문제가 아니라 생존의 문제였다. 베트남 파병병사들은 자신들의 임무가 국가의 경제발전에 기여하는 기회가 된다는 점을 잘 알고 있었다. 이러한 경제적 기대효용을 극대화하기 위해 한국의 정치 지도자들은 경제발전원조 협상 시 베트남 파병을 통해 창출된 기회를 활용하여 협상력을 높였다. '작은 거인'인 한국이 '진짜 거인' 미국을 상대로 협상력을 키우는 것은 쉽지 않은 환경에서 바로 베트남 임무가 한국에게 협상력을 높이는 데 있어 강한 힘을 준 것이다.

당시 박정희 대통령은 한국군을 베트남에 파병하고 나아가 파병 병력을 증원하는 조건으로 대규모 경제원조를 해 주겠다는 공약을 해 달라고 존슨 미 대통령에게 요구했다. 박 대통령은 1965년 5월 17일 존슨 대통령의 약속을 확실히 하기 위해 워싱턴까지 방문했다. 당시 국가안보보장회의 참모 중 한 명이었던 톰슨(James C. Thomson)의 메모에는 "한국은 주한미군 병력을 현 수준으로 유지하겠다는 아주 구체적인 약속을 요구했다"는 내용이 발견된다.[46] 또한 동 메모에는 "박정희 대통령은 한국에 대한 지속적인 경제적 지원에 대한 분명한 약속을 원할 것이다. 우리(미국)는 한국 제품 수입, 1억 5,000만 달러의 경제차관 제공 등을 담은 원조 약속을 제안할 예정이다"라는 내용도 적혀 있다.[47] 1965년 5월 17일 한미 정상회담에서 존슨 대통령은 박정희 대통령에게 "미국은 한국에 대한 원조를 확대하고 주한미군 병력을 그대로 유지하며 한국 제품 수입, 경제차관 제공, 기술 및 식량지원을 계획하고 있다"고 말했다.[48]

아주 흥미롭게도 베트남에서 한국군이 성공적으로 임무를 수행하고 있었기 때문에 한국 정부가 미국으로부터 경제적 지원 규모를 더 늘리려는 노력이 훨씬 수월해졌다. 1964년 단지 상징적 존재(a symbolic player)에 머무를 것이라는 국제적 시각 속에 베트남전 임무를 시작했던 한국군은 시간이 흐름에 따라 타국군과는 달리 책임구역 내에서 성공적으로 안보를 확보함으로써 실질적인 COIN 행위자(a substantial player)가 되었다. 한국군이 실질적인 행위자로서 자리를 잡은 것은 '임무의 특수성'에 의해 추동되어 임무에 대한 '의지'와 '능력'이 구비되어 최소한의 적응비용으로 베트남 전장을 조기에 장악했기 때문이다. 미국은 베트남 전장에서 아주 잘 임무를 수행하고 있던 한국군의 추가 파병을 요청했고 이와 같은 한국군의 우수한 평가는 한국에게 협상력을 높이는 기회로 작용했던 것이다.

실제로 1966년 2월 22일 한국군의 COIN 성공에 감명을 받은 미국 정부와 남베트남 정부는 1개 사단 추가 파병을 한국 정부에 요청했다.[49] 재정적 지원에 대한 미국의 공약은 한국의 이와 같은 추가 파병을 통해 더욱 강화되었다. 이는 한 국가의 군대의 임무성공이 그 국가 전반의 경제발전—경제적 효용치—을 위한 지렛대로 작용했다는 것을 의미한다. 미국의 경제원조는 실제로 베트남전 기간 동안, 나아가 그 이후에도 한국 경제발전의 초석으로 작용했다. 1960년 당시 한국의 1인당 GNP는 79달러였으나 베트남전 후인 1977년에는 1,011달러로 급신장했다.[50] 베트남 시장에서 역할을 한 한국 기업, 군사원조 그리고 기타 원조를 통해 미국의 500억 달러가 한국에 전달되었다.[51] 이런 외자는 한국의 국내경제를 급신장시키는 데 이용되었다. 당시 북한의 1인당 GNP는 153달러로 한국의 103달러보다 높았다.[52] 하지만 1969년부터 한국의 1인당 GNP는 북한을 추월했다.[53] 작은 거인 국가에서 온 작은 거인 한국 병사들은 그들 조국의 위상을 드높이고 경제적으로도 더욱 강한 작은 거인이 되는 데 기여한 것이다.

나아가 베트남 참전이라는 매우 드문 임무 참여의 기회로 얻은 경제발전으로 한국이 실제적인 중견국가로서 위상을 갖추는 데 기여했다. 또한 중견국가로서 위상이 강화되면서 한국은 단지 국가안보 수준을 넘어 국제안보에도 기여하는 국제적 행위자가 되도록 관심을 돌리게 된다. 이런 관심전환의 결과 중 하나가 한국군의 이라크 COIN 임무 참여이다.

한국의 베트남 COIN 참가는 안보 및 경제 기대효용을 현실화함으로써 국가위상과 국가능력을 강화하는 기회를 제공해주었다. 따라서 한국 정부는 베트남의 한국군 병사들의 성과에 대해 매우 자랑스러워했다. 1973년 1월 24일 박정희 대통령은 주월 한국군 병력의 철수에 대해 "한국군의 임무는 잘 완수되었다"고 발표하였다.[54] 한국이 기대했던 안보와 경제 차원의 효용은 임무 시작과 동시에, 아니 임무 시작을 위해 준비할 때부터 이미 상당 부분 성취되었다. 따라서 한국군은 임무에 대한 열정이 매우 높았고 자신들을 한국의 위상을 드높이는 국가대표 선수라 생각하고 있었다. 1969년 채명신 장군 회고록에서는 한국군의 베트남 임무는 한국을 더 강하게 만드는 데 큰 역할을 했고 국제무대에서 한국의 위상을 강화시키는 데 기여했다고 언급하고 있다.[55]

2) 국제정치적 기대효용

한국군이 국가를 위해 획득한 두 가지 효용—안보와 경제—이 한국의 국제정치적 역할 강화에 기여했다는 점도 주목할 만하다. 베트남전 참전 전에 한국은 국제무대에서 중요한 행위자로 인식되지 않았고 거의 역할도 없었다. 또한 한국은 국제무대에 관심을 기울일 여건도 되지 않았고 오직 한반도 내 안보에만 관심을 갖고 있었다. 하지만 한국군의 베트남전 참전으로 획득한 안보 및 경제적 이익으로 인해 한국은 중견국가로 성장하여 조금씩 국제무대를 향해 달려갈 수 있었다. 한국은 베트남 임무를 계기로 국제무대에 관심을 가지며 1964년 아시아 외무장관회의를 제안했는데, 이것이 계기가 되어 1966년 6월 14일 한국은 아시아태평양 이사회(ASPAC: Asian and Pacific Council) 창립총회를 주최하게 된다. 이 이사회는 아시아태평양 지역의 평화와 공동 번영을 목적으로 하는 국제기구로 회원국은 한국, 중국, 일본을 포함하여 9개국이었다.[56] 이 기구는 처음부터 한국이 구상하고 창립을 주도했다는 측면에서 한국이 단순히 한반도 안보를 넘어서 역내안보까지 관심 영역을 확장했다는 의미가 있었다. 따라서 아시아태평양 이사회는 한국군의 역할이 국제무대에서 국가위상을 어떻게 올렸는지 알 수 있는 단적인 사례라 할 수 있다.

베트남전 참전을 통해 한국의 위상이 얼마나 상승되었는지는 한국과 미국의 소통 증가를 추적함으로써도 확인할 수 있다. 미 국무성이 발간한 *The Foreign Relations of the United States*는 각종 정부 기록을 담은 문서록이다. 정부 간 대화가 증가했는지는 이 문서록에서 한국에 대해 얼마나 많이 다루었는지에 대해 시기별 세 문서—1958~1960(제목: "일본, 한국"), 1961~1963(제목: "동북아시아"), 1964~1968(제목: "한국")—를 비교함으로써 확인할 수 있다. 1958~1960년에는 한국은 주로 국내적인 것에 관심을 두고 국제적인 분야에서의 역할은 거의 없었다. 이 시기 문서록은 한국과 일본이라는 섹션으로 두 국가를 동시에 다루는 수준에서 기록되어 있다.[57] 1961~1963

년 기간에 미 국무성은 *The Foreign Relations of the United States*를 발간하면서 동북아시아 섹션에 한국을 조금 포함하였다.[58] 하지만 1964~1968년 기간의 발간 책자에는 한국의 단독 섹션으로 포함하여 발간하였다.[59] 한국군이 국제안보에서 중요한 전장인 베트남에서 실제적 행위자로서 임무를 잘 수행하는 상황에서 한국은 더 이상 국제무대에서 소외된 국가가 될 수 없었기 때문에 양국 관계 간의 대화도 늘었고 국제적 위상도 높아졌던 것이다. 한미 관료들은 베트남전 참전 이전보다 더 많은 이슈에 대해 활발한 대화를 이어 갔고 그 결과 많은 문서가 생산되어 책자로 발간된 것이다.

이러한 측면에서 한국군의 베트남 임무는 한국에게 국제정치적 효용치도 창출한 셈이다. 미국은 성공하지 못한 채 베트남 전장을 떠났기에 국제정치적 효용을 거두지 못했다. 하지만 한국은 베트남전에 참가하고 나아가 주어진 임무를 성공적으로 완수함으로써 국제정치적 효용도 거둔 것이다.

2. 국가적 자긍심과 사기

1) 임무와 자긍심

베트남에 파견된 한국군 병사들은 앞서 살펴본 바와 같이 안보와 경제적 이득, 나아가 국제정치적 이익까지 많은 기대효용이 있다는 것을 잘 알고 있었기에 자긍심이 남달랐고 사기도 높았다. 미군은 바로 이 자긍심이 임무성공을 견인하고 있다는 것을 잘 알고 있었다. 베트남 전쟁에 관한 미 육군 보고서 *Vietnam Studies*는 "현장에 있던 많은 사람들은 자신들의 조국을 위하여 임무에 반드시 성공해야 한다는 한국 병사들의 자세를 지켜보았다"고 언급하고 있다.[60]

한국은 6·25 전쟁 이후 국가안보의 대부분을 미국에 의지하고 있었다. 군조직 건설 및 군대 리더십에 관련하여 한국군은 미군의 도움을 받고 있었다. 베트남 임무는 이런 세계인의 인식을 완전히 타파해 줄 절호의 기회였다. 즉 베트남 임무에 성공함으로써 한국군이 미국에 안보를 의지하는 군이 아닌 독립적인 군이고 나아가 매우 강한 군이라는 것을 보여 줄 수 있었던 셈이다. 미 육군 보고서는 "베트남 전쟁은 한국군에게 미군 혹은 미 고문단 도움 없이 독자적으로 작전할 수 있는 군대라는 것을 보여 줄 기회였다"라고 기록하고 있다.[61]

베트남 전장에서 임무를 수행했던 한국 참전용사들의 회고록은 이런 사실을 상기시켜 주고 있다. 1967년에 주월 한국군사령부에서 근무했던 최대명 참전용사는 한국군의 임무는 최초의 해외 파병임무였기 때문에 병사들은 자신의 임무를 매우 영광스럽게 생각했다고 회고한다.[62] 수색중대장으로 근무했던 이덕곤 참전용사는 전 중대원들은 자신들이 국가위상을 드높인 전사일 뿐만 아니라 외교관이기도 하다고 생각했다고 회고한다.[63]

한국군의 자긍심은 높은 지원율을 통해서도 확인할 수 있다. 1연대의 용연길 9중대장은 중대원의 98퍼센트가 베트남 임무에 자발적으로 참가했고 이런 높은 지원율은 그들의 애국심과 임무의 중요성 때문이었다고 회고했다.[64] 청룡부대 인사부에서 근무했던 김은세 참전용사는 포병대대 병사는 100퍼센트 지원병이었다고 자랑스럽게 이야기했다.[65]

병사들의 사기는 그들의 전투의지와 직접적으로 관련되기 때문에 임무 성공을 위해 매우 중요한 요소이다. 짜빈동 전투에서 승리한 정경진 참전용사는 자기 중대의 사기가 적군보다 높았기 때문에 승리를 확신했었다고 회고한다.[66] 특히 사기라는 요소는 대게릴라/안정화작전에서 더 중요할 수밖에 없는데 그 이유는 이 비전통적 전투에서는 소규모 부대 간 작전이 많고 인내가 요구되는 작전이 다반사이기 때문이다. 베트남에서 대게릴라/안정화작전을 수행하는 한국 병사들의 사기는 확실히 높았다. 예를 들어 한국 해병대는 전투임무가 없을 때면 전투하고 싶은 마음이 간절했다. 이 임무가 억지로 하는 것이었으면 불가능했을 사고방식인 것이다.[67] 간단히 말해 한국군 병사들의 사기는 베트남 전장에 도착하기도 전에 이미 극대화된 상태였고 미국이 철군을 토의하던 그 시점까지 높은 사기는 유지되었다.

한국군의 높은 사기는 분명 COIN 임무성공의 원동력이었다. 최성식 참전용사는 사기가 임무성공의 비결이었다고 회고한다.[68] 사기가 임무능력으로 전환되었음은 여러 가지 사실을 통해 확인된다. 병사들의 높은 사기는 대게릴라전에서 필요한 인내력을 강화시켜 주었다. 베트콩 게릴라와 싸울 때는 가장 필요한 것 중의 하나가 기다릴 줄 아는 것과 참을성이었다. 그런데 한국 병사들은 게릴라와의 전투에서 승리하는 데 필요한 인내력을 충분히 갖추고 있었다. 채명신 사령관은 해가 지면 미 병사들은 베트콩과 싸움을 중단했지만 한국 병사들은 베트콩 게릴라를 잡기 위해서 특유의 인내력으로 일주일 동안 한 장소에 머물렀다고 증언하기도 했다.[69]

게다가 사기가 높은 것은 전투 병력만이 아니었다. 한국군 내 비전투 병력의 사기 또한 매우 높았고 그들도 전투임무를 꺼려 하지 않았다. 맹호사단의 의무병이었던 박사연 참전병은 1966년 찬리 전투에 자원하여 7명의 게릴라를 사살하고 11명을 체포하는 전과를 올렸다.[70]

사기가 COIN 임무 수행을 위한 능력으로 전환되는 다른 하나는 바로 용맹이라는 능력이다. COIN 병사들은 이념적이고 정신적으로 아주 강한 게릴라와 전투를 해야 한다. 게릴라들은 종종 '벼랑 끝 전술(brinkmanship tactics)'을 사용하기 때문에 COIN 병사들은 이에 대응할 수 있는 용기가 필요하다. 즉 게릴라와의 전투 시 용기 없이 승리도 없다고 말할 수 있을 정도로 용기가 중요하다. 자긍심과 높은 사기로 무장된 한국군 병사들은 베트콩 게릴라를 제압할 정도의 용기를 보유하고 있었다. 한국군 장교들은 모두 선발된 자원들이었는데 그들은 누구보다 용맹스러웠고 장교들의 용감한 리더십은 병사들에게도 스며들어 장병들도 매우 용감하였다. 예를 들어 해병대 정보장교였던 이인호 대위는 동굴수색작전에서 베트콩이 수류탄을 투하하는 모습을 보자 "수류탄이다"라고 외치고 그 수류탄을 주워서 동굴 안으로 던졌고, 그 후에 다시 한 발이 날아오자 "피하라"라고 소리치며 자신의 몸으로 수류탄을 덮치고 다른 수색조를 구했다.[71] 이와 같은 젊은 장교의 용맹스러운 행동은 일반 사병들에게 큰 귀감이 되었다. 자신의 동료와 함께 7명의 게릴라를 체포하고 훈장까지 받았던 이영종 분대장은 자신들의 분대원들이 게릴라에 가까이 다가갈 수 있는 용기가 있었기 때문에 임무를 성공적으로 완수할 수 있었다고 회고했다.[72]

2) 사기유지를 위한 노력

베트남의 한국군 병사들의 사기는 매우 높았지만 이 사기를 유지시키고 또 나아가 사기를 더욱 높여 주기 위해 한국 정부와 한국군은 사기 분야에 지속적으로 많은 관심을 가졌다. 대게릴라/안정화작전이라는 비전통적 전투는 단기간에 종료될 임무가 아니라는 것을 잘 간파하고 있었기 때문이다. 사기유지 정책은 물질적 분야와 비물질적 분야 두 축으로 진행되었다.

먼저 한국 정부가 추진했던 물질적 분야의 사기고양 정책을 살펴보자. 우선 한국 정부는 베트남전 참전 장병을 위한 특별 수당과 보상금을 지불했다. 1965년 5월 18일 김성은 국방장관은 "한국군 전사자에 대해 적절한 연금과 보상금" 지불에 필요한 충분한 자금을 제공해 달라고 미 정부에게 요청했다.[73] 한국 정부는 또한 1966년에 한국군의 해외파병 수당을 올려 달라고 미국 정부에 요청했다.[74]

이와 같은 병사들의 사기유지를 위한 한국 정부의 노력에 미 정부도 긍정적으로 반응했다. 1966년 여름 한미 국방장관 회담에서 한국 국방장관은 병사들 사기 문제에 관심을 가져 준 미국 국방장관에게 감사함을 표명했다.[75] 국가 지도자와 군지휘관들의 병사 사기에 대한 관심은 긴 전투에서 사기를 지속 유지할 수 있게 하는 원동력이었다. 전투의지, 사기, 조직력에서 한·미군 간 분명 커다란 차이가 존재했다. 송카우 마을에 살던 한 할머니는 기자에게 "한국 병사들은 강하고 훈련도 잘되어 있지만 미국 병사들은 강하지도 않고 적에게 매번 진다. 미군은 돈에 여유가 있고 나에게 돈도 잘 주지만 사실 우리 안전에는 매우 위험한 존재이다"라고 이야기하기도 했다.[76]

사기는 물질만으로 충전되지 않는다. 한국 COIN 지휘관들은 병사들의 긍지를 지속 유지시켜 주기 위한 비물질적 분야에도 관심을 기울였다. 한국군은 대게릴라전이 처음 예상했던 것보다 더 힘들고 또한 더 오랜 시간을 필요로 하는 임무라는 것을 깨닫기 시작했다. 그래서 군지휘관들은 긍지를 일깨우는 연설, 말들을 이어 갔다. 그들은 자신의 병사들에게 임무의 중요성을 잊지 말도록 계속 일깨워 주었고 병사들이 "용병(mercenaries)"이 아니라는 점, "자유의 수호자(freedom crusaders)"라는 점을 각인시켜 주었다.[77] 또한 베트남의 한국군 수뇌부는 전사자의 사체를 아주 영예롭게 처리하였는데 이러한 모습들은 남아서 임무를 수행하는 병사들의 사기진작에 큰 도움이 되었다. 1966년 3월 맹호5호 작전 중 한국군은 전사자 사체를 수습하기 위해 3중대와 11중대를 적지 중심으로 보내기도 하였다.[78]

또한 한국군 지휘관들은 전쟁 중에도 병사들에게 휴가를 주어 심신의 피로를 풀고 재충전할 수 있도록 배려해 주었다. 지휘관들은 대게릴라/안정화작전이 매우 고되고 장시간이 소요되는 임무라는 것을 잘 알았기 때문에 병사들의 사기유지를 위해서는 그들의 긴장감과 피로 문제를 등한시해서는 안 된다고 생각했던 것이다. 따라서 베트남 한국군은 병사들의 피로를 풀 수 있는 휴양시설을 연대 단위로 설치했다. 한국군의 COIN 임무지역 내 총 9개의 휴양시설이 설치되어 운영되었다.[79] 나아가 한국군은 우수 병사들에게는 태국, 대만 등 전투지 외부에서 휴가를 보낼 수 있는 특전도 부여했다. 총 3,323명의 병사들이 이러한 기회를 부여받았다.[80] 이런 휴가 프로그램은 병사들의 선의의 경쟁을 유도하여 한국군이 COIN 강군으로 지속 유지되는 데 기여했다. 당시 베트남전에 참전했던 이종림 제26연대장은 휴가시설이 병사들의 사기를 높이고 체력을 회복하는 데 많은 도움이 되었다고 회고했다.[81] 그는 휴양시설은 선순환도 있었다는 점을 언급했다. 휴양시설은 아주 편안한 분위기 속에서 병사 자신들이 경험한 노하우를 다른 병사들과 공유하고 전투 관련 토의를 하는 최적의 장소가 되기도 하였는데 이는 결국 COIN 성공의 지속성을 보장해 주는 요소 중의 하나였다 볼 수 있다.[82]

살펴본 바와 같이 '임무의 특수성'이 한국 병사들의 높은 사기의 추동력이었다. 동시에 군 지휘관들과 한국 정부의 병사들의 사기유지를 위한 높은 관심과 각고의 노력도 있었는데 이 또한 매우 드물고 중요한 임무라는 '임무 특수성'의 메커니즘이 가동된 것이라 할 수 있다. 결과적으로 높은 사기로 무장된 한국군 병사들은 그들 조국의 위상을 제고하기 위해 베트남 전장에서 열심히 싸웠다.

한국군 병사들이 얼마나 사기가 높았는지는 부상병들의 자원해서 자신의 부대로 복귀하겠다는 열의를 통해서도 확인 가능하다. 참전용사인 이창수 소대장은 1966년 맹호6호 작전 중 총상을 입고 야전병원으로 후송되었다.[83] 병원에 더 있어야 한다는 군의관의 충고를 무시하고 그는 입원한 지 15일 만에 자신의 부대로 돌아갔다. 이러한 높은 자긍심과 사기는 한국군으로 하여금 COIN에 필요한 능력을 구축하게 하는 핵심자산으로 기능하였고 이는 결국 임무성공의 추동력이었다는 점에서 '가설 1A'를 충족시킨다. 한국군 병사들에게 사기가 없었다면 '작은 거인'이 아니라 '소인'이 되었을 것이다.

3. 독립 작전권 보유에 대한 열의와 조직적 유연성

한국군의 성공비결은 독립 작전통제권(OPCON: OPerational CONtrol) 확보를 위한 각고의 노력과 임무조직을 변화시키려는 열의를 통해서도 확인할 수 있다. 이러한 노력과 열의는 물론 '임무의 특수성'에 의해 강하게 추동된 것이다.

독립적 작전통제권의 보유는 한국군에 매우 의미 있는 것이었다. 한국군 수뇌부는 이 임무에 단순히 참가하는 것이 아니라 임무를 승리하고 싶어 했다. 하지만 미군은 두 가지 이유를 내세워 베트남의 한국군에 대한 작전통제권 행사를 당연시했다. 미군이 내세운 첫 번째 이유는 한국에서도 미군이 한국군에 대한 작전통제권을 행사하고 있다는 것이었고 두 번째 이유는 베트남 전장에서 미군이 모든 작전통제권을 행사해야 작전효과 측면에서 유리하다는 주장에 근거를 두고 있었다.[84]

하지만 베트남에서 미군의 실패 모습을 지켜본 한국군은 독립 작전통제권을 원했다. 베트남 COIN 임무군은 정규전 중심의 미군 전술에 회의적인 시각을 갖고 있었기에 미군 작전통제권하의 작전수행을 매우 불안해하고 있었다. 채명신 사령관은 미군의 정규전 전술인 '수색 및 파괴(Search and Destroy)'에 매우 회의적인 시각을 가지고 있었기에 미군과 독립된 별도의 작전통제권 확보를 위해 그 누구보다 온 힘을 쏟았다.[85] 하지만 미군은 '지휘통일의 원칙(unity of command)'에 따라 한국군이 그들의 작전통제를 직접적으로 받아야 한다고 주장했다. 그러면서 미군은 한국군 사단에게 '수색 및 파괴' 작전집행을 요구했다. 『뉴욕 타임스』(The New York Times)는 "미군들은 (수색 및 파괴 전술을 사용하면서) 너무 빨리 자리를 이동하고 적과 싸우기 위해 같은 장소로 다시 돌아오는 것을 반복한다"고 이야기한 한국 병사의 인터뷰를 보도했는데 이는 한국군이 미군의 전술에 얼마나 회의적이었는지를 단적으로 보여 주는 사례인 셈이다.[86] 미군의 작전방법에 부정적이었던 채명신 사령관은 계속해서 미군에게 독립 작전통제권을 달라고 요구하고 또한 설득하여 자신의 부대는 자신이 자신의 방법으로 직접 통제를 하고자 하였다.[87]

이처럼 채명신 사령관은 베트남 COIN 임무성공을 위해 독립된 작전통제권이 반드시 확보되어야 한다고 생각했다. 하지만 그의 주장이 한 · 미군 간 마찰을 야기시키기도 했다. 한국군의 작전권 문제에 관해서 미 육군 보고서는 "남베트남에서 한국군이 실제로 미군의 작전통제를 받았는지 아니면 다른 동맹군들과 긴밀히 협력하는 가운데 별도의 작전권을 행사했는지에 대해서는 약간의 혼선이 있었다"고 밝히고 있다.[88]

이런 마찰에도 불구하고 한국군은 몇 가지 논리를 내세워 독립된 작전통제권을 지속적으로 요구했다. 한국이 내세운 첫 번째 논리는 한국 병사들이 용병이 아니라 이웃을 돕고자 자발적으로 온 해방군으로 비추어져야 대게릴라/안정화작전에 유리하다는 것이었다.[89] 하지만 독립 작전권 없이 미군 예하의 부대인 것처럼 작전하면 이러한 전략에 불리하다는 논리였다. 채명신 사령관은 한국군이 미군의 작전통제하에 있으면 공산주의자들의 심리전에 말려들 것이라고 말하며 미 장군들을 설득했다.[90] 그는 공산당이 한국군을 돈을 벌기 위해 베트남으로 온 용병이라 비난하면 한국군의 베트남 참전명분이 약화됨으로써 심리전에서 패배하는 결과를 초래할 것이라고 주장했다. 실제로 베트남 사람들은 한국군이 미군의 지휘를 받는다면 파병을 거절하겠다는 말도 서슴지 않는 상황이었다.[91] 채명신 사령관의 논리적인 설명에 미 장군들은 공감했고 결국 한국군은 독립 작전통제권을 보유하게 된다.

한국군이 독립 작전권을 보유하려 했던 숨은 의도는 자신의 임무에 성공해서 반드시 국가위상을 높이겠다는 것이었다. 1965년에 한국군을 베트남에 파병하는 기획자로서 역할을 했던 손희선 장군은 한국군의 독립 작전권 보유는 수행한 작전이 한국의 이익 극대화에 도움이 되도록 이끄는 데 매우 중요한 요소였다고 진술했다.[92] 나아가 독립 작전권 보유로 한국군은 스스로 선정한 방법을 활용하여 대게릴라/안정화작전을 수행함으로써 사상자도 줄일 수 있었다. 한국군 병사는 8년간 약 5,000명이 전사했는데 이는 베트남이 매우 험난한 전장이었음을 고려하면 많은 수치였다고는 볼 수 없다. 연락단장으로 베트남에 갔던 이세호 장군은 한국군이 독립된 작전권을 보유하지 않았더라면 10배의 사상자가 발생했을 것이라고 예상했다.[93]

한국군이 미군과의 마찰을 각오하면서까지 독립된 작전권을 고집한 것은 한국군이 단순히 상징적 행위자로서 베트남 전장에 간 것이 아니라 대게 릴라/안정화작전을 제대로 수행하여 이웃 국가를 돕는 데 실질적인 역할을 하려는 목표가 있었음을 보여 준다. 또한 작전권 보유에 대한 열의는 해외 임무에서 반드시 승리하겠다는 한국군의 높은 의지를 보여 준다. 요약하면 한국 정부, 국민, 한국군 모두는 안보와 경제 측면의 국가적 기대효용과 국 제정치적 기대효용에 대해 공감했다. 따라서 이런 기대효용을 성취하기 위해 한국군 병사는 베트남 전장에서 최선을 다해 싸웠다. 더욱이 그들은 독립 작전권을 보유하고 조직을 COIN에 적합도록 변경함으로써 더 잘 싸울 수 있었다. 이런 사실은 '가설 1B'가 적실함을 보여 주고 있다.

4. 반드시 성공하기 위해 수행한 치밀한 임무연구(mission study)

베트남 임무 성공은 한국군이 사전에 치밀하게 수행한 임무연구를 통해서도 확인할 수 있다. 우선 한국군은 COIN의 역사적 사례를 세밀히 분석하는 데 많은 시간을 투자하였다. 한국군은 파병 전에 타국군의 COIN 임무에 대한 역사적 사례를 분석했다. 영국군은 유연적 조직문화에 힘입어 빠른 학습템포로 말라야(Malaya) COIN에 성공했지만 미국군은 정규전 중심의 조직문화 때문에 학습템포를 빠르게 가져갈 수 없었다.[94] 말라야에서 영국군의 성공은 학습템포 향상을 위한 조직의 유연성이 얼마나 중요한지를 단적으로 보여 준 사례이다. 한국군은 영국군의 성공사례를 면밀히 연구하여 타국군의 경험의 노하우를 습득하려고 노력했다. 베트남 전장에서 정규전 방식으로 싸우면 안 된다는 것을 한국군은 미리 간파하고 있었던 것이다. 많은 학자들은 COIN 작전을 수행하는 임무군은 정규전 방식의 전투를 지양해야 한다고 주장하며 미군이 베트남에서 제2차 세계대전과 같은 방식으로 전투를 수행한 것이 문제였다고 지적한다.[95]

역사적 사례연구 외에도 한국군은 다가오는 베트남 전장에서의 임무를 치밀하게 연구했다.[96] 특히 임무적응에 주안을 두어 여러 단계에 걸쳐 전장 연구를 진행했다. 이 단계는 군사고문단의 임무현장 파견, 비전투부대 파병, 주전투부대 파병 순으로 진행되었다(〈표 9-1〉 참조). 이와 같은 돌다리도 두들겨 보고 건너는 식의 치밀한 단계적 파병 진행을 통해 한국군은 전장상황을 파악하는 데 유리하였고 이는 결국 적응비용을 최소화하는 긍정적 결과를 낳았다.

〈표 9-1〉 베트남에서 적용비용을 최소화하기 위한 단계적 파병 과정

임무단계	적응페이스	파병규모
1단계	최초 임무연구	군사고문단 / 장교 15명으로 구성(1962. 5.)
2단계	비전투부대 파병	2-1. 제1차 파병(1964. 9.) 　- 제1이동외교병원(30명) 　- 태권도 교관단(선발대 10명) 2-2. 제2차 파병: 비둘기 부대(1965. 3.) 　- 육군 공병대대, 수송중대 　- 해병 공병중대 　- 경계대대 　- 해군 LST 1척(백구부대로 발전) 　　→ 추후 LST 3척, LSM 2척 상시임무 * 병력규모: 2,000명
3단계	전투부대 파병	3-1. 제3차 파병(1965. 10.) 　- 육군사단(맹호부대) 　- 해병여단(청룡부대) 3-2. 제4차 파병 　- 육군 제26연대: 1966. 4. 　- 육군사단(백마부대): 1966. 10. * 제3 · 4차 파병규모: 약 5만 명 3-3. 제5차 파병(1967. 7.) * 파병규모: 2,963

출처: 베트남전쟁과 한국군 홈페이지(http://www.vietnamwar.co.kr); 최용호, 『통계로 본 베트남전쟁과 한국군』, 서울: 대한민국 국방부 군사편찬연구소, 2007; 대한민국 해군, 『베트남전쟁과 한국해군작전』, 해군본부, 2014; U. S. Department of the Army, *Vietnam Studies: Allied Participation in Vietnam*을 바탕으로 종합.

한국군의 적응비용 최소화를 위한 임무 진행 첫 단계는 베트남에 고문단을 파견하는 것이었다. 고문단은 1962년 5월 11일 파견되었는데 그들의 임무는 베트남의 정치적, 군사적, 사회적 상황을 조사하는 것이었다. 15명으로 구성된 고문단은 소장 1명이 지휘하여 임무를 수행했다.[97] 이 사전조사팀의 조사결과와 임무에 대한 사전 환경분석은 한국군이 상징적 행위자가 아닌 실체적 행위자로 베트남 전장에 도착했을 때 '적응비용'을 최소화하는 데 기여했다.

'적응비용' 최소화를 위한 두 번째 단계는 비전투부대를 파병한 것이었는데 이는 베트남인들이 한국군을 점령군이 아니라 우방군으로 인식하는데 유리한 환경을 조성하기 위한 목적이 있었다. 소규모 비전투부대 파병은 대규모 전투부대 파병의 사전준비적 성격을 띤 치밀한 COIN 기획하에 진행되었다 할 수 있다.[98] 예를 들어 해병대 공병중대가 이 2단계 파병의 일환으로 베트남에 도착했을 당시 이미 해병대사령부는 전투병력 파병에 공을 들이고 있었고 1965년 5월 전투부대 파병을 위해 치밀한 계획을 세워 파병준비를 하고 있었는데 이는 1-2-3단계로 이어지는 파병이 유기적인 연계가 있었음을 짐작게 해 준다.[99] 단계적 파병절차는 대규모로 그리고 본격적으로 임무를 수행하기 전에 총괄적인 준비에 필요한 시간을 확보하게 해 주었고 이는 전장에서 적응비용을 줄이는 데 기여했다. 준비가 되지 않은 상태에서 전장에 도착한 후 그곳에서 급하게 준비했다면 결과는 매우 달랐을 것이다.

두 번째 파병의 선두부대는 제1이동외과병원과 태권도 교관단이었다. 베트남인들은 이동외과병원에서 진료받는 것을 무척 좋아했는데 그 이유 중의 하나는 진료진들의 외모가 자신들과 비슷하였기에 보다 편안함을 느꼈다는 것이다. 이는 나중에 살펴볼 한국이 보유한 지위적 위치와도 관련되는 한국이 보유한 COIN 자산이었다. 붕타우 지역에는 한국군 병원 외에도 미군 및 호주 병원도 있었지만 주민들은 한국군 병원에 가고 싶어 했다. 이동외과병원에서 근무했던 문 중위는 자신의 부대가 붕타우에 도착했을 때 60퍼센트 이상이나 되는 많은 주민들이 반겨 주었다고 진술하기도 했다.[100] 한국군이 이동외과병원에서 얻은 소중한 교훈은 약 40년 후에 한국군이 다시 수행하게 될 또 다른 COIN 임무지역인 이라크에서 훌륭한 지침서로 활용되었다.[101]

　두 번째 단계의 파병은 비둘기부대가 완편되면서 마무리되었다. 비둘기부대는 한국군 군사원조단의 부대 명칭으로 비둘기가 평화를 상징하기 때문에 부여되었다.[102] 비둘기부대의 명칭은 베트남 주민들이 한국군을 점령군이 아니라 원조군으로 인식하기 위해 유리할 것으로 판단되어 부여된 것으로 COIN 임무의 성격에 잘 부합된 부대 명칭이었다 할 수 있다. 비둘기부대는 육군 제101경비대대, 제127공병대대, 제801수송자동차중대, 해병 제1공병중대로 편성되었으며 이동외과병원, 태권도교관단 그리고 해군 LST도 한국군 군사원조단장이 지휘하였다.[103] 주로 공병부대로 구성된 비둘기부대는 사이공에 도로와 건물을 건설하였다. 비둘기부대는 COIN 임무지역에서 경제적, 사회적 인프라를 건설하는 데 기여함으로써 지역주민들이 한국인들을 자신들의 친구라 인식하게 하는 데 도움을 주었다. 지역주민들이 비둘기부대에 대해 얼마나 친근하게 생각했는지 쉽게 알 수 있는 사례들이 많았다. 예를 들면 비둘기부대 장병들이 지나가면 마을 주민들이 그들을 위해 아리랑과 같은 한국 노래를 불러 주었다.[104] 비둘기부대가 형성시킨 한국군에 대한 좋은 이미지는 지역주민들로 하여금 이후 파병된 전투부대를 자연스럽게 받아들이게 하는 데 도움이 되었다.

　2단계 절차가 순조롭게 마무리되자 최종 단계인 전투부대 파병을 단행했다. 세 번째 단계에서 첫 번째 파병 전투부대로 최고 수준으로 인정받는 육군 1개 사단과 해병대 1개 여단을 선정한 후 파병 절차를 밟았다. 2단계까지의 임무를 통해 베트남 전장에 완전히 적응했던 한국군이었기에 전투부대도 상대적으로 아주 짧은 시간 내에 책임지역의 안보를 확보하기 시작했다. 3단계의 첫 번째 전투부대가 이처럼 적응비용을 거의 들이지 않고 성공하자 두 번째 전투부대 파병이라는 단계를 진행했는데 그것이 바로 백마부대라는 육군 1개 사단의 추가 파병이었다. 이런 파병을 통해 1966년 주월 한국군은 군단 규모의 일원화된 조직을 갖추면서도 동시에 베트남 전장에 아주 적합한 조직으로 완전성을 갖추게 된다.

이처럼 단계적 파병을 통해 임무군 조직을 유연하게 만들어 임무 성공을 견인한 것은 '가설 1B'가 적실함을 보여 준다. 1964년 한국군 제1, 2차 선발대장이었던 이훈섭은 비전투부대가 추후에 파병될 전투부대를 위해 기반을 잘 조성하였기 때문에 한국군이 베트남에서 성공할 수 있었다고 증언했다.[105] 이런 측면에서 보면 한국군이 아주 치밀하게 단계적으로 파병한 것이 성공의 비결 중 하나였음이 분명해 보인다. 치밀한 사전연구, 단계적 파병을 통해 COIN에 준비된 한국군이었기에 베트남 전장에서 최적의 군대가 될 수 있었다. 1966년 한국군 COIN 임무군은 '적 중심 접근법'과 '주민 중심 접근법' 모두를 자유자재로 채택하여 수행할 수 있는 최상의 조직을 보유하고 있었다.

지금까지 한국군의 베트남 COIN 임무 성공을 이끈 '의지적 측면'에서 네 가지 특징을 살펴보았다. 베트남의 COIN 임무는 국가 전체적으로 기대 효용치가 높은 매우 중요한 임무였고 이 임무 성공은 국가위상 제고라는 결과와 바로 연결되기 때문에 소중한 임무였다. 따라서 한국군 병사들은 베트남 전장에서 높은 사기로 무장되어 있었고 높은 수준의 조직적 유연성, 치밀한 임무연구를 통해 더 잘 싸울 수 있었다. 이는 '가설 1'이 적실함을 보여 준다.

제10장

한국군의 베트남 COIN '임무 특수성' 기능 II: 능력(Capability)

지금까지 살펴본 '의지적 요소'는 한국군 COIN 임무부대가 성공을 위해 베트남 전장에 가장 적합한 방법을 사용토록 해 주는 추동력을 제공함으로써 '능력적 요소'로 전환되었다. '의지적 요소'는 또한 임무조직에 유연성을 부여하여 비정규전을 수행하는 데 필요한 능력을 갖추는 데도 기여하였다. 나아가 한국군의 임무 성공에 대한 열의는 최적 부대 선정 및 최정예 병사 양성이라는 결과로 이어졌다.

1. 처방능력: COIN 접근법 선택(a COIN approach adoption)

1) 최초 처방법으로서 '적 기반 접근법(an enemy-based approach)'의 선택

'적응비용'을 최소화하기 위한 첫 단계 책임을 맡은 한국의 군사고문단은 한국 COIN 임무군이 베트남 전장에서 사용할 최초 작전방법으로 '적 기반 접근법'을 채택하는 데 기여했다. 군사고문단은 베트남 전장에서 베트콩 게릴라가 매우 우세하게 활동한다는 것을 직접 확인함으로써, 한국군 COIN 임무군이 임무수행 첫 단계에서 베트콩 활동을 최대한 제압하는 것을 급선무로 정하는 '적 기반 접근법'을 선택하게 하는 데 역할을 한 셈이다. 한국의 COIN 임무군이 임무수행 초기단계에서 '적 기반 접근법'을 채택한 것은 게릴라 활동이 우세한 지역에서 '주민 중심 접근법'을 사용하는 것은 극히 어려울 뿐만 아니라 비효과적이라는 판단에서였다. 즉 지역에서 게릴라 활동을 위축시키는 것이 우선이라는 판단에 따른 것이었다. 참전용사인 문낙용은 COIN 임무군이 베트콩 활동을 억압한 후에야 비로소 민사작전을 개시할 수 있었다고 증언했는데 이것이 이런 방법채택의 배경을 알려 주는 셈이다.[106] 수치적으로 보면 임무수행 초기단계에서 한국군 작전의 약 70퍼센트는 베트콩 활동을 제압하는 것이었고 단지 30퍼센트만 민사작전을 수행했다.[107] 하지만 1967년 중순 이후부터는 게릴라를 제압하는 전투작전과 주민 친화적 민사작전에 대한 비중의 균형이 유지되었다.[108]

군사고문단의 현장답사와 같은 사전 임무연구는 COIN 주력군이 전장에 도착하기 전에 임무환경을 최대한 많이 파악하게 해 주는 측면에서 성공에 매우 중요한 절차였다. 임무연구를 통해 한국군은 북베트남인뿐만 아니라 남베트남인들도 호치민을 존경한다는 것을 확인하였다. 이런 존경심은 '게릴라 양성' 측면에서 베트콩에게 유리한 환경이라는 점에서 COIN 임무군이 반드시 알아야 하는 사항이었다. 실제로 호치민 지지자들은 아주 쉽게 베트콩 게릴라가 되었고 이는 한국 COIN 임무군이 베트남 전장의 어려움을 다시 깨닫는 정보이기도 했다.[109] 베트콩 게릴라 입장에서는 신병 게릴라를 모집하는 것이 어렵지 않았기에 상당한 병력을 지속 유지할 수 있었고 이는 과격한 공격행위 등 게릴라 활동을 강하게 추진하는 것을 가능하게 해 주었다. 예를 들어 한국군이 베트남에 전투부대를 보냈던 1965년에 남베트남에서 10,601차례의 게릴라 공격이 있었다.[110]

한국군의 책임지역이었던 제2군단 지역 내 해안 지역은 게릴라들이 쉴 새 없이 창궐하던 지역이었다. 미 육군 보고서 *Vietnam Studies*는 "제2군단 지역 내 인구밀집지역으로 약 80만 명의 주민들이 거주하던 빈딘(Binh Dinh) 지역은 수년 간 베트콩 게릴라들의 활동이 우세하던 곳이다"라고 적혀 있다.[111] 채명신 사령관은 한국군이 담당하던 지역은 게릴라들이 매우 거세게 활동하던 곳이라고 1969년에 언급한 기록도 있다.[112] 더욱이 베트남인들은 역사적으로 보더라도 중국, 프랑스 등 제국들에 대항하여 강한 저항정신을

〈표 10-1〉 베트남에서 사용한 지역평정 평가기준표

구분		베트콩 거주지역	베트콩 하부조직	베트콩 세금거출
확보	A	없음	없음	없음
	B	없음	때때로 은거한 적 활동	때때로 가능
	C	없음	정기적 공공연한 적 활동	때때로 있음
경합	D	가끔 있음	지배적임	규칙적임
	E	가끔 있음		조직적임
베트콩	V	베트콩 통제지역		
기타	N	자료 미비로 평가 불가 지역		

출처: 주월한국군사령부, 「월남전종합연구」, 주월사 정리단, 1974, pp. 854~855; 최용호, 「통계로 본 베트남전쟁과 한국군」, 서울: 대한민국 국방부 군사편찬연구소, 2007, p. 134에서 재인용

표출했던 사례가 있었다. 이런 역사적 궤적과 맥을 같이하여 베트남인들은 오랜 기간 동안 다양한 게릴라 전술을 개발하여 왔다.

임무연구는 한국군에게 '적 중심적 접근법'을 선택하게 하는 지혜를 제공함으로써 COIN 임무군의 능력을 구비시켜 주었다. 임무 초기에 적용한 '적 중심적 접근법'은 한국군 책임지역에서 게릴라 활동에 대항하여 안보를 확보하는 데 목표를 두어 진행되었다. 따라서 한국군은 임무지역에 대한 평정수준에 A단계에서 N단계까지 평가 기준을 마련하여 적용하였다(〈표 10-1〉 참고). 한국군은 이 평가표를 기준으로 판단한 결과 자신들이 506개 지역 중에서 367개 지역을 통제하고 있었음을 알고 있었고 이를 바탕으로 현행 작전 성공 여부를 점검하고 차후 작전에 대한 방향을 설정했다. 상기 통제수준은 한국군이 약 73퍼센트 지역을 평정했다는 것을 알려 주는 수치이다. 즉 베트남 전장 내 책임지역에 대한 한국 COIN 임무군의 강한 통제력을 나타내는 수치이다.[113]

'적 중심적 접근법'에는 두 가지 형태가 있는데 하나는 대규모 작전이고 다른 하나는 소규모 작전이다. 한국군은 임무조직을 유연하게 운용했기 때

문에 상황에 따라 이 두 가지 작전을 교호로 운용할 수 있었다. 임무 초기 한국군은 임무지역에 많은 수의 적이 있었기 때문에 대규모 작전을 수행해야만 했지만 시간이 지나면서 베트콩이 게릴라전 위주의 전투를 수행했기에 소규모 작전이 더 효과적이었다.[114] 주목할 점은 대규모 작전 위주에서 소규모 작전으로 전환하는 템포가 성공을 보장해 줄 만큼 빨랐다는 점이다. 이런 빠른 전환템포로 인해 한국군은 대게릴라전에 많은 시간을 투자할 수 있었다. 한국군은 대대급 이상의 대규모 작전은 1,175번 수행했지만 중대급 이하 작전은 576,302번이나 수행하였다.[115]

전장환경을 분석한 뒤 임무 초기단계에서 '적 중심적 접근'이 필요하다고 판단한 한국군은 이 방법을 구체화하기 위해 미군이 사용하던 전술과는 전혀 다른 독창적인 '중대전술기지'를 개발했다. 주지해야 하는 것은 한국군이 독립된 작전통제권을 보유하고 있었기에 이 독창성 있는 전술이 개발될 수 있었고 또한 한국군에게 널리 적용될 수 있었다는 점이다. '중대전술기지'는 한국군의 임무 성공에 대한 '의지'가 '능력' 구비로 전환된 사례 중 하나이다. 채명신 사령관이 개발한 이 전술은 중대를 임무단위로 하는 전투전술이었다.[116]

중대전술기지는 하나의 중대가 방어와 공격을 동시에 수행할 수 있도록 개발되었다.[117] 공격은 게릴라 활동의 중심지를 제압하기 위한 것이었고 방어는 게릴라의 활동을 억제하고 연대와 같은 대규모 부대의 공격으로부터 48시간 이상 버틸 수 있도록 하기 위함이었다(〈그림 10-1〉 참고).[118] 거인인 미군이 수행하는 전술은 베트남 전장에서 통하지 않았지만 '작은 거인' 한국의 이러한 전술은 매우 효과적이었다.

중대전술기지 개념에 따라 큰 조직인 사단은 작은 조직인 중대로 분산 배치되었고 이에 따라 소규모 작전이 유리한 조직으로 거듭나게 되었다. 1975년 미 육군 보고서는 한국군이 개발한 중대전술기지에 대해 상세히 기술하고 있다. 이 보고서는 한국군 대대가 전투지역에 도착하면 3개 중대로

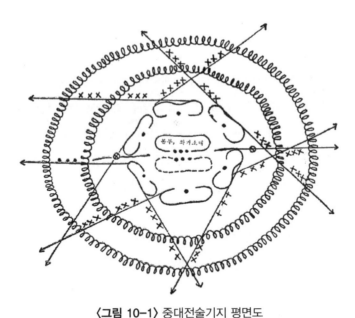

〈그림 10-1〉 중대전술기지 평면도
출처: 대한민국 국방부 군사편찬연구소, 「증언을 통해 본 베트남전쟁과 한국군(1)」, 2001, p. 162.

흩어져 개별 작전을 수행했는데 이는 소규모 부대 작전을 가능하게 했다고 기록하고 있다.[119] 좁은 지역에서 부대를 소규모로 운용하는 것은 전투뿐만 아니라 민사작전에도 매우 유리한 일석이조의 효과를 가지고 있었다.[120] 중대전술기지 개념은 많은 병사들이 지역주민과 접촉을 할 수 있는 기회를 확대함으로써 주민들로부터 베트콩에 관한 정보를 보다 많이 획득하는 데 유리했다.[121] 중대전술기지 개념은 1966년 두코 전투 및 1967년 짜빈둥 전투에서 그 효과를 여실히 증명했다.[122]

이처럼 대게릴라/안정화작전에 특화된 독창적 전술에 매진하던 한국군과 달리 미군은 전통적 방식의 전투방법에 주안을 두어 임무를 지속적으로 수행했다. 미 육군 보고서에 의하면 미군이 1966년에 이미 베트남 전장 메커니즘을 대게릴라전으로 인식하기 시작했음에도 지속해서 대규모 전투를 핵심전략으로 간주하였음을 확인할 수 있다.[123] 하지만 이처럼 전통적 전투

방식을 고수하던 미군도 두코 전투 이후에 한국의 중대전술기지 개념을 채택하게 되는데 그것이 바로 'Fire Base' 전투개념이다.[124]

물론 베트남에서 모든 미군 부대가 정규전 방식을 고수한 것은 아니었다. 미군 주력부대는 베트남 전장에서 정규전 중심으로 임무를 수행했지만 미군 중 일부 부대는 소규모 부대작전을 수행하기도 했다. 특히 미 해병대는 CAP(Combined Action Program)이라는 계획하에 남베트남 북쪽 지역에서 소규모 전투에 집중했는데 이 CAP 개념은 한국군과 유사하게 비전통적 방법으로 임무를 수행하는 것이었다. 미군의 정규전 중심의 전투방식과 다른 이런 작전은 미 해병대가 역사적으로 경험한 사례 때문에 가능한 것이었다. 미 해병대는 1920년대에 아이티와 같은 국가에서 '작은 전쟁(small wars)'을 경험한 적이 있었기 때문에 베트남전 참전 이전에 이미 정규전과 비정규전의 차이를 분명히 인식하고 있었다. 1940년에 발행한 "The Small War Manual"에는 "작은 전쟁에서 승리의 핵심요소는 물리적 파괴가 아니다. 핵심요소는 통상 주민들을 위해 사회적, 경제적, 나아가 정치적으로 발전하기 위한 프로젝트를 만드는 데 있다"고 명시되어 있다.[125]

미 해병대는 베트남전에 이 교범을 활용해서 '작은 전쟁'에 부합하는 전술을 만들어 냈다. 미 해병대는 1965년에 이미 지역주민에 대한 보호와 대게릴라전이 베트남전의 핵심이라고 인식하고 있었다.[126] 이러한 인식을 반영하듯 미 해병대는 베트남 주민의 마음을 얻기 위한 방안에 고심했다. 1군단 지역을 담당한 미 해병대는 약 20만 명의 주민들을 진료해 주고 14만 파운드의 음식을 나누어 주었다.[127] 미 해병대의 민사작전은 상당히 성공적이었다. 일부 지역주민들은 자발적으로 미 해병대 병사들에게 베트콩에 대한 정보도 제공하기 시작했다. 이와 같은 성공을 통해 미 해병대는 전 미군에서 '작은 전쟁'과 '비전통적 임무'에 가장 잘 적응하는 군대로 명성을 가질수 있었다.

하지만 미군은 전 부대가 해병대와 같은 계획을 수행하도록 성과를 확

대하는 데 관심을 쏟지 않았다.[128] 미군은 전반적으로 전통적 방식의 조직구
조를 고수하였다. 미군의 베트남 군사지원사령부(MACV, Military Assistance Com-
mand, Vietnam)는 월맹군의 침략을 거부하는 데는 효과적이었을지 몰라도 게
릴라 공격을 차단하는 데는 효과적이지 못했다.[129] 이처럼 미군은 조직적 유
연성이 부족했기 때문에 미 해병대 베트남전 성공 사례와 영국군의 말라야
성공 노하우로부터 아무런 교훈을 도출하지 못했다.[130]

한국군이 독창적으로 개발한 '중대전술기지'는 베트남에서 가장 효과적
인 '적 중심 접근법(an enemy-centered approach)'이었다. 한국 COIN 임무군은 이
개념을 도입하여 크게 성공함에 따라 책임구역 전반으로 이를 확대 적용했
다. 1965년에 1,535km² 지역을 책임지고 있던 한국 COIN 임무군의 책임
지역은 1969년에 6,800km²로 확대되었고 한국군 책임지역 내 인구도 증
가하였다(〈표 10-2〉 참고). 한국 COIN 임무군은 점차 대규모 부대 중심의 물
리적 전투보다는 소규모 부대 중심의 근접전에 치중하였다. 또한 한국군은
공중폭격이 대게릴라/안정화작전에 유리하지 않다고 판단했기 때문에 미
군보다 공중폭격에 덜 의존하였다. 채명신 사령관은 한국군이 미국의 1/10
수준 정도만 공중폭격 방법을 사용했다고 회고한다.[131]

또한 중대전술기지 개념 적용은 한국군에게 '주민 중심적 접근법' 적용
을 원활하게 만들어 주었다. 중대전술기지 개념하에 각 중대는 할당된 마을
의 치안을 확실히 확보하면서도 부대는 마을 외곽에 주둔하였다. 이런 노력
의 결과로 주민은 게릴라와 확실히 분리될 수 있었다.[132] 더욱이 중대전술기

〈표 10-2〉 한국군의 베트남 책임구역 및 인구 증가 현황

구분	1965	1966	1967	1968	1969
면적(km²)	1,535	4,470	6,800	6,800	6,800
인구(천 명)	310	970	1,200	1,240	1,241

출처: 최용호, 「통계로 본 베트남전쟁과 한국군」, 서울: 대한민국 국방부 군사편찬연구소, 2007.

지는 병사들이 주민들과 더 많이 접촉할 수 있는 기회를 제공하는 데 매우 유리했다. 따라서 이 기지 개념은 한국군이 베트남 COIN 제2단계로 '주민 중심적 접근법'을 시행하는 교두보로 기능하였다.

한국군이 개발한 또 다른 독창적 전술은 야간작전 개념이었다. 채명신 사령관은 한국군이 베트콩 전술을 간파하지 못한다면 미군의 실패를 되풀이할 것이라고 경고했다. 그가 말한 베트콩 전술의 핵심은 "베트콩은 어디서나 나타나는 반면에, 찾아 나서면 언제나 없어진다"는 것이었다.[133] 따라서 채 장군은 주간 중에는 직접공격을 하지 않는 베트남 게릴라들의 성향을 눈치챘다. 그는 베트콩들이 의도적으로 자신을 노출시켜 COIN 임무군이 자신들을 추적하게 한 다음 그들을 공격하는 전술을 사용한다는 점을 알았다. 따라서 한국 COIN 임무군은 베트콩처럼 야간작전을 수행했다. 한국 병사들은 주간 중에는 취침하고 야간 중에는 통제를 강화했다. 이렇게 함으로써 한국군은 베트콩의 야간활동을 위축시킬 수 있었다.[134] 예를 들어 당시 방서남 중대장은 1967년에 자신의 부대가 야간작전을 본격적으로 시행하자 베트콩의 활동이 줄어들었다고 회고하기도 했다.[135]

'적 중심적 접근법' 중 가장 중요한 임무는 모병, 훈련, 보급의 중심지인 적 핵심기지를 와해시키는 것이었다. 북베트남 제18연대와 베트콩은 1969년 10월 라오스의 지원을 받아 226번째 기지를 건설했다. 한국군은 이 기지가 영구화되면 지금까지 성공을 거두고 있던 '적 중심적 접근법'의 효과가 약화될 것을 우려했다. 따라서 한국군은 '국군창설기념작전'을 수행하여 중간보급기지를 차단함으로써 퀴논과 고보이 평야 주위 마을을 안정화시키는 데 성공하였다.[136] 이를 통해 한국군은 적의 능력이 신장되는 것을 차단할 수 있었다.

이처럼 한국군이 채택한 '적 중심 접근법'이 대대적인 성공을 거두자 한국 병사들은 베트남 전장에서 최고의 전사로서 인식되었다. 따라서 베트남에서 적군들은 가능한 한국군과 조우하지 않으려 했다. 전성각 당시 1연대장은 이와 관련하여 자신이 베트남에서 경험한 사례를 떠올렸는데, 특히 한국군과 전투에 임할 때는 최소한 3배 정도 많은 병력으로 대적해야 한다는 공감대가 적군 사이에 존재했었다고 회고하기도 했다. 1966년 9월에서 11월 사이에 실시된 맹호6호 작전에서 월남군이 전투현장에 도착했을 때 베트콩과 월맹군은 그들과 전투하는 것을 일부러 피했는데 그 이유는 그들이 월남군을 한국군이라 착각했기 때문이었다는 일화도 있다.[137]

한국군의 독창적인 COIN 전술의 성공 소식은 베트남 전장에 빠르게 퍼져 나갔다. 1968년 7월에 장개석 대만 대통령은 한국군의 전술을 배우기 위해 한국군 교관을 대만에 초대했다. 그는 "한국군이 미군보다 베트남에서 더 잘 싸우는 이유는 바로 한국군이 그들 자신의 전술을 개발했기 때문이다"라고 말했다.[138]

지금까지 살펴본 한국군의 '적 중심 접근법'은 게릴라들의 활동이 우세한 지역에서 대대적 성공을 거두면서 그들을 효과적으로 진압했다. 특히 한국군은 변화무쌍한 전장상황에 빠른 템포로 적응이 가능토록 전술적으로 조직적으로 유연했기 때문에 COIN 임무군의 능력을 향상시킬 수 있었다는 의미인데 이는 '가설 2A, 2B'의 적실성을 증명하는 것이라 평가할 수 있다.

2) 잔혹한 전사라는 이미지

한국군이 임무지역을 강도 높게 통제하며 치안을 확보하자 일부에서 한국군을 '잔혹한 전사'라고 평가절하하는 말들이 나돌기 시작했다. 미국인 연구자인 테리 램보(Terry Rambo)가 한국군의 잔혹성에 대한 논의에 불을 붙었다. 『뉴욕 타임스』(*The New York Times*)는 1970년 1월 10일 자 신문을 통해 "한국군은 푸엔 지역에서 남베트남인들을 무참히 사살했다"는 그의 주장을 보도했는데 이 주장은 여러 인터뷰에 근거한 것이었다.[139] 이 이슈에 영향을 받아 남베트남인들이 우려를 표명하자 남베트남 외교부는 같은 해에 한국군의 대학살을 비난했다.[140] 『뉴욕 타임스』(*The New York Times*)는 1970년 1월 16일자 기사에서 한국 국방부는 이런 루머를 '근거가 없고', '개탄스러운' 일이라며 부인했다고 보도했다.[141] 그럼에도 불구하고 일부 마을 주민들은 한국군이 1968년에 하마이 마을에서 135명의 민간인을 학살했다고 주장했다.[142]

한국인 참전용사들은 지역주민들의 대표성에 문제가 있다고 주장했다. 지역주민과 한국인 참전용사 사이에는 분명한 차이가 있는 듯하다. 채명신 사령관은 한국군의 잔혹성에 대한 이러한 주장을 강력하게 부인했다. 그는 이런 문제를 다룬 세미나에 참가하여 주장과 전장의 사실과는 큰 괴리가 있다고 주장했다. 그는 한국군이 숨어 있는 게릴라와 전투하는 과정에서 의도치 않게 일부 민간인을 사살했을 수는 있지만 절대 대학살은 없었다고 명예를 걸고 주장하기도 했다.[143]

또한 채 사령관은 대학살이 있었다고 주장하는 지역은 한국군의 작전 지역이 아니었고 베트콩과 극단주의자들이 한국군의 살상을 과장하고 있다고 주장한다.[144] 채 사령관의 주장은 전장 경험과 지역주민 인터뷰를 통해 확인한 일본 종군기자 혼다의 견해와 일치한다. 『아사히신문』 기자였던 혼다는 "한국군이 지역주민들과 더 자주 접촉할수록 한국군은 더 인기가 높았다"고 주장했다.[145] 실제로 한국군이 '잔혹한 전사'라고 이미지를 형성한 것은 베트콩의 심리전의 일환이었다. 베트콩이 번번이 한국군에게 패배하자 한국군 병사를 '잔혹한 전사'로 변질시켜 주민들이 한국군을 멀리하도록 하는 심리전술이었던 것이다. 나아가 베트콩과 주민을 분리시키려는 한국군의 전술에 먹칠을 하려는 의도도 있었다 평가할 수 있다.

한국군은 치열한 전투 격전지였던 베트남 전장에서 분명 천사는 아니었을 것이다. 하지만 혹독한 전투가 이루어지는 전장에서도 지역주민들이 호감을 가진 군대로서, 그리고 좋은 이미지를 가진 임무군으로서 위상을 유지했다. 그렇다면 한국군은 어떻게 '잔혹한 전사'가 아니라 '인기 있는 전사'

로서 인식될 수 있었겠는가? 베트콩의 전술이 왜 먹혀들지 않았는가? 베트남 전장에서 한국군이 제2단계 임무수행에서 채택한 '주민 중심 접근법'이 한국군을 '인기 있는 전사'로 만든 핵심동력이었다.

3) 임무수행 2부로 '주민 중심 접근법'의 도입

한국군은 계획했던 방향대로 베트콩을 효과적으로 진압하는 데 성공하자 COIN 임무수행 2부로 '주민 중심 접근법'을 도입했다. 우선 지역주민과 베트콩을 분리하기 위해 한국 COIN 임무군은 3단계(분리-차단-격멸)에 기반을 둔 대게릴라전 작전술을 개발했다. 이 개념은 주민들의 거주지 외곽에 전술기지(Tactical Base)를 설치하고 이를 중심으로 정찰과 매복을 통해 지역주민과 베트콩의 조우를 차단하여 평정지역을 늘리는 데 주안을 둔 작전이었다.[146]

이 작전의 성공 여부는 지역주민의 협조 여부에 달려 있었는데 이를 위해 민사작전이 COIN 임무수행의 중심으로 떠올랐다.[147] 간단히 말해 주민의 마음을 얻는 것이 매우 중요했다. 한국군이 베트남 전장에서 '지역주민 마음 얻기'를 전략적 수준으로 펼치지는 못했지만 전술적인 수준에서는 상당 부분 실시했다. 전통적 전투임무에서는 고려하지 않는 이러한 독특한 작전을 한국군이 염두에 두었다는 것은 한국군의 '적응템포'가 매우 빨랐다는 방증이기도 하다.

'지역주민 마음 얻기' 목표를 달성하는 데 채명신 사령관의 철학이 제대로 통했다. 채 사령관의 임무철학 중 하나는 "100명의 베트콩을 놓치더라도 1명의 양민을 보호하라"는 것이었고 이를 훈령으로 하여 임무병사들에게 하달했다.[148] 그는 이러한 훈령이 지역주민과 베트콩 게릴라를 분리시키는 데 효과를 발휘할 것이라 생각했다. 채 사령관의 훈령을 준수한 한국군 병사들의 행동은 미국군 병사들의 행동과 분명 달랐다. 혼다 일본 기자는 한국군에게서 발견되는 다른 점을 분명히 인식하였다. 그는 미군 병사와 달리 한국군 병사들은 베트콩이 지역주민들의 농장에 불을 지르기 전에 먼저 불을 지른 적은 없었다고 언급했다.[149]

채명신 사령관의 '지역주민 마음 얻기' 작전은 세 가지 프로그램으로 진행되었는데 그것은 바로 마을 정화 프로그램, 자매결연 프로그램, 친절 프로그램이었다.[150] 마을 정화 프로그램은 마을 주민과 베트콩을 철저히 분리시켜 마을을 보호하는 데 목표를 두고 있었다. 이를 적극적으로 시행하고자 한국군은 자매결연 프로그램을 실시했는데 이는 지역주민들의 어려움을 즉각적으로 해결해 주는 데 초점을 두고 있었다. 자매결연 프로그램의 일환으로 한국군은 지역주민들에게 안보 및 경제 인프라를 제공해 주었다. 한국군은 재구촌과 같은 안전거주지역을 만들어 주민들이 편안하게 살게 해 주었다.[151] 나아가 한국군은 자매결연이 맺어진 마을에 학교도 지어 주고 우물도 파 주었다.[152] 큰 거인인 미군은 물리적 파괴를 잘하지만 작은 거인인 한국군은 물리적 건설을 잘해 주는 행위자였던 셈이다. 이처럼 작은 거인은 민첩하면서도 현지주민을 도울 수 있는 지략도 갖추고 있었다.

한국군이 아주 짧은 시간 내에 지역주민의 마음을 아주 잘 얻은 가장 좋은 사례 중의 하나는 앞서 언급한 재구연대의 활약이라 할 수 있다. 재구대대라는 부대명은 베트남전 파병 준비 기간에 실시한 수류탄 투척훈련 중 부하를 살리기 위해 자신을 희생한 강재구 소령의 이름을 새기기 위해 지어졌다. 재구대대는 책임지역에 도착한 즉시 지역 내 베트남인을 혼신의 힘을 다해 돕고 환자들을 보살펴 주었다. 시간이 지나면서 지역주민들은 재구대대를 그들의 우군이라 인식하기 시작했다.

재구대대가 임무 개시 후 얼마 되지 않은 시점에 이미 주민들의 마음을 얻으면서, 이미 베트콩에 가담하거나 그들을 돕던 주민들도 베트콩에 등을 돌리기 시작했다. '모병'의 논리가 베트콩에게 불리하도록 만든 셈이다. 1965년 10월 30일 재구대대가 임무지역에 도착한 지 일주일밖에 안 된 시점에 한 베트남 여성이 재구대대의 검문소로 찾아왔다. 그녀는 재구대대 병사에게 한국 병사들이 지역주민을 돕기 위해 헌신하는 모습에 감명을 받아서 베트콩에 가담했던 자신의 아들에게 베트콩을 버리고 마을로 돌아오라고 이야기했다는 사실을 알려 주었다. 그녀는 구체적으로 "자기 아들이 베트콩으로서 지금 입산 중에 있는데, 한국군의 모든 정성에 감탄하여 안심하고 자기 아들을 설득시키고자 입산하겠다"는 용의를 밝혔다.[153] 이에 재구대대장은 반신반의하는 입장이었지만 아들을 꼭 데리고 오겠다는 그 여인의 말에 어느 정도의 기대를 갖고 식량을 내주었다. 해가 져도 그 여인이 오지 않자 재구대대원은 그녀가 오지 않을 것 같다고 우려하기 시작했다. 그런데 그다음 날 오전 11시에 그 여인이 나타나서 산비탈 길을 가리키며 저기에 아들이 와 있다고 말했다.[154] 대대장이 그 여인에게 아들을 데려오라고 이야기하자 그녀는 미제 구형 카빈소총과 수류탄을 보유한 베트콩 한 명을 데리고 부대로 와서 자기 아들이라고 했다. 재구대대는 그 여인이 아들의 설득에 성공한 것을 바로 현장에서 지켜본 셈이었다. 이와 같은 사례는 COIN 임무군이 주민 친화적인 정책을 통해서 게릴라의 모병을 어떻게 고갈시킬 수 있는지 보여 주는 단적인 사례라 할 수 있다.

재구촌은 베트남 전장에서 안전지대를 만들어 낸 가장 성공적인 사례였다. 푸켓 지역의 대부분의 시설은 월남군이 베트콩과 전투하는 과정에서 무참히 파괴되었다. 따라서 한국군은 150개의 가옥을 지어 1966년 2월에 지역주민들에게 제공해 주었다. 한국군이 철저하게 이 마을의 치안을 지켜 주었기에 베트남인들에게 매우 인기가 높았다. 그래서 마을에 시장이 형성되었고 지역주민은 3,000명 이상으로 증가되었다.[155] 많은 사람들이 재구촌에 와서 살고 싶어 했기에 재구대대는 외부 지역 사람들이 재구촌으로 이주하는 상황을 통제해야만 하는 상황까지 발생할 정도였다.[156] 재구대대의 활약으로 한국군의 인기가 더욱 높아졌다. 푸켓의 군수인 Loc 대위가 한국군인 권준택 정보장교에게 의형제를 맺자고 제안하는 일도 있었다.[157] Loc 대위는 재구대대가 약 일주일 만에 건설한 가옥이 위치한 호아호이 마을이 재구촌이라는 명칭으로 명명되었다는 통보를 해 주었다. 이는 베트남 전장에 최초로 한국 이름의 촌락이 생겼다는 상징적 의미가 있었다.[158] 하지만 이런 명칭에 대한 상징성을 훨씬 뛰어넘어 재구촌의 성공은 한국군이 베트남 COIN의 2부로 진행한 '주민 중심 접근법'에 있어 작지만 의미 있는 큰 걸음이라 할 수 있었다. 이처럼 비강대국에서 온 한국군이라는 작은 거인은 작은 마을의 사람들과 소통하고 그들의 어려움을 해결하는 데 더 유리한 매우 효율적인 COIN 임무군이었다. '작은 거인'이 '진짜 거인'보다 힘없고 작은 사람들과 가까워지는 데 더 유리했던 셈이다.

　마찬가지로 한국군은 친절 프로그램도 진행하였는데 이는 지역주민들의 한국 병사에 대한 호의적인 이미지를 만들기 위해 기획되었다.[159] 한국군 병사들은 지역 노인들에게 최대한 예의를 갖추고 공경하였으며 지역 주민들에게 태권도 시범도 선보였다.[160] 더욱이 이 프로그램에 따라 51개의 종합병원과 1,572개의 이동병원이 베트남 주민들에게 의료지원을 해 주었다.[161] 총 217,713명의 한국인들과 의료진이 1965년부터 1972년까지 이 대민진료활동에 참가하였다.[162] 군병원은 1965년부터 1972년까지 총 3,523,364명의 베트남인들을 의료지원하는 대대적인 성과를 달성하였다.[163]

　'적 기반 접근법'과 '주민 기반 접근법'의 혼합 접근법으로 수행된 작전 중 가장 성과를 낸 민사작전이 바로 '추수보호작전'이었다. 이 작전의 일환으로 한국군은 우선 '적 기반 접근법'을 활용하여 지역주민을 보호하였다. 맹호사단 기갑연대 제5중대는 빈케(Binh Khe) 동쪽 6km에 위치한 Hoa Lac 마을을 책임지고 있었다. 이곳은 19번 도로 인근에 위치한 지역이었는데 이 주변은 Hoa Lac 읍 주민들이 이주하여 살고 있는 정부보호지역이었다. 그런데 1965년 11월 Hoa Heip 평야에 베트콩이 수시로 출몰하여 주민들이 추수를 하는 데 어려움을 겪자 한국군에게 베트콩을 격퇴해 달라고 요청하는 일이 발생했다.[164] 맹호부대가 파월되어 임무를 개시한 지 얼마 되지 않은 시점이라 이런 요청이 부담되었지만 대민관계의 중요성을 인식하여 당시 신현수 연대장은 요청을 받아들여 '추수보호작전'을 실시하게 된다. 이 작전은 추수를 보호하는 본래의 취지를 살리기 위해 베트콩을 사살하기보다는 그들을 쫓아내는 데 주안을 두어 진행되었다. 이를 위해 "박격포를 전사면에 배치한 후 사수들이 아군의 진격 방향을 바라보며 포격"하는 식의 정규전에서는 사용하지 않는 방식의 전술을 사용했다.[165] 이를 통해 5중대는 3일간의 베트콩 퇴거작전을 수행하여 주민들에게 70~80%의 추수를 가능케 하는 성과를 거두었다.[166] 이 작전의 성공으로 베트남 주민들은 한국군을 더욱 신뢰하게 되었다.

한국군은 '적 기반 접근법' 관점에서도 전문성을 갖춘 전사이면서도 동시에 '주민 기반 접근법'의 중요성도 강조한 지혜로운 COIN 임무군이었다. 한국군은 적은 무서워하고 지역주민들은 반가워하는 작은 거인이었던 것이다. 그야말로 대게릴라/안정화작전에서 가장 잘 적응하는 군이 작은 거인의 성격을 가진 한국군이라는 것을 여실히 보여 준 것이다. 한국군이 적용한 COIN 처방의 효과가 제대로 나타나면서 베트남 지역 주민들이 한국군이 있는 지역에서 함께 있고 싶어 하는 상황이 발생했다. 예를 들어 1966년 재구대대 소속 9중대가 임무를 마치고 재구촌에서 철수를 준비하고 있었는데 푸켓 주민들이 9중대원들에게 자신들과 함께 있어 달라고 요청한 나머지 어쩔 수 없이 하루라도 더 있어야만 했던 사례도 있었다.[167] 이런 상황은 거의 미국군에게는 전혀 기대할 수 없는 상황이었다. 한국군이 재구촌에서 경험한 상기와 같은 사례는 대게릴라/안정화작전에서 요구되듯이 게릴라를 제압하고 지역주민과 게릴라를 분리시키며 동시에 지역주민의 마음을 얻어 안정화작전이 주민과 함께 시행되도록 하는 진수를 보여 준 것이라 할 수 있다. 이런 성과는 바로 빠른 '적응템포'의 결과였다. 나아가 COIN 전장에서 맞춤형 처방의 중요성을 인식한 결과이기도 했다.

베트남 전장에서 한국군 병사들은 베트콩을 제대로 상대할 수 있는 최고의 병사로서 인식되었기 때문에 베트콩들은 한국군이 있는 곳에서는 교전을 회피하는 경향이 생겨났다. 이러한 경향은 재구촌에서도 여전히 존재했다. 재구촌 주민들은 한국군이 그곳에 함께 있어 주면 베트콩이 접근을 꺼려 한다는 것을 알고 있었다. 따라서 한국군이 주둔하면 자신들과 베트콩이 철저히 분리되어 그들의 안전이 확보될 것이라는 점을 생각하여 한국군과 함께 있고 싶어 했던 것이다. 또한 한국군이 지어 준 가옥에 감명을 받아 그들에 대한 호감도도 매우 높았던 결과이기도 했다. 한국군이 있는 곳에서 베트콩의 활동이 위축된다는 것은 역으로 말하면 한국군이 떠나면 베트콩의 활동이 다시 강해질 수도 있다는 것을 의미한다. 이런 일이 실제로 발생했다. 재구대대 9중대가 재구촌을 떠난 후에 베트콩 게릴라들이 침투하여 한국 병사들이 지어 준 학교를 공격하는 상황이 발생한 것이다.[168] 이런 피해를 다시 겪은 재구촌 주민들은 한국 병사들에게 다시 돌아와 달라고 강력히 요구하는 상황이 발생했는데, 이런 계속되는 요구로 재구대대는 어쩔 수 없이 재구촌으로 돌아와 이 지역에 대한 치안유지 역할을 다시 수행하였다. 대게릴라/안정화작전에서는 보통 임무군이 마을에 가서 지역주민을 보호하고 게릴라를 소탕하는 것이 일반적이다. 하지만 이 사례처럼 지역주민이 임무군에게 강력히 요청하여 자기 마을로 와서 함께 있어 달라고 하는 사례는 드물다. 이는 한국군이 대게릴라/안정화작전의 교범을 새로 쓰고 있었음을 보여 주는 단적인 사례인 것이다.

　이와 같은 통합적 처방이 가능했던 이유는 전장 메커니즘을 면밀히 파악하여 최초로 '적 중심 접근법'을 채택하고 점차 '주민 기반 접근법'을 도입했기 때문이었다. 이를 동시에 사용하는 것은 가능하지도 효과적이지도 않을 수 있다. 게릴라 활동 강도 등 전장환경을 파악한 후 하나의 접근법에 무게중심을 두되 또 다른 접근법도 조금씩 도입하여 무게중심을 두고 있는 접근법을 지원할 수 있도록 하는 조치가 필요한 것이다. 참전용사의 증언은 이런 혼용적 접근법 사용을 현실감 있게 알려 준다. 문영일 베트남 참전용사는 한국군은 베트남에서 동시에 두 종류의 작전을 수행했다고 회고한다.

그는 "한국군의 주 작전은 두 가지(하나는 베트콩과 월맹군과의 전투이고 또 하나는 양민·민간인의 생활안정 전투)로서 이를 항시(작전원의 생명까지도 위협받으면서) 병행하여 실시하였다"고 말했다.[169]

전반적으로 한국군이 채택한 유연적 방법은 긍정적 평가를 받았다. IPS 특파원이던 Nicholas Ruggieru는 "한국군은 단지 잘 싸우기만 한 것이 아니었다. 그들은 다리, 도로, 교실, 주택 그리고 100개 이상의 다른 시설도 건설하였다. 또한 한국군은 사망자 가족, 피난민, 부상 시민, 빈민들을 위한 다양한 프로젝트도 시행했다"고 보도했다.[170]

한국군이 베트남 임무수행 2부로 '주민 기반 접근법'을 도입한 것은 여러모로 효과적이었다. 우선 이 방법은 일부 한국군에게 잘못 씌워졌던 '잔혹한 전사'라는 이미지를 완화시키는 데 도움이 되어 베트콩의 심리전에 말려들지 않는 데 기여했다.[171] 나아가 '주민 기반 접근법' 도입을 통해 한국군과 지역 주민의 접촉이 많아지면서 한국군에게 도움을 받고 나아가 속 깊은 대화를 하는 베트남 주민들이 늘어나면서 한국군이 점령군이 아니라 해방군으로 베트남에 왔다는 인식이 확산될 수 있었다. 임무군에 대한 지역주민들의 인식은 전장 메커니즘이 임무군에 유리하냐, 아니면 게릴라에 유리하냐를 좌우하는 요소이다. 따라서 한국군에 대한 긍정적인 이미지는 한국군이 COIN 작전을 주도적으로 수행하게 하는 비물질적 동력으로 기능하였다는 의미가 있다.

베트남전 당시 중대장이던 박민식 참전용사는 안정화작전과 관련한 자신의 경험을 회고한다. 그는 1968년에 채명신 사령관의 훈령에 따라 한 사람의 양민이라도 보호하기 위해 노력했고 시간이 흐르면서 마을 주민들은 중대원들의 노력에 감사하기 시작했다고 증언한 바 있다.[172] 마찬가지로 '주민 기반 접근법'을 현장에서 수행한 초급장교도 이 방법의 높은 효과에 대해 자부심을 가지고 있다. 임관 후 1년 만인 1967년에 베트남 전장으로 간 한 초급장교는 회고를 통해 베트남 주민들은 미국인인 아닌 한국인으로부터 음식을 받고 싶어 했고 한국인의 친절과 관용에 감명을 받아 '따이한'이라 부르면서 고마움을 표명했다고 전한다.[173] 전쟁터에서 곤궁에 처한 사람들은 음식과 물이 절실하기에 누가 그것을 제공하느냐보다는 제공하는 내용 자체에 관심이 많을 수밖에 없다. 하지만 COIN 전장에는 증오, 반감, 감사 등 심리적인 요소가 더욱 중요하게 작용한다. 그들은 점령을 받는 것이 아니라 도움받기를 원한다. 그렇지 않은 행위자에게 어쩔 수 없이 음식을 받을 수는 있지만 그들이 음식을 받았다고 COIN이 제대로 효과를 발휘했다고 말할 수는 없다. 상기 사례처럼 '한국 군인'에게 음식을 받고 싶어 하게 만드는 것이 지속 가능한 COIN 처방인 것이다.

임무수행 2부로서 '주민 기반 접근법'을 도입한 한국군 병사들의 행동은 미국군 병사들의 행동과는 사뭇 달랐다. 일본 종군기자 혼다는 현장에서 관찰한 경험을 바탕으로 한국군 병사와 미국군 병사의 차이를 명확히 밝히고 있다. 그는 "(한국군은) 지프차에서 내려서 껌과 토피(toffee)를 아이들에게 직접 건네주었지만 (미국군은) 아이들 머리 위로 사탕을 던지고 그들이 받기 위해 동물처럼 몰려드는 모습을 보며 즐거워했다"고 보도했다.[174] 이와 비슷한 사례를 목격한 사람들은 많다. 예를 들어 청룡부대 제3대대 부대대장으로 베트남 전장에 있었던 문낙용 참전용사는 "미국 사람들은 기껏해야 먹다가 남은 레이션 등을 주는데, 차를 타고 가다가 던져 준다든지 이 같은 방식으로 합니다. 주기는 주되 인간미가 없는 것이지요. 그래서 받아먹는 사람도 고맙다는 생각이 들지 않는 것입니다"라고 자신의 경험담을 증언했다.[175] 그는 "(한국군은 미군과는 정반대로) 레이션 한 개를 주더라도 반드시 까서 주는 것입니다. 그냥 주는 것하고, 까서 주는 것하고 다르지요. 그리고 그냥 주면 이 사람들이 팔아먹습니다. 베트콩들한테도 팔게 되지요"라고 진술했다.[176]

상기 예는 대게릴라/안정화작전에 시사하는 점이 많다. 대게릴라/안정화작전에서 임무병사들이 지역주민을 자신들과 같은 사람들로 여기지 않고 그들보다 낮은 하급 사람들로 여긴다면 이미 이 임무는 진 것이나 다름없다. 이럴 경우 지역 주민들은 임무병사들에게 반감을 갖고 게릴라에 동조하거나 합류하기 쉽다. COIN 임무군이 아무리 많은 게릴라를 사살한다 해도 적의 병력은 줄지 않고 주민들이 게릴라에 합류함으로써 오히려 적의 병력이 늘게 되는 현상이 일어나는 것이다. 상기 사례는 거인 미국군의 병사들은 지역주민들을 자신보다 낮은 계층의 사람들로 취급했다는 방증이며, 반면 작은 거인 한국군 병사들은 그들도 자신들과 다름없는 같은 사람들이라는 인식을 가졌음을 보여 주고 있다. 특히 한국군은 6·25 전쟁 중 미군들로부터 비슷한 방식으로 초콜릿을 받아먹은 경험이 있기에 현지주민의 입장에서 기분 나쁘지 않은 방식으로 음식을 전달하는 것의 중요성을 이미 알고 있었다.

미군의 민사작전의 미흡은 이뿐만이 아니었다. 주민들과 소통하려는 노력이 정책화된 측면이 많이 드러나지 않았다. 예를 들어 미국군 병사들은 베트남 전장에서 제대로 훈련된 통역관도 데리고 다니지 않았다. 반면 한국군 임무부대는 잘 훈련된 통역요원이 배치되어 있었고 이들을 통해 지역주민과 깊이 있는 소통을 할 수 있었다. 통역을 통해 제대로 소통을 하니 한국군이 지역주민들에게 친절한 마음으로 대하고 예의를 다하려는 마음이 전달되는 데 매우 유리했던 것이다.

미군은 한국군의 안정화 프로젝트에 대해 조심스런 평가를 했다. 미 육군 보고서는 한국군의 안정화 프로젝트가 후반(1968년 이후)보다는 초반(1968년 이전)에 더 효과적으로 발휘되었다고 평가하면서도 한국군이 수행한 안정화 프로젝트가 전반적인 측면에서 성공했다는 데 인식을 같이했다. 구체적으로 이 보고서는 "한국군 전투부대의 소규모 민사적 활동은 대대적인 성공을 이루었고 한국군의 전술책임지역 내 치안작전에서도 성공적 결과를 낳았다"고 평가했다. 이는 COIN에서 다루는 대게릴라 작전이라는 임무와 민사작전 중심의 안정화작전 모두에서 수준 높게 임무를 수행했다는 타군의 평가라는 측면에서 의미가 있다 하겠다.[177] 이런 측면에서 COIN은 정규전과 분명 다른 형태의 임무이다. 하지만 모든 국가의 정규군은 관성적으로 모든 임무를 정규전식으로 해석하여 정규전식으로 문제를 해결하려는 경향이 강하다. 이런 경향에 대해 제동을 걸어 문제를 해결할 수 있는 조직이 되려면 유연성이 있어야 하고 이런 유연성을 바탕으로 전장상황에 맞는 '적응 템포'를 갖추어야 한다. 작은 거인 한국군은 이것을 가능케 함으로써 베트남 전장에서 그 누구보다 우수성을 잘 현시했다 할 수 있다.

요약하면 '적 중심적 접근법' 채택을 통해 달성한 안보통제는 추후에 추가로 도입한 '적 기반적 접근법'을 통해 안정적으로 공고화되었다. 이러한 사실은 베트남 전장처럼 게릴라가 위세를 떨치는 지역에서조차 이 상반된 두 가지 방법이 적절히 조화를 이루며 함께 시행되는 것이 얼마나 중요한지 잘 알려 준다. 한국군은 자신에게 할당된 책임구역에 치안을 확실히 확보하였다. 예를 들어 베트남 전장에서 기차가 전 지역을 다니는 유일한 곳은 한국군의 책임구역이었다.[178] 이런 환경은 베트남 주민 이동 현상을 만들어 냈다. 한국군이 책임을 지고 있던 지역으로 더 많은 사람들이 이주한 것이다. 한국군의 책임지역 내에서 베트콩에 등을 돌린 사람들의 숫자가 다른 지역에 비해 5~6배 정도나 많았다. 한국군이 지역을 평정하여 치안이 확보되자 마을을 떠났던 주민들은 자신의 집으로 돌아오기 시작했다. 페 디엠(Phe Diem) 마을의 지도자인 밤레오(Bam Re O)는 1967년에 맹호부대 병사들이 베트콩을 물리치고 마을을 평정하자 집을 버리고 도망갔던 마을 사람들이 다시 돌아왔다고 증언하기도 했다.[179] 베트콩 게릴라와 베트남 주민들을 분리시키기 위해 한국군이 채택한 혼합 접근법 적용은 COIN 임무부대가 유연한 조직이었기에 가능한 것이었다. 그렇다면 작은 거인이 이끄는 조직이 얼마나 유연했는지 살펴보기로 하자.

2. 조직적 유연성

한국군의 임무 성공에 대한 강한 열정은 군지휘부로 하여금 임무조직에 유연성을 부여할 의지를 창출케 했다. 일반적으로 군조직은 하나의 통합사령부 예하에 많은 부대를 일사불란하게 편성하는 중앙집권적 방식을 채택한다. 이의 연장선 상에서 지휘방법도 통제형 지휘가 보다 보편적이다. 마찬가지로 현재 한국군의 조직도 중앙집권적 통제에서 오는 지휘권의 일원화와 작전상 이점을 살리기 위해 합참 예하에 전군의 작전부대가 편성되어 합참의장의 지휘를 받는 체제로 되어 있다. 이런 측면에서 중앙집권적 군구조는 한국군도 예외일 수 없다. 하지만 비전통적 전투에서 이러한 통일성의 원칙이 전통적 전투와 같은 방식으로 적용되기는 힘들다. 아니, 오히려 중앙집권적, 비유연적 조직은 베트남에서 대게릴라전을 수행하기에 비효과적일 것으로 인식되었다. 지휘법도 분권형 지휘가 보다 효과적일 수 있었다. 따라서 한국군 지휘관들에게 가장 큰 고민 중의 하나는 베트콩을 장기적으로 상대하기 위해 중앙집권적 구조와 지휘권 분산의 균형을 유지하는 가운데 COIN 임무조직을 어떻게 유연하게 만드는가였다.[180]

임무조직적 측면에서 한편으로는 중앙집권적 지휘에서 오는 강점을 극대화하기 위해 베트남에 파병되는 전 부대를 채명신 사령관이 지휘하는 주월 한국군사령부 예하에 두도록 편성하였다. 다른 한편으로는 분권적 지휘에서 오는 효과도 창출하기 위해서 육군 2개 사단 외에 1개 해병 여단도 파병 부대로 선정하였다. 이러한 육군과 해병대의 유기적인 혼합편성은 임무성공을 위해 각 부대들이 선의의 경쟁을 하는 생동감 있는 조직이 되는 데 기여했다. 나아가 해병대인 청룡부대는 조직상으로는 주월 한국군사령부라는 통합사령부의 지휘를 받지만 독립적인 작전이 가능한 부대였다. 어느 정도의 독립성이 유지되는 가운데 최상급 부대로부터 개입이 최소화되면서 소규모 부대 단위의 대게릴라전 수행에 유리한 부대로 발전해 나갔다. 한국군의 조직이 경직되고 유연성이 전혀 없는 중앙집권적 지휘조직이었다면 전장상황에 소규모 부대 운용이 필요하고 병사들이 이를 인지하였더라도, 소규모 부대 위주가 아닌 정규전식으로 대규모 부대 위주의 작전이 지속적으로 시행되었을지 모른다. 사실 군조직에 독립성을 부여하는 것은 군 문화에서 쉽게 발견되지 않는 현상이고 분권형 지휘도 말과는 달리 실제로 현장에서 집행되기는 힘들다. 이러함에도 불구하고 베트남에 파병된 부대는 다른 보통 국가의 군보다 독립성과 유연성이 있었던 것은 분명해 보인다. 이러한 조직적 유연성은 '적응템포'를 강화시키는 원동력이 되고 있었다.

한국 COIN 임무군은 지휘조직에서 중앙집권(centralization)과 분권(decentralization)의 특징을 모두 갖춘 유연적 부대였다. 우선, 하나로 통합된 사령부 하에 중앙집권적 지휘조직의 강점인 일사불란하고 통일된 지휘가 가능하여 "한 명의 양민이라도 보호하라"는 훈령이 전 부대에 전파될 수 있었다. 동시에 특정 부대에 분권기능이 가동되어 소규모 부대작전도 가능하였는데 이러한 중앙집권과 분권의 조화는 조직이 더욱 유연하게 작동하는 데 큰 도움이 되었다. 베트남 전장에는 두 가지 종류의 적이 동시에 존재했는데 하나는 정규전 속성을 가진 월맹군이었고 다른 하나는 비정규전을 수행해야 하는 상대인 베트콩 게릴라였다. 이와 같이 이중적 속성을 가진 적군이 존재하는 곳이었기에 상황에 따라서 중앙집권적 작전 혹은 분권형 작전을 적절히 선택할 수 있어야 했는데 한국군은 유연적 조직을 보유하고 있었기에 이것이 가능하였다. 예를 들어 앞서 살펴본 중대전술기지는 한국군의 유연성을 보여 주는 단적인 사례이다. 조직의 유연성이 있기에 게릴라를 제압하는 데 효과적인 유연적 전술 개발이 가능했던 것이다.

월맹군에 대항하는 데 필요한 중앙집권적 작전수행에는 하나의 통합된 사령부조직이 반드시 필요하였다. 한국군이 이미 본토에서 중앙집권적 조직을 갖추고 있기에 베트남 임무부대를 중앙집권적으로 구성하는 것은 그리 어려운 일이 아니었고 그렇게 만들어진 것이 주월 한국군사령부였다. 이처럼 중앙집권적 조직하에 대규모로 수행한 작전 중 하나는 오작교 작전이었다. 1967년 육군의 2개 사단이 베트남 전장에서 임무를 수행하고 있었다. 이 중 하나의 사단인 맹호부대는 남베트남 북부 지역을, 다른 사단인 백마부대는 남부 지역을 담당하고 있었다. 오작교 작전은 이 두 책임지역의 중간을 이어 주는 협동작전이었다. 다시 말해 두 부대가 통제하고 있는 지역의 중간에 놓여 있는 지대를 중앙집권적 통제하에 대규모로 작전을 수행하여 평정지역으로 편입시키는 작전이었던 셈이다. 이 중간지대인 송카우와 뚜이안 지역은 적군이 강력하게 통제하고 있는 곳이었다. 베트콩과의 전투에서 소규모 위주의 작전만 진행하지는 않는다. 베트콩 통제지역을 되찾아 와야 하는 대규모 작전은 정규전 작전을 가미시켜야 한다. 바로 이 중간지대는 베트콩이 강력히 통제하고 있었기에 이 지역의 통제권을 되찾는 작전은 많은 병력을 동원하는 대규모 작전이 필요했는데, 조직의 유연성을 바탕으로 베트콩에 대해서도 대규모 작전으로 전환하는 능력을 갖추고 있었기에 이런 형태의 작전이 가능하였다.

오작교 작전에 대한 계획은 중앙집권적으로 주월 한국군사령부에서 세웠는데 당시 백마부대 사단장이었던 이소동 장군은 이 계획에 반대하였다.[181] 사실 이 작전은 쉬운 임무가 아니었다. 특히 두 개의 사단이 같은 방식으로 하나의 지역에서 대규모 작전을 수행하는 것이 매우 어려울 수밖에 없었다. 이러한 우려대로 실제로 오작교 작전 시행 중 화력 협조 문제가 발생하기도 했다.[182] 일부의 반대에도 불구하고 이 작전이 시행될 수 있었던 것은 채명신 사령관을 정점으로 중앙집권적인 일사불란한 지휘가 가능했기 때문이었다. 더욱이 통합된 사령부가 기능함으로써 두 개 사단의 여러 생각과 작전계획을 통합할 수 있었기에 이 대규모 작전이 가능하였다.

오작교 작전은 맹호부대와 백마부대 사이에서의 베트콩 게릴라의 대규모 활동 때문에 이 두 개 사단이 연결되지 못하는 상황을 타개할 수 있는 매우 중요한 작전이었고 이 작전을 통해 남베트남 지역의 동맥이라 할 수 있는 1번 도로를 연결할 수 있는 전략적 수준의 임무였다.[183] 그래서 지휘관 간 의견의 대립이 있었지만 반드시 시행해야 하는 작전이었던 것이다. 이 군단 급 수준의 작전은 사단급 부대를 통합하여 작전을 수행할 수 있는 통합사령 부로서 주월 한국군사령부라는 중앙집권적 지휘구조가 존재하였기에 가능 하였다. 채명신 사령관이 지휘하는 주월 한국군사령부는 이 계획을 전략적 으로 중요한 것으로 인식하고 치밀하게 작전계획을 수립했다. 이런 중앙집 권적 지휘구조가 가동되어 오작교 작전에 성공함으로써 7만 3,000명의 베 트남인들을 베트콩의 통제에서 해방시킬 수 있었다.[184] 나아가 오작교 작전 에 성공함으로써 작전계획 당시 기대했던 것처럼 1번 도로에 대한 통제권 을 회복하여 적의 보급로를 차단하는 효과를 거둘 수 있었다. 나아가 오작 교 작전에 성공함으로써 게릴라에 대항하여 대규모 작전과 소규모 작전을 교호로 운용할 수 있는 조직의 유연성이 더욱 강해졌다는 측면에서, 베트콩 을 상대할 수 있는 최적의 부대로서 더욱 강한 위상을 점하게 되는 계기가 되기도 했다.

한국군의 조직적 유연성을 확인할 수 있는 두 번째 사례는 한국 COIN 임무부대의 소규모 부대 운용의 중요성에 대한 강조이다. 베트남 전장에서 한국군은 소병기로 무장한 소규모 부대의 활성화를 매우 중요하게 생각하 고 이 조직의 운용을 제대로 가동하는 데 심혈을 기울였다. 한국군은 전장 상황에 따라 유전적으로 조직을 운용하였다. 예를 들어 당시 이종림 26연대 장은 베트남 전장은 기본적으로 게릴라전이고 이 비정규전은 두뇌전이기 때문에 병사들이 중화력에 의존하는 것이 성공을 보장해 주지는 못한다는 생각을 가지고 있었다.[185] 어느 연대에서는 다양한 중화력 무장을 보유한 중화기 중대를 없애고 경화기 중대를 신설하기도 하는 조직적 유연성이 있 었다.

군부대에서 한 조직을 없애거나 다른 조직으로 대체하는 것은 경직된 군 조직문화에서는 쉬운 일이 아니다. 하지만 베트남의 COIN 임무군은 조직의 유연성이 있었기에 이것이 가능하였다. 예를 들어 맹호부대 제1연대 제12중대와 제26연대는 제4중화기중대를 소총중대로 변경운용하는 파격을 단행했다.[186] 맹호부대의 제8중대는 게릴라와 싸우는 베트남 전장에서는 기관총부대보다 소총부대가 유리하다고 판단했다. 즉 빠르게 움직일 수 있는 이 부대가 특정 지역에서 게릴라와 전투를 수행하는 데 유리하다고 판단하여 병사들이 조직의 변경운용을 건의했고 지휘관은 이를 받아들여 이런 맞춤형 조직운용이 가능하였다. 중화기중대를 소총중대로 변경운용하기 위해서 중화기중대원들은 소총중대원처럼 전투훈련까지 실시하였다. 맹호6호 작전에서 변경된 조직운용이 효과를 거두자 제8중대 운용이 실전에서 검증된 셈이었기에 타 중대에 전파되어 보다 본격적인 조직개편이 이루어지게 된 것이다. 이런 중대개편은 연대 입장에서도 게릴라와 직접적으로 싸울 수 있는 1개 중대가 더 확보되는 기회가 되기도 하였기에 여러모로 일석이조의 효과가 있었다. 이러한 조직 변경운용 사례는 한국군이 전장상황에 따라 조직을 유연적으로 운용하여 싸우기 전에 승리할 수 있는 부대로 만들었음을 보여 주는 단적인 사례이다.

뿐만 아니라 한국군이 본토에서 국가안보를 위해 적용하고 있는 전통적 군사조직과 달리 주월 한국군사령부는 예하에 민사심리참모부를 두고 있었다.[187] 주월 한국군사령부는 인사 · 정보 · 작전 등 5개 참모부 외에 베트남 전장에 특화된 민사심리참모부를 두었다. 민심부는 일반참모로서 상기 5개 참모부처럼 지휘관을 보좌하여 기획하고 계획을 수립하지만 적 세력뿐만 아니라 주민들도 대상으로 한다는 점에서 달랐다.

주월 한국군사령부의 민사참모부장은 대령급이지만 맹호부대, 백마부대, 청룡부대 등 예하 사단 및 여단에도 그 조직의 규모에 맞는 민사심리 담당 조직을 편성했다. 연대급 부대 이하에서도 정보주임장교가 민사심리 임무를 겸임하게 할 정도로 베트남 전장에 특화된 조직을 가동시켰다. 민사심리전 조직은 아주 체계적이어서 부대 규모별로 담당하는 지역의 규모를 지정해 주었다. 예를 들어 한국군사령부는 남베트남 정부를 상대하고 사단·여단은 '성(Tinh)' 단위를, 연대는 '군(Quan)' 단위를, 대대는 '면(Sa)' 단위를, 중대는 '마을(Thon)' 단위를 담당하였다.[188] 바다 건너 고국의 군대조직은 북한군이라는 정규군과의 전면전에 대비하는 유연성이 없는 전통적 조직이었지만 베트남에서는 그 어느 국가보다 비전통적 임무를 제대로 수행할 수 있는 조직을 운영하고 있었던 셈이다. 이는 임무 성공에 대한 열정과 의지가 없었으면 가능하지 않은 조직적 유연성이었다.

한국 COIN 임무부대가 조직적 측면에서 어떠하였는지 살펴보아야 할 또 다른 점은 그들이 군사작전과 민사작전을 동시에 수행토록 요구받았다는 점이다. 베트남 임무에 참가했던 많은 한국인들은 하나의 지휘조직하에 하나의 목소리로 통일이 되어야 COIN 임무를 효과적으로 수행할 수 있다는 판단하에 군이 주도적으로 군사작전과 민사작전을 동시에 진행했다. 예를 들어 신상철 주베트남 한국대사는 베트남에서 한국군의 작전에 전혀 개입하지 않았다. 대신에 그는 한국 정부를 대표하는 본연의 역할에만 충실했다. 이처럼 한국군과 한국 정부관료 간에는 협력과 조화가 있었지만 미국은 그렇지 못했다. 군사 문제는 군사령관이 책임을 지고 국가를 대표해서 하는 활동은 자신이 하는 것이 맞다는 점을 강조한 신 대사는 "미군의 경우에는 현지 사령관인 웨스트모어랜드 장군과 벙커 미국대사와의 사이에 업무와 관련하여 상당한 알력이 있었던 것으로 알고 있습니다"라고 회고한 바 있다.[189]

요약하면 한국군 베트남 COIN 임무부대는 조직적 유연성을 바탕으로 대게릴라전을 효과적으로 수행함으로써 임무에 성공할 수 있었다. 이러한 조직적 유연성은 한국군이 최상의 부대와 최정예 병사로 구성되어 있었기에 그 진가가 더욱 발휘되었다.

3. 임무에 효과적인 자산

1) 최상의 부대: 정예 부대 구성

한국군은 단순히 상징적 역할을 위해 베트남 땅을 밟은 것이 아니었다. 그 어느 누구보다 임무에 성공하여 국가위상을 높이려는 의지를 갖고 실질적 역할을 하기 위해 전장에 온 것이었다. 따라서 반드시 임무를 완수하겠다는 의욕이 넘쳤고 실제로 임무를 성공적으로 완수하려면 파병부대로 최상의 부대를 선정해야 했다. 6·25 전쟁 중 대게릴라전을 수행한 경험을 바탕으로 게릴라들이 활동하는 전장의 메커니즘을 잘 이해하고 있던 한국군 수뇌부는 비전통적 군사임무 속성이 내재된 베트남 전장에서 가장 적합한 부대를 선정하는 데 많은 시간을 투자했다. 특히 대게릴라전 참전 경험이 있는 군 수뇌부를 중심으로 부대 선정에 아주 까다로운 기준을 내세워 부대 선정에 적극적인 역할을 하였다. 이런 각고의 과정을 거쳐 한국군은 최초 파병 전투부대로 맹호사단과 청룡여단을 선정하게 된다.

전면전에서는 부대 간의 능력 차가 상대적으로 크지 않을 수 있다. 물론 어느 전투든 간에 지휘관의 리더십은 승전을 위해 매우 중요한 요소이다. 이순신 제독이 명량해전에서 단지 12척으로 200여 척 이상의 일본 전선을 물리친 것은 이순신 제독의 지략과 리더십 없이 설명해 내기 어렵다. 그럼에도 불구하고 정규전에서는 군사력이 높은 부대가 승리할 가능성이 높고 비정규전에서는 물리적 군사력이 강하다고 반드시 승리를 보장하지 못하는 것도 사실이다. 즉 정규전에서는 개인의 리더십보다 보유하고 있는 무기체계의 양과 질이 더 중요할 수도 있다는 이야기다. 적 핵심 노드를 타격해야 하는 현대전에서는 더욱 첨단무기의 중요성이 더욱 크다. 하지만 대게릴라/안정화작전과 같은 비정규전은 첨단무기보다 그 부대 자체의 사기와 그 부대를 구성하고 있는 지휘관과 병사의 능력이 더 중요하다. 그 부대는 게릴라라는 비정규군과 때로는 보이지 않는 곳에서, 때로는 매우 좁은 지역이나 험준한 산악에서 전투에 임해야 하기 때문이다. 이런 점을 제대로 인식한 한국군 수뇌부는 파병부대 선정이 얼마나 중요한지 잘 알고 있었다. 아무 부대나 보낼 수는 없는 노릇이었다.

파병될 부대는 베트남에서 주로 게릴라와 전투를 해야 했기에 이를 수행할 가장 적합한 부대를 선정하는 데 있어 전투경험 유무에 높은 가중치를 부여했다. 따라서 한국군 수뇌부는 6·25 전쟁 동안 큰 전공을 올려 명성이 아주 높았던 맹호사단과 청룡여단을 첫 번째 파병 전투부대로 결정했다.[190]

맹호부대는 베트남전 기간 동안 국군수도사단의 별칭으로 통했다. 국군수도사단은 1948년 수도경비사령부로 창설된 후 6·25 전쟁 중 수도사단으로 명칭이 개명된 부대였다. 6·25 전쟁 중 의정부방어전투, 경주지구 방어전투, 원산·길주 등 주요 도시 수복작전을 통해 그 명성을 드높였고 공비토벌작전도 수행한 용맹스러운 부대였다. 이런 용맹과 감투정신을 담아 1953년 수도사단의 부대 표지로 맹호가 제정되었다. 6·25 전쟁 후에도 수도 서울을 보호하는 핵심적 임무를 수행하며 엘리트 부대로서 명성을 이어 갔다. 이런 역사적 경험과 부대의 명성을 고려하며 한국군 수뇌부는 수도사단을 육군의 파병부대로 선정하게 된다. 명성대로 수도사단은 가장 똑똑하고 잘 훈련된 병사들로 구성되어 있었다. 맹호부대는 베트남에 도착하자마자 그 명성에 맞게 임무를 매우 탁월하게 수행했다. 1965년 10월 22일 맹호부대는 퀴논 지역에 도착하여 1,200km에 달하는 전술책임구역을 미군으로부터 인수하였다(〈그림 10-2〉 참고).

맹호부대는 한국군 내에서도 인정하는 최고의 사단이었고 6·25 전쟁 중 실전경험이 전수되어 내재되어 있는 부대였기에 낯선 베트남에서도 '적응비용'을 최소화할 수 있었다. 통계적 수치로 보아도 맹호부대의 파병 결정이 잘된 것임을 쉽게 알 수 있는데 베트남전 기간 중 맹호부대는 175,107번의 교전을 통해 월맹군과 베트콩을 제압함으로써 전술책임구역을 성공적으로 평정하였다.[191]

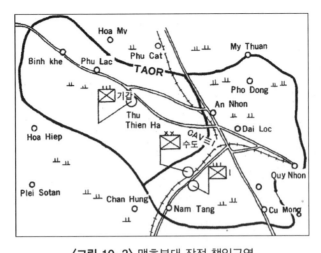

〈그림 10-2〉 맹호부대 작전 책임구역

출처: 대한민국 국방부 군사편찬연구소, 『증언을 통해 본 베트남전쟁과 한국군(1)』, 2001, p. 160.

육군과 함께 첫 번째 파병부대로 선정된 청룡부대는 해병 1사단의 제2
연대를 근간으로 하고 있다. 해병 1사단은 제2연대의 조직을 신장시켜 여단
으로 재편성한 후 1965년 9월 파병부대를 창설했는데, 용기·기백·위용
을 상징하는 청룡의 의미를 담아 청룡부대라 호칭하게 된다. 해병대는 한국
군대에서 최정예 정규군으로 통하는 조직이다. 특히 용맹스러움에서도 그
어느 부대도 따라오지 못한다는 명성이 있다. 대게릴라전에는 용맹이라는
정신력이 매우 중요하고 특히 베트콩의 경우 전 세계적으로 강한 정신력을
가진 것으로 알려진 집단이다. 따라서 이에 대적하려면 정신력에서 전혀 밀
리지 않는 강한 용기로 무장된 해병대가 필요했다. 특히 게릴라 활동이 왕
성한 베트남 전장에서 COIN 처방을 위해 초기에 '적 중심 접근법'을 활용
하여 베트콩을 제압하는 것이 필요한 상황에서 임무 초기부터 베트콩 근접
조우 시 위축되지 않는 부대로 해병대가 적격이었다. 실제로 해병대는 전장
에서 사기가 높고 매우 용맹스러워 근접전투, 시가전 등에서 탁월한 능력을
발휘했다. 예를 들어 1967년 12월 청룡부대가 호이안 시 탈환작전을 수행

할 때 전 해병대원의 수준 높은 전투의지로 베트콩에 근접조우하며 호이안 시에서 펼쳐진 시가전에서 승리할 수 있었다.

청룡부대를 파견한 한국의 해병대는 역사적으로 명성이 높은 조직이었다. 6·25 전쟁 중 교동, 백령도 등 상륙작전과 원산만 봉쇄작전 등에서 탁월한 능력을 과시한 전력이 있는 부대였다.[192] 이 실전경험으로 전투력이 증명된 해병대는 이미 준비된 부대로 인식되어 있었다. 그리고 실제로 해병대 병사들은 자긍심과 신념에서 최고의 부대였다. 청룡부대 참모장으로 복무한 정태석 참전용사는 "해병대 장병들은 … 전투현장에서의 프라이드는 누구에게도 뒤지지 않습니다. 그래서 '해병대는 후퇴가 없다'는 신념을 가지고 있습니다"라고 당시 상황을 회고했다.[193]

한국에서 최고의 군조직으로 인정받는 해병대에서 파병된 청룡부대는 기대했던 대로 아주 짧은 시간 안에 책임구역을 성공적으로 평정하였다. 쉽게 말해 최상의 부대로 선정되었기 때문에 조직 자체의 수준을 높이는 과정 등에서 시간을 허비하지 않아 '적응비용'을 아낄 수 있었고 이렇게 확보된 시간을 임무 자체에 쏟을 수 있었던 것이다. 청룡부대는 1965년 10월 동바틴 지역에 도착하여 경계 및 평정 임무를 수행하고 베트남 전장에 도착한 지 불과 2달 만에 뚜이호아 평야를 평정하는 데 성공한다.[194] 이를 통해 특히 1번 고속도로가 있는 지역을 청룡부대의 통제하에 두는 위업을 달성해서 베트남 주민에게는 식량난 해결에 도움을 주고 베트콩에게는 식량을 차단하는 효과를 창출하면서 한국군 전체 작전에 큰 기여를 하게 된다.

뿐만 아니라 청룡부대는 1967년 2월 짜빈둥 전투를 통해 세계전사에서 가장 유명한 전투 중 하나를 수행한 부대로 자리매김을 하게 된다. 청룡부대의 제11중대는 짜빈둥 지역에 위치하고 있었는데 여단본부와는 6km 떨어진 지점으로 적의 기습공격 시 바로 지원을 받기 힘든 곳에서 임무를 수행하고 있었다. 그러던 중 1967년 2월 14일 제11중대는 월맹군 제2사단 제1연대 병력 2,000명과 베트콩 지방군 부대 등 2개 연대급 병력의 공격을

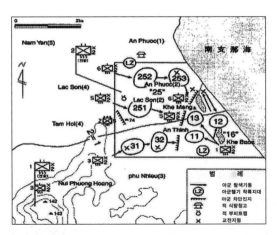

〈그림 10-3〉 짜빈동 전투에서 적의 제11중대 공격 요도(적 대대장 사체에서 노획)
출처: 대한민국 국방부 군사편찬연구소, 「증언을 통해 본 베트남전쟁과 한국군(3)」, 2003, p. 171.

받게 된다. 해병대 제11중대의 약 300여 명의 해병대 병사들은 베트남의 한국군이 시행하던 중대전술기지를 적극 활용하여 1개 중대가 2개 연대급 병력에 맞서게 된다. 이는 적군의 인해전술에 맞섰다는 표현이 맞을 정도로 병력 수에서 엄청난 차이가 있었다.

청룡부대 제11중대는 짜빈동 전투에서 실제 놀라운 성과를 이루었다. 인해전술 수준의 공격을 막아 내면서 적을 246명 사살하고 대전차 유단포 6문 등 적 무기를 노획하면서도 아군의 전사는 15명에 그쳤다.[195] 그래서 전 중대원은 1계급 특진을 하게 된다. 미군들의 찬사도 이어졌는데 전투 후 현장으로 달려온 미 해병 제3상륙군사령관은 "내가 월남전에서 처음 보는 전과다. 전 장병의 용감성은 우방군의 귀감이다"라고 칭찬을 아끼지 않았다.[196]

한국군이 최고의 부대로 선정하는 과정을 치밀하게 진행한 것은 청룡부대뿐만 아니라 전장의 여러 곳에서 성과로 나타나기 시작했다. 베트남전에 파병된 한국군의 최상의 부대였기에 베트남의 산악지형 작전에 이미 익숙한 상태였고 이처럼 이미 구축된 전문성은 적응비용을 낮추는 데 좋은 기회를 제공해 주었다. 예를 들어 한국군은 1966년 월맹군과의 푸켓 산 전투

에서 아주 짧은 시간 안에 지역을 평정하는 데 성공한 바 있다.[197]

한국군은 최상의 부대를 베트남 COIN 임무부대로 선정하였기에 적응비용을 획기적으로 줄여 현장에서 시행착오를 최소화하는 데 기여함으로써 임무 성공의 기반을 마련할 수 있었다. 적응비용을 줄이는 데 기여한 또 다른 요소는 부대를 구성하는 개인의 능력과 관련된 것으로 바로 최상의 병사를 모집하고 선발하였다는 것에 있었다.

2) 최상의 병사: 정예 병사 모병 및 양성

한국군은 타국 베트남에서 COIN이라는 매우 특별한 임무에 성공하기 위해 어떠한 과정으로 능력을 구축했는가? 앞서 살펴본 최상의 부대 선정과 비슷한 맥락에서 한국군은 파병병사로 최고의 정예 병사를 선발했다. 한국 정부는 1964년 초에 이미 파병군의 형태에 대한 결정을 내린 상태였다. 한편 한국 정부는 한국군의 베트남 파병이 UN에서 한국의 지위를 지원했던 국가들의 반감을 불러올 수 있다는 점을 우려하고 있었다. 따라서 파병 구상 초기 단계에서는 예비군, 민간인 중심으로 한 용병을 베트남에 파병하는 것이 좋겠다는 의견도 있었다.[198]

용병 파병 제안은 두 가지 이유로 긍정적으로 검토되고 있었다. 첫 번째 이유는 한국이 정규군을 파병한다면 병력 공백으로 북한의 공격에 취약해질 수 있고 북한에게 공격의 최적의 시기라는 오판도 제공할 수 있다는 것이었다. 따라서 베트남에 용병을 파병한다면 이런 문제를 해결할 수 있다는 의견이 있었다. 용병 파병 제안의 두 번째 이유는 용병을 베트남에 보낸다면 한국 내 실업 문제를 해결하는 데 도움이 될 것이라는 판단에 기인했다.

이러한 제안도 나름대로 타당했지만 한국에게 가장 중요한 것은 국가 위상을 높이고 매우 특별한 베트남 임무에 단순히 참가하는 것이 아니라 반드시 승리하여 임무를 완수하는 것이었다. 용병에게서 이런 한국의 목표를 달성하는 것이 유리할지에 대한 의문이 제기되었다. 한국 정부는 정규군이 용병보다 훨씬 임무를 잘 수행할 것이라 판단하고 있었다. '작은 거인' 한국은 임무를 제대로 수행하는 실질적 행위자가 되고 싶었지, 단순히 참가해서 경제적 이익만을 얻는 '매우 작은 소인'이 되고 싶지 않았던 것이다.

베트남 임무는 단순히 병력을 보내는 것이 중요한 것이 아니라 파병된 병력이 국가위상을 제고하기 위해 전장에서 제대로 싸워 임무를 잘 수행하는 것이 매우 중요했다. 따라서 용병 파병에 대한 논의가 수면 아래로 가라앉고 대신에 한국군은 정규군 파병, 그것도 그중에서 최고로 인정받는 정예 병사 파병에 집중하기 시작했다.

한국군은 베트남전에 단순히 참가하는 것이 아니라 COIN이라는 특별한 임무에서 승리하기 위해 반드시 필요한 인적자산으로 정예 병사를 염두에 두고 있었다. 특히 한국군은 분권화된 조직하에 소규모 부대 중심의 작전이 빈번히 일어나는 COIN 작전의 특성을 아주 잘 이해하고 있었다. 따라서 한국군은 한명 한명의 개별 지휘관의 역할이 매우 중요하고 개별 병사의 전문성과 능력이 베트남 전장의 대게릴라전 승리에 원천적 자산이라고 판단하여 정예 병사 모집 및 양성에 박차를 가했다. 한국군은 개별 병사들을 대상으로 아주 철저하게 파병자격 심사를 진행했다. 정예 병사 선발은 3계층을 중점으로 진행되었는데 이 3계층은 고위급 군지휘관, 초급지휘관 및 장교 그리고 부사관 및 병이었다.

우선 베트남 전장에 파병될 고위급 군지휘관이 아주 엄격한 심사기준으로 평가되었다. 후보군 고위급 장교들은 전반에 걸쳐 아주 능력이 우수한 것으로 평가된 군인이었을 뿐만 아니라 그들의 대게릴라전 경험 여부도 고려되어 심사가 이루어졌다. 이런 엄격한 심사 과정을 거쳐 초대 주월 한국군사령관으로 채명신 장군이 선발되었다. 채 장군은 한국군 고위급 장교 중 어느 누구보다 대게릴라전에 능통한 장군이었다. 채 장군은 6·25 전쟁 발발 이전 대위 계급으로 태백산 공비토벌에 참가하였고 6·25 전쟁 발발 이후에는 중령 계급으로 백골병단을 지휘하며 유격전을 수행한 경력이 있는 대게릴라전 전문가였다.[199] 이런 경험을 가진 채명신 장군은 이미 공산주의가 베트남전에서 전투방식에 어떠한 영향을 주고 있는지 아주 잘 이해하고 있는, 나아가 전장역학을 사전에 예측할 수 있는 이미 준비된 군인이었던 셈이다.[200] 채 장군은 자신의 자서전에서 "베트남 전쟁은 게릴라전이기 때문에 정규군이 파견된다 하여도 목표나 표적 찾기가 매우 불확실하고, 월맹의 지도자 호치민이 월맹뿐만 아니라 월남 공화국 국민까지도 추앙하고 (있다)"라고 파병 당시 우려를 회고한 바 있다.[201] 베트남전의 COIN 작전적 성격을 충분히 간파하고 있었던 셈이다.

한국군은 주월 한국군사령관이라는 최고 직책뿐만 아니라 연대장, 대대장과 같은 다른 전투지휘관도 아주 엄선하여 선발했다. 우선 파병될 장병들은 자발적 지원을 원칙으로 하되 이들 중 까다로운 자격기준을 설정하여 최정예 병사들이 선발되도록 심혈을 기울였다. 선발된 전투지휘관급 장교는 대게릴라전의 경험이 있는 자원들이었다. 김정운 대령, 신현수 대령, 배정두 중령 등 선발된 장교들은 실전 경험, 특히 대게릴라전을 경험한 장교들이었고 6·25 전쟁 중 공로로 훈장까지 받은 최정예 장교들이었다.[202] 최정예 장교만 선발하다 보니 일부 부대에서는 훌륭한 장교 유출에 대한 성토까지 있을 정도였다. 예를 들어 육군대학 교수부 소속 우수장교 6명을 한번에 보병대대장으로 선발하는 상황이 되니 당시 박중윤 육대총장이 김용배 육군참모총장에게 전화하여 "총장님, 이렇게 되다가 육군대학을 해산할 위기가 올지도 모릅니다"라고 하소연을 하는 일도 발생했다.[203] 이러한 사례는 당시 한국군이 베트남 전장에 상징적인 차원에서 참전한 것이 아니라 제대로 임무수행을 하려고 했다는 것의 방증이며 임무 성공을 위해 인적자산의 중요성을 간과하지 않은 군 수뇌부의 혜안이 담겨 있는 대목이기도 하다.

파병인원 선발 과정에서 심혈을 기울인 두 번째 대상은 바로 초급장교들이었다. 대게릴라전에서는 소규모 부대 단위로 전투가 진행되므로 지휘본부와 떨어져 최전방 현장에서 지휘하는 초급장교 개개인의 역할이 매우 중요했기에 엄격한 자격기준으로 선발하는 과정을 거쳤다. 특히 COIN 임무는 초급장교들에게 많은 권한을 위임해야 하기에 분권형 지휘가 많을 수밖에 없어 그들의 능력이 성공 여부에 직결되지 않을 수 없었다. 초급장교들이 용맹스럽지 못해 현장의 베트콩을 두려워하면 소대원, 중대원들이 용맹을 발휘할 리가 만무한 것이었다. 맹호부대 기갑연대 제6중대장으로 복무한 장세권 참전용사는 "월남전은 대부분이 분대나 소대급 전투에서 승패가 결정되는 게릴라전이었다. 따라서 분대장이나 소대장 등 초급지휘자의 역할이 누구보다 중요하였다는 점을 간과해서는 안 된다"고 베트남전의 교훈을 증언한 바 있다.[204]

선발된 초급장교들은 4년간의 전문적인 훈련을 통해 양성되는 육군사관학교 출신 장교들이 대부분이었다.[205] 따라서 그들은 군 복무기간은 길지 않더라도 임관 전에 이미 상대적으로 많은 시간을 군사훈련에 투자했기에 간접경험을 상당 부분 한 상태였다 할 수 있었다. 중대장으로 베트남전에 참전한 이철호 참전용사는 제1연대의 경우 "육사 출신 70%, 일반 출신 30%를 기준으로 (편성)하되, 소대장과 중대장은 전원 육사 출신으로" 했다고 증언했다.[206] 당시 육군참모총장도 자신의 당번이라도 임무에 필요하면 다 차출하라는 말을 할 정도로 베트남 임무 성공을 위해 우수한 인재를 차출하려는 노력을 다하였다.[207]

육군과 달리 해병대는 파병장교 선발이 그들이 해사 출신인지 일반 출신인지에 대해 구분을 하여 선발하지 않았다. 그 이유는 한국에서 모든 해병장교들은 이미 매우 엄격한 훈련 과정을 거쳐 임관하기에 출신 차이가 중요치 않다고 판단한 해병대 문화와도 관련이 있었다 할 수 있다. 그럼에도 불구하고 대대장은 해군대학 혹은 육군대학을 마친 장교를 대상으로, 중대장은 고등군사반을 마친 장교를 대상으로 선발하였다.[208] 파병장교 선발에 신중을 기한 모습을 엿볼 수 있는 대목이다.

해병대는 모든 장교가 정예군이라는 평가를 받을 정도로 전문화된 군대였지만 그 해병대 내에서도 최정예 장교를 엄선하여 파병인원을 선발하였다. 이런 최정예 장교 선발이 베트남 전장에서 해병대의 신화를 창조하는 데 기여했다. 예를 들어 앞서 살펴본 짜빈둥 전투에서 한 개의 중대로 적 2개 연대급 병력에 대적하여 승리를 거둔 것은 초급장교의 빛나는 리더십 때문에 가능한 것이었고 그 초급장교는 까다로운 심사기준을 통해 선발된 인원이었던 것이다.[209]

앞서 살펴본 바와 같이 한국군은 지휘관급 장교, 초급장교, 나아가 일반사병들에 이르기까지 파병장병 선발에 많은 관심을 기울였는데 이는 그들의 전투의지와 능력이 임무 성공을 위해 매우 중요하다는 판단에 따른 것이라 평가할 수 있다. 임무승리를 위한 인적자원 강화를 위해 기본적으로 일반사병들도 징집이 아니라 지원에 의해 파병전사를 선발했다. 육군에 오래 복무한 경험이 있는 당시 박정희 대통령도 지원병이 더 잘 싸우고 또한 열심히 싸울 것이라고 생각했다. 파병인원 하나하나에 국가급 지도자까지 나서서 관심을 기울인 것은 한국이 베트남 전장에 단순히 상징적으로 가는 것이 아니라 중견국가의 작은 거인으로 실체적으로 참가하여 제대로 역할을 하겠다는 목표를 보여 주는 대목이라 할 수 있다. 이처럼 베트남 COIN 임무군이 작은 거인으로 몫을 다할 수 있었던 것은 그들 자신의 의지와 능력도 있지만 국가급 지도자, 국민 등 국내행위자로부터의 적극적인 지지와 성원에도 힘입었다. 이처럼 비전통적 전투는 국내행위자가 임무성과에 상당부분 영향을 미친다는 점에서 전통적 전투와 사뭇 다르다. 국가급 지도자의 이러한 관심은 베트남 파병장병의 모병 과정에 긍정적 영향을 미쳤다. 한국은 징집제도로 모든 남성이 3년간 의무복무를 하고 있었기에 군이 원하면 병사들의 의견을 묻지 않고 임의적으로 정해 바로 베트남으로 보낼 수 있었다. 하지만 이 의무복무 장병 중 지원한 사람들을 위주로 파병장병을 선발했다. 베트남 파병장병의 베트남 전장 복무기간은 1년이었지만 능력이 부족한 병사들은 1년을 채우지 않고 귀국 조치되었다. 맹호사단에서 모병을 담당했던 배국종 참전용사는 1967년에 채명신 사령관 지시에 따라 지원병 중 경험이 많은 병사를 선발했다고 증언했다. 구체적으로 그는 맹호사단의 1만 3,000명 병사 중 9,000명이 교체되었다고 말했다.[210] 기존 부대원의 약 70%를 교체할 정도로 병사의 의지와 능력을 중요시했다는 점은 잊지 말아야 할 대목이다.

모병에 이렇게 심혈을 기울이는 상황이었기에 병사들에게 베트남이라는 곳은 지원한다고 무조건 갈 수 있는 전장이 아니었다. 지원하는 후보군에서 가장 뛰어난 병사들만이 갈 수 있는 기회의 전장이었던 셈이다. 한국군은 정글전과 같은 분권화된 근접전투에서 제대로 승리하려면 개별 병사의 능력이 매우 탁월해야 한다고 생각했다. 대게릴라/안정화작전에서 분권형 지휘하에 소규모 임무를 수행해야 하는 상황이 자주 발생하므로 개인병사의 전투능력이 정규전보다 중요할 것이라는 판단에 따른 것이었다. 따라서 지원병 중 능력 있는 병사들이 까다로운 기준으로 선발되어 베트남 전장으로 보내졌다.

파병병사들은 이런 까다로운 절차를 거쳐 선발되었기에 전장에 투입되기 전부터 이미 전투에 대한 의지와 능력이 적보다 뛰어날 수밖에 없었다. 1966년 대부분의 한국군 병사들은 구형 무기인 M-1 소총을 사용하고 있었던 반면 베트콩은 최신형 무기인 AK-47 소총을 사용하였다. 그러나 한국군 병사들은 까다로운 심사기준을 통과한 준비된 병사들이었기에 구형 무기로도 뛰어난 전투능력을 발휘했다. 예를 들어 파병을 위한 훈련을 지켜보았던 이태일 참전용사는 파월 전 교육훈련을 통해 사격능력 수준이 "전체적으로 88~92% 정도" 향상되었다고 증언한 바 있다.[211] 엄선된 병사들이었기에 짧은 시간에 야간 사격능력, 근접 전투 시 필요한 용기 등의 전투자산이 구비될 수 있었다. 결국 우수한 병사 선발로 인해 '적응시간' 최소화라는 성공 메커니즘의 핵심동력 중 하나가 가동되었던 것이다. 베트남 전장에 가서 용기를 배양하고 사격술을 신장시키려 했다면 '적응시간'에서 막대한 손해를 볼 수밖에 없었을 것이다. 특히 대게릴라/안정화작전에서 임무 초기의 성과가 임무 전반을 좌우하는 것을 고려하면 이런 '적응시간'의 손해가 임무 전반의 실패로 이어졌을지도 모르기 때문에 최정예 병사라는 인적자산의 확보는 매우 실효성 있는 구상이었던 셈이다.

일반병사를 직접적으로 통솔하는 하사들의 전투의지와 능력도 탁월하였다. 대게릴라/안정화작전은 근접전투를 수행하는 일이 다반사이므로 초급장교처럼 부사관의 역할이 매우 중요하였는데 파월 부사관은 전문성이나 용맹성 측면 모두에서 탁월했다. 예를 들어 청룡부대는 1967년 7월 19~21일 테로이 매복 전투에 참가하였는데 이 전투에서 해병 부사관이 그 능력을 여실히 입증해 주었다. 테로이 마을은 1번 도로 동쪽 300m에 위치하고 있어 베트콩들이 활동하는 통로로 자주 이용된 곳이었다. 이곳에서 청룡부대 소속 제2중대가 매복작전을 하고 있던 중 1967년 7월 19일 22시경 베트콩 1개 중대가 은밀히 이동하는 것을 발견한다. 당시 매복대는 분대장이던 김학영 하사가 지휘하고 있었는데 그는 베트콩을 지근거리로 유인하여 기습공격을 감행함으로써 베트콩 게릴라 32명을 사살하고 4명을 포로로 획득하는 전과를 올리게 된다. 1개 분대인 소수병력을 잘 지휘하여 승리로 이끈 사례이며 하사 계급으로 전투부대를 잘 지휘했던 점에서 베트남 COIN 부대가 보유한 인적자산의 수준을 알려 주는 사례이기도 한 셈이었다. 이 전투 승리로 김학영 하사는 을지무공훈장과 미 은성무공훈장을 수여받았고 전 분대원은 1계급 특진되었다.[212]

상기 전과는 베트남 전장의 전투 메커니즘을 여실히 보여 주는 사례이기도 하다. 우선 베트남 전장에서는 소규모 부대에 의한 소규모 전투가 빈번했다. 따라서 근접전투에 능하고 적과 근접해서도 용맹스러운 소규모 부대 지휘관의 능력이 중요했다. 또한 지휘 방법도 분권형 지휘가 어느 전장보다 중요했다. 근접전투 시에는 주월 한국군사령부에서 하나하나 지시해줄 수 없었다. 베트콩은 소규모로 움직이는 경우가 많았다. 한국군은 이 베트콩이 무슨 의도로 움직이는지 혹은 기습을 할지 등에 대해 지속적으로 심리전을 해야만 했다. 이 심리전에 이기려면 발 빠른 판단을 할 수 있도록 개개인의 병사들의 능력이 출중해야 했다. 대게릴라/안정화작전에서는 정규전보다 개개인 병사들의 능력이 중요한 이유이기도 하다.

지금까지 살펴본 베트남 파병병사들은 한국 COIN 임무부대가 보유한 최고의 자산이었다 할 수 있다. 작은 거인인 한국의 베트남 COIN 임무부대원들은 지휘관-장교-사병에 이르기까지 신장은 서양인보다 작지만 COIN 임무는 아주 크게 수행하는 작은 거인들이었다. 한국 자체도 강대국이 아닌 작은 거인이었지만 이 '작은 거인' 국가에서 온 COIN 임무병사도 신장 측면에서 작은 거인이었다. 이들은 분명 미군보다 작았지만 까다로운 자격심사를 거쳐 엄선된 최정예 군인들이었기에 큰 임무를 잘 수행할 능력을 갖춘 '작은 거인'이었던 셈이다.

3) 한국 COIN 임무군이 활용한 전투자산

그렇다면 최고의 부대 소속 최정예 병사들은 베트남에서 자신들에게 맡겨진 임무승리를 위해 어떠한 자산을 활용했는가? 정규전식 무기에 의존했겠는가, 아니면 비정규전식 무기를 활용했겠는가? 임무병사들이 현장에서 활용한 자산의 유형을 확인함으로써 한국군의 임무 메커니즘에 대한 이해수준을 확인할 수 있다. 한국군은 COIN 임무에서는 대규모 부대 작전보다 소규모 부대 작전이 더 많을 수밖에 없다는 점을 간파하고 있었다. 전통적 군조직에서는 화력이 강한 무기, 첨단무기 등에 관심을 갖지만 소규모 부대 위주로 운영되는 COIN 임무에서는 가벼운 무기가 필요하다. 베트남 전장에서도 마찬가지였다. 1965년 한국이 주 병력을 베트남에 파병했을 때 자산 부족으로 인해 무게가 무거운 M-1 소총을 사용해야만 했다. 무게도 무거웠지만 베트콩이 사용하던 AK-47은 자동화기였던 반면 M-1은 수동 소총이었다. 주로 정글지대에서 근접전을 수행하는 한국군 병사들은 M-1

으로 베트콩을 상대하기에는 불리한 점이 너무 많다는 것을 알고 소총 교체를 위한 노력에 착수했다.[213]

베트남 COIN 임무군 지휘관들은 대게릴라/안정화작전에서 현대무기가 무용지물이 되는 경우가 많고 커다란 장비는 오히려 아군을 표적으로 만들어 위험할 수도 있다고 판단하고 베트남 전장에 부합하는 무기 확보를 위해 동분서주하였다.[214] 한국군은 미군에게 M-1 소총 교체를 지속적으로 요구했고 결국 1967년 M-16 소총을 확보하여 대게릴라전에 보다 효과적인 무기를 사용하게 되었다. 한국군이 M-16 소총을 확보하게 된 과정은 행위자의 '의지'가 '능력'으로 빠르게 전환될 수 있는 역학을 보여 주고 있다. 흥미로운 점은 한국군 병사들이 스스로 나서서 M-16 획득을 위해 각고의 노력과 요구를 했다는 것이다. 단순히 참가만 하려고 했다면 전장에서 근접전에 적극 나설 필요가 없었을 것이다. 하지만 한국군 병사들은 근접전이라는 위험을 감수해서라도 이 임무를 완수하고 싶었고 또한 그들은 그럴 만한 높은 사기도 있었다. 이런 사기에 감명을 받은 1967년 미군은 전 한국군 병사에게 M-16을 지급하게 된다.[215]

한국군 COIN 임무부대는 또한 베트남 전장의 비전통적 임무 수행에 적합한 통신장비를 획득했다. 임무 초기 한국군은 통신거리가 짧은 P-6, P-10과 같은 구형 통신장비를 사용했다. P-10의 통신거리는 4마일, P-6의 통신거리는 단지 1마일밖에 안 되었기 때문에 정글 산악지대에서는 매우 부적합한 통신장비였다.[216] 이러한 통신기를 보유하고 작전에 임하는 것은 분권형 지휘하에 분대장, 소대장의 직접 지휘를 받아 근접전투를 수행하는 COIN 임무군에게 치명적 결함이었던 셈이다.

산악지대, 정글 등에서 근접전을 수행하는 COIN 임무의 역학을 간과하고 있던 한국군은 통신기 문제 해결을 위해 채명신 사령관 등 최고위 지휘관이 직접 나서고 있었다. 정글전에서는 소대원들이 소대장과 떨어지는 상황도 발생하기 쉬운 점을 고려하면 분대장이 PRC-6, PRC-2S, PRC-

25 등 신형 통신기를 휴대하고 작전하는 것이 매우 중요한 일이었다.[217] 결국 채명신 사령관의 집요한 요청으로 미군은 이 신형 통신기를 지급하게 된다. 당시 백마부대의 제30연대장이던 김성환 참전용사는 회고를 통해 베트남전은 밀림전이고 산악전이기 때문에 통신 두절이 생기면 아군 작전이 교착상태에 빠지고 적의 기습에도 취약할 수가 있다는 점을 교훈으로 증언했는데 이는 당시 지휘부도 통신기 확보의 중요성을 절실하게 생각하고 있었음을 알 수 있는 대목이다.[218]

통신기 문제는 국가급 지도자 회의 시에도 논의될 정도로 중요한 문제였다. 사이공에서 진행된 한국의 정일권 국무총리와 미국의 험프리(Hubert Humphrey) 부통령 간 회담에서 정 총리는 "우리는 요청했던 통신장비와 레이다를 잘 받았다"고 강조했다.[219] 신형 통신기의 우수성에 대한 강조는 참전용사의 증언을 통해서도 확인할 수 있다. 당시 맹호부대 제26연대 제2대대 통신대장이던 도기중 참전용사는 PRC-2S 신형 통신기는 정글지역에서, 그것도 우기에도 잘 작동하였고 교범상 통달거리는 5마일이었는데 보조안테나를 장착하면 15마일 거리에서도 작동했다고 증언한 바 있다.[220]

정규전에서도 지휘통신 문제는 중요하다. 하지만 지휘통신의 활용 방향은 매우 다르다. 정규전에서는 대규모 폭격과 화력지원과 관련된 통신에 관심을 치중한 나머지 분대장의 통신기는 다소 소외되는 경향이 있을 수 있다. 그러나 한국군은 이런 문제를 극복할 수 있었다. 베트남 전장에서 비정규전을 수행하는 한국군 COIN 임무부대는 분대장의 통신기가 작전의 성패에 큰 영향을 미친다는 생각을 할 만큼 COIN 임무역학을 꿰뚫고 있었던 것이다. 이러한 사고는 유연한 군조직이 아니었으면 힘들었을 사고였다 할 수 있다.

한국군이 COIN 임무의 역학을 명확히 파악하여 정규전 무기와 비정규전 무기의 큰 차이점을 인식하였다는 정황은 쉽게 발견된다. 한국군은 자신의 부대가 수행할 COIN 임무에 적합한 무기를 확보하기 위해 지속적으로 노력했다. 공개된 미국의 외교문서상에서도 이런 언급을 확인할 수 있다. 1966년에 한국의 박정희 대통령과 미국의 존슨 대통령 간 회담을 기록한 공식 외교문서에는 박 대통령이 "지금까지 미 국방비 중 3,200만 달러가 대게릴라/안정화작전 관련 장비 획득에 사용되었고 경무장 중심으로 운용되는 한국군의 사단을 위해 대게릴라/안정화작전 장비와 3,000만 달러의 기타 용도 장비들이 오키나와에서 대기하고 있다"고 언급한 부분이 기록되어 있다. 대통령이 직접 대게릴라/안정화작전(Counterinsurgency)을 언급했다는 것은 베트남전을 기존의 전통적 전쟁과 달리 보는 시각을 그대로 반영한 것이라 하겠다.

한국군은 베트남전 참전을 통해 앞서 살펴본 바와 같이 미국으로부터 군사원조를 받아 군 현대화라는 목표까지 달성한다. 흥미로운 점은 제2의 6·25 전쟁을 억제하고 억제 실패 시 정규전에서 승리하는 것을 가장 중요하게 여겼던 한국군이 베트남이라는 매우 독특한 전장에서 비정규전에 승리함으로써 군 현대화를 이룰 수 있었고, 이 군 현대화는 결국 베트남전 이후 한반도에서 북한의 전면전 위협에 대비하는 자산이 되는 선순환의 흐름에 편승했다는 점이다. 이는 현재의 한국군에 던지는 시사점이 많다. 정규전과 비정규전을 모두 탄력적으로 다룰 수 있는 균형적 군사전략이 작금의 한국에게도 필요하다는 메시지가 분명 있는 것이다.

지금까지 한국이 임무 중심적 능력 구비를 위해 베트남 전장에서 활용했던 부대자산, 인적자산, 전투자산을 살펴보았다. 이런 자산은 한국군 COIN 임무부대가 COIN 맞춤형 능력을 구비하는 데 핵심동력이 되어 주었다. 이런 사실은 COIN 임무 성공에는 군 전체의 능력보다 해당 임무 맞춤형 능력의 보유 여부가 더 중요하다는 것의 방증이고 이는 결국 '가설 2'가 적실함을 알려 준다.

한국군에게 베트남전은 매우 독특하고 특별한 임무였다. 이런 '임무 특수성'은 한국군 병사를 베트남 임무를 반드시 성공으로 끝내겠다는 강한

'의지'로 무장시켜 주었고 이 '의지'는 자연스럽게 베트콩 게릴라를 소탕하는 데 필요한 '능력'을 구비시켜 주는 메커니즘으로 이어졌다. 이러한 측면에서 '임무 특수성'은 베트남전 승리의 1차 추동력이었다. 승리로 이끄는 추동력은 여기서 그치지 않았다. 한국에게는 독특한 지위적 자산이 있었다. 한국은 베트남전에서 유리하게 작동할 수 있는 지위적 차원의 이점도 보유하였는데 '작은 거인' 한국의 이러한 지위적 이점은 '거인' 미국이 갖지 못했던 것이기에 그만큼 더 귀중한 자산이었다. 이 지위적 이점은 물질적 환경에서 오는 이점(정치적 차원)과 비물질적 환경에서 오는 이점(사회-문화적 차원)을 포함하고 있었는데 이 이점은 임무 성공이라는 목표의 달성을 위해 매우 가치 있고 소중한 자산으로 기능했다.

제11장
한국군의 베트남 COIN '지위적 이점' 기능

1. 유형적(물질적) 환경상 지위: 한국의 정치 지위적 이점

중견국 한국은 물리적 환경의 관점에서 COIN 수행 시 유리한 자산으로 작용할 수 있는 네 가지 이점이 있었다. 이 네 가지 이점은 바로 비강대국 경험을 바탕으로 약자를 이해하는 의식(non-great power experience), 상대적으로 적은 힘의 비대칭성(lack of power asymmetry), 지형에 대한 숙달(familiarity with terrain and geography), 작지만 강한 조직을 가진 군대 보유(organized military)였다. 이러한 유형적(물리적) 환경상 지위는 한국이 COIN 임무를 수행하는 데 있어 정치적 차원의 이점으로 기능했다.

1) 비강대국 경험

베트남전 시 한국은 국제정치 무대에서 강대국이 아니었다. 오히려 강대국 정치(power politics)의 희생양이 된 아픈 역사를 가지고 있다. 하나의 국가였던 한국이 강대국 정치에 휘말려 남과 북으로 나뉘게 된 것이다. 이처럼 약소국으로서 처절한 경험을 한 한국에게 강대국 정치 그리고 그들의 개입은 악몽에 가까운 불행한 역사로 기억되고 그 역사가 아직도 영향을 미치고 있다. 아이러니하게도 이러한 쓰라린 경험을 가진 한국이 가난하고 힘없는 국가에서 대게릴라/안정화작전을 수행하는 데 있어서는 이것이 유리한 자산으로 기능하였다. 특히 이런 비강대국으로서 경험에서 비롯된 이점은 세 가지 궤도를 통해 추적할 수 있다. 이 궤도는 국가 형성의 역사적 과정, 국내

COIN 경험, 국내 경제개발 경험이다.

우선 국가 형성의 역사적 과정을 살펴보자. 비강대국으로서 강대국의 위압적 영향력에 놓였던 한국은 강대국과의 국력 차를 여실히 경험했고 강대국 정치의 소용돌이를 겪었다. 1910년 한국은 강대국 일본의 강제합병에 의해 일본의 식민지가 되었다. 식민지에서 해방된 것은 독립운동가와 민족지도자들의 눈물과 피에 의해 가능했지만 강대국 간 전쟁, 즉 제2차 대전의 결과이기도 했다. 1945년 8월 15일 일본이 미국에 무조건 항복하면서 한국은 해방되었지만 강대국들의 행위로 이루어진 해방이었기에 미국, 소련과 같은 강대국의 영향하에 있게 된다. 1946년 3월 신탁통치와 임시정부수립 문제를 다루기 위해 미소 공동위원회가 설치되었지만 미소 간 강대국 대결정치로 인해 결렬되었다. 이에 결국 한국은 북쪽 지역은 소련의 간섭을 받고 남쪽 지역은 미국의 영향을 받아 남과 북으로 나뉘게 된다. 한국의 미래를 한국인이 결정하지 못하고 강대국의 위압에 휩쓸리는 상황이 된 것이다. 이와 같은 한반도의 정치적 구도는 북의 남침으로 시작되었지만 동시에 강대국의 대리전 성격이었던 6·25 전쟁이 무승부로 휴전되면서 남북 분단 상황이 고착되게 되었다. 6·25 전쟁 중 민주주의 체제하 통일이 될 수 있었던 기회를 또 다른 강대국인 중국의 군사개입으로 놓친 쓰라린 경험이 있다.

한국이 국가형성 과정에서 겪은 비강대국, 약소국으로서의 경험은 한국 국민들에게 뿌리 깊이 내재되어 있다. 굳이 가르쳐 주지 않아도 일반 시민들이 너무나 잘 아는, 아니 쓰라리게 체험한 사실이었다. 따라서 한국인들은 베트남에 외국군이 중무장하여 오면 베트남인들이 어떠한 생각을 할지 너무도 잘 알고 있었다. 외부의 군대는 베트남인들의 자존감을 짓밟고 그들이 강대국에 의해 조종되는 처지에 놓인다는 우려를 줄 수 있음을 너무도 잘 알고 있었던 것이다. 더욱이 한국인들은 북한 공산주의자와 게릴라들이 한국 국민을 사살하고 그들의 재산을 파괴하는 것을 보았다. 직간접적으로 이런 경험에 노출된 한국군 병사들은 역지사지의 입장에서 베트남 사람들이 이런 생각을 갖지 않게 하는 방법을 모색하면서 베트남인들을 조심스레 그리고 최대한 예의 바르게 대하려고 최선을 다했다. 맹호부대 제26연대 제7중대장으로 근무한 박동한 참전용사는 "월남에서 나는 전란에 허덕이는 현지 주민들을 대할 때마다 6·25 당시 북괴의 주구들이 내 고향 진주까지 쳐들어와 파괴와 살인과 분탕을 일삼던 그 당시의 참상을 되새기며 무고하고 선량한 주민에게 해를 끼치지 않도록 하는 데 남달리 힘을 기울였다"고 회고하기도 했다.[221]

이처럼 한국에서 달려온 작은 거인 한국인 병사들은 조국의 경험을 토대로 지역주민들에게 가까이 다가가려 애썼고 소통도 증가시키면서 그들의 어려움을 해결해 주었다. 결국 국제정치 역사 속에서 한국이 겪은 경험은 베트남 주민들로 하여금 한국 COIN 임무군을 점령군으로 보지 않게 하는 데 기여하도록 기능한 셈이다. 점령군은 그 나라를 해방시키러 오는 것이 아니라 힘으로 제압하여 그들의 권리를 빼앗아 가기 위해 온다. COIN 임무부대가 지역주민들에 의해 점령군으로 인식되는 순간 COIN 임무는 실패의 소용돌이에 빠지게 된다. 한국은 이러한 소용돌이에서 보다 자유로울 수 있었다.

역사 속에서 비강대국 경험을 한 한국군 병사는 스스로 터득한 '역지사지' 방식으로 주민들과 좋은 관계를 맺기 위해 노력했다. 이를 위해 한국군은 병사들에게 베트남어를 집중적으로 가르쳤다. 그들은 사이공에 베트남어 학교까지 세웠는데 교장은 남베트남인이었다. 1966년부터 1972년까지 총 1,344명의 병사들이 이 언어학습 프로그램을 이수하였다.[222] 이 학교를 다녔던 일부 병사들은 베트남인들의 집에서 함께 지내기도 했는데 이런 과정을 통해 지역 베트남 주민들과 좋은 친구관계로 발전하기도 했다. 나아가 한국은 현지 언어 활용을 체계화하기 위해 각 제대별로 언어 프로그램을 운용하기도 했다. 예를 들어 맹호부대는 1966년부터 1971년까지 총 1,103명의 병사들에게 베트남어를 가르쳤고 청룡부대는 같은 기간 동안 총 235명

의 병사들에게 베트남어를 가르쳐 주었다.[223]

　이와 같은 어학교육과 지역주민과의 소통 강조는 한국군이 베트남 전장에서 COIN 임무를 성공적으로 달성하는 데 초석이 되어 주었다. 한국 COIN 임무부대는 전투작전이든 민사작전이든 전문적인 통역요원과 함께 임무를 수행했다. 이는 타국 COIN 임무부대와 많이 차별화된 한국군의 모습이었기에 일본의 종군기자였던 혼다도 이를 기록에 남기기도 했다.[224] 베트남 언어를 적극적으로 활용하는 가운데 지역 주민과 소통의 폭도 넓혀 감에 따라 COIN 임무도 한국군에게 유리한 방향으로 시너지를 창출했다. 대표적인 예가 주민들과의 광폭 소통을 통해 베트콩 게릴라의 소굴을 파악하는 기회가 많이 생긴 것이다. 이처럼 한국군 베트남 COIN 임무부대는 정규전과 다른 방식으로 베트남 임무에 임하는 현명함을 보였고 이는 한국이 경험한 역사적 궤적을 바탕으로 임무에 녹여 활용할 수 있었다.

　비강대국으로서 역사적 경험이 COIN 임무에 긍정적으로 영향을 미친 또 다른 지위적 자산은 강대국 정치의 틈바구니 속에서 만들어진 남북 분단 환경하에 탄생한 국내 게릴라와의 전투경험이었다. 한국은 6·25 전쟁을 전후로 공산당 게릴라와 다양한 전투를 수행한 경험이 많았다. 이 국내 대게릴라전 경험을 통해 한국군은 COIN 임무에서는 병사들의 군장을 가볍게 하고 소병기로 무장시키는 것이 대화력으로 중무장시키는 것보다 임무 성공에 더 유리하다고 인식하고 있었다. 바로 국내의 대게릴라전 경험이었기에 외국에서 대게릴라전을 경험한 미국과 달리 교훈이 전통적 전투 중요성의 관성에 밀려 사라지는 운명에 놓이지 않았다. 특히 공산당 게릴라와 실전경험이 있는 장교들의 직접적 노하우가 베트남의 COIN 임무의 전술적 성공에 중요한 영향을 미쳤다.

　한국군은 6·25 전쟁을 전후로 주로 산악지대를 중심으로 공산당 게릴라 그룹과 치열한 전투를 수행한 바 있다.[225] 특히 주월 한국군사령관으로 지명된 채명신 장군은 1950년대에 대게릴라전에 직접적으로 참가한 비정규전 전문가였다. 채명신 사령관의 지휘를 받는 한국군은 게릴라와 주민을 "물과 고기의 관계"라고 비유하며 게릴라와 주민을 분리시키면 게릴라가 고갈되어 섬멸된다는 메커니즘을 이해한 가운데 작전을 수행했다.[226] 또한 채명신 사령관은 마오쩌둥의 게릴라 전술을 치밀하게 연구했는데 특히 마오쩌둥이 자신의 군대보다 10배 많은 병력을 보유한 장개석 군대를 어떻게 물리칠 수 있었는지에 대해 분석했다.[227]

이와 같은 타국의 게릴라 전술도 한국군의 COIN 임무 성공에 매우 중요한 지식으로 작용했지만, 무엇보다도 채명신 장군 자신의 대게릴라전에 대한 경험이 임무조직을 변화시키는 데 필요한 적응비용을 줄이는 데 중요한 자산으로 작용했다. 채명신 장군은 대게릴라전 실전경험을 바탕으로 베트남 전장에 발을 딛기 전에 이미 베트남의 정글전에 아주 잘 먹히는 전술에 대한 구상을 완료한 상태였다. 맹호사단 작전처 보좌관이던 김기택 참전용사는 "중대전술기지에 대한 전술 및 전략개념은 채명신 장군이 파월을 준비하던 홍천에서 이미 정립한 것으로 안다(홍천에서 중대전술기지의 기본도형을 문서화하여 예하부대에 하달하였다)"고 증언하였다.[228] 그는 "나는 6·25 전쟁이 나기 전에 정글에서 게릴라 소탕작전을 많이 해 보았습니다. 그런 경험이 있었기 때문에 정글에 가서 중대전술기지 개념을 그대로 하면 성공할 줄 알았습니다"라고 회고한 바 있다.[229]

국내 대게릴라전 경험이 베트남에서 임무를 수행하는 한국군에게 가장 긍정적으로 영향을 미친 점은 바로 '적응비용'을 최소화하는 데 기여했다는 것이다. 군이 이와 같은 비전통적 임무를 수행하려면 전통적 임무에 초점을 둔 기존의 조직을 변화시켜야 하는데 기존의 군사문화는 이 변화를 꺼려 하기 마련이다. 또한 변화를 주저하면서 적응비용이 늘어난다. 하지만 한국이 강대국 정치에 휘말리면서 부산물로 생겨난 대게릴라전 경험이 오히려 조직을 임무 중심적으로 바꾸는 데 긍정적으로 작용했다. 한국군은 베트남전 이전에 북한의 정규전에 맞서 싸울 수 있도록 정규전 중심으로 조직이 만들어져 있었지만 베트남전 임무에 직면하자 국내 대게릴라전 경험 노하우가 조직에 전파되면서 군조직을 임무에 맞도록 유연화시키는 절차에 착수했고 이는 결국 베트남에서 전술적으로 승리하는 선순환을 낳았다. 조직이 유연성 있게 운영되면서 중대전술기지라는 대게릴라전에 특화된 독창적 전술 정립이 가능했다. 결국 국내 대게릴라전 경험이 중대전술기지 방안으로 이어진 셈이다.

　미국 또한 한국의 대게릴라전 경험—한국이 보유한 지위적 이점—이 베트남에서 베트콩 및 월맹군과 싸우는 데 큰 도움이 될 것이라 생각하고 있었다. 1964년 『뉴욕 타임스』(The New York Times)는 한국이 "대게릴라전 경험이 있기 때문에" 미국이 한국에게 베트남전에 참전해 달라고 요청했다고 보도했다.[230] 이는 미군이 한국이 보유한 지위적 이점을 고려하여 한국군의 COIN 임무 수행에 대한 잠재력을 보았다는 것을 의미한다. 한국에게는 베트남전의 상징적 참가자가 아니라 제대로 임무를 수행할 수 있는 작은 거인으로서의 기대치가 있었던 셈이다.

　군뿐만 아니라 사회 전 분야에서도 경험은 중요하다. 기업에서 경력직을 채용하는 이유는 그들의 경험을 살려 새 회사에서 적응비용을 최소화하고 이윤 극대화를 할 수 있다는 판단에서다. 이처럼 경험의 중요성을 모두 인정하지만 국가 혹은 조직이 쌓은 경험이 사장되는 경우도 종종 발생한다. 20세기부터 이미 강대국은 많은 COIN에 직면하여 경험과 노하우를 쌓았지만 변화를 거부하고 유연적이지 못한 군사문화 그리고 군 내 주류 장교들의 정규전 강조와 같은 벽에 갇혀 이런 경험과 노하우가 사장되는 경우가 많았다. 미국이 베트남전에서 값비싼 비용을 치르고 습득한 COIN 노하우가 이라크 COIN에 그대로 전해지지 않은 것이 대표적 사례 중 하나이다. 반면 한국은 6·25 전쟁 전후의 COIN 임무 경험을 제대로 살려 내어 베트남 COIN 임무를 승리로 이끌었다.

　한국이 경험한 비강대국으로서의 지위가 베트남 COIN 임무에 긍정적으로 작용한 또 다른 것은 한국 경제발전 노하우 분야이다. 한국은 보릿고 개라는 말이 생길 정도로 끼니 걱정을 해야 하는 국가였다. 경제발전은 번 영과 부귀영화를 위한 문제가 아니라 생존의 문제였다. 이렇기 때문에 한국 에게 경제발전을 위해 노력한 경험은 한두 사람의 경험이 아니라 국민 모두 의 경험이었다. 이런 국가적 차원의 경험은 베트남 사람들이 진정 원하는 것이 무엇인지를 이해하는 데 큰 도움이 되어 주었다.

한국 사람들은 배고픔이 얼마나 힘든 것인가를 잘 알고 있었기에 베트 남 주민들의 기근 문제를 동병상련의 입장에서 심각하게 인식했다. 전쟁 중 에 있는 베트남 국민들은 식량난에 허덕였고 각종 편의시설 등이 부족한 상 태였다. 이는 한국에게 매우 익숙한 장면이었고 그들은 해결방법도 알고 있 었다. 특히 한국군 COIN 임무부대는 전장 상황이 그들에게 유리한 방향으 로 진행하려면 주민들의 식량 문제 해결이 매우 중요하다는 것을 아주 잘 인식하고 있었다. 자신의 마을에서 아무리 열심히 살고 COIN 임무군과 협 력해도 밥 한 끼 제대로 못 먹는 상황이 지속된다면 그들은 마을을 저버리 고 정글로 가서 게릴라 그룹에 합류하기 십상이었다. 결국 이럴 경우 모병 메커니즘에서 COIN 임무군에게 불리해지는 것이다.

따라서 식량 문제는 단순한 인도주의적 차원의 문제가 아니라 임무 메 커니즘에 영향을 미치는 중대한 사안이었다. 굶어 본 사람이 굶는 사람의 어려움을 아는 법이다. 배고픔을 겪어 본 한국인들은 식량 문제의 위중함을 그 누구보다 잘 알고 있었다. 따라서 한국군은 베트남 주민들에게 쌀, 밀, 옥 수수, 우유와 같은 구호식량을 공급해 주었다. 특히 쌀은 베트남 주민들에 게 가장 중요한 식량이었다. 쌀은 바로 그들이 매일 먹는 주식이기 때문이 었다. 흥미로운 점은 한국에서도 쌀이 주식이기에 한국군 COIN 임무부대 병사들은 쌀의 중요성을 아주 잘 인식하고 있었다는 것이다. 음식문화의 동 질성이 주민들과 소통하는 데 도움이 된 셈이다. 이러한 이유가 영향을 미 쳐 한국이 구호식량 중 가장 많은 비중을 두어 가장 많은 양을 제공한 것이 바로 쌀이었다. 한국군은 1965년에서 1972년까지 베트남 주민들에게 약 1,170톤의 밀을 제공해 주었지만 쌀은 1만 6,000톤이나 제공함으로써 베트남 주민들에게 가장 필요한 것을 우선적으로 제공하는 지혜를 발휘하였다.[231]

또한 한국군 임무병사들은 국내의 마을 개발 경험을 통해 일할 수 있는 여건과 거주환경이 개선됨으로써 마을이 활력이 넘칠 수 있음을 알고 있었다. 특히 마을 개발에는 고된 노동이 동반되기 때문에 의류가 많이 필요할 것이라 판단했다. 따라서 구호활동의 일환으로 진행된 프로그램을 통해 1965년부터 1972년까지 약 43만 벌의 의류를 나누어 주었다.[232] 한국군은 어떻게 이렇게 베트남 주민들에게 가장 필요한 것을 빨리, 그리고 아주 잘 알 수 있었을까? 그것은 바로 그들의 조국에게 경험한 그들 자신의 경제개발 경험 덕분이었다. 반면 강대국이면서 세계 최강 부국에서 온 미국인들은 이런 상황을 이해하는 것이 쉽지 않았고 이해하려고 하지도 않았다. 대신 그들은 베트남 사람들을 전쟁에 시달리는 불쌍한 사람 수준으로만 인식하고 동병상련 입장에서 그들을 대하는 데는 부족하였다. 배고픔, 가난함을 경험한 한국인들의 임무수행 자세는 분명 달랐고 이는 그들 조국에서 있었던 빈국 탈출 노력의 경험 덕분이었다. 이런 차원에서 국내의 경험들은 베트남 전장에서 한국 병사들이 인지하지 못하는 가운데 이미 적응비용을 최소화하는 데 기여하고 있었다.

국내 경제발전 경험 중 베트남 전장에서 지역주민들의 경제 인프라 구축에 가장 크게 기여한 것은 '새마을운동'이었다. '새마을운동'을 경험한 한국인들은 빠른 시간 내에 마을을 개선하는 방법에 대해 알고 있었고 이는 COIN 방법 측면에서 보면 경제 인프라 구축을 통해 주민들의 마음을 얻는 전략으로 전환될 수 있는 것이었다. 특히 한국인들은 '새마을운동' 경험을 통해 노후 건물을 보수하고 건물을 새로 짓는 방법에 능숙했다. 한국 전반에 놓여 있는 이러한 능력은 한국군 병사에게도 여전히 존재하였고 이런 능력은 베트남 전장에서 유용하게 활용되었다. 1970년 4월 30일 기준으로 한국군은 이미 139개의 다리, 290개의 교실, 1,519동의 집을 지어 주었다.[233] 1965년에서 1972년 기간에 한국군은 총 1,740동의 건물을 건설하고 400km의 도로도 놓음으로써 경제 인프라 구축에 기여했다.[234]

또한 '새마을운동'을 경험한 한국인은 농사를 효과적으로 짓는 방법을 잘 알고 있었는데 COIN 임무군은 이 노하우 전수가 베트남 전장에 매우 필요하다는 점을 인식하고 있었다. 베트남 파병장병은 그들 조국에서 경험한 노하우를 바탕으로 베트남 주민들이 농사짓는 것을 도와주었다. 나아가 베트남 주민들에게 다양한 농기구를 제공해 주었다. 더욱 중요한 것은 효율적으로 농사를 짓는 법을 가르쳐 줌으로써 '물고기를 주는 데 그치지 않고 낚시하는 방법도 알려주었다는 것'이다. 대민 영농지원 설문 결과 통계치에 따르면 약 60%의 베트남 주민들이 한국군 병사들의 교육이 그들 농사에 도움이 되었다고 응답했고 약 70% 주민들이 한국군으로부터 농경술에 대해 많이 배웠다고 응답했다.[235]

한국군은 또한 베트남 주민들에게 직업훈련을 시켜 주어 사회 인프라 구축에 기여함으로써 마을이라는 사회의 안정화를 추진했다. 한국군은 이를 자조사업이라 부르며 가사반, 기계기술반, 양재반, 타자반의 4개 과정으로 운용했는데 1968년부터 1972년 사이 1,553명의 주민들이 이 과정을 수료하였다.[236] 이 직업훈련 과정은 일자리를 찾고 싶어 하던 주민들에게 매우 인기가 높았는데 설문조사 결과 76%의 응답자가 더 많은 기술학원을 원한다고 답했고 71%의 응답자가 교육 후 취업이 잘되었다고 답했다.[237]

미 해병대도 CAP(Combined Action Program)이라는 계획하에 한국군과 유사하게 안정화작전을 수행하여 일부 성공을 거두기도 했지만 이런 성과와 노하우가 미군 전체로 확대·적용되지 못했다. 미국의 군대문화가 학습기관(learning institution)으로 기능하지 못하고 조직문화가 유연하지 못한 결과였다. 반면 한국군의 마을 안정화 계획은 채명신 사령관이 지휘하는 전 부대로 균형 있게 적용되었다. 그 이유는 한국군이 베트남 전장에 오기 전에 이미 자국의 경험을 바탕으로 이와 같은 인프라 구축이 COIN 임무 전반에 매우 중요하다는 것을 이미 알고 있었기 때문이다. 보다 분석적으로 말하자면 자국의 경험이 결국 적응비용을 줄이는 데 기여한 것이다.

강대국은 역사적으로 전쟁의 교훈을 새겨 차후 전쟁에서 승리를 위한 원동력으로 삼는 것이 항상 부족했다. 특히 비전통적 전투에서는 그러한 경향이 더욱 크게 나타났다. 마찬가지로 강대국 간의 전투는 기본적으로 대규모 정규전을 가정하므로 비정규전은 미국의 군대문화에서 많이 소외되어 왔기에 때때로 비정규전에서 성공했던 사례가 미군 전체로 확산되는데 실패했다. 베트남전에서 미군도 한국만큼 구체적인 안정화작전 계획을 갖고 있었다. 예를 들어 1965년 미군은 PROVN(A Program for the Pacification and Long-Term Development of South Vietnam)이라는 이름으로 안정화 프로젝트를 연구하기 시작했다. 하지만 이러한 연구는 전통적 전쟁 지지자들에게 밀려 소외되고 말았다.[238] 미군의 웨스트모어랜드 장군이 물러나고 1968년 에이브럼스 장군이 지휘권을 인수하자 PROVN이 전략적 차원에서 주목받기 시작했는데 전장상황을 고려하면 이 적용 시도는 이미 때늦은 후회에 불과했다.[239]

미군과 달리 비강대국으로서 다양한 경험을 한 한국에서 온 COIN 임무군은 그 경험이 한국이 보유한 지위적 이점(positional advantages)으로 기능하면서 전장에서 적응비용을 줄일 수 있었다. 더욱이 한국의 이러한 경험은 베트남과 같은 20세기 시대, 즉 동시대 사람들의 경험이었기에 경험의 생동감이 높았다. 이런 생동감은 한국군이 베트남 현지에서 적응하는 템포를 가속화시켜 주었고 결국 강대국이 성취하지 못한 책임지역에 대한 COIN 임무 성공을 달성하게 된다. 한국은 이러한 비강대국으로서의 경험 말고도 또 다른 정치 지위적 이점이 있었는데 그것은 바로 강대국과 달리 한국은 전쟁 당사국과의 힘의 불균형에서 오는 반감에서 상대적으로 자유로울 수 있었다는 것이다.

2) 한국의 구조적 지위: 대칭적 힘(power symmetry)

대게릴라/안정화작전에 대한 역사적 사례를 살펴보면 대부분의 경우 지역주민들은 외국군, 특히 강대국에서 온 군대를 점령군으로 인식하는 경향이 강하다. 그 이유는 강대국과 게릴라가 활동하는 전쟁 당사국 간의 힘의 차이가 너무 크기 때문에 동반자로 인식하는 것을 방해하는 구조가 만들어지기 때문이다. 즉 힘의 비대칭성(power asymmetry)이 구조적 원인인 것이다. 어린 시절 친구관계에서도 한 친구의 키가 크고 힘도 매우 센데 새로 친구가 된 상대방 아이의 키가 작고 힘도 약하면 동등관계라기보다는 서열관계가 되기 쉽다. 힘이 약한 아이는 힘이 센 아이의 말을 듣고 따라다니는 위치에 있을 가능성이 높은 것이다. 국가관계도 사회의 사람관계와 비슷한데 강대국들 간 조약은 공평할 가능성이 높은 반면 강대국과 약소국 간 조약은 약소국에 불리하거나 약소국 점령을 위한 명분으로 전락할 가능성이 높다. 특히 역사를 통해 이런 관계를 실제로 경험한 국가의 경우에는 강대국 군대가 자신을 돕겠다고 온 의도를 의심할 가능성이 매우 높다. 더욱이 베트남은 강대국으로부터 무수히 짓밟힌 역사적 경험이 있는 국가이기에 이런 반감이 더욱 컸다.

베트남전 당시 미국은 국제무대에서 양극체제의 한 축을 담당하는 초강대국이었다. 따라서 베트남은 미국과 힘의 불균형이 무척 클 수밖에 없었고 이와 같은 불균형은 베트남 국민들로 하여금 미군을 1950년 자신의 국가에 대해 점령을 시도한 프랑스군처럼 점령군으로 인식하게 하는 데 충분조건을 제공했다. 즉, 국제정치적, 구조적 혹은 지위적 위치가 미국의 입장에서는 COIN 임무 수행에 있어 처음부터 불리할 수밖에 없는 것이다. 반면 한국과 베트남의 관계는 여러 측면—인구 규모, 경제력, 군사력—에서 힘의 불균형이 훨씬 적었다.

먼저 인구 규모 측면을 살펴보자. 일반국민들이 아주 쉽게 국력 차이를 인식하는 분야가 인구 차이이기 때문에 많은 국민이 있는 국가에서 온 군대와 자신과 비슷한 국민을 보유한 국가에서 온 군대에서 느끼는 차이는 분명히 발생한다. 1972년 베트남 총인구는 약 4,000만 명이었는데 남북한 총인구는 5,000만 명으로 큰 차이가 없었다.[240] 게다가 1970년 남베트남 인구는 약 1,900만 명이었고 남한 인구는 약 3,200만 명으로 남베트남과 남한 인구 간 비교에서도 미국과 비교하면 인구 차가 크지 않았다.[241] 결국 게릴라가 창궐하는 전장의 국가인 베트남과 외국군으로 활동한 한국 간에 인구 규모에서 힘의 불균형 지수가 크지 않았다는 이야기다.

베트남과 한국 간 상대적으로 힘의 불균형이 적었던 또 다른 분야는 경제력이었다. 1970년 한국의 GNP(Gross National Product)는 81억 달러였다.[242] 한편 같은 해 남베트남의 GNP는 18억 달러였다.[243] 이 수치는 한국의 경제 규모가 남베트남보다 단지 4배 정도 큰 수치로 한국과 베트남을 강대국-약소국 관계로 인식하게 할 수준이 아니었다. 더욱이 소비재 측면에서는 남베트남 사람들이 한국 사람들보다 더 풍요로운 측면도 있었다. 1971년 남베트남에는 15만 대의 차량이 도로를 달리고 있었고 약 545만 대의 TV와 라디오가 있었는데 이는 한국과 비슷한 수치였다.[244] 인구가 한국이 더 많다는 점을 고려하면 한 사람당 점유하는 소비재의 수치는 베트남이 더 높았다는 것을 알 수 있다. 결국 경제력 측면에서 베트남 사람들이 한국군을 자신의 국가를 제압하러 온 점령군으로 인식할 정도의 힘의 불균형이 존재하지 않았다. 반면 미국과 베트남 간에는 극단적인 힘의 불균형이 존재했다. 1970년 미국의 GNP는 약 1조 달러로, 남베트남 GNP보다 600배나 많은 규모로 경제력 측면에서 극단적인 불균형을 이루고 있었다.[245] 이런 국가 간 경제력 불균형은 베트남 사람들로 하여금 미국인을 부자 나라에서 온 점령군으로 인식하게 하는 구조적 요소로 작용했다.

베트남과 한국의 관계를 강대국-약소국 구조로 인식지 않도록 했던 것은 군사력을 통해서도 확인할 수 있다. 한국은 베트남과 군사력 측면에서도 힘의 불균형이 크지 않았다. 1964년 남베트남이 보유한 군 병력은 약 51만 명으로 절대 약소국 규모의 군대가 아니었고 병력 수 자체만으로는 한국과 힘의 불균형이 거의 없었다.[246] 베트남 전장으로 떠나기 전 한국군은 구형 무기를 보유한 군대였기 때문에 첨단무기 보유 여부 측면에서도 남베트남과 힘의 차이가 없었다. 간단히 말해 한국과 베트남 간에는 군사력 측면에서 강대국-약소국 구조가 성립되지 않았다. 반면 미군은 양극체제에서 초강대국 지위를 유지하는 첨단군대로 세계에서 가장 많은 국방비를 지출하고 있었으며 핵무기도 보유한 강국 중의 강국이었다. 따라서 군사력 측면에서도 미국과 베트남은 엄청난 힘의 불균형을 이루고 있었기에 미국이 점령군으로 인식될 여지가 많았다.

이처럼 베트남은 미국과 극단적인 힘의 불균형적 구조하에 있었기 때문에 베트남인들이 베트남전에 개입한 미국인들을 점령군으로 인식하는 현상이 발생했다. 특히 베트남은 중국, 영국, 일본, 프랑스 등 강대국들로부터 침탈당한 아픈 역사를 갖고 있었기 때문에 미국도 이런 강대국들에 의한 침탈의 연상선 상에서 보고 있었다.

한편 미국과 베트남의 극단적 불균형은 강대국 정치와 관련이 깊다. 미국과 같은 강대국은 작은 국가인 베트남이 아닌 당시 소련과 같은 또 다른 강대국을 상대로 군사력을 구축하여 왔다. 따라서 군사력 측면에서 그 어느 국가라도 미국을 비강대국과의 구조적 불균형의 대상으로 인식할 수밖에 없다. 강대국 정치 속에 구축한 하드파워 중심의 군사력은 미국을 점령군으로 간주하게 되는 소용돌이로 몰고 가고 나아가 '작은 전쟁'인 베트남 전장에서 이름에 걸맞는 효과를 거두지 못하는 악순환에도 갇히게 된다.

다시 말해 미국과 같은 강대국은 군사력이 주로 다른 강대국을 견제하기 위해 조직되기 때문에 정규전 중심의 전통적 군사문화가 팽배하고 무기체계도 첨단무기, 중화력 무장 중심으로 구비된다. 이런 이유 때문에 물리적 파워에 중심을 둔 강대국의 정규전 군대가 비정규전을 수행할 때 전장 특성에 부합되지 않는 전술을 사용하게 되고 이런 과정에서 엄청난 적응비용을 지불하게 된다. 미군은 6·25 전쟁에 540억 달러의 군사비를 지출했지만 베트남전에는 3배 가까이 되는 1,400억 달러를 소비했다.[247] 마찬가지로 6·25 전쟁에서 미군은 공중폭격에 63만 톤의 폭탄을 사용하였지만 베트남전에서는 755만 톤의 공중폭탄을 사용하였다.[248] 아이러니하게도 미군은 상대적으로 적은 군비를 지출하고 폭탄을 적게 사용했던 6·25 전쟁에서는 승리하여 한반도 공산화를 저지했지만 엄청난 군비와 무기를 투입한 베트남전에는 패배하여 베트남 공산화를 막지 못했다.

그렇다면 미군이 엄청난 군비와 무기를 투입했음에도 불구하고 왜 큰 효과를 거두지 못했을까? 다시 말해 왜 비용 대 효과 측면에서 F 학점을 받았을까? 미군의 실패는 근본적으로 대게릴라/안정화작전의 독특한 특성에 기인한다. 대게릴라/안정화작전에서는 '파괴'의 논리가 통하지 않는다. 구체적으로 중화기를 동원하여 핵심시설과 기반시설을 파괴하는 것은 대게릴라/안정화작전의 승리를 견인하는 것이 아니라 오히려 민간인 오인폭격 등의 문제가 발생하여 후폭풍의 소용돌이에 휘말리는 결과를 초래한다. 대게릴라/안정화작전에서는 대량폭격이나 완전파괴보다는 소규모 부대 작전을 중심으로 한 선택적 제압이라는 방법이 효과적이다. 이렇게 선택적 제압을 통해 '주민의 마음 잡기'라는 목표가 달성되어야 승리를 향한 길로 들어설 수 있다.

상기와 같은 미군의 실패는 어떠한 함의를 전해 주는가? COIN 임무군은 작전 초기 적응비용을 최소화하면 전쟁비용도 줄일 수 있고, 승리에도 유리한 환경을 만들 수 있다는 의미이다. 미군은 베트남 전장 도착 후 임무 첫 단계에서 잘못된 군사처방을 통해 많은 적응비용을 지불해야 했고 이 과정에서 전장상황을 미군에 유리하도록 만드는 기회를 놓치고 말았다. 미군은 이렇게 놓친 기회를 나중에 억지로 만들어 내고자 중화력을 동원하여 정규전식으로 '파괴'의 논리를 사용하여 전투를 진행하여 단기적인 성과를 내는 데 급급하였다. 이런 작전 실수로 미군의 공격이 증가할수록 베트콩 게릴라는 오히려 더 늘어나는 악순환이 반복되었다. 바로 이러한 악순환이 미군 실패의 근본적 원인이며 반대로 한국군은 국가가 가지고 있는 균형적 힘의 보유와 같은 지위적 이점을 최대한 활용하여 전장상황을 한국에 유리하도록 만드는 선순환 구조를 창출했고 결국 책임지역에서 임무를 성공으로 이끌었다.

3) 전투지형에 대한 전문성

전투지형 측면에서 베트남과 한국은 유사점이 많았다. 베트남 전장은 남과 북으로 분리되어 전투하는 지형이었는데 이러한 분단 구조는 한국의 남북한과 너무도 비슷하였다. 따라서 분단된 구조하 국가를 지켜 왔던 한국군은 베트남 전장의 분단 구조에서 나타나는 전투속성에 너무도 익숙했다. 이러한 전투지형은 해당 국가의 정치적 지형을 반영하기도 한다. 이 전투지형에 익숙하다는 말은 정치적 영향을 받아 분단된 현실에 처한 베트남 사람들을 잘 이해할 수 있다는 의미도 된다.

한국군의 베트남 전투지형에 대한 익숙함은 베트남 주민들의 마음을 얻는 과정에서 매우 유리하게 작용했다. 분단의 상징인 접경지대의 위상을 잘 이해하고 이곳에서 무슨 일을 해야 하는지 충분히 이해하고 있었던 것이다. 한국군이 분단된 국가인 베트남의 사람들을 잘 이해하고 있고 의미 있는 역할을 수행해서 베트남인들의 마음을 얻고 있다는 증거는 곳곳에서 나타났다. 1967년 맹호부대가 꾸몽(Cu-Mong) 고개 인근에서 맹호8호 작전을 수행할 때 한 노인이 한국군 병사들에게 무슨 말을 크게 말하고 있었다. 그는 "한국군 병사들이 꾸몽 고개 시장에서 저의 아내와 딸을 많이 도와주었어요. 한국군들은 1년 이상 계속해서 음식과 의약품을 주었어요. 이제는 제가 여러분의 친절함에 보답할 차례인 것 같아요"라며 외치고 있었다.[249]

맹호부대는 미군으로부터 남베트남과 북베트남의 일부 국경지대를 책임구역으로 인수하였다. 인수 직후 맹호부대는 이 지역 인근에 시장을 운영토록 해 주고 시장 이름을 '판문점'이라 부르며 지역 주민들에게 음식을 나누어 주는 곳으로 활용토록 유도하는 지혜를 발휘했다. 한국에서 판문점은 1953년 7월 27일 휴전협정이 조인되면서 생긴 곳으로 유엔 측과 북한 측의 공동경비구역(JSA)을 지칭한다. 한국에서 판문점은 바로 남북 분단의 상징인 것이다. 베트남도 남북으로 분단되어 있었기 때문에 분단 현실을 잘 이해하고 있던 한국군은 이 국경지대에 시장을 만들어 주고 남북의 베트남 주민들이 자연스럽게 모여서 장사를 할 수 있도록 배려해 주면서 이 시장을 판문점이라 불렀다.

이 시장은 남북 베트남 주민들이 교역을 하면서 자유롭게 대화도 하는 미래의 상징이 되어 주었다. 매일 아침 9시에 남베트남 지역 주민들과 베트콩 통제지역 주민들이 모두 이곳으로 모여 물건을 팔고 사면서 전쟁 중에도 일상적으로 교류하는 장소가 되었다.[250] 이 시장이 안정적으로 지속 운영될 수 있도록 한국군은 맹호부대의 1개 중대를 주둔시켜 치안을 보장토록 하고 주민들의 편의도 제공해 주었다. 이 시장이 활성화되면서 대민 심리전에서 한국군 COIN 임무부대에 유리한 상황이 조성되었다. 이곳에서 남북 주민들이 자유롭게 교류하면서 입소문을 타게 되었는데 이를 통해 공산 치하의 주민들이 남베트남 자유지역으로 귀순하는 상황이 속출하게 된 것이다. 한국군 COIN 임무부대는 이 귀순자들에게서 적에 관한 정보를 획득하여 대게릴라전을 수행하는 데 활용하는 선순환 구조를 만들어 냈다.

한국군이 남북 접경지대에 이런 시장을 운영한 것은 그들 고국의 남북 분단 현실에 대한 경험이 있었기에 가능하였고, 이와 같은 분단의 비극에 대한 높은 이해도는 강대국 미군에게 기대하기 힘든 것이었다. 강대국 입장에서 분단 구조는 공산화 도미노 현상을 막는 전략적 혹은 국제정치적 차원에서 지휘부들만 다루는 수준에 그쳤지, 개별 병사 한명 한명이 이해하는 차원과는 거리가 멀었다. 반면 분단 국가에서 온 한국군 개별 병사는 남북이 교류하는 이런 시장의 의미가 남달랐기에 시장 운영에 대한 남다른 노력으로 임무를 수행했고 이는 COIN 임무 전체적 차원에서도 한국군의 임무 성공에 한 발짝 더 다가가게 하는 요소로 작용했다.

이 시장의 성공은 단순한 교역장소 제공 이상의 의미를 지녔다. 한국군이 가장 군사적 긴장이 높은 이 지역을 가장 안전한 곳으로 만들었다는 의미가 있었다. 베트남에서 '판문점'은 안보가 보장될 수 있는 곳으로 인식되었다. 이는 한국군의 한반도 판문점 경비 노하우가 '베트남 판문점' 안보로 자연스럽게 이어졌기 때문에 가능한 것이었다. 즉 한국에서의 경험이 먼 외국 베트남 전장에서의 임무에 귀중한 자산이 되어 준 셈이다. 앞서 언급한 한 베트남 노인의 사례는 한국군이 스스로 자화자찬한 것이 아니라 '판문점'과 같은 한국의 경험이 반영된 현지정책이 베트남 주민의 마음을 얻고 있었음을 잘 알려 준다.

이와 같은 분단이라는 정치적 지형의 유사성 외에도 베트남의 전투지형은 산악지역이 많다는 점에서 한국의 지형과 매우 유사했다. 한국은 평야지대보다는 산악지대가 많은 지형이라는 특성이 있다. 지형이 이러하기에 한국군의 주 훈련장소는 산악지대이고 이런 이유로 한국군은 사막전투는 낯설지 몰라도 산악전투에는 능숙했다. 따라서 한국군이 베트남 전장에 도착했을 때 산악전이나 정글전에 익숙해지는 데 필요한 '적응비용'을 최소화할 수 있었다. 또한 한국은 최고의 긴장감이 감도는 군사분계선(MDL)과 비무장지대(DMZ) 경계에 대한 전문성을 갖고 있었는데 남북이 분단된 베트남 전투지형도 이와 별반 다르지 않았기에 한국군에게 베트남 전장은 그리 낯선 곳이 아니었다. 실제로 한국군의 MDL, DMZ 경계에 대한 전문성 덕분에 임무 초기 베트콩의 활동을 억압하는 데 성공할 수 있었는데 이는 결국 '적응비용'을 절감했다는 의미가 있었다. 맹호부대 신현수 기갑연대장은 당시 상황에 대해 "DMZ에서 얻은 경험을 바탕으로 하여, 이쪽으로 넘어오지 않는 방향으로 매복을 하고, 필요하다면 순찰을 하면서 적을 막아라"라고 지시했다고 회고했다.[251] 한국의 또 다른 물질적 차원의 지위적 이점은 바로 정상적으로 기능하는 국가로서 조직화된 군대를 보유하고 있다는 것이었다.

4) 정상국가의 조직화된 군대(the organized military of a functioning state)

힘의 비대칭성이 적다는 이점이 있다고 무조건 COIN 임무 수행을 잘할 수 있는 것은 아니다. 해당 국가 자체가 정상적으로 기능하지 못하는 파탄국가(a failed state)이거나 변변한 군대를 보유하지 못한 약소국일 경우는 도와주러 갔다가 도움을 받는 형국이 될 수도 있다. 강대국처럼 힘의 불균형이 너무 극단적이라도 COIN 임무역학 측면에서 불리하지만 지나친 약소국도 외국에서 일어난 안보 문제의 해결사가 될 수 없는 것이다. 이런 측면에서 중견국의 역할이 중요할 수밖에 없다. COIN 임무 수행 시 국가 간 힘의 불균형이 적으면 현지 주민들이 그 국가의 군대를 점령군으로 보지 않게 하는 측면에서 유리하지만 힘이 너무 없으면 반대로 할 수 있는 것이 없다. 베트남전 당시 한국은 강대국은 아니지만 강한 군대, 조직화된 군조직을 보유한 중견국 지향국가였다.

베트남전 당시 한국은 이미 63만 명의 병력을 보유한 조직화된 군대를 보유하고 있었다.[252] 특히 한국군은 56만 6,960명의 육군과 2만 4,000명의 해병대를 보유하고 있었는데 이 육군과 해병대가 주 병력으로 파병되었고 해군 함정과 해군 병사들도 수송 및 지원임무를 위해 파병되었다. 또한 이 시기 한국군은 18개 전투사단과 10개의 예비사단 보유를 추진하던 힘 있는 군대였다.[253] 나아가 한국군은 당시 "충분한 전투능력이 있는 1개 해병사단으로 구성된 함대 해양전력" 확보를 기획하고 있던 시기이기도 했다.[254] 더불어 한국군은 해군력 및 공군력 강화에도 눈을 뜰 만큼 조직화된 군대를 형성하고 있었다. 당시 한국 공군은 약 200여 대의 전투기를 보유하고 있었고 한국 해군은 약 60척의 함정으로 바다에서 작전을 하던 시기였다.[255] 한마디로 한국은 베트남전 당시 약소국과 달리 이미 조직화된 군대를 가지고 있어 COIN 임무에서 실질적 역할 수행이 가능한 국가였다. 한국이 이처럼 조직화된 군대가 갖추어지지 않은 상황이었다면 베트남전에 참가했더라도 상징적 역할에 그쳤을 것이다.

지금까지 국가가 가진 유형적 차원의 지위적 이점이 베트남 전장에서 어떻게 유리하게 작용되었는지 살펴보았다. 역사적 경험, 한반도의 정치적 환경 등 유형적 차원의 이점은 쉽게 인식될 수 있는 분야이므로 물질적 차원으로 분류했고 이를 정치 지위적 이점이라는 용어로도 표현했다. 반면 눈에 쉽게 포착되지는 않지만 사회와 문화 속에 내재되어 있는 자산으로 베트남 전장에서 지위적 이점이 되어 준 것이 있는데 이것은 바로 한국의 사회-문화 지위적 이점이었다.

2. 무형적(비물질적) 환경상 지위: 한국의 사회-문화 지위적 이점

한국은 무형적(비물질적) 환경 측면에서도 COIN 임무 수행에 유리한 이점이 있었는데 이는 네 가지로 분류할 수 있다. 이 네 가지 이점은 사회적 연계성, 문화에 대한 이해도, 한국군에 대한 우호적 첫인상, 그리고 국내국민과의 임무 공감대였다. 이러한 한국의 사회-문화 지위적 이점은 강대국 미군과 차별화된 '작은 거인' 한국만이 가진 독특한 자산이었다.

1) 사회-역사적 위치: 사회적 연계성
한국과 베트남은 사회적 연계성이 높았다. 그렇다면 한국과 베트남은 구체적으로 사회적 차원의 어떤 부분이 연결되었을까? 첫째, 한국과 베트남은 같은 동양권에 속하는 국가였고 중국의 문화적 영향을 많이 받았다는 역사적 공통점도 있었다. 또한 한국과 베트남 사회는 모두 개인보다는 공동체적 가치를 중시하는 사회였고 유교적 관념이 사회에 녹아 있다는 공통점도 있었다. 역사를 통해 문화적, 사회적으로 내재된 가치가 비슷하다는 점은 서로를 이해하는 노력에 기울이는 시간을 최소화할 수 있다는 점에서 COIN 임무군에게 소중한 자산으로 기능했다.

둘째, 두 국가 간의 경제적 교류가 활발해지면서 사회적으로도 가까워지는 환경이 만들어졌다. 1963년 한국군이 베트남에 파병되었을 때 한국은 베트남에 1,200만 달러 상당의 물품을 수출할 정도로 경제교류가 활발하였고 이를 바탕으로 한국인과 베트남인은 서로 사회적으로 연계가 이루어져 있던 상태였다.[256] 이런 경제적, 사회적 교류로 인해 한국과 베트남은 베트남전 당시 이미 역사적으로 이전 시기보다 가까운 관계에 있었고 한국인과 베트남인은 교류를 통해 접하면서 서로를 잘 아는 사이였다 할 수 있다.

셋째, 한국과 베트남은 모두 사회적, 정치적으로 분단된 상황에 놓여 있었다. 특히 이 두 국가는 강대국 정치의 영향에 의해 분단되는 동일한 역사적 상황을 겪었다. 베트남은 제2차 세계대전 후 남북으로 분단되어 남베트남은 프랑스의 지배하에 놓였고 북베트남은 중국의 영향권하에 있었다. 이런 구조로 인해 북쪽에는 공산주의 정부가, 남쪽에는 자유주의 정부가 수립되면서 베트남인들은 이념을 잣대로 서로 등을 돌리게 된다. 강대국 정치의 영향으로 같은 민족끼리 원수가 되는 처지가 된 것이다. 아이러니하게도 베트남의 이러한 상황은 한국의 처지와 너무도 유사했다. 한국도 제2차 세계대전이 끝난 후 소련, 중국 등 공산주의 진영은 북한을 지원하고 미국을 중심으로 한 민주주의 진영은 남한을 후원하면서 사회적, 정치적으로 분단되는 처지에 놓였다. 이에 따라 베트남 상황과 유사하게 하나의 민족이 이념을 두고 남과 북으로 나뉘어 갈등하는 구조가 된다. 한국-베트남 간의 이러한 사회-역사적 유사성 때문에 베트남인들은 한국인에게 좀 더 친근한 감정을 느끼고 있었다. 남베트남 지엠 대통령은 한국을 동병상련의 심정으로 바라보았고 실제로 박정희 대통령을 형제처럼 느꼈다.[257]

넷째, 한국인과 베트남은 모두 동양인, 특히 아시아인이기 때문에 외모에서 큰 차이가 없었다. 베트남인에게 한국군은 분명 자신의 땅에서 임무를 수행하는 외국군이었다. 그럼에도 불구하고 한국군의 모습이 자신과 닮아서 미국인보다 거부감이 상대적으로 덜하였고 때로는 외모가 유사하다는 것 자체만으로 친근하게 느끼기도 했다. 채명신 주월 한국군사령관은 1969년 회고를 통해 "자기네(베트남인들)하고 같이 생겼고 하기 때문에 그 사람들(베트남인들)은 우리들이 말하는 것을 믿습니다"라고 말했다.[258]

다른 참전용사도 비슷하게 회고하는데 예를 들어 청룡부대 민사장교였던 송정희 참전용사는 "한국군이 민사심리전을 전개하는 데 미군들보다 유리한 조건이 있습니다. 그것은 외부적으로 월남 사람과 비슷하다는 것과 또한 생활양식이 비슷해서 월남 사람들이 미군들보다 우리에게 친밀감을 느끼게 된다는 것입니다"라고 회고했다.[259] 비슷한 외모로 인해 임무를 수행하는 데 유리했다는 것은 개인적인 차원의 몇몇 병사들만의 생각이 아니었다. 베트남 신문에서도 이런 부분을 언급했다. 『사이공 포스트』지는 사설을 통해 "한국군은 우리들 월남인에 비하여 몸이 크고 건장한 것 외에는 모든 인상이 똑같다. 그리고 군기가 강하고 태도가 분명하여 호감을 준다. 먼 나라가 아니라 바로 이웃에 사는 것 같은 정다움이 느껴진다"라고 한국군을 찬양하는 기사를 내보냈다.[260]

대게릴라/안정화작전에서는 임무 첫 단계의 단추를 잘 맞추어야 한다. 외국군을 보자마자 첫인상이 안 좋으면 이는 지속적인 반감을 유발하고 이것이 확산되어 되돌리기 힘든 상황이 된다. 한국군은 이런 측면에서 베트남인들과 비슷한 외모로 인해 첫인상이 나쁘지 않았고 반감보다는 호감을 갖는 환경이 조성되었다. 물론 외적 모습만 비슷하다고 COIN 임무가 자동으로 순풍을 타는 것은 아니다. 게릴라도 잘 소탕해야 하고 주민의 마음을 얻기 위한 수많은 방안도 시행되어야 한다. 하지만 이런 과정을 시작하기 위한 첫 단계로 베트남인들에게 반감을 덜 갖도록 하는 데 비슷한 외모가 기여한 측면이 있는 것은 사실이다.

다섯째, 독립의 열망에 대한 공통적 인식을 들 수 있다. 한국 사람들은 베트남인들의 독립에 대한 열망과 간절함을 너무도 잘 이해하고 있었다. 한국에게는 사회 모든 사람들이 독립을 위해 피와 땀을 흘렸던 일제 강점기의 역사가 있었기에 독립의 소중함이 남다를 수밖에 없었다. 베트남은 오랜 기간 동안 강대국의 침탈을 많이 받으면서 제대로 된 독립국가가 되고자 하는 바람이 사회 전반에 팽배하였는데 이를 이해하지 않고는 베트남인들에게 다가가는 것이 어려웠다. 한편 독립된 지 오래되지 않은 국가인 한국에서 온 병사들은 독립의 소중함을 잘 이해하였기에 베트남인들과 소통하는 데 있어 매우 유리했다. 특히 베트남 COIN 임무 병사들은 이러한 유사함을 최대한 활용하여 그들과 소통의 범위를 넓히면서 주민들의 마음을 얻는 데 성공한다. 예를 들어 한국군은 마을 인프라 구축의 일환으로 꽁테고등학교와 자매결연을 맺고 건물을 새로 지어 주었는데 베트남인들의 독립을 기원한다는 의미를 담아 학교 정문을 한국의 독립문과 똑같이 만들어 주어 베트남인들의 심금을 울리기도 하였다.[261] 외국에서 온 병사들이 자신들을 위해 국가 통일과 독립을 성원해 주면서 상징적 의미가 담긴 건물을 지어 주는 것을 보면서 베트남인들은 한국군의 도움을 진정성으로 받아들이게 된다. 베트남인들은 단순한 물질적 자산 제공 이상의 깊은 뜻이 있음을 느끼고 있었고 이는 COIN 성공의 핵심 메커니즘인 '민심 잡기'에서 한국군이 미군보다 한발 앞서간 모습이었다.

마지막으로 전쟁의 고통에 대한 인식 공유도 두 사회를 연결시키는 촉매제였다. 한국 사회는 6·25 전쟁 참상을 통해 혹독한 고통을 경험해야만 했다. 6·25 전쟁을 거치면서 미군이 한국에 상시 주둔하는 구조가 되면서 외국군이 한국 사회에 상당 부분 영향을 미치는 역사적 경험을 하게 된다. 나아가 한국과 베트남 양국은 안보와 관련해서 외국군에 상당 부분 의지한다는 공통분모를 지니고 있어 서로를 이해하는 수준이 폭넓었다. 채명신 사령관은 "역사적인 면에서 우리는 이미 한국 전쟁을 겪었기 때문에 동병상련의 입장에" 있었다고 회고했다.[262]

주지하다시피 전통적 군사임무와 달리 COIN 작전은 국가행위자(임무군), 게릴라, 지역주민, 국내행위자라는 4개 행위자가 복합적으로 작용하고 이 메커니즘이 COIN 작전의 방향을 좌우한다. 따라서 사회의 여러 상황이 임무 방향에 지속적으로 영향을 미치는 것이다. 이런 측면에서 한국과 베트남 간 사회적 유사성은 COIN 임무병사에게 베트남 사회의 여러 문제에 대한 이해의 템포를 가속화시켜 주는 데 기여하였고 이는 결국 COIN 임무 수행의 이점으로 기능했다.

2) 베트남 국민이 한국군을 바라보는 첫인상

앞서 언급한 것처럼 한국과 베트남은 사회적, 문화적, 역사적으로 유사점이 많았고 이는 한국군에게 임무수행에 유리한 점으로 작용했다. 하지만 당장 전쟁으로 고통받고 있는 국민들의 입장에서 자신의 땅에 도착한 외국군이 어디에서 왔든 간에 조건 없이 반기는 독립국가 국민은 없다. 따라서 한국군이 베트남 전장에 처음 도착했을 때 베트남 국민들은 의심의 눈초리를 어느 정도 가지고 있었기에 열렬히 반기는 분위기는 아니었다. 하지만 동시에 미군을 대하는 것하고는 확연히 달랐다. 베트남 국민들에게서는 한국군에 대한 최소한 강한 반발감 같은 것은 찾아 보기 힘들었다. 오히려 한국군이 베트남 전장에 도착하자마자 게릴라를 잘 소탕해서 베트남 주민들의 치안을 확보해 주고 그들에게 예의도 갖추어 주자 앞서 살펴본 사회적 유대감이 그 가치를 발휘하여 점점 한국군 COIN 임무부대에 유리한 환경이 조성되고 있었다.

사회적 유대감으로 인해 베트남 국민들은 한국군 병사들에게 반감의식이 덜했고 동시에 한국군은 그들의 기대를 저버리지 않도록 도착 후 최초 이미지를 좋게 만드는 데 성공함으로써 임무환경을 선도할 수 있었다. 오기봉 비둘기부대 공병대대장은 전장에 도착한 후 이러한 분위기를 감지했다. 그는 전투부대 파병 전에 베트남 전장에 도착하여 지원임무를 수행하였는

데 베트남 사람들이 미군과는 협조하지 않으려 하면서도 한국군에게는 자발적으로 협력해 주었다고 회고했다.[263]

베트남 사람들은 자신의 국가와 한국이 여러 면에서 닮았다고 생각했다. 이러한 인식 때문에 베트남 사람들은 한국군 병사들이 베트남 전장에 도착했던 임무 초기 단계에서 한국군의 임무에 대해 미군보다 상대적으로 우호적인 이미지를 갖고 있었다. 임무 첫 단계에서 주민들로부터 강한 반발이 없는 것만으로 COIN 임무군에게는 상당한 이점이었다 할 수 있다. 앞서 언급한 것처럼 베트남 사람들이 한국군 병사들을 보고 처음으로 느낀 것은 자신들과 같은 외모를 가진 외국군이라는 감정이었다. 그들이 보기에 한국인들은 덩치만 조금 더 클 뿐 자신들과 같은 동양인이고 아시아인이었다.

이처럼 비슷한 외모에서 오는 친근감으로 인해 미군과 달리 한국군은 점령군으로 인식되지 않았다. 장창규 참전용사는 베트남 사람들은 자신의 국가와 한국 간에 사회적, 문화적 유사성이 있어서 한국군 병사들을 친구처럼 대했다고 당시의 현장 분위기를 증언했다.[264] 한국인들이 베트남인들처럼 같은 동양인이라는 사실은 한국군이 COIN 임무 시 베트콩 게릴라 귀순을 유도하기 위한 방안 중 하나로 활용되기도 했다. 예를 들어 맹호부대 방첩대에서는 베트콩 귀순 유도 목적으로 사용하기 위해 전단을 만들었는데 이 전단에는 "가까운 시일 내에 한국군의 공격이 있을 터이니 같은 동양인으로서, 당신들을 구하러 왔다. 우리에게 귀순하면 가족과 같이 생활할 수 있고, 경제적 도움과 의료봉사 등을 받을 것이니 하루속히 귀순하시라"라는 내용이 담겨 있었다.[265]

한국인과 베트남인들은 외모 말고도 분단국가의 국민이라는 점에서도 통하는 점이 많았다. 베트남 사람들은 처음부터 한국 병사들을 다른 시각으로 보는 경향이 강했다. 한국인들은 자신들처럼 동족상잔의 비극을 겪었기에 다른 외국군 병사들과는 다를 것이라 생각하며 한국군에게 호의적이었다. COIN 임무에서는 게릴라를 평정하는 대게릴라전도 중요하지만 '주민들의 마음을 얻는' 안정화작전도 그만큼 중요하다. 민사작전이 전투를 지원하는 보조수단인 것이 아니라 민사와 군사가 같은 수준으로 중요하다는 의미이다. 이런 측면에서 상기와 같은 유사성은 안정화작전에서 가장 핵심적인 분야인 민사작전에서 매우 유리한 이점으로 작용했다. 무엇보다도 외모와 분단 현실이라는 유사성이 한국군 병사들이 베트남 사람들에게 좋은 첫인상을 주는 데 긍정적 역할을 했다는 점은 매우 주목할 만하다.

이처럼 사회적, 인종적 유사성으로 인해 베트남인들은 한국군 병사들에게 상대적으로 우호적이었던 것은 사실이다. 하지만 한국군은 도착 즉시 '민심 잡기'를 위한 민사작전을 수행할 수는 없었다. 남베트남 정부의 통치력이 미치지 못하여 베트콩이 점령하던 지역이 매우 많았기 때문이었다. 따라서 한국군이 임무 초기에 선택한 방법은 '적 중심적 접근법'이었다. 베트콩이 점령하는 지역의 베트남 사람들은 한국군 병사들에게 우호적으로 대하면 베트콩의 보복을 받을까 하고 걱정하는 분위기가 많았다.[266] 이런 상황은 베트남 주민들이 신변 보호만 확실히 되면 서양 국가 군인들보다 한국 군인들에게 더 적극적으로 협조할 것이라는 것을 암시했다. 이렇기 때문에 초기 단계에서 대게릴라전에 무게중심을 두고 임무를 수행하여 베트콩을 평정한 후 그들과 베트남 주민들을 분리하는 것이 유효한 작전이었다.

3) 문화적 위치: 전장문화에 대한 높은 이해도

비전통적 군사임무인 COIN에서 전장의 문화를 이해하는 것은 승리와 직결되는 중요한 것이다. 왜냐하면 COIN 임무군이 전장문화를 정확히 이해한다면 전장 메커니즘을 유리하게 조성하여 '적응비용'을 최소화할 수 있기 때문이다. 그렇다면 전장문화에 대한 이해는 무엇을 말하는 것일까? 전장문화를 파악하고 있다는 것은 갈등, 전투, 교전 등이 이루어지는 지역에 사는 사람들 사이에 내재된 역사, 관습, 사고방식, 규범, 생활양식에 대해 이해를 잘하고 있는 것을 말한다. 한국군은 두 국가 간의 사회적 유사성에 힘입어 베트남 전장의 문화를 잘 이해하고 있었다. 나아가 이를 바탕으로 민사작전, 심리전을 주도하며 COIN 작전 메커니즘을 한국군에 유리하도록 끌고 갔다. 한국군은 특히 세 가지 측면—유교적 규범, 종교 지도자의 사회적 역할, 오랜 전통 방식—에서 베트남인들의 문화를 잘 이해했다.

첫째, 한국군은 베트남인들이 유교적 규범이 내재된 사회에 살고 있다는 것을 쉽게 간파했다. 그것은 그들의 고국이 유교적 사회이기 때문이었다. 따라서 한국군 지휘관들은 유교가 내재된 지역문화를 유심히 살피며 그들의 문화를 존중할 것을 지시했다. 유교적 사회에서는 나이를 중시한다. 따라서 나이가 많은 노인들을 존경하고 따르는 것이 일상화되어 있는데 이것은 베트남도 예외가 아니었다. 채명신 사령관은 부하들에게 노인들과 마을 지도자들에게 예의를 다하고 존중하라고 수시로 지시했다. 이에 따라 한국군은 마을에서 노인을 보면 쓰고 있던 철모까지 벗으며 깍듯하게 인사를 하였고 이를 본 베트남 주민들은 깜짝 놀라는 반응을 할 정도였다.[267]

더욱 중요한 것은 군지휘관들이 베트남 문화를 존중하라고 지시했을 때 병사들이 너무도 자연스럽게 따랐다는 것이다. 이처럼 잘 이행한 것은 그들 자신도 유교문화권에서 살아왔기 때문에 예의와 존중의 규범이 너무도 자연스러웠던 것이 한몫을 했다. 예를 들어 한국군은 마을 지도자와 자주 만나 그들에게 도와달라고 요청하면서 함께 임무를 수행했는데 각종 구호물품을 전달할 때 이장 혹은 동장을 통해서 나누어 주는 방식을 채택하기도 했다.[268] 또한 한국군은 경로당을 지어 주어 노인들의 위상을 높여 주고 노인들이 모여 마을 대소사를 토의할 수 있도록 조치해 주었다.[269] 이처럼 문화에 대한 높은 이해가 녹아 있는 한국군 COIN 세부방안은 빠른 효과를 거두게 되는데, 대표적인 사례가 베트남 주민들이 한국군에게 중요한 첩보를 제공해 준 것이다. 청룡부대 인사참모 김창원 참전용사는 "그 사람들(베트콩)이 대항해서 싸우지만 밤에는 동네에 와서 자고 먹는 것과 입는 것 등 모든 지원을 (마을 주민들에게서) 받습니다. 그런데 주민들이 한국군을 신뢰하

게 되면서부터는 … (게릴라 이동에 관한) 첩보를 제공해 줍니다"라고 증언했다.[270]

유교적 문화의 또 다른 특징은 비물질적 요소를 강조한다는 것이다. 물질이 마음을 지배하는 것에 저항하는 문화인 것이다. 채명신 사령관은 이를 누구보다 잘 이해했다. 그는 예하부대 순시 시 항상 "대민심리전은 물질을 주는 것이 아니라 마음을 주라"고 강조했다.[271] 그래서 베트남에서 한국군 병사들은 베트남 주민들에게 음식과 같은 물질만을 주는 데 그치지 않고 음식을 받은 그 주민들과 많은 이야기를 나누며 마음을 주려고 노력하였다. 또한 주민들의 의견수렴을 체계화하기 위해 베트남 주민들을 대상으로 설문조사까지 하였다. 설문조사 항목에는 한국군이 제공한 구호물품을 어떻게 생각하느냐에 대한 것도 있었는데 설문에 응한 3,245명의 베트남 주민 중 86%가 한국군에 감사해하고 있다고 응답했다.[272] 나아가 베트남 사회를 존중한다는 마음을 시각적으로 전달하기 위해서 채명신 사령관은 베트남 전통 모자와 의상을 착용하고 마을 노인들을 만나기도 했다.[273] 전쟁터에서 전투지휘관이 그들의 전통의상을 입고 다니는 일은 한가로운 것으로 비칠 수도 있고 웬만한 배려 없이는 실천하기도 힘든 일이다. 그럼에도 불구하고 이런 사례가 있었던 것은 물질적 도움보다 비물질적 배려가 더 중요하다는 깊은 인식이 있었기에 가능한 것이었다.

유교적 문화와 관련해서 한국이 보유한 또 다른 귀중한 자산은 바로 태권도 종주국이라는 것이었다. 한국 사회에서 태권도는 어린 시절부터 거의 모두가 배울 정도로 퍼져 있는데, 이 태권도는 싸우는 기술이 아니라 자기를 보호하고 나아가 예의를 강조하는 무도이며 특히 그들의 스승에 대한 존경을 중시한다. 유교문화 속에 살아왔던 베트남 사람들은 상하 간 예의와 존중을 매우 강조하는 인식을 가지고 있었는데 이런 부분이 태권도 문화와 아주 잘 맞았다. 따라서 한국군은 이 유사성을 극대화하여 임무환경을 유리하게 만들려고 노력했다. 대표적인 사례가 베트남 주민들을 위한 태권도 도장을 운영한 것이었다. 베트남 주민의 유교적 규범과 잘 맞는 태권도 교실은 매우 인기가 높았다. 그래서 한국군은 태권도 교육을 점차 확대해 나갔다(〈표 11-1〉 참고).

유교적 문화규범에서 가장 중요시하는 것이 바로 예절과 예의이다. 한국군 병사들은 유교적 사회에서 온 사람들이었다. 따라서 이런 예의문화는 그들에게 이미 내재되어 있었기에 베트남 주민들에게 예의를 다하는 것은 어려운 일이 아니었다. 그럼에도 불구하고 한국군 지휘관들은 병사들에게 베트남 주민들을 대할 때 반드시 예의를 갖추라고 재차 강조했다. 혼다 일본 종군기자도 이런 상황을 현장에서 보면서 이런 예의가 한국군 병사와 미국군 병사 간의 가장 큰 차이점이라 기술했다.[274]

태권도 교실을 통해 베트남 주민들과 한국군 병사들은 더욱 가깝고 친근한 사이가 되고 있었다. 이처럼 태권도는 베트남 주민들과 심리적으로 친밀감을 형성하는 기능으로 작용하기도 했지만 게릴라를 소탕하는 데 있어 심리전으로도 활용가치가 매우 높았다. 한국군이 현지 주민들을 대상으로 태권도 수업을 진행하면서 베트콩 게릴라는 한국군 병사들이 모두 태권도에 능통하다고 생각하게 되었고 이에 따라 그들은 한국군과 근접전을 꺼리는 경향이 나타나게 되었다. 손장래 참전용사는 베트콩들 사이에는 한국군 병사들이 매우 용감하고 손으로 벽돌도 격파할 수 있다는 두려움이 있었다고 당시 상황을 전했다.[275]

〈표 11-1〉 태권도 수련생 증가 현황

구 분	1962 ~1963	1964	1965	1966	1967	1968	1969	1970	1971	1972
교 관	4	10	20	100	146	198	205	208	199	22
도 장	2	4	7	16	62	91	103	107	80	4
수련생	139	440	1,602	5,405	81,648	104,410	137,295	174,083	196,971	210,206
유단자		10	23	24	257	491	1,091	1,566	2,017	2,916

출처: 최용호, 『통계로 본 베트남전쟁과 한국군』, 서울: 대한민국 국방부 군사편찬연구소, 2007, p. 140에서 재인용

둘째, 종교 지도자의 역할에 주목한 것도 전장문화에 대한 높은 이해도 때문에 가능한 것이었다. 한국군 병사들은 전장문화를 빨리 이해하여 베트남 마을에서는 정부관료보다 종교 지도자의 영향력이 더 강하다는 것을 쉽게 알아차렸다. 베트남 사회에서 종교 지도자는 전쟁이라는 어려움에 처한 베트남 주민들에게 심적 평화를 주는 위치에 있었다. 따라서 불교, 천주교 지도자들과 좋은 관계를 맺으며 그들의 신자들에게 한국군의 뜻을 전달토록 유도하였다. 맹호부대장으로 복무한 김학원 장군은 "월남 지방의 종교 지도자인 쩌우(CHAU) 스님과 퀴논(Quy Nhon) 성당의 신부와는 각별한 교분을 갖게 되고, 예하 각급 부대장 또한 각자의 책임지대 내의 이와 같은 유력 인사들과 허물없는 대화를 나누게 되니, 여러 분야에 걸쳐 한국군에 대한 홍보활동이 실질적으로 이룩되어 갔다"고 회고했다.[276] 또한 한국군은 가장 많은 신도를 가진 종교가 불교라는 점을 감안하여 어느 지역을 방문할 시 제일 먼저 불교 지도자를 찾아가서 인사를 하기도 했다.[277] 한국군은 이처럼 종교를 활용하여 민사작전을 지혜롭게 수행했다.

이처럼 불교가 베트남 사회 전반에 퍼져 있기 때문에 마을에 하나 정도의 사찰은 꼭 있었다. 따라서 한국군은 불공일에 잊지 않고 부대를 대표해서 초, 향, 쌀, 고기 등을 가져다주기도 하고 한국군 병사 중 불교 신자를 사찰에 보내 그들과 함께 종교활동을 하도록 하였다.[278] 종교 지도자들과 좋은 관계를 맺자 지역주민들의 민심 잡기도 더욱 탄력을 받게 되었다. 나아가 종교 지도자가 주도가 되어 한국군이 그들 지역에 더 있게 해 달라고 하는 일도 발생하기도 했다. 1965년 12월~1966년 1월 사이에 청룡부대는 뚜이 호아 지역에서 추수보호작전을 완료하고 철수할 준비를 하고 있었다. 그런데 이 사실을 안 지역주민들은 불교 지도자 주도로 철수 반대 시위를 하며 한국군이 그들 마을을 떠나는 것에 아쉬움을 표현했다.[279] 종교 지도자들까지 나서서 한국군에게 더 있어 달라고 요구할 정도로 한국군 병사들과 베트남 전장 사람들과는 서로 간 이해의 폭이 넓었는데 이는 한국군이 COIN 임무에서 문화에 대한 폭넓은 이해를 바탕으로 맞춤형 처방을 한 결과라 할 수 있다.

마지막으로 한국군의 전장문화에 대한 폭넓은 이해로 베트남 사회의 풍습과 전통을 소중히 할 줄 아는 정책을 펼쳤다. 특히 관혼상제에서 베트남과 한국은 유사한 점이 많았다. 예를 들어 베트남은 미국과 같은 개인주의적 문화가 아닌 공동체적 문화이기 때문에 마을에 관혼상제가 있으면 동네 사람들이 모두 모여서 축하를 해 주는 관습적 전통이 자리를 잡고 있었다. 한국군 병사들은 베트남 주민과 같은 공동체라는 의식을 전달하기 위해 관혼상제가 있으면 중대장도 초, 향 같은 작은 준비물을 챙겨서 반드시 참가하였다.[280] 이런 모습들은 베트남 주민들로 하여금 한국군 병사들이 남이 아니라는 생각을 갖도록 하는 데 큰 도움이 되었다.

한국군 병사들은 그들 조국과 문화가 비슷한 베트남 사회가 임무전장이라는 점을 잘 이해하여 베트남 COIN 임무에 성공적인 결과를 달성했다. 즉 한국 사회에서 파생된 사회-문화적 지위가 베트남 주민들의 마음을 열어 성공 도출로 이끄는 안내자로서 기능한 것이다. 문화에 대한 이해가 어느 정도였는지는 서로 음식을 먹는 상황에서도 여실히 드러났다. 베트남 사회에서는 손님이 오면 음식을 내어놓는데 그 음식이 맛이 없어도 티를 내지 않고 맛있게 먹어 주는 것이 예의였다. 그런데 이런 풍습은 한국 사회와 너무도 같은 것이기에 병사들은 한국에서처럼 무슨 음식이든 맛있게 먹어 주었다. 예를 들어 채명신 사령관과 참모들이 한 지역에 방문했을 때 주민들이 손님 대접 차원에서 옥수수를 내어놓았는데 파리가 순식간에 잔뜩 붙는 일이 발생했다. 이런 상황에서 미국 사람들은 대개 이것을 먹지 않는다. 하지만 채 사령관과 참모들은 맛있게 생겼다면서 나중에 더 먹을 수 있게 싸 줄 수 없느냐고 말할 정도로 베트남 사회를 이해하고 주민들에게 다가갔다.[281]

국가 명절 시 대하는 자세도 미군과 한국군은 너무도 달랐다. 개인주의와 서양적 사고에 익숙한 미군은 베트남 사회에 대해 충분히 이해할 수 있는 지위적 자산이 부족했다. 예를 들어 한국군은 추석에 마을을 찾아가서 동네 노인들에게 절을 했는데 미국군에게 절이라는 것은 상상치도 못하는 것이며 잘해야 악수하는 것이 전부였다.[282] 미국군에게는 사회-문화 차원의 지위적 이점이 없었지만 한국군이 하는 것을 보고 모방이라도 했다면 상황이 조금 달라졌을 수도 있었을 것이다. 그러나 미국 사회는 베트남 사회와 너무 차이가 커서 시도조차 못 한 경향이 있었다. 그저 정규군이 가서 적들을 소탕하고 전쟁에서 승리하는 식으로 임무를 수행하는 데 급급했던 것이다.

이처럼 한국군 병사들이 주민들의 풍습과 전통을 잘 이해해 주고 그들처럼 행동해 주는 모습에 베트남 사람들은 그들에게 마음의 문을 열고 자신들의 공동체 일원으로 생각하게 되었다. 즉, 한국군 병사들은 베트콩 게릴라에게는 정말 무서운 존재로서, 지역주민에게는 따뜻한 공동체 일원으로서 위상을 가졌다. 이런 점에서 한국군은 대게릴라/안정화작전 성공의 필요충분조건을 다 갖춘 셈이었다 할 수 있다.

요약하면 한국군은 전장문화를 깊숙이 이해함으로써 '주민 기반 접근법' 시행을 위해 필요한 적응비용을 줄였고 이를 통해 지역주민의 마음을 하루라도 빨리 얻을 수 있었다. 1967년 주월 한국군사령부 민사참모부 보좌관은 페 디엠(Phe Diem)의 밤레오(Bam Re O) 촌장과의 대화에서 "우리가 … 풍습이라든가 이런 것이 미국 사람보다 유사한 것이 많다"라고 이야기했는데 이는 한국군이 한국의 사회-문화적 이점을 극대화하여 활용하려고 했음을 알려 주는 대목이라 하겠다.[283] 이처럼 베트남 사회 깊숙이 들어가 그들과 함께하고 그들의 전통과 풍습에 따르면서 베트남 주민들이 미군과 한국군을 대하는 태도는 극단적인 차이를 보였다. 예를 들어 사이공에서 반미시위가 심할 때 미군 지프차가 지나가면 돌을 던지거나 불을 지르기까지 했는데 이 시기 한국군 장교가 지프차를 타고 가다가 비슷한 봉변을 당할 뻔한 일이 있었다. 이때 한국군 중위가 지프차에서 내려 "따이한(한국인)"이라

고 하니까 "'따이한' 좋다"고 하며 통과시켜 준 일도 있었다.[284]

이와 같은 차이는 똑같은 전장에서 왜 미군은 패배했는데 한국군은 이길 수 있었는지에 대해 의미심장한 해답을 제공해 준다. 미군은 월맹군, 베트콩 게릴라에 초점을 두어 전투 위주로 임무를 수행했고 한국군은 이런 전투와 베트남 주민 보호를 동일하게 중요한 수준으로 두고 임무를 수행한 것이다. 그러면 한국이 보유한 비물질적 자산으로 국내행위자 측면을 살펴보기로 하자.

4) 또 다른 무형적 자산: 국내국민들의 COIN 임무군에 대한 성원

대게릴라/안정화작전은 성공을 위해 오랜 기간을 요구하는 기나긴 과정의 연속이다. 역사적으로 COIN 임무에는 10년 이상이 소요되었다. COIN 임무는 시간만 많이 들 뿐만 아니라 엄청난 재원도 필요로 한다. 따라서 국내국민(home population)의 지속적인 성원이 없다면 COIN 전장에 병력을 보내기도 힘들지만, 보냈다 하더라도 임무를 마치기 전에 고국으로 돌아가는 일이 발생한다. 반대로 많은 국민이 이 임무의 중요성을 인식하여 지지한다면 COIN 임무군 입장에서는 물질적 자산뿐만 아니라 비물질적 성원까지 받는 셈이어서 임수성공을 위한 좋은 환경이 조성된다. COIN 임무군이 성공할 때까지 국민이 기다려 주지 못한다면 그 임무는 이미 실패의 길을 걷고 있다고 해도 과언이 아니다. 그 말은 국민이 지속적인 성원을 할 수 있도록 그 임무의 명분과 정당성이 확보되어야 한다는 의미이기도 하다.

베트남 임무는 국내국민을 포함한 많은 청중(a large audience)이 지켜보고 주목하는 특별한 임무였다. 관객이 많으면 가치도 올라간다. 축구 팬이 축구장을 가득 채운 경기는 관중석이 텅 빈 축구 경기와 그 무게감이 다르다. 관객이 많다는 것은 그 축구경기가 일반 축구 경기와 다른 중요한 경기이고 관심받을 이유가 있는 특별한 경기라는 이야기다. 이렇게 관객이 많으면 많을수록 선수들은 힘이 더욱 나고 더 열심히 경기에 임하기 마련이다. 관중들이 선수 하나하나의 킥을 지켜보다가 잘하면 환호성을 지르며 더욱 성원해 주기 때문이다. 마찬가지로 관중이 많은 경기는 기대효용이 많은 경기일 가능성이 높다. 월드컵 최종 예선전 혹은 본경기 결승전 등 핵심적 경기처럼 말이다. 베트남 임무는 그야말로 관객이 많은 임무였고 따라서 기대효용도 높았다. 거의 주목을 받지 못한 채 지속되는 통상임무와는 차별화되는 중요한 임무였던 것이다. 한국 국민들은 임무 시작부터 끝날 때까지 베트남 파병병사를 적극적으로 지지하고 성원해 주었다. 그 이유는 앞서 살펴본 것처럼 이 임무는 두 가지 기대효용―안보와 경제―이 있기 때문이었다.

우선 안보 차원의 기대효용과 관련하여 한국 국민은 6·25 전쟁 시 공산국가의 침략에 대항하여 그들의 조국을 도왔던 국가에게 보답을 할 수 있는 절호의 기회라 생각하였다. 또한 한국 국민들은 공산주의 북베트남의 위협에 남베트남이 풍전등화의 위기인 상황에서 이를 방치하면 한국의 반공전선에도 문제가 생길 것이라고 믿었다. 베트남전 파병 준비 당시 북한은 군사현대화를 빠른 속도로 추진하고 있었고 이를 통해 한국을 공산화하려는 기회를 포착하고 있었다. 박정희 대통령과 군수뇌부도 이런 점을 충분히 인식하고 국가안보와 베트남전 참가를 연계시켜 파병을 고려하고 있었다.[285] 공산주의 국가인 북한의 심각한 위협에 놓인 한국이었기에 국민들은 반공의식으로 무장되어 있었다. 따라서 한국 국민들은 국제적 차원뿐만 아니라 국가안보 차원에서도 베트남 전쟁에 참전하여 남베트남을 구해야 한다는 의식이 많았다. 따라서 한국 국민들은 한국군의 참전을 성원해 주는 정신적 지주로서 역할을 했다.[286]

또한 한국 국민들은 한국군의 베트남전 참전에 대한 경제 기대효용에 대해서도 인식하고 있었다. 베트남 참전 파병을 논하던 시기는 한국의 경제개발에 전 국민이 몰두하던 시기였다. 이 시기 모든 한국인은 '새마을운동' 프로그램하에서 빈곤 탈출에 총력을 기울였다. 베트남은 한국의 빈곤 탈출을 위한 새로운 시장으로서도 가치가 있었다. 한국 국민은 한국군이 베트남에서 활약한다면 한국의 해외시장 확대에 크게 기여할 것이라 기대했다. 실제로 한국군이 베트남 전장에서 이용했던 대부분의 물자는 한국으로부터 직접 수입했다.[287] 특히 한국군 병사들에게는 국산 김치가 필요하다는 채명신 사령관의 지속적인 요구에 미국이 한국으로부터 수입한 김치를 보급함으로써 김치 수출의 길까지 열렸다.[288]

경제와 안보 측면에서 기대치가 높았던 한국 국민의 파병에 대한 지지는 한국 국회가 1964년 7월 31일 만장일치로 첫 파병을 결정하는 데 도움을 주었다.[289] 국민의 성원이 계속되고 파병에 대한 국내정치적 환경이 순조로운 가운데 첫 번째 전투부대가 큰 반대 없이 베트남 전장으로 파병되었다. 한국 국회는 1966년 3월 20일 추가 병력을 베트남으로 보내는 파병안에 의결했는데 단지 27명의 의원만이 반대표를 던졌다.[290]

한국 국민이 베트남 파병에 힘을 실어 주고 나아가 지속적으로 성원했는지는 대통령 및 정부에 대한 지지 수준을 통해서도 확인할 수 있다. 한국군이 베트남 전장에서 대게릴라/안정화작전을 수행하던 시기에 대통령 선거가 있었는데 한국 국민은 당시 박정희 대통령을 재선출했다. 제6대 대통령 선거는 1967년 5월에 있었는데 당시는 한국군 중 일부가 베트남에 파병되어 해외에서 임무를 수행하던 시기였다. 한국 국민들은 베트남 임무의 중요성을 인식하였기에 파병 결정의 최종 책임자인 박정희 대통령을 제6대 대통령으로 재선출하였는데 2위와는 120만의 표 차를 기록했다.[291]

베트남 전쟁 이후에도 한국 국민은 한국군의 베트남 임무에 대해서 긍정적으로 평가했다. 베트남 전쟁이 끝나고 30년이 지난 1999년에 수행된 설문조사에서도 국민들은 여전히 베트남 임무의 중요성을 인식하고 있었다. 이 설문조사에서 응답자의 69.1%가 한국군의 베트남 임무에 대해 긍정적으로 평가한 반면 단지 6.8%의 응답자만이 부정적으로 평가했다.[292] 더욱이 이 조사에서 베트남 임무가 한국의 발전에 기여했는지에 대한 설문에는 무려 85.8%의 응답자가 아주 많이 기여했다고 답한 반면 단지 4.8%의 응

답자만이 그렇지 않다고 대답했다.[293]

축구장에 관중이 많으면 선수들이 더 힘이 나는 것처럼 베트남전은 관심을 가지고 지켜보는 국민이 많았기 때문에 파병병사들의 사기가 매우 높았다. 김기택 참전용사는 조국의 국민들이 한국군을 성원해 주었기 때문에 전장에 빨리 적응하고 나아가 임무에 성공할 수 있었다고 증언하기도 했다.[294] 1966년 두코 전투를 승리로 이끌었던 이춘근 참전용사도 국가적 지원이 있었기 때문에 전투에 승리할 수 있었고 국가의 성원이 직접적으로 병사들의 임무성과에 영향을 미쳤다고 회고했다.[295] 이런 차원에서 한국군은 국내행위자인 국민으로부터 폭넓은 지지를 받았기 때문에 전장에서 임무완수에만 집중할 수 있었다. 뿐만 아니라 국민들이 계속 성원해 주었기 때문에 베트남 파병을 원하는 지원자가 줄어들지 않았고 따라서 베트남 임무 기간 중 지속적으로 우수한 병사를 베트남으로 보낼 수 있었다. 즉, 국민의 지지가 임무군의 모병에 긍정적 영향을 미쳤던 것이다.

이처럼 파병에 대한 국내국민의 여론은 국회의원들의 파병안 표결에 영향을 미치고 나아가 임무 지속성에 대해 영향을 미치기 때문에 매우 중요했다. 매우 특수한 임무인 베트남 임무에 대해서 국내국민이라는 행위자는 국내에 머무르고 있지만 지속적인 성원을 보내 줌으로써 베트남에 있는 COIN 임무병사와 함께 싸우는 역할을 해 주었다 할 수 있다. 이러한 한국 국민들의 성원은 미국 국민들의 격렬한 반전 운동과는 매우 다른 것이었다.

지금까지 한국이 보유한 물질적 차원과 비물질적 차원의 지위적 이점이 어떻게 베트남 COIN 임무에 긍정적 영향을 주었는지 살펴보았다. 살펴본 바와 같이 정치적, 사회-문화적 이점은 한국군의 임무 성공 가능성을 더욱 높여 주는 핵심적 자산이었고 이는 '가설 3'의 적실성을 증명해 주는 것이라 할 수 있다. 그러면 지금까지의 분석을 통해 한국군의 베트남 COIN 임무 성공이 어떠한 의미를 갖는지 살펴보기로 하자.

제12장

한국군의 베트남 COIN 임무 성공 함의

1. 시기에 따른 의지와 능력의 변화

한국군이 '임무의 특수성'과 '지위적 이점'으로 인해 임무완수 의지가 높고 이에 따라 맞춤형 능력을 잘 구비했다면 이 의지와 능력은 변하지 않고 유지되는 '상수'의 개념일까, 아니면 상황에 따라 변하는 '변수'의 개념일까? '임무의 특수성'과 '지위적 이점'은 시간이 지나면서 상황이 바뀜에 따라 임무수행에 좀 더 유리해질 수도 있고 덜 유리해질 수도 있다. 임무가 더 이상 특수한 임무가 아니거나 정당성을 상실하여 지위적 이점이 퇴색된다면 의지와 능력도 그만큼 낮아질 수밖에 없다.

앞서 살펴본 것처럼 베트남 임무에서는 높은 기대효용으로 인해 한국군 병사들에게 임무 성공에 대한 강한 열의가 있었고 이러한 의지가 맞춤형 능력으로 전환되었다. 또한 한국군은 베트남 COIN에 적합한 처방을 선택하고 임무조직을 유연화시키며 최고 부대와 최정예 병사를 확보함으로써 임무 성공의 기반을 마련했다. 동시에 한국군은 한국이 정치적·사회-문화적으로 가지고 있는 지위적 이점으로 인해 임무 성공에 타국군보다 유리한 환경에 놓여 있었는데 이를 최대한 활용함으로써 그 빛을 발휘하게 되었다. 따라서 한국군은 베트콩을 효과적으로 제압했고 그들이 사용하던 각종 무기 및 장비도 노획하는 성과를 이루었다. 뿐만 아니라 한국군은 사람 중심의 민사작전을 통해 '베트남 주민 마음 얻기'에 성공했다.

〈표 12-1〉 베트남 게릴라 평정수준

구분	1965	1966	1967	1968	1969	1970	1971	1972	1973	계
사살	517	5,117	7,387	9,035	8,014	3,456	4,633	3,261	42	41,462
포로	121	1,404	1,638	655	329	281	166	39		4,633
귀순	4	512	884	720	188	63	52	60		2,483
무기 노획	30	1,545	4,747	3,565	5,308	2,251	2,253	1,252	21	20,792

출처: 최용호, 「통계로 본 베트남전쟁과 한국군」, 서울: 대한민국 국방부 군사편찬연구소, 2007, p. 80에서 재인용

이처럼 한국군은 베트남전에 참가한 어느 국가의 군보다 임무를 잘 수행했지만 임무수행 수준이 참전 기간 내내 변함이 없었던 것은 아니다. 한국군은 임무 후반기인 1971~1973년보다는 임무 초기인 1965~1966년 시기에 더 잘 싸웠다(〈표 12-1〉 참고).[296] 베트남전 후반기에도 한국군이 다른 참전국 군대보다 임무수행을 잘한 것은 사실이지만 임무 후반기에 유난히 임무 성공에 대해서 과장하는 경향이 생겨났다.[297] 이것은 임무 초반에 나타났던 수준의 성과가 없으니 포장하려는 움직임이었다고 오인될 수 있는 것이기에 임무 성공을 위해 좋은 태도는 분명 아니었다.

그렇다면 시간이 지나면서 임무성과에 변화가 생긴 이유는 무엇일까? 이에 대한 해답은 임무 성공을 이끈 독립변수, 즉 '의지' 요소와 직접적인 관련이 있다. 베트남전은 조국에서 많은 관중이 지켜보는 기대효용이 많은 임무였기 때문에 한국군 병사들은 임무에 대한 열의가 매우 높았다. 또한 이러한 임무완수에 대한 의지가 능력이라는 요소로 전환되었음을 살펴보았다. 하지만 병사들의 이러한 강한 '의지'에 부정적 영향을 주는 환경이 조성되기 시작했다. 1968년 5월 10일에 전쟁 당사국인 남베트남, 북베트남, 베트콩이 모여 베트남전 종식을 위한 파리평화협정을 위한 회담을 개시했던 것이다. 이 회담이 계속되고 또한 남베트남의 정치 상황이 악화되면서 미국은 철군 문제에 대해 심각하게 고민하게 된다.

이러한 상황에 직면하면서 많은 관중이 지켜보고 있는, 그리고 국가위상을 드높이고 국가안보 차원에서도 중요했던 베트남 임무가 그런 임무속성을 점점 잃어가기 시작했다. 관중들은 관심을 잃기 시작했고 임무지속이 필요 없다는 미국의 의견에 한국군 병사들도 '의지'가 약화되기 시작했다. 결국 한국군 병사들은 임무 초반보다 임무 후반에 자신들의 임무를 중요시하는 경향이 떨어지게 된다. 병사들의 임무 성공에 대한 '의지'가 약화되었고 이에 따라 맞춤형 '능력'도 약화되기 시작했다.[298]

참전용사의 증언을 분석해 보면 이런 경향을 어렵지 않게 확인할 수 있다. 박경석 참전용사는 임무 후반기인 1971~1973년에 한국군 병사들의 자부심이 약화되었다고 증언한다.[299] 그는 보다 구체적으로 장교들이 임무 후반기에 병사들의 사기와 열의를 증가시킬 목적으로 고강도 훈련을 시켰는데 병사들이 볼멘소리를 냈다고 회고한다.[300] 또한 임무 후반기에는 실작전에서도 이전에는 잘 나타나지 않았던 문제들이 발생하기 시작했다. 예를 들어 맹호부대 장군이었던 한 참전용사는 1972년 안케 고개 작전에서 한국군 병사들이 적의 활동을 경계하는 데 소홀했고 전투에도 적극적이지 못했다고 증언했다.[301] 이 전투에서 한국군 병사 75명이 전사했고 222명이 부상당하는 실패에 직면하게 된다.[302] 임무의지가 높으면 경계에 소홀함이 없고 적이 아군을 탐지하는 것보다 빨리 적군을 탐지할 확률이 높아지고 이 타이밍을 잘 활용하여 대게릴라전에서 더 잘 싸울 수 있다. 하지만 임무의지에 변화가 생기면서 전투성과도 떨어지는 길을 걷게 된 것이다.

1971~1973년에 베트남 전장에서 중대장으로 근무한 김종식 참전용사도 이와 비슷한 경험을 증언했다. 그는 안케 고개 작전에서 한국군 병사들은 확실히 전투에서 승리하겠다는 의지가 부족했고 자기들의 살길을 찾느라 바빴다고 회고했다.[303] 이 작전에서 소대장으로 참가한 정종태 참전용사도 병사들의 싸울 용기가 부족했음을 절감했다. 그가 소대원들에게 전진하라고 명령했지만 그들은 전혀 움직이지 않았고 배수로에 머리를 숙여 감

추기만 했다.[304] 그는 또한 많은 병사들이 왜 자신들이 베트남에서 전투에 임하고 있는지 의문을 갖기 시작했고 자신들의 임무의 중요성에도 의심을 품기 시작했다고 증언했다.[305]

임무 초기에는 이런 것들을 전혀 걱정할 일이 없었다. 오히려 임무 초기 병사들은 스스로가 임무의 중요성에 공감했고 자신들의 역할에 대한 자부심이 매우 컸다. 결국 임무 초반과 후반에 병사들의 사기에 상당한 변화가 있었다는 것을 의미하는 것이었다. 사기가 없으면 군기가 무너지고 전투준비태세도 낮아지기 마련이다. 백마부대 제30연대장으로 복무한 위성백 참전용사도 이런 상황을 감지했다. 1972년 동보 18작전에서 제30연대는 병력이 가장 많았지만 군기는 강하지 않았고 전투준비태세도 높지 않았다.[306] 그는 상징적인 전투는 성공할 수 없고 전투에 성공하려면 그 임무에 목적이 있어야 한다고 주장한다.[307] 미국을 중심으로 한 철군 논의는 한국에게도 임무의 중요성을 급격히 낮추는 계기가 되었고 임무의 중요성이 낮아지면서 한국군이 임무에 성공을 하게 된 추동체인 '임무 특수성' 메커니즘이 무너지기 시작했다. 임무의 중요성이 떨어졌다는 인식이 확산되자 한국군 병사들은 임무의지가 낮아지기 시작했고 이에 따라 능력도 떨어지기 시작한 것이다.

한국군의 베트남 임무 성공은 '임무 특수성'과 '지위적 이점'이라는 두 추동체로 인해 가능했다. 이 중 '지위적 이점' 메커니즘은 임무 시작부터 종료 시까지 변함없이 유지되었다. 하지만 앞서 살펴본 것처럼 철군 논의는 '임무 특수성' 메커니즘의 와해를 불러왔고 이에 따라 한국군 병사의 전투의지도 변화되기 시작했다. 이 두 가지 추동력은 각각이 베트남 임무 성공의 필요조건이었고 두 가지가 함께 진행되면서 임무 성공의 충분조건으로 작용하는 것이었다. 그러나 임무 후반기에 '임무 특수성' 메커니즘의 추동력이 떨어지면서 의지가 낮아지고 능력도 이전만 못한 한국군은 단지 '지위적 이점'만 가지고 임무 초반기와 같은 임무성과를 낼 수 없었다.

2. 베트남 COIN 성공의 충분조건

현대 한국사의 첫 번째 파병이라는 베트남 임무의 중요성, 즉 '임무 특수성'은 한국군 COIN 병사들에게 베트남 전장에 맞는 '의지'와 '능력'을 구비하게 해 줌으로써 COIN 성공의 1차 추동체로 작용했다. 한편 한국이 보유한 '지위적 이점'—정치적 이점과 사회-문화적 이점—은 COIN 임무군의 능력을 배가시켜 줌으로써 COIN 성공의 2차 추동체로 작용했다. 따라서 '임무 특수성'과 '지위적 이점'이 합쳐지면서 COIN 성공의 충분조건이 되었다 할 수 있다. 특히 이 두 가지가 충분조건으로 가동하면서 COIN 임무군의 '적응비용'을 대폭적으로 줄여 주면서 베트남 전장의 다른 국가 군대로부터 부러움을 샀고 임무 초반부터 COIN 교과서를 쓸 정도로 찬사를 받았다. 이 두 가지 추동체는 한국군 병사를 베트남 전장에서 가장 신뢰할 만한 전사, 나아가 상징적으로 참가한 병사가 아니라 다른 국가의 병사를 지도해 줄 수 있을 정도의 실체적인 전사가 되게 해 주었다. 이런 현상은 특히 임무 초·중반기에 매우 강했다. 하지만 1970년대 초반 미국의 철군 논의가 본격적으로 진행되자 한국군의 의지와 사기가 급격히 낮아지고 이에 따라 임무성과도 위축되기 시작했다.

이처럼 임무가 장기화됨에 따라 전장환경과 국제정치적 환경이 변하면서 임무성과에도 영향을 미치는 이러한 상황은 어떠한 함의를 가지는가? 대게릴라/안정화작전은 오랜 기간이 소요되는 장기임무이다. 따라서 이 임무는 시간이라는 변수에 영향을 받을 가능성이 크다. 승리로 시작한 임무를 승리로 마무리하려면 병사들의 임무의지가 낮아지지 않도록 환경을 조성해야 한다. 임무의 중요성에 대해 진지하게 판단하고 국내행위자로부터 지속적인 성원을 받을 수 있도록 공보작전에 보다 많은 투자를 해야 한다. 더욱 중요한 것은 특히 시간에 따라 지나치게 영향을 받을 임무에 대해서는 임무 참가 이전에 이런 영향을 분석하여 참전 여부, 참전 기간 등을 따져 보는 것이 필요하다는 것이다.

한국군은 베트남 전장에서 시간이라는 변수를 극복하는 데 어려움을 겪었다. 하지만 미국군은 한국보다 시간을 극복하는 데 더욱 어려움을 겪었다. COIN 임무는 시간이라는 변수에 끌려가지 않는 것이 매우 중요하다. 매우 오랜 기간을 필요로 하는 임무이기 때문이다. 베트남전에서는 이런 시간이라는 변수를 이겨 내지 못하고 승리를 거두지 못한 채 미국을 비롯한 자유국가의 군대는 전장을 떠나게 되고 남베트남은 공산화의 길을 가게 된다. 국제안보적 시각, 그리고 전략적 차원에서 보면 미국을 비롯한 자유진영 입장에서 베트남전은 분명히 실패했다. 하지만 전략적 실패 속에서도 전술적 성공은 분명 존재했다. 책임구역 내에서 한국군은 게릴라를 평정하고 주민들로부터 마음을 얻는 데 성공했다. 작은 거인 한국군이 이룬 이러한 작은 성공에서 교훈을 얻지 못한다면 미래에 다가올 또 다른 COIN 임무에도 어려움을 겪을 것이 분명하다. 반대로 한국군의 전술적 성공을 제대로 이해하고 이에 대한 교훈을 분석하여 COIN 방안에 적용한다면 앞으로 다가올 COIN 임무는 전술적 성공을 넘어 전략적 성공까지 이루는 것이 가능할 것이다. 이것이 한국군의 베트남 COIN을 주목해야 하는 이유이다.

군사임무 수행 과정은 미래에도 지속적인 영향을 미친다는 점도 되새길 필요가 있다. 한국군은 '임무 특수성'과 '지위적 자산'을 바탕으로 베트남에서 베트콩 게릴라를 효과적으로 평정했을 뿐만 아니라 '따이한'이라 불리면서 지역주민들의 친구로 인식되는 등 지역주민의 마음을 얻는 데도 성공한다. 이처럼 베트남 임무는 단순한 군사적 전투가 아니라 두 사회 간 소통의 자리이기도 했다. 한국군은 베트남 임무에서 대게릴라전이라는 전투뿐만 아니라 지역주민에게 도움을 주는 역할도 제대로 수행함으로써 21세기 한국-베트남 우호관계에도 긍정적 영향을 미친 부분이 많다. 2017년 5월 26일 한국 해군의 도태 초계함인 김천함을 베트남 해군에게 양도한 것이 양국의 우호관계를 상징적으로 보여 주고 있다. 비정규전과 같은 군사임무를 군사적으로만 해결했다면 이러한 우호관계가 어려웠을 것이라는 점에서 외교적 차원에서 시사하는 점도 많다. 문제를 전투 위주의 방법으로 해결한다면 당장은 해결되는 것처럼 보이지만 미래 이익에는 미해결의 그림자가 될 수 있다는 의미도 되새길 필요가 있다. 따라서 한국군 베트남 임무 성공 스토리는 단기적이지 않고 장기적이었다 평가할 수 있다.

한국군의 전술적 성공 스토리는 여기서 멈추지 않았다. 약 40년 후 한국군 병사들은 중동 지역에서 진행된 COIN에서 또 하나의 성공을 통해 작은 거인의 위력을 전 세계에 보여 주게 된다. Part IV에서는 한국군의 이라크 COIN 성공 비결을 탐험해 보기로 한다.

PART IV

사례 추적 II: 한국군의 이라크 COIN

출처: 국방홍보원, 『국방화보』 통권 33호, 2005, p. 102.

제13장
한국군의 이라크 임무 개관

　모든 국가는 하나의 행위자로서 국제정치의 영향을 받는다. 역사적으로 보면 패권국은 국제정치를 주도하는 위치에서 국제정치를 이끌어 나갔고 종속국은 패권국 정치의 희생양이 되어 국제정치로부터 더욱 속박되어 왔다. 모든 국가가 국제정치의 영향을 받는 것은 지금도 마찬가지다. 오히려 국제정치의 영향을 주고받는 행위자가 확대되고 있다. 이제는 국제정치에 영향을 주는 행위자가 국가만 있는 것도 아니다. 비국가적 행위자도 국제무대에 지대한 영향을 미치는 세상이 되었다. 중견국 한국도 이런 국제정치에 영향을 받을 수밖에 없다. 오히려 한국은 약소국처럼 힘이 약하지 않고 강대국처럼 국제정치에 녹초가 되지 않는 중견국이기에, 국제구조로부터 영향만 받는 것이 아니라 작지만 의미 있는 국제적 역할을 할 수 있다. 중견국 한국은 국제정치의 연장선 상에서 한국군을 파병해 이라크 임무를 수행하게 된다.

　그렇다면 한국군은 어떠한 국제정치적 환경 속에서 이라크 임무에 참가하게 되었는가? 이에 대한 적실한 해답을 찾기 위해 국제정치의 역사적 궤적을 통해 추적해 볼 필요가 있다. 제2차 세계대전은 유럽 전장과 태평양 전장이라는 2개 전장에서 전투가 진행되면서 유럽과 아시아 전역에서 대규모 폭력이 행사된 전쟁이었다. 제2차 세계대전이 대규모 폭력이었다는 것은 전쟁으로 인한 사망자가 5,000만 명을 넘는 수치를 통해서도 쉽게 알 수 있다. 제2차 세계대전 후 국제무대에서 이와 같은 규모의 폭력사태는 없었고 제3차 세계대전도 없었다. 대신 그 자리를 냉전이라는 고강도의 이념적 대결이 차지했다.[1] 대규모 폭력사태는 없었지만 세계의 안보 불안은 여전히 지속되었다. 미국과 소련이라는 두 축 간의 비물리적 대결이 물리적 충돌로 전환할 수 있는 폭발성을 갖고 있기 때문이었다.

하지만 이러한 전환은 일어나지 않았다. 그 이유는 미국이 소련을 정치적, 군사적 그리고 경제적으로 봉쇄하는 데 성공하였기 때문이다. 미국을 중심으로 한 자유주의 진영이 소련을 중심으로 한 공산주의 진영을 전방위적으로 굳게 막음으로써 폭발성이 실제 폭발로 전환되는 것을 막았다. 냉전기 두 진영 간 물리적 충돌이 수면 상으로 부상하지 못한 또 다른 이유는 핵억지에 기인한다. 역사적으로 인간은 상대방을 무력화시키기 위해 활용가치가 높은 무기체계를 지속적으로 개발하여 왔다. 제1, 2차 세계대전에서도 많은 무기들이 등장했다. 핵무기도 이 무기 중 하나였지만 어마어마한 파괴력으로 인해 활용가치가 높은 무기가 아니라 사용하기 힘든 무기가 되어 버렸다. 핵무기는 가공할 파괴력으로 인해 사용 시 국가적 차원의 문제가 인류의 미래와 연결되는 위상을 가지게 된 것이다. 인류의 공멸에 대한 우려가 두 진영 간 '공포의 균형(balance of terror)'을 창출하면서 냉전 시기 양극체제가 상대적 안정성을 가지게 된 것이다. 상대적 안정성을 유지한 가운데에도 미국과 소련은 비물리적 대결을 이어 갔다. 하지만 공산주의라는 이념의 한계, '제국적 과대팽창(imperial overstretch)', 고르바초프의 '신사고' 등의 영향으로 1991년 소련이 해체되면서 냉전도 막을 내리게 된다.[2]

국제안보적 측면에서 살얼음을 걸었던 냉전체제가 붕괴되면서 국제체제에 '영구적 평화' 구도가 만들어질 것이라는 기대가 부풀어 올랐다. 냉전 종식으로 국제무대에서 대규모 폭력사태가 나타날 가능성은 분명 줄어들었다. 미국에 도전하여 전쟁을 감행할 국가가 사라지고 소련을 대체할 국가도 없어지면서 미국 중심의 단극체제가 형성되었기 때문이다. 하지만 '영구적 평화'의 기대는 오래가지 않았다. 탈냉전기 대규모 전쟁의 가능성은 현저히 감소했지만 국지적, 국내적 수준의 폭력사태, 즉 분쟁은 오히려 증가하게 된 것이다. 구 유고슬라비아 연방 지역, 아프리카 지역에서 격렬한 민족분쟁으로 많은 사람들이 죽거나 다쳤고 이란-이라크 전쟁, 아랍-이스라엘 분쟁 등으로 중동 지역의 안보 불안이 극에 달하기도 했다.

해당 국가 혹은 역내 국가가 아닌 국가라 할지라도 이런 국제적 환경의 영향을 받지 않을 수 없다. 특히 단극 시대 패권국인 미국은 고립정책과 개입정책 사이에서 냉전 시기 이상의 고민을 해야 했다. 1991년 걸프 전쟁은 미국의 고립정책의 결과였다. 이런 측면에서 냉전 시기는 미국이 안보 측면에서 소련을 주 대상으로 견제하고 봉쇄하면 되었기에 단순적 구조였지만 탈냉전기는 다루어야 할 안보이슈가 폭발적으로 증가하면서 복합적 구조가 되었다 할 수 있다.

더욱이 미국의 안보 상대자로 국가 이외의 행위자도 급부상하기 시작한다. 대표적인 것이 바로 국제 테러조직인 알카에다의 등장이다. 사우디아라비아 출신인 오사마 빈라덴은 무자헤딘을 지원하여 1979년 아프가니스탄에서 소련에 대항하여 싸웠던 경력을 등에 업고 1988년 알카에다를 창설한다. 기존의 테러는 국가 내에서 소규모로 이루어졌으나 오사마 빈라덴은 테러조직을 국제화시키면서 국제정치에 막대한 영향을 미치게 된다.[3] 특히 알카에다는 1993년 뉴욕 세계무역센터 지하 폭탄테러, 1998년 아프리카 지역 미국대사관 연쇄 폭탄테러, 2000년 미 해군 구축함(the USS Cole) 자살공격까지 감행한다. 이를 통해 그 세력을 확장하면서 알카에다는 국제안보에 심각한 위협으로 등장하게 된다.

하지만 미국의 입장에서 알카에다는 소련에 비하면 국가 차원의 주적으로서 가치가 없었고 그만큼 심각한 것으로 인식하지도 않았다. 이러한 인식에 급격한 전환을 가져온 사건이 바로 9·11 테러이다. 2001년 9월 11일 알카에다 조직원이 민항기 4대를 납치하여 세계무역센터와 국방성에 돌진함으로써 미국은 1941년 진주만 공습에 버금가는 충격을 받게 된다. 이에 미국은 알카에다를 국지적 위협이 아닌 미국의 국가안보, 나아가 국제안보에 심대한 위해를 가해는 비국가행위자로 본격 인식하게 된다.

9·11 테러의 주동자가 오사마 빈라덴이 이끄는 알카에다로 밝혀지면서 패권국 미국은 매우 이례적으로 다른 강대국과의 대결이 아닌 비국가행위자와의 전쟁, 즉 테러와의 전쟁에 돌입하게 된다. 우선 미국은 알카에다에게 은신처를 제공해 왔다는 구실로 아프가니스탄의 탈레반 정부를 제거 대상으로 삼게 된다. 2001년 9월 17일 부시 행정부는 '테러와의 전쟁' 개시를 선언하고 루즈벨트 항모를 중동 지역에 전개시키며 본격적으로 전쟁을 준비한다. 또한 미 의회 지지를 통해 국내적 전쟁 개시 기반을 확보하고 유엔 안전보장이사회의 "결의안 제1368호", "결의안 제1373호" 채택에 탄력을 받아 아프가니스탄 전쟁에 대한 유엔의 지지 기반도 확보하게 된다.[4] 또한 136개국으로부터 직간접적 지원을 받게 되면서 국제사회로부터 광범위적 지지를 받는다.[5]

이를 기반으로 미군은 2001년 10월 7일 토마호크 미사일을 발사하며 아프가니스탄 전쟁의 개시를 알린다. 그리고 미군은 다국적군, 아프가니스탄 북부 동맹군과 함께 본격적인 지상작전을 실시한다. 이어 미군은 파죽지세로 밀어붙여 12월 7일 칸다하르를 탈환하고 탈레반의 항복을 받는다. 이후 미군은 아나콘다 작전 등 산악작전을 통해 탈레반 잔당 및 알카에다 소탕작전을 이어 갔다. 그리고 전쟁 시작 10개월 후인 2002년 7월 8일 재래식 군사작전 종료를 선언하게 된다.

이렇게 1년도 안 되는 기간 내에 재래식 전투는 승리로 마치게 되었지만 이 기간의 10배 이상이 소요되는 대게릴라/안정화작전에는 고전을 면치 못하게 된다. 미국은 2014년 말에 교육훈련 및 자문단 역할 수행을 위해 9,800명만을 남기고 군인을 철수시키면서 아프가니스탄 전쟁을 종료했지만 미군의 아프가니스탄 대게릴라/안정화작전은 아직도 현재 진행형이다. 아프가니스탄에서 미군과 NATO군 1만 5,000명을 지휘하는 존 니컬슨(John Nicholson) 사령관은 2017년 2월 탈레반 게릴라들이 다시 위세를 떨치고 있으며 아프간 보안군의 사망자가 늘면서 대게릴라전이 '교착상태(stalemate)'에 빠졌다고 밝히기도 하였다.[6] 그러면서 추가병력 파병을 요청하면서 미국군과 NATO군이 이에 대한 검토를 하는 상황까지 벌어지고 있다. 또한 2017년 4월 26일에는 동부 낭가르하르 주 모만드 계곡에서 IS 소탕작전을 벌여 IS 대원 수십 명을 사살했지만 미군 병사 2명이 전사하기도 했다. 2001년에 미국이 나서서 시작한 전투를 미국이 더 이상 싸우고 싶지 않은 지금 이 시점에도 마음대로 끝내지 못하고 있는 것이다. 이처럼 강대국은 자국이 원하는 대로 임무에 들어갈 수 있지만 나오는 것은 자기 마음대로 할 수 없는 것이 바로 대게릴라/안정화작전이다.

미군은 아프가니스탄 전쟁 전에 베트남전의 비정규전에 대한 교훈을 세심히 연구하지 않았고 그 결과 이 전쟁을 재래식 전쟁, 정규전 중심의 임무로만 인식했다. 더욱이 아프가니스탄 전장은 소련군이 비국가행위자인 무자헤딘에게 패배한 곳이었음에도 비정규전에 대한 준비가 부족했다. 미군은 전쟁을 위한 전력으로 제101공정사단, 제10산악사단, 사우디아라비아 주둔병력 등 지상병력, 항모·핵잠 등 해상전력, 전투기·폭격기 등 공중전력을 주로 활용했다.[7] 이는 주로 대규모 부대로 소규모 작전에 대비하는 조직이나 무기체계는 미비했다. 실제 작전도 정규전 위주로 집행했다.

미군은 베트남 전장에서 수많은 공중폭격에도 승리를 거두지 못한 쓰라린 경험이 있었음에도 불구하고 아프가니스탄 전장에서도 2002년 1월까지 약 1만 8,000소티의 공중폭격을 실시했고 아프가니스탄 북부동맹군에게 일일 100대의 전투기로 공중폭격을 지원하면서 이후에 발생한 분란전 양상에는 대비하지 않았다.[8] 더욱이 이러한 폭격은 재래식 군사작전 종료를 선언한 지 15년이 지난 최근까지도 진행되고 있다. 2017년 4월 13일 미군은 이슬람국가(IS) 소탕의 일환으로 아프가니스탄 동부에 초대형 폭탄인 GBU-43을 투하하여 IS 대원 90여 명을 사살했다.

하지만 대게릴라/안정화작전에서는 눈으로 확인된 게릴라를 제거한다고 적을 무력화할 수 있는 것이 아니다. 이 폭격 과정에서 무고한 피해자가 발생한다면 게릴라는 줄어들지 않고 온건한 이슬람주의자인 지역주민들마저 극단적 이슬람주의 세력에 가담함으로써 오히려 게릴라가 증가할 수 있는 COIN의 특성 때문이다. 아프가니스탄 사람들은 처음에는 잔혹한 탈레반 정권에서 해방되었다는 기쁨이 있었지만, 오인폭격으로 민간인 사상자가 발생하면서 지역주민들의 해방감은 미군에 대한 반감으로 바뀌게 된다. 예를 들어 2015년 10월 아프가니스탄 주둔 미군이 툰두즈 병원을 공습하여 어린이와 의료진 42명이 사망하고 10여 명이 부상한 사건이 발생했는데 이런 사건들의 후폭풍으로 게릴라가 더 증가할 수 있는 것이다.[9] 더욱이 게릴라 제압에 치중하면서 '지역주민 마음 얻기'는 뒷전으로 밀렸다. 이런 점에서 미군은 아프가니스탄 전장에서도 학습기관(learning institution)으로 기능하지 못했다. 미군은 치고 빠지는 비대칭전을 펼치는 탈레반 잔당과 이슬람 극단주의 게릴라에게 대칭적 전술로 대응하는 실수를 범한 것이다.

비국가행위자와의 싸움이 전면에 등장한 국제무대에서 한국도 분명한 국제사회의 일원이었고 더욱이 약소국이 아닌 중견국가였다. 따라서 한국도 의료지원부대와 해·공군 중심의 수송부대를 파병하면서 아프가니스탄 전쟁에서 일정 역할을 시작한다. 이 중 해군은 '해성부대'라는 명칭으로 상륙함 6개진이 파병되어 연인원 823명이 임무를 수행했고, 공군은 '청마부대'라는 이름으로 수송기 8개진이 파병되어 연인원 446명이 임무를 수행했다. 또한 의료지원부대로 '동의부대'가 창설되어 2002년부터 2007년까지 파병임무를 수행했다. 더불어 전장상황이 정규전에서 COIN 성격의 비정규전으로 변화되면서 공병부대인 '다산부대'를 2003년 파병하여 2007년까지 임무를 수행하게 된다.[10]

한국군의 아프가니스탄 전쟁 파병은 베트남 전쟁 파병과 달리 소규모 파병이었기에 독립적인 COIN 임무 수행이 가능한 조건이 아니었고 대게릴라전 수행은 거의 부재했다. 하지만 안정화작전 측면에서는 작지만 의미 있는 걸음을 했다. 동의부대는 성심을 다하는 자세로 현지주민들을 대상으로 의료지원활동을 벌여 "아프가니스탄의 전쟁영웅 마수드 장군 다음으로 신이 내린 또 하나의 축복"이라는 찬사를 받았고 다산부대는 각종 시설 인프라 구축에 최선을 다하여 "꾸리(한국) 넘버원"이라는 평가를 받았다.[11] 특히 2010년 파견된 민간 주도의 지방재건팀(PRT)은 파르완 주 차리카시에서 5대 사업—행정역량 강화, 보건·의료, 직업교육·훈련, 농업 및 농촌개발, 경찰훈련—을 성공적으로 실시하여 주민들로부터 좋은 평가를 받았다.[12] 또한 한국 지방재건팀 지원을 위해 오쉬노부대도 파병되어 2014년까지 임무를 수행하여 베트남전에 이어 COIN에 강한 한국의 위상을 과시했다.

9·11 테러 후속조치의 일환으로 미국이 벌인 두 번째 전쟁은 이라크 전쟁이다. 주지한 바와 같이 대게릴라/안정화작전을 시작하기는 쉬워도 끝내기는 어렵다. 그렇게 때문에 COIN 임무 수행 전에는 장기간 소요되는 임무환경을 분석하고 확실한 임무명분을 확보하는 것이 매우 중요하다. 하지만 미군의 이라크 전쟁은 국제사회로부터 지지를 받지 못한 채 명분 없는 침공으로 시작되었다. 미국은 이라크가 대량살상무기를 보유하고 있고 9·11 테러를 일으킨 알카에다를 지원했다는 의심을 명분으로 내세워 유엔 안전보장이사회로부터 이라크 공격에 대한 결의안을 확보하려 했으나 러시아, 중국, 프랑스 등 상임이사국은 이에 동의하지 않았다. 아프가니스탄 전쟁과 달리 국제사회에서 미국의 이라크 공격에 대한 부정적 기류가 흐르자 유엔으로부터 승인은 못 받더라도 많은 국가들이 이를 지지한다는 목소리를 낼 목적으로 '의지의 연합군(coalition of the willing)'을 구성하여 전쟁준비를 하게 된다. 한편 CIA는 이라크가 대량살상무기를 보유하고 있다는 보고서를 제출하고 이에 탄력을 받아 미 의회가 이라크 전쟁을 승인하게 되면서 국내적으로 합법적 절차를 보장받는다.

이에 따라 2003년 3월 21일 미국은 토마호크 미사일 타격과 폭격기 공격을 퍼부으며 이라크 전쟁 시작을 알린다. 하지만 '이라크 자유(Operation Iraqi

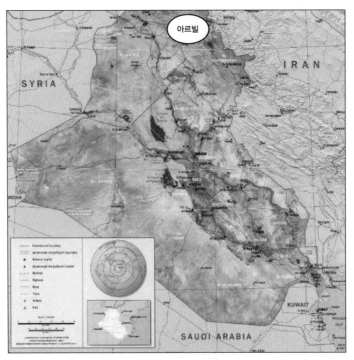

<그림 13-1> 이라크 전장 지도

출처: The University of Texas at Austin Libraries, http://www.lib.utexas.edu

Freedom)'라 명명된 이 작전은 국제사회로부터 '선제공격'이 아니라 '예방공격'이라는 비난을 받게 된다.[13] 더욱이 이라크 공격 후 대량살상무기는 발견되지 않았고 알카에다와의 연관성도 밝혀내지 못하면서 전쟁의 명분은 더욱 잃게 된다.

　전쟁의 명분도 약했지만 미국은 이라크 전쟁을 준비하는 데 있어 정규전 중심으로 판단하여 정규전이 종료된 후에 더 어렵고 더 오랜 기간이 소요될 대게릴라/안정화작전 준비는 소홀했다. 미국은 최첨단 무기, 대규모 폭격, 대규모 지상작전 등 전통적 전투를 통해 불과 20일 만에 바그다드를 점령하고 후세인의 바트당 정권을 제거한다. 또한 전쟁개시 후 불과 2달도 되지 않은 2003년 5월 1일 미 부시 대통령은 링컨 항모(the USS *Abraham Lincoln*)

갑판에서 "이라크에서 주요 전투작전은 종료되었다(Major combat operations in Iraq have ended)"고 승리선언을 한다.[14]

이것이 정말 승리였을까? 아이러니하게도 미국이 승리선언을 한 후 이라크 전역에 힘의 공백이 생기고 무질서가 창출되며 지역마다 폭력사태가 일어났다. 미 대통령이 선언한 주요 전투의 승리가 전략적 승리로 이어지지 못한 것이다. 사실 승리선언을 했다는 것은 정규전 후 부상하는 분란전(insurgency)을 염두에 두지 않았다는 방증이기도 하다. 주요 전투 승리 후 이라크 전역에서 나타난 무질서 상황으로 인해 게릴라가 급부상하며 힘의 공백을 메우는 세력이 되고 있었고 이는 이라크 전장의 메커니즘을 정규전에서 비정규전으로 빠르게 바꾸어 놓게 된다. 특히 이 분란전은 수니파 게릴라뿐만 아니라 국제 게릴라인 알카에다도 적극 가담함으로써 그 강도를 더해 갔다.

2010년 8월 31일 미국은 전투병력을 철수시킨 후 전쟁종료를 선언한다. 이에 따라 '이라크 자유 작전'은 종료되었지만 이라크 임무가 실제로 완수되었기에 미 전투병력이 떠난 것도 아니었고 더욱이 승리를 하고 떠난 것도 아니었다. 오히려 베트남전처럼 이길 수 없기에 떠나야만 했던 측면이 강했다. 따라서 전쟁은 종료되었지만 작전은 종료되지 못한 채 군사고문단을 중심으로 다른 이름인 '새로운 여명 작전(Operation New Dawn)'으로 이라크 임무를 이어 가게 된다.

이라크에는 아직도 게릴라들이 창궐하고 있고 치안이 불안하며 여전히 이슬람 극단주의자들의 주요 전투지라는 측면에서, 이라크 전쟁은 승리가 아니라 COIN 실패 과정이 지속되는 지역이라 할 수 있다. 알카에다의 위세가 약화된 틈을 타 이슬람국가(IS)가 미군과 이라크군을 상대로 격렬하게 게릴라전을 지속하고 있다. 이라크 전쟁 초기 미국은 두 집단 간 대규모 대결인 전통적 전투를 통해 국가행위자인 이라크 정규군을 손쉽게 무력화했지만, 비국가행위자인 게릴라의 부상에 대해서는 경계를 소홀히 하면서 현재까지 게릴라를 무력화시키지 못하고 COIN 임무를 지속하고 있는 것이다.

미국이 정규전식 대규모 공격 이후 부상하게 될 COIN 임무에 대해서는 큰 관심을 기울이지 않았다는 것은 전쟁준비 단계의 기획 과정을 통해서도 확인할 수 있다. 미군은 이라크 전쟁을 4개 단계인 억제 및 개입(1단계)-주도권 장악(2단계)-결정적 작전(3단계)-작전의 전환(4단계) 절차로 기획하였다. 이러한 4단계 작전은 일반적으로 전구작전을 실시하는 데 있어 표준이 되는 작전절차를 그대로 따른 것으로 중동 지역 환경에 맞는 메커니즘은 거의 반영되지 않았다고 볼 수 있다.

특히 이 중 1~3단계는 첨단무기, 중화력, 대규모 부대작전이 요구되는 전통적인 전투에 기반한 작전을 실시하는 단계였다. 그나마 COIN 속성이 일부 반영된 것이 4단계라 할 수 있었는데 이 단계에서는 질서 확립, 경제 재건, 병력 철수 등에 작전중점을 두었다. 하지만 4단계에 병력 철수를 언급했다는 것은 장기간 소요되는 COIN 임무특성을 간과했다는 뜻이고 4단계가 COIN에 대비하기 위해 포함되었다고 보기보다는 정권을 이양하고 정규전 임무를 조기에 마무리한다는 의미가 강했다고 볼 수 있다. 사실 미군은 1~3단계 작전 이후 4단계로 이어지는 절차를 연착륙시키는 데 실패했고 또한 1~3단계 작전에 자원을 집중 투자함으로써 기획 단계부터 이라크 전쟁의 비정규전화에 대비하지 못한 측면이 강하다 할 수 있다.[15] 이는 결국 미군이 베트남 전쟁, 아프가니스탄 전쟁의 경험에도 불구하고 학습기관(a learning institution)으로 기능하지 못했음을 의미하는 것이다.

미국이 패권국으로 위상을 유지하게 해 주는 핵심적 자산은 바로 미국의 군사력이다. 하지만 미군의 주요 관심 대상은 냉전 시절에는 소련, 냉전 후는 중국, 러시아 같은 잠재적 도전국 등 힘 있는 다른 국가의 군대에 한정되어 있었다. 미 군사문화에서 게릴라와 같은 비국가행위자에 대한 관심은 매우 소외되어 있다. 이렇기 때문에 짧은 정규전, 긴 비정규전이라는 임무특성을 간과하는 것은 어려운 환경에 있었다. 이라크 전쟁을 지휘한 토미 프랭크스(Tommy Franks) 대장도 이 군사임무가 오랜 기간이 소요될 것이라 판단하지 않았다. 그는 "여러분(미 행정부)은 그날(후세인 정권 전복일) 이후에 관심을 갖고 나는 그날에 관심을 가질 것입니다"라고 말했는데 이는 후세인 정권이 전복되면 사실상의 군사임무는 종료될 것이라 예단했다는 사실의 방증이다.[16]

　　미군은 이처럼 주요 전투 이후의 상황을 군사임무로 간주하지 않으면서 무질서를 방관하고 게릴라 창궐을 조장하는 의도하지 않은 결과에 봉착하게 된다. 또한 미군은 이라크 전장이 재래식 전투에서 분란전으로 바뀔 가능성에 대비하지 못했기에 지역병사를 치안군으로 활용하는 지혜도 발휘하지 못했다. 오히려 후세인 정권 축출 후 갈 곳을 잃은 이라크군을 해산시키는 오판을 함으로써 현지 군인을 치안병력으로 전환하여 미군에 대한 반감을 줄이고 군인이 게릴라로 전향하는 계기도 차단하는 기회를 상실하고 만다. 실제로 이라크군이 해산되고 치안유지군이 제거되자 이라크 전 지역은 손쉽게 게릴라들의 테러 공격지가 되고 만다.[17]

　　나아가 명분 없는 전쟁을 통해 바그다드를 함락시키자 오히려 반대로 게릴라에게는 싸움의 명분이 생긴 아이러니한 상황도 창출된다. 미군이 매우 이상한 명칭인 '의지의 연합군(coalition of the willing)'을 만들었다는 것은 명분 부족을 여실히 드러낸 것이라 할 수 있다.[18] 미국은 자신의 국제적 영향력을 이용하여 63개국을 이 연합군에 참가시켰는데 에티오피아, 몽골리아, 마케도니아와 같은 약소국도 포함되었다. 따라서 미국은 처음부터 이 국가들이 이라크에서 실제적 역할을 하기보다는 미국이 주도하는 군사행동에 정당성을 부여하는 수준의 상징적 역할을 기대한 측면이 강하다.

　　이라크에서 게릴라 세력이 강화되고 무질서 상황이 나아질 기미를 보이지 않자 미군은 조직의 개편을 시도한다. 2004년 5월 15일 미국은 미군과 연합군 군사작전을 총괄하던 제7연합합동기동부대를 이라크 다국적군사령부(MNF-I: Multi-National Forces-Iraq)로 확대 개편하게 된다.[19] MNF-I은 예하에 전술적 군사작전을 지휘하는 다국적군 군단사령부(MNC-I: Military National Corps-Iraq)와 이라크 보안군과 국방부 재건과 교육·훈련을 지원하는 다국적군 치안전환사령부(MNSTC-I: Military National Security Transition Command-Iraq)를 두고 있었다.[20] 이렇게 조직을 개편하면서 새로운 방식으로 대응하여 이라크 상황을 개선시켜 보려 하였지만 전장상황이 이미 게릴라 쪽으로 기울었기에 변화 유도에 한계가 있을 수밖에 없었다. 이처럼 조직 개편의 타이밍이 너무 늦었을 뿐만 아니라 이 개편된 조직 자체도 정규전 속성을 상당히 유지한 가운데 게릴라를 상대로 하는 조직이었기에 COIN에 특화된 조직도 아니었다 할 수 있다.

패권국 미국이 '테러와의 전쟁'을 개시하자 비국가행위자와의 대결이 주요 국제적 안보사안으로 대두되기 시작했다. 지리적으로 아무리 먼 곳에서 발생한 안보이슈도 모든 국가에 미치는 것이 바로 국제관계의 현실이다. 국제안보 불안에서 완전히 격리되어 걱정할 필요가 없는 성역국가란 존재할 수 없는 것이다. 따라서 이러한 국제정치적 소용돌이 속에 중견국 한국도 중동으로 고개를 돌리지 않을 수 없었다. 더욱이 국제무대에서 비국가행위자의 과대 성장이라는 현실이 한국에게도 남의 일이 될 수는 없었던 것이다. 물론 한반도에는 가장 잔혹한 정권이 통치하는 북한이라는 국가행위자가 있지만 그렇다고 국제안보에 모른 척할 수 없는 상황에 직면하게 된 것이다.

이러한 국제안보 환경 속에 한국군도 2003년 4월 575명으로 구성된 이라크 건설공병지원단인 '서희부대'와 100명으로 구성된 의료지원부대인 '제마부대'를 파견하며 이라크 전장에 발을 내딛게 된다. 이어 2004년 8월 독립작전이 가능한 3,000명 규모의 이라크 평화재건 사단인 '자이툰부대(the *Zaytun* division)'를 파병하게 된다(〈표 13-1〉 참고). 이에 한국군은 베트남전에 이어 약 40년 후 이번에는 중동 지역에서 COIN 임무를 수행하게 되는 기회를 갖게 된다. 또한 한국은 이라크 전쟁에서 미국, 영국 다음으로 가장 큰 규모의 파병국가가 된다.

〈표 13-1〉 한국의 이라크 파병 병력

구분	2003-04	2004	2005	2006	2007	2008
부대	서희/제마	자이툰	자이툰	자이툰	자이툰	자이툰
병력 수	연 300명	3,000명	3,600명	2,300명	1,200명	650명
계	1,141명	19,302명(연인원)				

출처: 대한민국 국방부 홈페이지, http://www.mnd.go.kr(검색일: 2010. 10. 8.)

한국이 자이툰부대를 파병한 시점은 이라크 전장이 본격적으로 대게릴라/안정화작전으로 변화한 때였다. 2004년 바트당 잔당 저항조직, 알카에다, 무자헤딘 병력이 팔루자 지역에 모여들면서 게릴라 세력이 대규모로 조직화되기에 이른다. 그러던 중 2004년 3월 31일 민간 경호업체인 블랙워터 직원 4명이 테러 피습으로 사망한 사건이 촉매제가 되어 2004년 4월 4일 미 해병대와 게릴라 간 전투가 발발하는데 이것이 대대적인 대게릴라전의 서곡을 알린 팔루자 전투이다. 비국가행위자인 이라크의 저항세력은 시가전 등 게릴라전을 통해 미군 중 가장 용감하다는 미 해병대를 물리친다. 이 전투에서 1,000명 이상의 미 해병대원이 전사하고 이라크는 게릴라가 위세를 떨치는 혼란의 상황으로 빠져들게 된다.[21] 팔루자 전투는 미군이 COIN이라는 끝없는 터널에 들어가게 되었다는 신호를 주는 의미의 전투였다 할 수 있다.

이처럼 자이툰부대는 이라크가 COIN 메커니즘에 깊숙이 젖어 있는 상황 속에서 전장에 발을 내딛게 된다. 이러한 어려운 여건에도 불구하고 한국군은 베트남 전장에서 그랬던 것처럼 이라크 전장에서 상징적 임무에 그친 것이 아니라 COIN 임무를 실질적으로 수행했다. 한국군의 COIN 임무 지역은 쿠르드족 자치지역인 이라크 북부 아르빌 주 라슈킨과 스와라시였다. 이 지역은 이라크 내 다른 지역보다는 상대적으로 치안이 확보된 지역이었지만 그럼에도 불구하고 이 지역에서도 폭탄 공격 등의 불안정한 상황이 지속되고 있었다.

　한국 COIN 임무군은 책임구역인 아르빌 주에서 '주민 중심적 접근법' 으로 지역의 안보를 확보하는 데 성공하였다. 나아가 한국군은 이라크 지역 주민들에게 정치적, 경제적, 사회적 인프라를 구축해 주었다. 한국군 병사들은 높은 사기를 바탕으로 이라크에서 임무에 성공하겠다는 강한 의지가 있었다. 또한 그들은 조직화된 군대를 보유한 강한 중견국에서 파견된 병사들로서 COIN 임무를 수행할 충분한 능력도 구비하고 있었다. 뿐만 아니라 한국 내 대게릴라전 경험과 베트남전 COIN 경험을 통해 한국군은 비전통적 전투 특히 COIN 임무 메커니즘을 잘 이해하고 있었다. 한국 사람들은 이라크 사람들과 사회적으로도 단단하게 연계되어 있었다. 이러한 요소들이 종합적으로 가동되면서 한국군은 이라크 COIN에서 성공하게 된다. 베트남전과 마찬가지로 이라크 전쟁 전체가 전략적으로 성공했다고 할 수는 없다. 하지만 한국군은 책임지역 내에서 COIN 임무를 성공적으로 수행했고 이는 최소한 전술적 수준의 성공은 달성했다고 평가할 수 있다. 이런 측면에서 한국군은 이라크에서도 상징적 행위자가 아니라 실체적 행위자였다 할 수 있다. 그렇다면 한국군의 이라크 COIN 성공 스토리는 얼마만큼이 사실인가? 이어지는 장에서는 이에 대한 해답을 찾아보기로 한다.

제14장
한국군의 이라크 임무 성공 스토리

한국의 자이툰부대가 2004~2008년에 이라크 아르빌 지역에서 수행한 COIN 임무는 매우 성공적이었다. 한국군 COIN 임무부대는 단 한 명의 사상자도 없이 이라크 지역주민의 마음을 사로잡는 데 성공했다. 그렇다면 약 40년 전 임무를 수행했던 베트남 2군단 지역과 이라크 아르빌 지역은 전장 상황이 유사했을까? 그렇지 않았다. 제3자 입장에서 얼핏 보면 비슷할지 몰라도 미세하면서도 의미 있는 차이가 존재했다. 한국군이 베트남 책임지역에 도착했을 때 게릴라가 주도권을 장악하여 그 위세를 강하게 떨치고 있었다면, 이라크 아르빌 지역은 게릴라 활동이 미미한 전장이었다.

이 차이와 관계없이 COIN 임무 수행의 대원칙—주민과 게릴라 분리, 주민 마음 얻기 등—은 동일하게 작용하지만 임무수행의 방법적 선택은 달라져야 한다. 한국군은 이러한 전장환경 맞춤형 처방 선택에 탁월한 선구안을 구사했다. 베트남 COIN 시 최초 임무수행 방법으로 '적 기반 접근법'을 우선 채택하여 성공을 거두었던 한국군이지만 이라크 아르빌 지역에서는 '주민 기반 접근법'을 선택하여 임무를 시작한다. 이 방법은 비군사적 수단을 최대한 많이 활용하여 주민들과 유대관계를 맺고 삶의 인프라를 구축하면서 책임지역에 대한 치안을 확보하는 데 주안점을 둔다. 한국군은 이 처방을 게릴라 활동이 다른 지역에 비해 상대적으로 적었던 아르빌 지역에서 적용할 최적의 방법으로 판단했다.

한편 미군의 작전지역은 게릴라 저항세력이 아주 격렬히 활동하는 곳이었다. 이런 측면에서 미군은 한국군과 달리 '적 기반 접근법'을 채택하는 것이 맞았다. 실제 미군은 게릴라를 소탕하는 데 중점을 두어 작전을 수행했다. 하지만 베트남전 당시와 유사하게 미군은 대규모 부대작전, 공중폭격 등 재래식 전투에 무게중심을 두어 작전을 수행하는 실수를 반복했다. 미군 병사들은 중무장을 했기 때문에 저항세력을 추격하거나 빠른 행동으로 움직이는 대게릴라전에 어려움을 겪을 수밖에 없었다. 이라크 게릴라들은 미군의 약점을 알아차리고 새로운 전술을 개발하여 공격했지만 미군은 정규전식으로 대응하는 데 급급했다. 예를 들어 미 해병대 병사들은 무거운 방탄복 및 군장으로 인해 가볍게 무장한 게릴라를 추격할 수 없었다.[22] 따라서 단 2개월도 되지 않아 주요 전투작전 승리를 선언한 미군이라 보기 힘들 정도로 대게릴라전에 약한 모습을 보였다.

하지만 더 중요한 것은 주민 친화적 안정화작전의 첫걸음을 잘 내딛는 것인데 미국은 이 점에서 처음부터 실수를 범했다. 우선 블랙워터라는 민간업체를 이용해 치안업무를 담당하게 함으로써 무차별적 총격사건도 발생하게 되고, 나아가 문화적으로 지역주민과 갈등이 커짐에 따라 미국인에 대한 반감이 극에 달했다. 대게릴라/안정화작전에서는 게릴라는 진압하고 주민과는 소통하는 두 가지 축이 같이 이루어져야 하는데 용병은 일정 돈을 받고 책임분야만 수행한다는 의식이 강해 지역사회와 문화를 이해하고 지역주민에게 다가가는 것을 기대할 수 없다. 미국은 이러한 COIN 임무 특성을 등한시하고 용병을 투입하는 실수를 범한 것이다. 용병이 아닌 미 정규군이 중심이 되어 민사작전을 수행했을 시도 베트남 전장에서의 실수를 되풀이하며 '지역주민의 마음 얻기'는 실패하고 만다.

반면 40년 전 베트남에서 COIN 임무를 성공적으로 수행한 경험과 노하우를 바탕으로 한국군은 주민의 마음을 사로잡으면서 이라크 COIN에 성공의 역사를 남긴다. 주민들과 친화적 관계가 잘 유지되면서 그들에게 삶의 인프라를 구축해 주는 임무도 더욱 탄력을 받게 된다. 예를 들어 한국군이 아르빌 지역을 안정화시킴으로써 국제기업들이 이 지역에 더 많이 투자하게 된다. 아르빌을 포함한 도훅 지역에 2004년 100개에 머무르던 외국 기업이 한국군이 철수하기 전해인 2007년에는 404개로 늘어난다.[23] 인프라 구축에는 한국 기업도 적극 참여하였는데 예를 들어 2007년 1월에는 한국의 석유공사와 쿠르드 지방정부 간 유전개발 MOU도 체결함으로써 지역의 경제 인프라 구축에 민군이 함께하는 한국의 모습을 여실히 보여 주었다.

지역의 치안이 확보되고 생활 인프라가 개선되자 아르빌 지역의 주민이 증가하게 된다. 2004년 파병 당시 아르빌은 그야말로 인구 70만 명이 거주하는 중소도시에 불과했다. 하지만 자이툰부대가 게릴라가 접근하지 못하도록 치안을 확보해 주고 나아가 지역주민에게 직업교육을 시켜 주며 학교도 건설해주면서 사회 및 교육 인프라가 개선되기 시작한다. 이렇게 치안이 확보되고 인프라가 개선되자 아르빌 최초 분양 고급 아파트인 '라자시티'까지 생기는 등 소위 '자이툰 이펙트'가 나타났고 이에 2007년에는 인구가 130만 명까지 증가하게 된다.[24]

한국군이 이라크에서 거둔 성공을 보다 객관적으로 평가할 수 있을까? 이는 외부로부터의 평가를 추적함으로써 가능하다. 자이툰 사단은 이라크에 도착한 지 얼마 되지 않아 외국군 COIN 부대에게도 '주민 중심적 접근법'의 롤모델이 되어 가고 있었다. 미 정부는 한국군의 우수성에 찬사를 보냈다. 2006년 1월 17일 힐렌(John Hillen) 미 국무부 정치·군사 차관보는 자이툰부대를 방문해서 라이스(Condoleeza Rice) 미 국무장관의 감사 서신을 당시 정승조 부대장에게 전달했다. 이 감사 서신을 통해 라이스 장관은 "이라크 내 동맹군의 일원으로서 한국 자이툰부대의 기여에 대해 진심으로 감사한다. 자이툰부대가 실시하는 인도적 지원·재건활동이 아르빌 주민들의 삶의 질을 개선하는 데 지대한 공헌을 하고 있다"고 전했다.[25] 한편 힐렌 차관보는 "미국은 전투에서는 강하지만 민사작전에서는 부족한데 한국군이 정치·경제·문화를 통합해서 하고 있는 민사작전은 우리의 텍스트북이다. 이런 한국군의 활동을 모범 사례로 삼아 적용해 나가고 싶다"고 말하며 한국

군의 COIN 임무에 찬사를 보냈다.[26]

또한 미군도 한국군에게 높은 신뢰를 보냈다. 2007년 1월 4일 한국군 책임지역을 방문했던 미국 임무부대(American Task Force)는 아르빌 지역을 안정화시키는 한국군의 역할에 칭찬을 아끼지 않았다. 이 미국 팀은 한국군에게 "자이툰부대를 통해서 '주민들의 마음을 사로잡는' 효과적 방법에 관한 교과서를 직접 현장에서 확인하는 기회였다"고 말했다.[27] 베트남전에서 한국군이 활용한 '중대전술기지'라는 독창적 방법이 외국군에게도 대게릴라전의 교과서였던 것처럼 이라크에서는 '지역주민 사로잡기'의 교과서를 쓴 셈이었다.

한국군의 이러한 신화는 미군 저변에 인식되어 있었다. 2006년 1월 19일 이라크 다국적군 군단장 커렐리(Chiarelli) 중장이 한국·영국을 포함한 6개 사단장과 회의를 주재했다. 그런데 이 자리에서는 그는 "무력에 의존한 작전보다 비무력적 작전을 해야 한다는 점을 강조하면서 이를 위해 한국군처럼 작전해야 한다"고 4차례나 언급했다.[28] 2006년 10월 20일 MNF-I 사령부 대변인인 칼드웰(Caldwell) 장군은 자이툰 사단장에게 "자이툰부대의 임무수행은 이라크의 가능성을 보여 준 사례"라고 찬사를 보냈다.[29] 실제로 자이툰부대처럼 임무를 수행해야 한다는 담론이 이라크 전장 곳곳에 형성될 정도로 한국군은 큰 활약을 했다.

또한 2007년 3월 26일 윌리엄 팰런 미 중부사령관이 자이툰부대를 방문하여 "자이툰부대야말로 MNF-I의 동맹군들에게 모범이 되고 있다"고 한국군의 임무성과를 높이 평가했다.[30] 한국군의 COIN 임무성과에 미군 고위장성 중 최고의 COIN 전문가로 인정받는 페트레이어스(Petraeus) 대장도 주목하게 된다. 페트레이어스 장군은 강대국과의 재래식 전쟁을 가장 중요한 임무로 생각하는 미국 주류 군사문화 속에서도 비정규전인 COIN의 중요성을 강조하는 몇 명 안 되는 장성 중의 한명이었다. MNF-I 사령관인 페트레이어스 대장 지시하에 2008년 3월 31일 전략효과참모부장 바그너 소장 등 9명이 자이툰부대를 방문했다. 바그너 소장 일행은 자이툰 병원, 기술교육센터 등을 방문하며 동맹군에게 '민사작전 모델'이 된 한국군의 작전 현황을 직접 눈으로 확인하는 시간을 가졌다.[31] 이런 사례는 한국군의 COIN 처방이 미군에게 교훈이자 교과서로 작용하였음을 방증한다.

한국군 COIN 임무부대의 성공은 미국뿐만 아니라 이라크에서 함께 작전을 수행하던 다른 동맹군에도 널리 알려지기 시작했다. 임무를 시작한 지 2년도 되지 않은 2006년경 이미 한국군은 동맹군의 엄청난 부러움을 사고 있었다. 2006년 황중선 자이툰부대장은 윤승용 국방홍보원장과의 대담에서 "동맹군들로부터는 '민사작전의 모델이다', '자이툰부대처럼 민사작전을 하자!'"라는 말들이 끊이질 않고 있는 현장의 목소리를 전했다.[32] 캐나다 일간지인 *The Toronto Sun*은 2006년 10월 18일 "한국인들이 이라크에서 성공했다(Koreans Build Iraq Success)"라는 제목의 기사를 통해 한국군의 이라크 성공 사례를 보도했다.[33] 이 신문은 황중선 자이툰부대장을 "싸우지 않고 전투에서 승리하는 방법"을 알고 있는 훌륭한 지휘관이라 소개했다. 또한 이 신문은 "지난 3년 동안 (한국군은) 19명의 군의관, 32명의 의무병, 1,600명의 공병부대원들과 이들을 지원하는 1,400명의 해병대 및 특수부대원들은 지역 주민들에게 자신들을 매우 소중한 존재로 만들었다"고 한국군에게 찬사를 보냈다.[34]

미군과 동맹군은 한국군의 COIN 성공 비결, 특히 '민심 사로잡기'가 어떻게 가능했는지 무척 궁금해하였다. 이처럼 MNF-I 사령부에서 한국군의 COIN 성공비결에 대한 전수요청이 강하고 동맹군의 한국군 모델에 대한 관심이 고조되자 한국군 COIN 임무부대는 『자이툰 민사작전 핸드북』(*ZAYTUN CMO(Civil Military Operation) Handbook*)을 영문으로 출간하여 6,000부를 미군 및 동맹군에 배포하게 된다.[35] 이는 여러 의미를 갖는다. 이 핸드북은 약 200쪽에 가까운 분량으로 민사작전 개념, 민사작전 수행절차 및 성과, 민사작전 성공요인 등의 내용을 담아 국문판과 영문판으로 출간 및 활용되었다.[36] 이 핸드북에서 자주 등장하는 단어 중 하나는 'future'인데 이는 기존의 '이라크 자유작전(Operation Iraqi Freedom, OIF)'과 차별화된 '이라크 미래작전 (Operation Iraqi Future)'을 강조하고 있음을 나타낸다 할 수 있다.[37]

이 교범의 전수는 군사적, 국가적, 나아가 국제정치적 차원에서 던지는 함의가 많다. 첫째, 전장 맞춤형 교범 출간을 통해 군사적 차원에서 COIN 전장환경에 적합한 처방의 중요성을 전파하는 역할을 했다. 일반적으로 한 국가의 군대는 표준작전절차(SOP)를 작성하면 모든 전장에서 이 SOP에만 의지하려는 경향이 발생하여 환경이 바뀐 전장에 잘 적용되지 않아 어려움 을 겪는 일이 발생한다. 하지만 한국군은 게릴라 활동이 과격한 베트남에서 '중대전술기지'를 독창적으로 적용한 반면, 이라크 내 타 지역에 비해 분란 전 양상이 다소 덜한 아르빌 지역에서는 '민심 사로잡기' 전술을 펼쳤다. 이 처럼 전장환경 맞춤형 SOP가 필요하다는 것을 교범 출간을 통해 군사적 교 훈으로 삼는 데 기여한 것이라 할 수 있다.

〈그림 14-1〉 자이툰 민사작전 핸드북

둘째, 국가적 차원에서 한국의 위상 강화에 큰 역할을 했다. 한국은 한일합방 후 6·25 전쟁을 거치면서 군사적 지원을 받는 위치에 오랫동안 머물러 왔다. 하지만 불과 50~60년 전에 6·25 전쟁 및 전후 미국에서 일방적 군사원조를 받는 한국이 이제 군사교범까지 전수해 주는 교관의 위치에 서 있다는 소위 한국의 신장된 위상을 상징하는 것이었다. 단순한 군사적 하드파워뿐만 아니라 군사적 지식이라는 소프트파워까지 수출해 준다는 의미가 있는 셈이었다.

셋째, 국제정치적 차원에서 한류에 군사 분야도 포함시키는 데 기여함으로써 국제안보에서 중견국의 역할이 보다 신장되었음을 국제무대에 알려주는 역할을 해 주었다. 한류(the Korean wave)는 1990년 중반부터 아시아 지역에서 드라마 열풍을 중심으로 일기 시작하여 이제는 세계 전 지역에서 음악, 영화, 음식, 한국어 등 다양한 분야로 확대되고 있다. 『자이툰 민사작전 핸드북』은 이런 한류 바람에 군사적 분야까지 포함시키는 데 초석으로 작용했다. 즉 군사적 한류 바람의 선구자로서 역할을 함으로써 중견국가도 국제안보에 크게 기여할 수 있음을 현시하는 의미가 있었다. 이라크 전장에서는 소위 '자이툰식 민사작전(Zaytun-like CMO)'의 담론이 형성될 정도로 한국군의 우수성이 높게 평가되었는데 이를 교범화하여 동맹군과 공유함으로써 한국군의 군사지식과 지혜가 우방국에게도 전파되어 국제안보의 선순환이 되도록 기여한 것이다. 나아가 이 교범은 미국이 시작한 이라크 전쟁을 승리로 끝내지 못하고 있던 상황에서 한국군이 일부 지역에서나마 최소한 전술적 승리로 끝내게 해 주었다는 증거로 작용되어 국제정치에서 중견국가의 역할이 강화될 수 있게 하는 데 기여하는 측면이 있다.

한국군의 이라크 임무 성공에 대한 찬사는 군 차원을 넘어 정부 차원에서도 언급되었다. 쿠르드 지방정부 마수드 바르자니 대통령은 한국군은 그들의 친구가 되었다고 선포했다. 그는 "쿠르드인에게는 산 이외에는 친구가 없다는 속담이 있는데 우리에게 한국군이라는 또 하나의 친구가 생겼습니

〈그림 14-2〉 이라크 아르빌의 '자이툰 도서관'

출처: 『국방저널』 no. 389, 2009. 2., p. 93.

다. 한국군은 우리 사회 공동체의 일원입니다"라고 말하며 한국군이 그들의 친구가 되었음을 자랑스러워했다.[38]

뿐만 아니라 이라크 중앙정부도 한국군의 성과에 찬사를 보냈다. 카데르 이라크 국방장관은 자이툰부대가 임무를 완수하고 철수한 다음 해인 2009년 한국을 방문하여 한국 정부와 국민에게 감사의 말을 전했다. 특히 그는 자이툰부대의 성과에 대해 "자이툰부대는 많은 다국적군 중에서 아주 특별했습니다. 자이툰부대 주둔으로 아르빌 지역이 매우 안전한 지역이 돼 이라크 주민들이 대거 이주했으며 자이툰부대는 주민들을 돕고 구호했습니다. 수술이 어려운 환자들을 돌봤으며 치료하기 힘든 환자의 경우에는 한국으로 이송해 치료하기도 했습니다. … 학교와 병원을 새로 짓고 주민들과 함께 도로를 놓았습니다"라고 극찬을 하였다.[39] 특히 그는 한국군이 이라크 주민을 대하는 자세에 대해 "자이툰부대는 정말로 질서 정연하고 매우 예의가 발랐으며 주민들을 부드럽게 대했습니다. 그래서 이라크 주민들이 자이툰부대를 좋아하게 된 것입니다"라고 말하며 한국군의 '민심 사로잡기' 비결을 언급했다.[40]

이처럼 타국군, 이라크 정부 등의 평가도 중요하지만 실제로 이라크 지

〈그림 14-3〉 '사랑의 메신저'로서의 자이툰부대

출처: 국방홍보원, 「국방화보」 통권35호, 2007, p. 123.

역주민의 현장 목소리가 한국군 COIN 임무부대의 성과에 대한 신뢰성에 보다 중요하다. 쿠르드 지역주민들은 한국군에 매우 높은 신뢰를 보냈다. 이라크 현지주민들로부터는 "자이툰부대는 신이 주신 선물이다. 산 외에는 친구가 없었는데 정말 새로운 친구가 생겼다"는 말을 들으면서 지역주민의 마음을 사로잡았음을 여실히 증명했다.[41] 나아가 자이툰부대의 정성 어린 도움을 본 이라크 국민들은 "한국의 기적처럼 이라크도 이루어 내야겠다"고 다짐을 했다.[42] 쿠르드 자치 영자신문인 *Kurdish Globe*는 "주민의 84%가 자이툰부대의 주둔을 찬성한다"는 여론조사 결과를 보도했다.[43]

한국군 COIN 임무부대가 이라크 주민의 마음을 잡으며 크게 활약하자 국가적 차원에서 한국과 이라크 간 소통도 강화되기 시작했다. 한국군이 이라크에서 철수한 다음 해인 2009년 2월 24일 한국과 이라크 간 정상회담이 열렸는데, 이 자리에서 잘랄 탈라바니 이라크 대통령은 이명박 대통령에게 이라크에 인프라를 건설해 준 한국인들에게 진심으로 감사한다는 말을 전했다. 또한 이 회담에서 두 정상은 발전소 건설 및 유전 개발 등 인프라 건설에 계속 협력하기로 약속했다.[44]

이라크 지역주민들이 한국군에 이렇게 호감을 갖고 친구로서 생각하면서 이라크군이 한국군이 착용한 전투복을 구입하는 일까지 발생하기도 한다. 『조선일보』는 2007년 11월 1일 자 기사를 통해 한국 기업이 이라크군에 전투복을 수출할 것이라는 보도를 했다.[45] 지역주민 입장에서 한국군 병사들에게 반감이 있었다면 군복 수출은 상상치도 못할 일이다. 이런 측면에서 군복 수출은 지역주민의 마음을 얼마나 사로잡았는지 단적으로 보여 주는 사례이다.

한국군이 지역주민의 마음을 사로잡고 삶의 인프라를 구축해 주는 데 성공함으로써 아르빌 주민들에게 한국군은 없어서는 안 될 존재로 인식되고 있었다. 한국군은 2007년 말 이전에 철수하기로 계획되어 있었다. 하지만 아르빌 지역주민들이 나서서 한국군의 철수를 반대하는 상황이 발생했다. 2007년 10월 7일 이라크 정부 및 현지 유력인사들과의 면담에서 그들은 한국군에게 지속 주둔을 요청했고 이라크 살라딘 대학 사우드 라히드 교수는 "진정한 친구는 아직 할 일이 남아 있는 상황에서 친구를 버리지 않는다"고 말하며 지속 주둔을 적극적으로 요구하고 나선다.[46] 이러한 모습은 베트남에서 재구촌을 떠나려는 한국군을 반대하고 나섰던 베트남인들의 모습과 상당히 유사한 것이었다. 이런 상황이 긍정적으로 작용하여 한국군은 파병 기간을 1년 추가로 연장하게 된다.

자이툰부대가 주민의 마음을 사로잡은 성공 스토리는 한국 사회에 크게 알려져 회자되곤 했다. 예를 들어 자이툰부대가 이라크 주민의 마음을 잡은 사례에서 잘 배워 기업들이 고객의 마음을 사로잡아야 한다는 말까지 생기기도 할 정도였다.[47] 지금까지 살펴본 바와 같이 한국군 COIN 임무부대가 성공을 했다는 사실은 적실성이 있다 평가할 수 있다. 그렇다면 성공 비결은 무엇이었을까? 이라크 COIN 성공에 대한 메커니즘은 한국군의 베트남 COIN 임무 성공 사례처럼 '임무 특수성'과 '지위적 이점'으로 설명될 수 있다. 그러면 성공의 추동력으로서 우선 '임무 특수성' 측면을 살펴보기로 하자.

제15장

한국군의 이라크 COIN '임무 특수성' 기능 I: 의지(Willingness)

베트남 COIN 임무처럼 한국에게 있어 이라크 COIN 임무도 매우 드문 임무였다. 한국군의 이라크 임무는 베트남전 참전 이후 가장 큰 규모의 파병이라는 의미가 있었다. 베트남전 임무를 계기로 국가위상이 높아지고 지속적인 경제성장으로 OECD(Organization for Economic Cooperation and Development, 경제협력개발기구) 가입을 추진하는 중견국으로 위상을 갖추게 됨에 따라 한국은 국가안보를 넘어 국제안보에도 조금씩 기여하기 시작한다. 1991년 한국은 사우디 국군의료지원단 및 아랍에미리트 공군수송단 파병을 통해 걸프전을 지원했다. 또한 1993년 소말리아 공병대대 파병을 시작으로 앙골라, 동티모르, 사이프러스, 서부 사하라, 브룬디 등지에서 유엔 평화유지활동(PKO)을 본격화한다.[48] 국제안보에도 기여하고 경제강국으로 부상함에 따라 드디어 한국은 1996년 12월 12일 OECD 가입국이 된다.

이처럼 한국군이 해외에서 그 역할을 확대해 왔지만 파병규모나 임무 수준 측면에서 보면 매우 제한적이었다. 주로 대대급 이하 소규모 부대로 구성된 공병, 의료지원 등이거나 참모 및 연락단 파견 등이 주를 이루었다. 파병된 부대의 규모나 인원이 적었기에 독립된 역할을 하기보다는 소규모 지원에 불과했다. 이처럼 한국이 제한적인 수준에서 국제안보에 기여하던 중 2004년에 사단급 규모를 이라크에 보낸 것은 매우 이례적인 사건이 아닐 수 없었다. 약 40여 년 전 베트남전 파병 이후 가장 큰 규모의 파병이고 그 임무도 비국가행위자인 게릴라와 대결해야 하는 COIN 전장이었기에 매우 드문 임무였다. 나아가 한국군의 임무지역은 이라크 내 쿠르드 자치구로서 미군으로부터 떨어져 상당한 수준의 독립작전이 가능하다는 측면에서 매우 특별한 의미를 가지고 있었다. 한국군 병사들만 잘하면 미국군의 성패와 관계없이 국가위상을 드높일 수 있는 기회의 전장이었던 셈이다. 이처럼 국제무대에서 게릴라의 급부상으로 개시된 한국군의 이라크 파병은 그때까지 북한 정규군에 대비해 대규모 재래식 전쟁에 중점을 두고 교육훈련을 해왔던 한국군에게는 매우 색다른 형태의 해외임무였던 것이다.

이처럼 한국군의 이라크 파병은 '임무의 특수성'이 존재했다. 따라서 베트남 파병과 유사한 성공 메커니즘이 가동되었다. 군사분계선 주위에서 북한 정규군을 매일 감시하는 단순 경계작전과는 다른 국가위상과 직접 관련되는 중요한 임무로 인식되면서 기대효용치가 높았다. 따라서 파병병사들은 임무완수에 대한 '의지'가 높았고 이러한 임무에 대한 높은 열정은 맞춤형 '능력'으로 전환되었다.

1. 임무 성공의 기대효용(Expected utilities of mission success)

한국군의 이라크 COIN 임무는 국가이익을 증대시키고 국가위상을 드높이는 기대효용이 있었다.[49] 국가적 차원과 국제적 차원 모두에서 기대효용이 있었던 셈이다. 이런 기대효용은 한국군이 이라크 아르빌에서 임무를 성공적으로 완수함으로써 가시적으로 현실화된다.

1) 기대효용과 임무로 인한 부가효과

베트남 임무 참가와 달리 한국군의 이라크 임무 참가는 경제적 기대효용 측면에서는 크게 중요하지 않았다. 한국은 이미 세계 10위 수준의 경제대국이었고 베트남전과 달리 한국 국민에게 경제발전은 생존의 문제가 아니었다. 이라크 전쟁 기간 한국은 이미 OECD 회원국으로서 경제적 도움을 받는 것이 아니라 외국에 경제적 지원을 해 주는 위상을 갖추고 있었다. 이런 측면에서 이라크에서 경제적 기대효용은 중요치 않았다.

하지만 국가안보적 측면에서는 베트남 임무 당시와 유사하게 이라크 임무에서도 기대효용이 높았다. 한반도 및 동아시아 안보환경은 사실 베트남전 당시와 달라진 것이 거의 없었다. 북한으로부터의 전면전 위협은 여전했고 오히려 북한의 핵무기 및 장거리 미사일 개발 추진으로 한국 입장에서는 재래식 전쟁만 걱정할 상황이 아니었다. 즉 북한의 위협이 베트남전 당시보다 오히려 크게 증가했다.

또한 1991년 소련의 붕괴로 냉전이 종식되어 전 세계에서 자유진영과 공산진영의 대결은 급속히 약화되고 점차 사라졌지만 한반도는 여전히 남과 북으로 철저히 분리되어 냉전의 잔재로 남아 있었다. 이 지역에서 냉전 구도가 지속되면서 안보 차원의 긴장은 여전히 높았고 때로는 마지막 냉전지라는 것을 보여 주기라도 하듯 북한이 정전협정을 어기고 군사적 도발까지 서슴지 않는 일까지 발생한다. 1999년 제1차 연평해전, 2002년 제2차 연평해전이 대표적 사례이다. 특히 제2차 연평해전에서는 한국 해군 장병 6명이 전사하고 북한군 병사 30여 명 사상자가 발생하면서 냉전(Cold War)지대에서 발생하는 전술적 수준의 열전(Hot War)의 모습이 드러났다. 미소 간 냉전은 상당한 수준의 안정이 유지되었지만 한반도의 냉전은 안정보다는 불안정과 불확실의 모습이 더 강해지고 있었던 것이다. 나아가 해상의 군사분계선으로 기능하고 있는 북방한계선(Northern Limit Line, NLL)은 바로 냉전의 상징이자 한반도가 6·25 전쟁을 끝낸 것이 아니라 잠시 휴전을 하고 있다는 징표가 되어 가고 있었다.

한반도 안보 불안정 상황이 지속됨에 따라 한국의 국가안보를 위해 한미관계의 중요성은 더욱 높아지고 있었다. 따라서 베트남전 당시처럼 한미동맹은 한국의 국가안보를 위해 중요한 축으로 여전히 기능하고 있을 수밖에 없는 상황이었다. 자이툰부대 파병을 앞둔 2000년대 초반 한국군은 이

미 세계 10위 수준의 군사력을 보유하고 있었기에 재래식 전력 측면에서는 북한군보다 강하다고 할 수 있었다. 하지만 북한군의 전력은 양적 우세를 유지하고 있었고 핵·장거리 미사일 등 비재래식 무기에서 월등한 군사력을 보유하고 있었기에 한국군 단독의 군사력만으로 북한의 도발을 억제하는 데는 한계가 있었다. 더욱이 북한의 극단적 행동 속에서 중국이 북한과 조금씩 거리를 두기 시작했다 할지라도 중국은 여전히 세계에서 북한을 가장 후원해 주는 국가로서 지위를 놓지 않는 상황이 지속되었다.

이처럼 북한의 비재래식 무기 확보 추진, 중국과 북한 동맹관계 유지 등 안보환경이 변하지 않은 상황에서 미군은 여전히 한국의 안보를 위해 강력한 억지력을 제공하는 군으로서 위상이 유지될 필요가 있었다. 더욱이 1992년 한반도 비핵화 선언에 따라 미군의 전술핵무기가 철수되어 한국 측 입장에서는 핵무기가 없는 상황에서 북한은 단독으로 핵무기 보유에 박차를 가하는 상황이 지속되었다. 이에 한미동맹을 기반으로 한국이 미국으로부터 '확장억제(Extended deterrence)'를 제공받는 것이 안보를 위해 절박한 구도가 되었다.[50]

이처럼 한반도 안보를 위해 한미동맹이 중요한 상황에서 부시 행정부는 2001년 '전략적 유연성(Strategic flexibility)'을 안보전략으로 채택한다. '전략적 유연성'은 해외주둔미군재배치계획(Global Posture Review, GPR)에 따라 해외에 주둔하고 있는 미군을 유연하게 배치하여 세계 모든 곳에 신속하게 대응토록 하겠다는 전략이었다. 이 안보전략은 주한미군에게도 상당히 영향을 줄 수 있었다. 예를 들어 2003년 11월 제35차 한미 연례안보협의회(SCM)의 의제로도 채택되어 논의될 정도로 한반도 국가안보에도 직접적 영향력을 미치고 있었던 것이다.[51]

한편 2003년 미군은 주요 전투작전의 승리를 선언한 것이 무색할 정도로 이라크 전장에서 어려움을 겪고 있었다. 비국가행위자인 저항세력과의 싸움이라는 늪에 빠져 있던 것이다. 이런 상황에서 미군은 자국 내 병력뿐만 아니라 해외주둔병력도 이라크로의 전환배치를 서두르고 있었고 이 전환배치에 주한미군도 포함될 수 있다는 목소리가 흘러나왔다. 만약 주한미군을 이라크로 재배치한다면 북한으로 하여금 미국이 한반도 안보에 대한 우선순위를 낮추었다는 오판을 불러오게 할 수 있기에 한국 입장에서는 안보 약화를 우려하지 않을 수 없는 상황이었다. 주한미군 재배치 담론이 형성되기 전에 미국의 추가 파병 요청에 응해 주는 것이 안보전략 측면에서 유리했다. 미국은 독자적 안정화작전이 가능한 규모의 부대파병을 요청했고 이에 따라 국내 의견수렴을 거쳐 절충안으로 제35차 SCM에서 3,000명 추가 파병안을 미국에 제시하게 된다.

하지만 SCM 이후 이라크 내 저항세력 양상 변화, 주둔지역 선정 등의 문제로 한국군의 이라크 추가 파병이 유보되는 상황에 직면하자 2004년 5월 미국은 주한미군 2개 사단 병력 중 1개 여단 4,000명을 이라크로 파견하기로 결정했다고 한국 정부에 통보하게 된다.[52] 어려워지고 있는 이라크 상황을 고려하면 이라크 파병 후 한국으로 복귀하는 것을 장담할 수 없는 상황이었기에 1개 여단 병력의 이라크 재배치는 결국 주한미군의 감축으로 귀결될 수 있는 환경이었다.

따라서 이라크의 자이툰부대 파병 추진이 이처럼 지지부진하게 된다면 안보전략 측면에서 더 손해를 본다는 판단에 따라, 2004년 4월 9일에서 19일까지 이라크 현지조사를 거쳐 아르빌이 파병지역으로 적합하다는 결론을 내리고 6월 18일에는 국가안전보장회의(NSC) 상임위에서 아르빌을 파병지로 최종 결정하며 파병 추진이 정상 궤도에 오르게 된다. 그리고 2004년 9월 22일 자이툰부대가 이라크에 전개하여 임무를 시작한다. 이처럼 한국이 이라크로의 사단 규모 추가 파병에 속도를 내자 주한미군의 이라크 추가 재배치 문제가 수면으로 가라앉게 되었고 이는 북한의 오판을 잠재우는 데도 기여하게 된다. 또한 주한미군을 최대 1만 5,000명까지 감축할 수 있다는 우려도 사라지게 된다. 이처럼 자이툰부대가 해외에서 임무를 수행함에 따라 주한미군의 감축을 차단하여 북한의 위협을 억제하는 데 기여하고, 나아가 한미동맹을 강화하는 데 큰 역할을 한다는 점에서 이라크 임무는 안보 측면의 기대효용이 높았다.

이처럼 한국은 이라크 파병을 통해 국가안보를 극대화할 수 있는 기회를 포착했고, 동시에 임무 참가로 인해 부가적 이득도 따라왔다. 그것은 바로 에너지 안보였다. 한국은 수출형 경제체제로 세계 최대 수출국 중 하나였는데 이 경제체제가 지속 가동되려면 해외에서 수입하는 원유의 안정적인 확보가 중요했다. 한국은 에너지 수입에 국가재정의 40%에 해당하는 자산을 사용할 정도로 에너지를 해외에 의존하는 국가이다.[53] 또한 한국은 세계 최대 원유수입국이기도 하다. 원유가 국가경제의 원천적 기반으로 작용하는 상황에서 한국 입장에서도 최대 산유국 중 하나인 이라크의 안정이 필요했고 또한 두 국가 간 우호적 관계도 중요하였다.

특히 한국군의 파병지역인 쿠르드 자치정부(KRG) 지역에도 원유지대가 있었다. 따라서 한국군이 임무에 성공하는 것은 한국의 에너지 안보에도 기여하는 측면이 있었다. 한국군 COIN 임무부대가 책임지역인 아르빌 지역의 쿠르드 주민들의 민심을 사로잡는 데 성공하면서 지역을 안정화시키자 한국 정부와 쿠르드 자치정부와의 정부 간 관계도 매우 좋아지게 된다. 따라서 쿠르드 자치정부는 한국 기업에게 이라크 북부 유전을 개발하고 생산하는 허가권을 주게 된다. 예를 들어 한국군 COIN 임무부대가 이라크 북부 지역에서 안정화작전을 성공적으로 마무리하던 시점인 2008년 6월 25일 쿠르드 자치정부는 대한석유공사와 쿠르드 지역 8개의 유전 개발계약을 체결한다.[54] 이에 따라 한국은 2년 6개월 이상 사용 가능한 수준인 20억 3,000만 배럴의 원유를 확보하는 성과를 이룬다.[55] 더불어 이와 같은 대규모 계약을 통해 나머지 한국 기업에게도 이라크 진출의 교두보를 마련해 주는 역할을 하게 된다.

따라서 자이툰부대 파병을 통해 한국은 또 다른 부가이익으로서 한국

기업의 아르빌 지역 재건 프로젝트에 참여하는 기회를 얻게 된다. 특히 한국군 COIN 임무부대가 지역주민 민심을 잡음으로써 이라크 자치정부는 한국 기업에게 재건 프로젝트 참여의 우선권을 주게 된다. 2007년 7월 이라크 자치정부 초청으로 현대건설, 성원건설 등 13개 기업이 아르빌을 방문하여 고속도로, 주택단지, 수력댐 등 약 23조 원이 넘는 재건사업 양해각서(MOU)를 체결하게 된다.[56] 이 규모는 제2의 중동신화로 여겨질 만큼 중동지역 진출에 대한 큰 걸음을 한 것으로 평가된다. 놀라운 점은 자이툰부대의 활약이 이런 계약 체결의 원동력이 되었다는 점이다. 아흐마드 쿠르드 자치정부 건설주택부 장관은 이번 양해각서는 앞으로 진행될 많은 프로젝트의 첫 단계라고 언급하면서 "자이툰부대가 있는 한 한국 기업에 특혜를 주겠다"고 약속했다.[57]

지금까지 살펴본 바와 같이 한국군의 이라크 임무는 국가안보 차원에서 높은 기대효용치가 있었다. 나아가 자이툰부대가 책임지역을 안정화시키는 데 성공하고 민심을 사로잡으면서 부가적 경제이익도 확보하는 선순환 구조도 창출된다. 한편 한국군의 이라크 파병은 국제정치적 차원의 기대효용도 있었다.

2) 국제정치적 차원의 기대효용

1990년대 이후 정치적 민주화와 경제적 강국화를 이루면서 한국은 군사적, 그리고 경제적으로 국제문제에 더 많이 관여하기 시작했다. 우선 군사적으로 1991년 최초로 중동 지역에 병력을 파병한다. 제1차 걸프 전쟁에 다국적군의 일원으로 의료지원단과 공군수송단 등 314명의 비전투요원을 파병한 것이다. 이를 시작으로 1993년 소말리아, 1994년 서부 사하라, 1995년 앙골라, 1999년 동티모르 등지에서 유엔 평화유지활동에 참가하여 국제무대에서 그 역할을 확대해 나간다. 나아가 한국은 경제적으로도 국제무대에서의 역할을 점차 확대한다. 한국은 1995년 세계무역기구(the World

Trade Organization, WTO)에 가입하면서 세계무역 질서를 구축하는 데 기여한다. 나아가 1996년에는 선진국 진입의 교두보 단계라 할 수 있는 경제협력개발 기구(OECD)에 가입하며 국제경제 무대에 큰 발을 내딛는다. 중견국 한국이 국제무대에서 약소국 시절보다 분명 군사적으로나 경제적으로 확대된 역할을 한 것은 사실이지만 그 역할의 규모는 아직 미미한 수준에 머무르고 있었다.

중견국가로서 그 역할의 확대를 모색하던 한국에게 이라크 임무는 국가안보를 뛰어넘어 국제안보에 기여하고 국가위상을 높일 수 있는 절호의 기회로서 인식되었다. 한국군도 한국은 세계 12위의 경제대국이자 OECD 회원국으로서 국가위상을 제고시키고 국제문제에서 실질적 역할을 하기 위해 자이툰부대를 파병한다고 밝혔다.[58]

한국군의 베트남전 참전이 한국을 국제정치 무대에 소개해 주는 기회가 되었다면 이라크 임무는 국제무대에서 그 역할을 확대시키는 데 가속페달로서 기능하였다. 즉 한국군의 베트남 임무는 한국이 이제 국제안보에 기여할 '의지'와 '능력' 모두를 구비한 명실상부한 중견국가가 되었음을 세계에 알리는 절호의 기회였던 것이다. 자이툰부대는 이라크 임무에서 성공함으로써 한국이 국가안보뿐만 아니라 국제안보에서도 실질적이고 적극적인 역할이 가능한 행위자임을 전 세계에 현시하였다. 동시에 자이툰부대 임무 성공을 통해 한국은 다른 국가에게 경제 인프라를 구축해 줄 수 있는 능력을 갖춘 국가라는 점을 세계 경제공동체에게 알려 주는 성과도 이루게 된다.

2. 국가적 자긍심과 파병병사들의 사기

약 40여 년 만에 다시 찾아온 해외 COIN 독립작전 임무는 이처럼 높은 기대효용치가 있었기에 이 파병임무는 한국 사회 전체가 주목하는 중요한 이슈가 된다. 소위 관중이 많아져 그 경기의 가치가 높아진 것이다. 이에 따라 파병병사들은 자신들이 국가를 대표한다는 자긍심이 높았고 이에 따라 사기도 최고 수준으로 무장되어 있었다. 더욱이 상징적 역할 정도로만 기대했던 한국군이 베트남에서 실질적이고 가시적인 성과를 달성했던 것을 알고 있는 미국에게 한국군의 지원은 남다른 의미가 있었다. 한국의 입장에서는 지금까지 주로 동맹국 미국에게서 도움을 받았지만 이제 이라크에서 고전하고 있는 미군을 도와줄 수 있는 기회로 동맹국으로서의 위상도 높이는 의미도 있었다. 따라서 이라크로 파병되는 한국 병사들에게는 남다른 사명감과 자부심이 있었다. 파병 2주기를 앞두고 현지 취재를 간 한 기자는 취재를 마치고 돌아오면서 "취재진의 얼굴에서 볼 수 없는 자부심이 (파병임무를 마치고 한국에) 돌아온 장병들의 얼굴에는 묻어났다"고 파병병사의 높은 사기를 전하기도 했다.[59]

국가 및 군, 그리고 국민, 나아가 가족들까지 관심을 가지고 지켜보고 있는 이 임무에 한국을 대표해 출전하는 파병병사들은 파병 이전부터 단순 경계임무 병사하고는 비교할 수 없는 높은 자긍심과 사기가 있었다. 검색관으로 임무를 수행하게 될 한 여군 중사는 파병 전 교육훈련 중 인터뷰에서 "부모님이나 가족들이 처음에는 걱정도 많이 했지만 이제는 대한민국 대표 선수라고 생각하고 자랑스러워하시고 격려해 주신다"고 말했다.[60] 또한 그녀는 "한국군을 대표해 이라크에 긍지와 자부심을 심기 위해 노력하겠다"고 결의를 다졌다.[61]

장병들이 얼마나 이라크 임무에 관심을 갖고 나아가 참가하고 싶어 했는지는 일반 사병들의 열의를 통해 쉽게 알 수 있다. 자이툰부대 파병병력으로 선발된 일반 사병 가운데 약 500여 명이 임무기간 중에 군 복무가 종료되는 대상이었지만 스스로 전역을 연기하여 참가하기로 결정했다.[62] 이처럼 젊은 장병들은 자신들이 한국을 대표하여 이라크 아르빌 임무에 성공함으로써 국가위상을 드높이겠다는 강한 열의를 가지고 서로 참가하고 싶어 했다.

파병장병들의 남다른 자부심과 긍지는 여러 모습들을 통해서 확인할 수 있다. 예를 들면 파병병사들의 긍지와 자부심은 임무를 마치고 돌아온 시점에도 사라지지 않을 정도였다. 두 차례 지원한 끝에 파병장병으로 선발되었던 한 병사는 "조국의 위상을 위해 꼭 그곳에 가리라" 다짐을 하며 이라크 임무에 참여했는데, 임무를 마치고 복귀한 후에도 "나의 가슴은 뜨거운 조국애와 자이툰부대의 일원이었다는 자부심으로 뿌듯했다"고 소회를 밝혔다.[63] 또한 한 형제 2명은 각자 미국 및 스위스의 영주권을 포기하고 군에 입대하여 자이툰부대 요원으로 파병을 떠났는데 그들은 파병 전에 "바로 내가 대한민국이라는 당당한 자신감과 드높은 자부심으로 이라크 평화·재건이라는 국가의 특명을 완수하는 그날까지 최선을 다하겠다"고 다짐하기도 했다.[64]

이처럼 장병 스스로도 강한 자부심으로 무장되어 있었지만 그들을 파병지로 보내거나 지휘하는 상부인사들도 사기 유지를 위한 노력을 지속하였다. 국가 지도자도 한국군의 이라크 임무가 국가위상을 제고시킨다는 사실을 인식하고 있었기에 파병장병들의 사기를 더욱 증진시키기 위해 노력했다. 예를 들어 유럽 순방을 마치고 귀국을 앞둔 2004년 12월 8일 노무현 대통령은 이라크 아르빌에서 활동 중인 자이툰부대를 전격 방문하여 파병장병들이 한국의 외교력이자 한국의 또 다른 힘이라는 점을 강조하며 격려했다.[65]

또한 자이툰부대 고위급 장교들도 파병장병들이 한국의 대표 선수이므로 자부심을 가지라고 지속적으로 격려해 주었다. 초대 자이툰부대장이었던 황의돈 사단장은 이라크 아르빌에 전개를 마친 2004년 9월 "아르빌에서 평화·재건 활동을 통해 한국군의 우수성과 대한민국이 평화를 사랑하는 민족이라는 사실을 전 세계에 알려 나가겠습니다"고 지휘 방향에 대한 소견을 밝혔다.[66] 마찬가지로 자이툰부대 3대 지휘관인 황중선 사단장도 "자이툰부대원 한 사람 한 사람이 모두 대한민국 외교관이라는 생각으로 주민들을 대하도록 강조하고 있다"고 강조하며 장병들이 자긍심을 갖도록 지휘하고 있음을 내비쳤다.[67] 실제로 자이툰부대 사무실 곳곳에는 자이툰부대원이 바로 한국이라는 내용의 글귀를 담은 스티커를 붙여 놓곤 했다.

국가적 자긍심과 이로 인해 상승된 높은 사기로 무장된 한국군 COIN 임무병사들은 이라크 아르빌에서 성심을 다해 주민을 도왔고 이를 통해 '주민 중심적 접근법'에 기반한 이라크 COIN 임무를 성공적으로 완수하게 된다. 자이툰부대 철수 2개월을 앞둔 시점에서 박선우 자이툰부대장은 "지난 4년간 다양한 민사작전과 재건지원사업으로 지역주민들의 민심을 얻었다"고 소회를 밝혔다.[68] 또한 그는 "이제 아르빌 지역은 이라크 전 지역 중 가장 안전하다는 평가를 받고 있다"고 덧붙였다.[69] 또한 초대 자이툰부대장인 황의돈 장군은 임무를 마친 후인 2005년에 쓴 글을 통해 이라크 임무에서 가장 중요한 것으로 지역주민과의 유대관계 유지를 꼽았다.[70] 이는 자이툰부대가 '주민 중심 접근법'으로 안정화작전에 중점을 두어 임무를 실시하면서 게릴라들이 책임지역에 접근하지 못하도록 대게릴라전에 대한 관심도 견지하였음을 알려 주는 대목이다.

특히 단 한 명의 사상자나 단 한 건의 사고 없이 치안을 유지하고 민심을 잡았다는 성과는 자부심이라는 자산 없이는 힘든 것이었다. 3진 3차 병력으로 6개월간 656회의 군사작전, 49회의 민사작전, 22회의 다기능 그린에인절 작전을 수행하면서 단 한 건의 사고 없이 2006년 6월 복귀한 11민사여단의 부대장은 "자부심을 가지고 강한 절제력을 발휘, 존중과 배려를 실천하는 한국군의 참모습을 보여 줬다는 것이 지휘관으로서 느끼는 보람입니다"라고 부대임무 성과를 밝혔다.[71] 또한 그와 함께 임무를 수행했던 111재건지원대대장은 "현지 주민들은 한국군이 자신들의 감정까지 세심하게 배려하면서 사심 없이 도움을 주는 것에 대해 단순한 고마움과 칭찬이 아닌 존경과 경외의 찬사를 보내고" 있다고 '주민 중심 접근법'이 아주 효과

를 보고 있음을 암시했다.[72]

이처럼 파병장병들의 인터뷰 내용이나 소감에서 공통적으로 나타나는 단어가 '자부심', '긍지'였다. 자이툰부대를 가동시키는 핵심적 자산이 그들의 임무에 대한 자긍심이었음을 단적으로 알려 주는 셈이다. 요약하면 자이툰부대원들은 자신들이 한국군 사단 중 가장 특별한 사단의 일원이라는 것에 강한 자긍심이 있었고 이 자긍심은 아르빌에서 안정화작전을 수행하는데 있어 그들을 훌륭한 전사로 만드는 동력으로 작용했다. 이는 '사기'와 '긍지'와 관련된 가설 1A의 적실성을 증명해 준다.

3. 독자적 작전권 보유 및 독립부대 조직구성에 대한 열정

Part III에서 살펴본 바와 같이 독자적 작전권 보유는 한국군이 베트남임무에 성공하는 데 막대한 영향을 미친 요소였다. 그렇다면 한국군은 이라크에서도 작전의 독립성을 유지하였을까? 다시 말해 이라크에서 한국군은독자적 작전이 가능했을까? 조직구성 측면에서 자이툰부대는 2개의 민사여단과 기타 지원단으로 구성되어 있었다. 특히 병력 중 절반 이상이 특전사령부, 해병대, 특공대 장병들로 구성되어 있어 부대 자체적으로 치안 확보와 대게릴라전 수행이 가능한 조직이었다. 한국군이 '주민 중심 접근법'을채택하고 실제로도 이 방향에 따라 임무를 수행했지만 마을 안정화, 재건임무 등의 민사작전은 치안을 확보할 수 있는 능력 없이는 임무 안정성을 보장할 수 없다. 즉 아무리 주민 친화적 방법에 중점을 두어 임무를 진행했더라도 안정화작전과 대게릴라전 모두 가능해야 임무에 성공할 수 있는 것이다. 따라서 게릴라를 제압할 수 있는 능력을 갖춘 병사들이 50% 이상이라는측면에서 자이툰부대는 독자적 COIN 능력을 가진 부대였다고 볼 수 있다.

작전통제권 행사 강도 측면에서 베트남 전장에서의 한국군과 이라크 전장에서의 한국군을 정확히 비교하기는 힘들다. 베트남 내 책임구역은 게릴라 활동이 우세한 곳이었고 이라크 내 책임구역은 게릴라 활동이 미미한 곳이었다는 차이 때문이다. 하지만 자이툰부대가 상당 수준의 독립적 작전 통제권을 행사한 것은 맞는 것으로 보인다. 물론 자이툰부대는 이라크 전쟁 전반의 유기적 작전을 위해 당시 미군 장성이 지휘하는 MNC-I의 통제를 받았고 MNC-I 사령관 주재하에 회의도 참가했다. 따라서 자이툰부대는 MNC-I 사령부의 통제를 받아 작전을 하는 예하사단이었으므로 별개의 부대가 아니었기에 완전히 독립된 작전권이라고 보기 어려울 수도 있다. 그럼에도 불구하고 책임지역 내에서 일정 수준의 독자적 작전권을 갖고 임무를 수행한 것은 사실이다. 자이툰부대는 한국 합참의 직접적인 통제를 받았는데 이는 책임지역인 아르빌에서 독자적으로 작전하였음을 방증하는 것이다.

또한 독자적 작전권 보유는 파병조건에 해당될 정도였기에 국회의 파병동의안에도 포함되어 있다는 측면에서도 작전권 독립은 가능했다 볼 수 있다.[73] 한국 정부가 이라크 임무지역을 결정하는 데 중요하게 고려되었던 원칙 중 하나는 바로 독자적인 책임지역을 갖고 독자적으로 임무를 한다는 것이었다. 이는 결국 독자적 작전권을 의미하는 것이다. 따라서 한국 정부는 국회로부터 동의를 받을 시 이 원칙을 분명히 제기하였고 그 결과 독자적 작전이 가능한 3,000명 규모의 사단급 부대편성과 독자적 책임지역으로 아르빌이 결정되게 된다. 이처럼 한국 정부는 독자적 작전권을 매우 중요하게 생각했다. 따라서 파병협상 과정에서 이를 미국에게 지속 요구하였고 이러한 집념이 결국 받아들여지게 된다. 자이툰부대는 2004년 8월 파병을 위해 출국길에 오른 후 9월 전개를 마쳤으며 10월 1일에는 MNC-I 사령부로부터 작전지휘권을 인수하여 독자적으로 COIN 임무를 수행하게 된다.[74] 베트남 COIN 상황과 유사하게 독자적 작전권 보유에 힘입어 한국군은 그들만의 독창적 방법을 개발하며 임무 성공을 향해 나아가게 된다.

4. 반드시 성공하기 위해 수행한 치밀한 임무연구(mission study)

한국군은 베트남 전장으로 그냥 서둘러 달려가기에 급급하지 않았다. 제대로 준비해서 승리의 조건을 갖춘 후에 전장으로 가는 '선승구전(先勝求戰)'의 자세를 견지했다. 이런 철저한 임무연구를 통해 한국군은 베트남 전장에서 '적응비용'을 최소화시킬 수 있었다. 한국군의 이러한 사전준비 메커니즘은 이라크 임무에서도 그대로 발휘되었다. 한국군은 이라크 임무준비를 위해 두 가지 차원―역사적 연구와 현재 임무 맞춤형 연구―에서 연구를 진행했다.

첫째로 역사적 연구를 살펴보면 한국군은 두 가지 요소에 중점을 두어 임무연구를 하였는데, 하나는 한국군의 COIN 성공의 핵심 요소에 대한 일반적 차원의 연구였고 다른 하나는 베트남 전장에서 2단계로 도입한 '주민 기반 접근법'의 교훈에 대한 연구였다. 우선 일반적 차원에서 한국군 COIN 성공의 핵심 원칙으로 '주민과 게릴라의 분리'의 중요성에 주목했다. 이 원칙은 한국군이 빨치산 게릴라 및 베트콩 게릴라에 대항해서 임무수행 시 적용했던 것으로 이에 대한 임무연구를 통해 자이툰부대는 이 원칙의 중요성을 이해하고 채택하게 된다.

역사적 연구 측면에서 진행한 다른 연구는 베트남 COIN 연구였다. 한국군은 이라크 파병임무 논의 초기부터 이 임무가 베트남전처럼 재래식 전투 그리고 비정규전 성격의 임무, 특히 COIN이라는 점을 깨닫고 베트남전에 대해서 심도 있는 연구를 진행했다. 특히 베트남전 당시 지역주민이 미군에게는 반감을 노골적으로 드러내면서도 한국군에게는 호의적이었던 비결에 관심을 가지면서 한국군 COIN 임무부대가 임무 후반기에 도입한 '주민 기반 접근법', 특히 민사작전에 대해 살펴보았다. 이런 역사에 기반한 연구를 통해 이라크 전장 도착 이전에 한국군이 무엇을 해야 하고 어떻게 해야 하는지에 대한 감을 확실히 잡고 있었다.

둘째로 한국군은 이번 임무, 즉 이라크 파병 자체에 중점을 두어 임무 맞춤형 연구를 진행한다. 한국은 이라크 내 파병지역에 관련된 여러 대안 중에서 이라크 파병지를 스스로 선택하였는데 이곳은 이라크 내 다른 지역보다 게릴라의 극단적인 활동이 상대적으로 적은 곳이었다. 따라서 게릴라 활동이 극단적이지 않은 상태에서 한국군이 처음부터 경계작전, 게릴라 소탕작전 등 군사작전 위주로 임무를 수행하면 지역주민의 반감을 불러올 것이 뻔했다. 이러한 판단하에 이라크 아르빌 지역의 임무방법으로 '주민 중심 접근법'을 채택하고 앞서 언급한 베트남 전장의 역사적 연구와 비교하여 이라크에 최적화된 맞춤형 '민심 잡기' 전술 개발에 착수한다.

이와 같은 임무연구에 힘입어 한국은 단계적으로 파병을 진행함으로써 적응비용을 줄이게 된다. 이런 단계적 파병으로 이라크 임무에 대한 급박한 개입이 아닌 자연스러운 개입 환경을 조성함으로써 임무적응의 연착륙이 가능하였다. 파병을 위한 단계적 절차는 ① 정찰팀 파견, ② COIN 선견부대 파병, ③ 임무지역 조사팀 파견, ④ COIN 주력부대 파병, ⑤ 후속지원부대 파병의 순으로 이루어졌다. 이 파병 순서를 자세히 분석해 보면 한국이 베트남 전장처럼 이라크에서도 '작은 거인'으로 위상을 가진 것은 우연의 일이 아니었음을 알 수 있다. 부대 규모나 역할 측면에서 '아주 작은 거인'-'조금 작은 거인'-'작은 거인' 순으로 소규모에서 대규모로, 그리고 작은 역할에서 큰 역할로 점차 확대시키면서 '작은 거인'이 될 수 있었던 것이다.

우선 첫 번째로 정찰팀 파견 단계를 살펴보면 2003년 4월 7일 한국은 3명의 연락장교를 쿠웨이트로 파견하고 4월 17일에는 20명으로 구성된 정찰팀을 보낸다.[75] 이 정찰팀은 COIN 선견부대 파병 전에 전장환경을 조사하여 그들이 유리한 조건에서 임무를 수행할 수 있도록 여건을 보장하는 임무를 수행하게 된다.

파병의 두 번째인 COIN 선견부대 파병 단계에서는 독자적 작전이 가능한 수준의 부대 규모는 아니지만 좀 더 부드러운(soft) 지원부대로서 이라크 주민에게 좋은 인상을 심으며 조금씩 다가가기 좋은 부대를 파병하게 된다. 즉 '지역주민 민심 잡기'에 적합한 소규모 지원부대를 파병하게 되는데 이것이 바로 2003년 5월에 파병된 의료지원단인 '제마부대'와 건설공병지원단인 '서희부대'다. 이들은 총 673명으로 구성된 2개의 소규모 부대로서 이라크 땅을 밟아 '덩치는 작지만 옹골찬' 행위자로서 '민심 잡기'를 위해 작은 걸음을 시작한다. 이 부대는 COIN 주력부대가 본격적으로 '주민 중심 접근법'을 시작하기 전에 이에 대한 시동을 거는 역할을 하는 데 기여한다. 베트남 전장과 달리 처음부터 한국군은 이라크에서 지역주민 보호 및 인프라 구축에 임무중점을 두는데 이를 위해 의료지원과 건설지원 전문부대를 파병하게 된다. 제마부대와 서희부대는 시아파가 주로 거주하던 이라크 남부 지역에서 주민 친화활동을 펼치게 된다.

세 번째인 임무지역 조사팀 파견 단계에서는 독자적 작전수행이 가능한 지역에 대한 현장조사를 통해 COIN 주력부대 임무지역의 전장환경을 세심하게 판단하는 단계를 거치게 된다. 1차 현지조사단은 국방부, 외교부, 민간단체 대표장 12명으로 구성되어 2003년 9월 24일에 이라크로 파견된다. 2차 조사단은 합참 작전부장을 단장으로 구성되어 2004년 4월 11일 이라크 북부 지역에 도착한 후 현지 상황을 점검하고 미군 지휘부와 파병 관련 논의를 하는 등 자이툰부대 주둔 후보지 선정을 위한 다각적인 활동을 벌인다.[76] 정부 조사단과 별도로 국회도 이라크 조사단을 파병한다. 이 국회 조사단은 조사를 마치고 2003년 12월 2일 현지조사 보고서를 제출하는데 이 보고서에는 "특정 지역에서 독자적인 지휘권을 갖고 치안 유지와 의료 및 공병 등의 지원작전을 동시에 수행하는 게 바람직하다"는 내용이 담긴다.[77] 이런 다층적인 현지조사를 통해 이라크 전장에서 한국군이 임무를 수행할 방법, 부대 규모, 작전권 보유 필요성 등에 관한 세부적 방안이 수립되고 COIN 주력부대가 전장에 도착하기 전에 임무환경을 이해하는 기회를 갖게 된다.

이처럼 1~3단계를 거치면서 '적응비용'을 줄일 수 있는 유리한 조건을 구축한 후에 네 번째 단계로 독자적인 임무수행이 가능한 COIN 주력부대를 파병하게 된다. 병력 3,000명으로 구성된 사단급 부대로 부대명은 아랍어로 '평화'를 상징하는 '자이툰'으로 정하게 된다. 자이툰부대의 정식 명칭은 '이라크 평화재건사단'으로 부대명 자체에 한국군 COIN 임무부대가 채택할 '주민 중심 접근법'이 그대로 나타나 파병장병들에게 임무목표를 명확히 제시하고 지역주민들에게는 반감을 없애는 효과를 창출한다. 이 단계에서 가장 중요한 최초 임무는 이 주력부대가 쿠웨이트에서 임무지역인 이라크 아르빌로 안전하게 이동하는 것이었다. 따라서 '파발마 작전'이라는 작전명으로 장거리 이동이 시작된다. 이 이동작전을 성공하지 못하면 시작해보기도 전에 COIN 임무 전체가 실패로 끝날 수 있었기에 부대원들은 삭발투혼의 각오로 최고도의 경계태세를 유지한 가운데 3개 제대로 나누어 18일간 1,115km를 이동한다.[78] 게릴라의 기습 공격을 피하기 위해 밤과 새벽 시간대를 이용하여 이동하고 경계를 잘 유지하면서 단 한 건의 피해 없이 책임지역에 도착함으로써 '파발마 작전'이 성공하게 된다. 밤과 낮이 바뀐 가운데 장거리 이동을 하면서도 높은 경계태세를 유지한 것은 파병장병들의 자긍심과 임무에 대한 열정이 있었기에 가능한 것이었다.

마지막 단계에서 한국군은 COIN 임무장병들이 임무를 완성도 높게 완수할 수 있도록 추가로 필요한 부대를 파병하면서 임무 다지기에 나선다. 한국은 자이툰부대의 작전 지속성을 보장하기 위해 공군 수송기 2대로 편성된 다이만부대를 2004년 10월 12일 파병하여 자이툰부대 수송임무를 담당토록 조치한 것이다. 또한 한국은 각종 재건사업을 전담하는 조직의 기능 활성화를 위해 2006년 12월 7일 지방재건팀을 파병하여 군의 민사작전과 민간 차원의 재건이 자연스럽게 연계될 수 있도록 유도한다.

임무완수에 대한 강한 의지가 있었기에 이와 같은 치밀한 파병의 절차적 구도가 이루어질 수 있었다. 물론 이런 단계의 최종 절차는 임무에 성공하고 군을 안전하게 철수시키는 것이었는데 자이툰부대는 COIN 임무치고는 상대적으로 짧다고 할 수 있는 약 4년 남짓의 기간 동안 지역 안정화 및 재건 임무를 마치고 무사히 귀국함으로써 이 모든 절차의 화룡점정을 찍게 된다.[79]

지금까지 이라크 임무 성공이라는 종속변수에 영향을 미친 '임무군의 의지' 변수에 대해 살펴보았다. 이라크에서 한국군은 '임무의 특수성'에 탄력을 받아 강한 임무완수 의지가 있었고 이는 파병병사들의 자긍심과 높은 사기를 살펴봄으로써 확인할 수 있었다. 한국군의 이라크 임무는 국가위상을 제고시키고 국제적 역할을 확대하는 기대효용이 있었고, 이 효용치는 파병병사의 '의지적 변수'를 높여 한국군에 유리한 환경을 조성함으로써 임무 성공을 견인했다. 이런 측면에서 '임무군 의지'에 대한 가설 1B가 적실함을 알려 준다. 또한 주목해야 할 점은 이러한 임무에 대한 강한 의지가 한국군의 독창적 COIN 방법 개발 및 선정, 맞춤형 조직운용, 최정예 병사 선발 등으로 이어지면서 아르빌에 적합한 맞춤형 COIN 능력 구비로 진화하게 되었다는 것이다.

제16장
한국군의 이라크 COIN '임무 특수성' 기능 II: 능력(Capability)

1. 처방능력: COIN 접근법 선택(a COIN approach adoption)

1) 전장환경 평가: 게릴라 활동수준

한국군 COIN 임무부대가 보유한 가장 탁월한 능력은 무엇이었을까? 그것은 바로 전장환경에 가장 적합한 임무방법을 채택하는 선구안이었다. 한국군은 이라크 COIN 처방약으로 '주민 중심 접근법(a population-centered approach)'을 선택했다. 이 방법의 선정 이유는 한국군의 책임구역인 아르빌 지역이 이라크 내 다른 지역보다 상대적으로 게릴라의 저항활동이 적은 곳이기 때문이었다. 이는 베트남에서 한국군이 최초로 선택한 '적 기반 접근법(an enemy-based approach)'과 대조를 이루는 결정이었다. 결국 한국군은 한번 정해진 SOP를 전장환경과 무관하게 그대로 적용하는 것이 아니라 전장환경을 변수로 생각하고 이 변수에 적합한 맞춤형 처방을 한 것이다.

2004년 5월 1일 미군이 '주요 전투작전'에서 승리했지만 이라크 상황은 안정과 거리가 멀었다. 국내정치적 측면에서 이라크 내 정치적 중앙권위체 부재, 즉 무정부 상황으로 인해 정치적 공백을 저항세력 등 비국가행위자가 채우는 상황이 발생하고 있었던 것이다. 2005년 1월 29일 이라크에서 총선거가 있었지만 정치적 혼란 상황이 멈추지 않았고 시아파와 수니파 간의 정치적 투쟁이 격화되면서 국내질서 회복의 길은 쉽게 보이지 않았다. 이런 틈을 이용하여 알카에다 세력이 이라크에서 힘을 강화하며 핵심 저항세력으로 급부상한다.

한편 이라크 북부 쿠르드 자치구역은 이라크 전역에 불어닥친 전쟁에도 불구하고 정치적 질서와 안정은 어느 정도 유지되었다. 따라서 권력 공백이 생긴 중앙정부와 달리 쿠르드 자치구역에서 게릴라 활동은 상대적으로 적은 편이었다. 즉 이 지역에서는 정치 중앙권위체로서 쿠르드 지방정부(KRG)가 정치적 권위체로 기능하고 있었고 5만 3,000명의 KRG 치안군도 건재하였다.[80] 더불어 쿠르드 민주당(KDP: Kurdistan Democratic Party)과 쿠르드 애국연합(PUK: Patriotic Union of Kurdistan)이 정치권력을 공유하면서 정치적 안정이 어느 정도 유지되고 있었다.[81] 자이툰부대가 파병될 아르빌은 바로 이 쿠르드 자치구 내에 포함되어 있었다. 한국군은 자신의 책임구역이 정치적으로 안정되고 게릴라 활동이 상대적으로 적다는 이점을 최대한 활용하여 최적의 COIN 처방으로 '주민 중심 접근법'을 채택한다.

이라크 아르빌에서 '주민 중심 접근법'을 적용함으로써 한국군은 COIN 임무에서 어떠한 유리한 환경을 갖게 되었겠는가? 우선 최적의 방안을 채택하여 적용함으로써 한국군은 자원을 효율적으로 이용할 수 있게 되었다. COIN 임무는 막대한 재원과 자원을 필요로 하는 장기적 임무이다. 한국군은 전장환경을 치밀하게 파악한 후 최적의 방안을 선택함으로써 적응비용을 최소화하여 적은 자산을 투입하여 최대의 효과를 내는 구도를 창출한다. 즉 한국군은 재원과 자산을 게릴라와의 군사적 전투, 지역 평정, 안정화작전 등 여러 곳에 분산하여 사용한 것이 아니라 '주민 중심 접근법'에 맞게 민사작전에 집중 투자함으로써 지역주민의 민심을 잡고 지역을 안정화시키는 데 성공한다.[82]

2) '민심 사로잡기' 전술의 채택

한국군은 베트남 COIN에서 어떠한 처방을 사용했는가? 임무 초기 '적 기반 접근법'을 채택하여 활용하다 지역이 평정되면 '주민 기반 접근법'을 추가로 도입했다. 이처럼 '적 기반 접근법'을 주된 처방으로 사용하면서 적을 제압하는 데 효과적인 독창적 전술을 만들어 내었는데 그것이 바로 '중대전술기지'였다. 한편 한국군은 이라크에서 '주민 중심 접근법'을 채택하고 이를 구체화시키기 위해 주민친화 전술을 만들어 냈는데 그것이 바로 '그린에인절 작전'이다. 한국군의 민사작전은 치안 확보, 민심 확보, 재건 지원이라는 3대 추진 분야가 있었는데 이 중 '그린에인절'은 민심 확보 분야에 속하는 작전이었다.

'그린에인절'이라는 부대명은 자이툰부대 장병들이 '천사와 같은 군인'으로서 이라크를 지원해 준다는 의미로 부여되었다.[83] 이 '그린에인절 작전'은 전술적 차원에서는 주민들의 숙원사업을 지원해 주는 데 목적이 있었다. 예를 들면 공동우물을 설치하여 생활여건을 개선해 주고 학교 시설을 정비하여 교육 인프라를 만들어 주며 종교 시설을 정비하여 종교활동의 여건을 보장해 주는 것들이 작전의 주 대상이었다.[84] 이 사업을 추진하는 방법은 독창적이면서 파격적이었다. 자이툰부대원은 지역주민들이 요청하기 전에 장병들이 마을로 먼저 찾아가 애로 및 건의사항을 수렴하고 개선 소요를 파악하는 식의 '찾아가는 민사작전'을 수행한다.

한편 이 '그린에인절' 프로그램은 전략적 차원에서는 이런 사업을 추진하는 과정에서 주민들을 동참시켜 장병과 주민이 하나의 문제를 함께 해결하게 함으로써 지역주민과 우호적인 협력체제를 구축하여 민심을 확보하는 데 목표를 두고 있었다.[85] 쉽게 말해 장병과 주민 모두가 함께 땀 흘려 마을을 개선하면서 친구가 되는 것이다. 이런 전략적 목표 달성을 위해 마을 개선사업 이외에도 축구대회, 태권도 교실 운영 등 친화활동도 적극적으로 추진했다.[86] 특히 "We are Friends, Peace of Kurdish"라고 적힌 현수막을 걸고 '한·쿠르드 우정의 날' 행사를 갖고 서로 마음껏 웃으면서 전쟁의 아픔을 웃음으로 치유하는 독창적 방법을 적용한다.[87]

이처럼 '그린에인절'은 전술적으로는 지역주민의 편익을 증진시키고 삶의 여건을 개선시킴으로써 실질적 도움을 주는 작전이었고 전략적으로는

〈그림 16-1〉 그린에인절 작전의 일환으로 진행된 '우정의 날' 행사 장면

출처: 『국방저널』 no. 401, 2007. 5., p. 76.

한국인과 이라크 주민을 친구관계로 만드는 지혜로운 정책이었던 것이다.[88] COIN 임무에서는 전투무기뿐만 아니라 지혜도 필요하다는 것을 단적으로 알려 주는 사례이다. 지역주민 입장에서는 물질적으로 지원을 아끼지 않고 정신적으로도 친구가 되어 주는 한국군을 미군처럼 점령군으로 인식할 수 없었다. 따라서 '그린에인절'은 한국군 COIN 임무부대를 원조군, 나아가 해방군으로 인식하도록 유도하는 데 핵심적인 역할을 하게 된다.

3) 처방 구체화: 인프라 구축

한국군은 인프라 구축 프로젝트를 통해 '주민 중심적 접근법'을 구체화한다. 자이툰부대가 이러한 인프라 구축에 심혈을 기울인 이유는 이를 통해 '주민과 게릴라의 분리'가 가능하다는 판단에서였다. 인프라 구축은 정치, 안보, 경제, 사회 등 분야별로 다양하게 추진되어 아르빌 지역주민의 삶을 안정화시키는 데 기여한다(〈표 16-1〉 참고).

〈표 16-1〉 이라크에서 한국군의 인프라 구축활동

유형	추진 내용
정치 인프라	• CIMIC 활용 현지 지도자 및 주민 대표와 소통, 문제 해결 조치 • 총선거 시행 중 치안 확보
안보 인프라	• 시설 개·보수를 통한 치안 인프라 확충 • 통신장비 및 검문검색장비 지원, 합동 검문소 운영 지원 • 현지 치안병력 교육훈련: 군사전환팀·경찰전환팀 교육훈련 • 지뢰 제거 활동
경제 인프라	• 마을 진입로, 도로보수 지원 • 상하수도 정비 지원 • 쓰레기 매립장 건설 • 새마을운동 시범사업 • 기술교육센터 건립
사회 인프라	• 지역주민 대상 의료지원 • 교육지원 • 현지인 고용, 전문 기술인력 양성 • 시민사회 복지: 시민공원, 도서관 건설

우선 한국군이 수행한 정치 인프라 구축 활동을 살펴보자. 한국군은 민사협조본부(CIMIC: the Civil Military Cooperation Center)와 같은 다양한 조직을 통해 정치 인프라 구축에 기여했다. '지역 중심 접근법'을 구현하는 데 핵심적인 조직이었던 CIMIC은 기획관리팀, 사업협조팀, 사업지원팀으로 구성되어 체계적으로 임무를 수행했다. CIMIC은 사단장 예하에 편성된 조직으로 사단 내 제 기능 대표, 정부기관 대표, 기관장·단체장·부족장 등 지역 대표, 협조/지원단체로 구성되어 민사작전을 지원하는 핵심조직으로 기능하였다.[89] 특히 이 본부는 쿠르드 자치구 대표정당인 KDP, KNA 소속 정치 지도자나 지역주민 대표들과 소통하는 핵심적인 창구로 활용됨으로써 정치적 안정을 지원하는 데 기여하게 된다. 나아가 쿠르드 자치정부와 협력위원회를 통해 주 1회 정기협력회의를 주재하면서 정부와 소통함으로써 정부운영을 지원하여 정치 인프라 구축에 도움을 주게 된다.[90] 쿠르드 자치정부는 한

국의 경제와 민주발전 노하우를 전수토록 요청하는데 이를 수렴하고 해결해 주는 과정을 통해 제도적 인프라 구축에 기여하는 역할을 한 것이다.[91]

나아가 한국군은 정치적 안정을 위해 필수적인 이라크 총선이 성공적으로 치러질 수 있도록 지원한다. 2005년 1월 30일 이라크에서 총선이 실시되었다. 자이툰부대는 2004년 11월 유엔 선거감시단 일원으로 참여토록 요청을 받는 등 그 높아진 위상을 바탕으로 총선의 성공적인 시행을 위해 적극적으로 지원한다.[92] 특히 MNF-I 사령부 민사작전본부에서 선거지원과장으로 한국군 대령이 근무했는데 그는 5,400개 선거구를 지원, 감독하며 총선이 무사히 치러지는 데 큰 역할을 하게 된다.[93] 이런 노력이 모아져 총선이 성공적으로 치러져 결과적으로 정치 인프라 구축에 기여하게 된다.

둘째, 한국군 COIN 임무부대는 아르빌에 안보 인프라를 구축하기 위한 노력을 기울였다. 주지하다시피 아르빌은 쿠르드 자치구역이었다. 소위 자치(autonomy)가 제대로 되려면 쿠르드 사람들이 스스로 치안을 담당할 수 있어야 한다. 이런 측면에서 한국군이 치안의 주 역할을 하는 것보다는 보조 역할을 하는 것이 아르빌 지역 맞춤형 COIN 방법이었다. 특히 게릴라 활동이 상대적으로 적었기 때문에 이 지역에서 한국군 COIN 임무부대가 치안의 간접적 역할을 하는 것이 가능하였다. 나아가 치안에서 직접적 역할이 아닌 간접적 역할을 수행한다면 한국군의 '주민 민심 잡기' 목표 성취에도 더 유리한 것이었다.

따라서 한국군은 먼저 현지 경찰의 치안능력 확보를 위해 제반 지원에 착수한다. 경찰청을 개·보수할 뿐만 아니라 군·구 단위 경찰서, 나아가 읍 단위 파출소까지 시설 보수를 지원한다.[94] 나아가 현지 경찰에 통신장비, 수사장비, 금속 탐지기를 지원해 주고 심지어는 경찰 근무복까지 제공해 준다.[95] 그리고 보수교육 여건을 향상시켜 주기 위해 훈련장 개·보수를 지원해 주고 합동검문소를 설치해 준다.[96] 이와 같이 현지 경찰의 치안 유지 능력뿐만 아니라 현지 지역군대에 해당하는 제르바니 민병대의 안보역할 강

화를 위해 자이툰부대는 여단본부 건물을 개·보수해 주고 통신장비 및 차량 등을 지원해 준다.[97]

나아가 자이툰부대는 이라크 정규군의 치안능력 강화에도 힘을 보탠다. 이라크군 2사단 예하의 IA(Iraq Army) 1여단 정보부 건물을 건축해 주어 안보 인프라 구축에 큰 역할을 담당한다.[98] 한편 자이툰부대는 아르빌 지역 내 ING(Iraqi National Guard) 여단 간부를 대상으로 교육훈련도 시행하는 등 이라크 정규군에 대한 교육훈련도 적극적으로 추진한다. 특히 교육양성 프로그램을 통해 지휘통솔, 참모 업무 등에 관한 교육을 실시하여 군조직 지휘 인프라 구축에 기여한다.[99]

자이툰부대의 군사전환팀(MiTT: Military Transition Team)은 자체 치안능력 확보를 목표로 다양한 훈련 과정을 제공해 주었다. 특히 Green 소대 과정, EOD 과정, 병 훈련 과정, 교관 과정, 참모 과정 등 프로그램을 다양화하여 조직 인프라 구축을 가시화한다.[100] 군사전환팀과 병행하여 경찰전환팀도 운영하였다. 이 팀은 P3(Police-Partnership-Program)라는 경찰협력 프로그램으로 각종 훈련을 진행하였는데 이는 아르빌 경찰이 자체적으로 국민을 보호하고 공권력을 집행할 수 있도록 지원하는 데 그 목표를 두고 있었다.[101] 특히 자이툰부대 11민사여단은 현지 쿠드르어로 『경찰요원 교육용 교재』를 출간하였는데 이 교재에는 검문소 운용, 호신술, 시설경계 등 7개 과목 175쪽으로 구성되어 있었다.[102] 수업은 한 기수당 20~30명씩 소그룹으로 편성되어 집중적으로 교육시켜 수업 효과를 극대화하였다.[103] 나아가 한국군은 지역 치안병력에게 태권도 교육까지 지원하여 그들의 개인적 무술능력까지 겸비하게 돕는다. 예를 들어 경찰사관학교와 ING 대대에 태권도 교관을 지원하며 현지 치안요원이 무술을 익히고 한국군과 유대도 강화하는 일석이조의 효과를 창출한다.[104]

지역주민들은 게릴라들의 자살공격에 대한 두려움이 가장 걱정거리였지만 그게 다가 아니었다. 전쟁지역 주민들의 또 다른 걱정거리는 바로 그들이 거주하는 주변 곳곳에 매장된 지뢰였다. 따라서 자이툰부대는 IKMAC (Iraqi Kurdistan Mine Action Center)를 도와 지뢰를 제거함으로써 지역주민을 보호하는 데 힘을 쏟았다. 이처럼 자이툰부대는 군 및 경찰 건물 개 · 보수, 통신 장비 및 합동검문소 운영 지원, 군사전환팀 및 경찰전환팀 교육훈련 지원 등을 통해 현지인들이 주도가 되어 치안을 유지토록 유도함으로써 아르빌 지역의 안보 인프라 확충에 큰 역할을 했다.

셋째, 한국군은 아르빌 지역의 경제 인프라 확충에도 많은 도움을 주었다. 우선 원활한 경제활동에서 가장 중요한 것 중의 하나는 사람들이 이동을 원활하게 할 수 있도록 도로체계를 갖추는 것이었다. 따라서 자이툰부대는 소실되어 기능을 제대로 하지 못하던 마을 진입로를 보수하고 세비란, 라쉬킨 마을 간 도로포장공사를 추진하였다.[105] 한편 아르빌 지역은 경제활동의 기초적인 인프라도 열악한 상태였다. 대표적인 것이 급수 시설 부족과 낙후 문제였다. 따라서 자이툰부대는 주민들이 물 사용에 대해 더 이상 걱정하지 않도록 심정을 개발하고 상하수도를 정비하여 주었다.[106] 이를 통해 위생 혹은 환경 측면에서 한결 나아진 상태에서 경제활동을 할 수 있도록 돕게 된다.

〈그림 16-2〉 새마을운동 시범사업 장면
출처: 이라크 평화 · 재건 사단, 『ZAYTUN 민사작전 핸드북』, p. 144.

아르빌 주민들의 또 다른 숙원사업은 쓰레기 처리 문제였다. 이 지역에서는 하루에 약 500~700톤의 쓰레기가 배출되었으나 처리 시설 부족으로 곳곳에 쓰레기가 버려지면서 경제생활 환경이 매우 열악하였다.[107] 따라서 쿠르드 자치정부와 소통을 통해 쓰레기 매립장 건립사업을 추진하였다.

특히 한국군은 경제활동 인프라 구축에서 가장 중요한 것은 단순히 경제를 제공해 주는 것이 아니라 경제번영을 이루는 방법을 가르쳐 주는 것이라 판단했다. 즉 물고기를 주는 것보다 물고기 잡는 법을 가르쳐 주는 것이 더 중요하다는 것을 알고 있었다. 따라서 '새마을운동 시범사업'을 추진하는데 이는 한국의 경제발전 노하우를 아르빌 지역에 전수하여 스스로 경제를 번영시킬 수 있는 토대를 마련하는 데 그 목적이 있었다.[108] 이를 위해 새마을운동 연수원을 건립하고 새마을운동위원회를 통해 현지 지도자들에게 연수 과정을 제공하여 새마을 사업을 이끌어 나갈 수 있도록 조치해 주었다.[109]

또한 이라크는 전쟁 후유증으로 실업률이 35%나 되었고 기술인력이

〈그림 16-3〉 기술교육센터 건립 장면
출처: 이라크 평화 · 재건 사단, 『ZAYTUN 민사작전 핸드북』, p. 126.

제16장 한국군의 이라크 COIN '임무 특수성' 기능 II: 능력(Capability)

매우 부족한 상태에 있었다. 따라서 한국군은 기술교육센터를 설립하여 이라크 젊은이들이 자신감을 갖고 일자리를 찾을 수 있도록 도왔다. 특히 아르빌 지역에서 인기가 높은 직종을 선정하며 교육 과정을 제공했는데 제빵 과정, 자동차 정비 과정, 컴퓨터 과정, 중장비 운전 과정, 특수차량 운전 과정 등이 포함되었다.[110] 수업은 8주로 구성되었는데 1주는 이론교육, 그 이후는 실습을 진행하여 직장에서 바로 사용할 수 있도록 하였다.[111]

넷째, 한국군은 사회 인프라 구축에도 많은 관심을 기울였다. 전쟁으로 고통받는 국가에서는 통상적으로 사회 응집력이 이완되기 마련이다. 이와 같은 사회현상은 결국 COIN 임무군에게 '지역주민의 민심 잡기'도 어렵게 만든다. 이런 측면에서 하루빨리 아르빌 사회가 정상적으로 기능하도록 사회 인프라를 확충시키는 일은 매우 절박한 것이었다. 따라서 자이툰부대는 아르빌에서 사회기능이 원활히 가동될 수 있도록 하기 위해서 사회적 자산 강화를 위해 앞장섰는데 대표적인 것이 시민 건강, 교육, 직업교육 그리고 복지정책이었다.

책임지역인 아르빌에 도착한 후 한국군은 곧바로 시민사회의 구성원인

〈그림 16-4〉 자이툰 병원 마지막 환자 진료 기념사진
출처: 『국방저널』 no. 420, 2008. 12., p. 76.

일반 주민들을 대상으로 최상의 의료서비스를 제공하여 시민 건강을 회복시키려 노력했다. 70~80만 명의 인구가 거주하는 지역에 병원은 단 8곳밖에 없었고 MRI 검사를 위해 기다리는 기간만 1년이 필요할 정도로 의료서비스는 엉망이었다.[112] 자이툰 병원은 내과·정형외과·안과 등 14개 과를 갖춘 종합병원 수준의 의료서비스를 제공하였고 찾아가는 서비스를 위해 보건소 등을 이용한 순회진료도 진행하며 나아가 현지에서 치료하기 힘든 환자를 대상으로 한국에서 치료를 받게 하는 서비스를 제공하기도 했다.[113]

특히 자이툰 병원은 약 9만 명에 가까운 현지주민을 진료하면서 의료서비스 제공의 메카로서 기능했다.[114] 자이툰부대원, 동맹군, 교민까지 포함하면 13만 명 이상이 자이툰 병원에서 진료를 받았으며 주민들이 좀 더 편리하게 병원에 올 수 있도록 정문에서 병원 간 순환버스도 운행하였다.[115] 자이툰 병원의 수준 높은 의료서비스가 소문을 타면서 지역주민 사이에서 인기가 매우 높아져 진료의뢰서가 없으면 진료를 해 줄 수 없는 상황이 될 정도였다. 이렇게 되자 민사활동 중 현지인들에게 진료권을 선물로 제공하면 무척 좋아하는 일도 다반사였다.[116]

뿐만 아니라 현지인 중심의 의료인력 양성을 위해 쿠르드 자치정부에

〈그림 16-5〉 자이툰 병원 제13기 인턴십 수료식
출처: 「국방일보」, 2007. 11. 14., p. 4.

의뢰하여 지원자를 모집한 후 8주간의 인턴십 과정을 통해 의료인력을 양성했다.[117] 이런 양성교육은 의료 인프라 확충에 크게 기여하면서 사회기능 정상화를 유도하게 된다. 이 인턴십 과정은 단순히 인기가 있을 뿐만 아니라 지역사회 주민들로 하여금 한국인의 진정성을 인식하게 하는 계기도 제공한다. 2007년 11월 8일 인턴십 수료 행사가 있었는데 최우수 성적을 획득한 자릴 모하메드 아민은 "한국인 특유의 친절과 정을 바탕으로 한 의술을 배우는 계기가 됐으며 이곳에서 배운 지식과 기술을 발전시켜 어려움에 처한 주민들에게 도움을 주고 싶다"고 말하며 자이툰부대에게 감사함을 표명했다.[118]

또한 교육은 사회기능에서 매우 중요한 요소이다. 교육은 아이들과 지역주민들에게 그들 자신의 역사, 문화, 언어를 알게 해 주는 기능을 하기 때문에 사회 유지의 핵심 요소라 할 수 있다. 하지만 이라크 지역은 문맹률이 50% 정도일 정도로 교육 인프라가 취약하였기 때문에 이를 단계적으로 개선할 필요가 있었다. 우선 한국군은 학교 시설에 관심을 가졌다. 아르빌 지역 내 학교 시설은 비가 줄줄 샐 정도로 낙후하였고 날씨가 춥기라도 하면 문을 닫아야 할 정도로 형편없었다. 따라서 지휘관 긴급사업으로 430개 초등학교, 132개 고등학교를 대상으로 개·보수를 추진하고 의자, 책상 등 학교 비품을 교체하여 준다.[119] 이와 같은 물리적 지원 외에도 문맹률을 낮추기 위해 2004년 11월부터 쿠르드어 교실을 운영하는데 이 교실 학생은 20~40세 성인이 주 대상이었고 그들은 매일 2시간씩 1년 과정으로 수업을 이수했다.[120] 쿠르드어 교실은 총 7,000명 이상이 수료하면서 문맹률 퇴치에 외국군이 기여하는 의미 있는 기록을 남기게 된다.[121]

한국군이 사회 인프라 확충을 위해 실시한 또 다른 정책은 바로 현지인 고용이었다. 일자리가 없다면 사회기능이 제대로 작동할 수 없다. 따라서 자이툰부대는 현지주민을 직접 고용해서 그들의 생활여건도 개선하고 사회 안정화도 이루고자 하였다. 이에 따라 한국군은 통역, 문맹자 교실 교관, 재건지원 사업 등에서 필요한 인력을 현지에서 고용하여 활용하였다. 현지인을 고용함으로써 지역사회 발전에도 기여하고 민사작전 중 우발 상황에 대처하는 데 활용 효과가 매우 높은 것으로 평가되었다.[122] 특히 현지 통역요원의 경우 단순히 한국어-쿠르드어 간 통역 역할뿐만 아니라 한국 사회와 이라크 사회의 가교 역할까지 한다는 측면에서 시너지 효과를 창출하게 된다.

앞서 경제 인프라에서 살펴본 직업교육도 사회기능 활성화에 기여했다. 자이툰부대는 기술교육센터 운용을 통해 2,000명 이상의 졸업생을 배출하였는데 놀라운 점은 이들 졸업생 중 약 80%가 취업에 성공했다는 점이다.[123] 다른 곳의 기술교육대와 달리 자이툰이 운영하는 기술교육대는 인기가 높아서 지역주민들은 7:1대의 경쟁률을 뚫어야 입교가 가능할 정도로 우수한 교육기관으로 자리를 잡았다.[124] 자이툰 기술교육센터를 졸업한 많은 지역주민들은 한국군을 스승이자 친구처럼 생각하며 감사의 마음을 가졌다. 10기 교육생이었던 사드만 압둘라 오메르는 "교육을 통해 나 자신을 믿는 법, 다른 이를 돕는 법(을) … 배웠다. … 나를 믿고 지지해 준 한국군이 있었기에 가능할 수 있었다"는 내용을 담아 자이툰부대에 감사의 편지를 보내오기도 했다.[125]

〈그림 16-6〉 자이툰 기술교육센터 제빵기술 교육 장면
출처: 『국방저널』, 2008. 12., p. 77.

제16장 한국군의 이라크 COIN '임무 특수성' 기능 II: 능력(Capability)

이처럼 한국군이 기술교육센터 운영 등 다양한 민사작전 프로그램을 통해 지역주민의 민심을 사로잡는 가운데 미군은 주둔지역에서 여전히 어려움을 겪고 있었다. 이에 2006년 MNC-I 군단장 커렐리 중장은 한국군의 민사작전 성과를 럼스펠드 국방장관에게 보고하였는데 보고를 받은 럼스펠드 장관은 한국군을 벤치마킹하여 기술교육센터를 이라크 전역으로 확대할 필요성을 언급하기도 한다.[126] 이후 한국군의 기술교육센터 성공을 줄곧 지켜본 미군은 결국 자이툰부대를 벤치마킹하여 2007년 10월 그들 자신의 기술교육센터를 건립하게 된다.[127]

또한 자이툰부대는 사회 인프라 구축을 위해 시민사회 복지에도 관심을 기울인다. 아르빌 지역에는 주민들이 산책하거나 여가 시간을 보낼 장소가 부족한 실정이었다. 따라서 한국군은 시민공원을 조성하고 이 안에서 아이들이 뛰어놀 수 있는 놀이터도 구비시키고 한국 전통 조형물도 세워 놓았다. 나아가 시민사회의 문화적 복지 향상을 위해 도서관도 건립한다. 이 도서관은 한국이 이라크의 이웃과 같은 사회라는 점을 강조하는 의미가 있었다. 도서관 명칭은 '자이툰 도서관'으로 정했는데 이는 현지 시민사회와의 소통 차원에서 자치정부 및 지역주민들과 협의를 통해 결정하게 된다.[128] 자이툰 도서관은 아르빌 지역에서 찾아 보기 힘든 초현대식 건물로서 주목을 받지만 이뿐만 아니라 서적, 한국 홍보관, 시청각실을 갖춘 복합문화공간으로 기능을 하게 된다. 이에 따라 자이툰 도서관은 아르빌 지역 시민사회 중심공간으로 위상을 갖게 된다.

지금까지 살펴본 바와 같이 한국군은 COIN 방안으로 '주민 중심 접근법'을 채택할 수 있는 선구안을 구비하고 있었으며 이 접근법의 구체화를 위해 아르빌 지역에 정치, 안보, 경제, 사회 인프라를 구축함으로써 '지역주민의 민심 사로잡기'에 성공하게 된다. 이는 COIN 방안 선택에 관한 가설 2A가 적실함을 알려 준다. 한국군 병사들은 베트남 주민들에게 '따이한'이라고 불리며 그들의 친구가 되었던 것처럼 이번에는 이라크 전장에서 '꾸리'라 불리면서 이라크 아르빌 주민들의 친구가 되었다.[129] 이는 작은 거인 한국군이 COIN에서 가장 중요한 '민심 잡기'의 진수를 전 세계에 보여 주고 나아가 '군대 한류'도 가능함을 시사하였으며 특히 중견국가가 국제안보에 보다 큰 역할을 할 수 있다는 목소리도 제공했다는 측면에서 큰 의미가 있는 성과였다. 이처럼 성공을 이룬 비결에는 한국군이 COIN 방법의 선구안을 보유하고 있다는 것뿐 아니라 임무조직의 유연성과 부대원 교육훈련이라는 요소도 자리를 잡고 있었다.

2. 조직적 유연성과 훈련

이라크 임무 파병 전 한국군의 주요 임무는 무엇이었고 조직의 특성은 어떠했을까? 한국에게 국가안보 차원에서 가장 큰 위협은 북한 정규군의 전면전 위협이었다. 따라서 군조직은 유연성 없는 수직구조적 지휘조직과 통제형 지휘방법에 의존하는 형태를 가지고 있었다. 이러한 전면전 중심의 군조직에 대한 의존적 관성은 자이툰부대를 파병한 이후에도 변하지 않고 유지되었다. 하지만 이런 관성이 외국에서 임무를 수행할 파병군에게는 적용되지 않았다. 비정규전 수행을 위해서는 다른 형태의 지휘방법이 필요했고 조직의 유연성이 무엇보다 중요했다. 한국군은 임무의 중요성을 인식하여 반드시 성공적으로 임무를 완수하기 위해서 기존의 관성적인 군조직 성향을 과감히 탈피할 의지가 있었기에 COIN 수행에 반드시 필요한 조직적 유연성이라는 능력으로의 전환에 착수한다. 따라서 한국군은 이라크 COIN 임무군을 유연적이고 나아가 상황에 따라 적응 가능한 조직으로 만드는 것에 많은 노력을 기울이게 된다.

'주민 중심 접근법'이 제대로 가동되려면 임무조직이 기존의 전통적인 군조직과는 다른 조직이 되어야 하고 이를 위해서는 조직적 유연성이 절대적으로 필요하였다. 그렇다면 한국군은 조직적 유연성 확보를 위해 어떠한 노력을 기울였는가? 한국군은 임무조직의 유연성을 위해 다양한 절차에 착수했다. 첫째, 한국군은 임무부대를 빨리 구축하여 조직의 유연성이 확보될 충분한 시간을 확보한다. 조직적 유연성을 위해서는 임무조직이 가능한 조기에 만들어져서 새로운 임무에 적응할 충분한 시간이 확보돼야 하기 때문이다. 이에 따라 2004년 1월 12일 자이툰부대를 기획하는 팀이 발족되어 치밀한 준비를 거쳐 2월 23일 자이툰부대가 창설된다. 자이툰부대의 임무지역은 한국과 지형이 전혀 다른 중동 지역의 사막지대였다. 따라서 낯선 사막에서도 바로 적응할 수 있는 조직의 유연성 구축을 위해 부대원을 대상으로 집중 체력훈련을 진행했다.[130] 이런 훈련과 병행하여 한국군은 정규전에만 익숙한 병사들의 사고방식을 바꾸기 위한 노력을 기울였다. 이런 노력의 일환으로 파병 예정 병사들의 필수교육에 이슬람 문화 및 지역언어 수업을 포함시켜 예정 임무지역의 사회를 이해할 수 있게 조치한다.

한국군은 COIN 임무 성공을 위해 장병들이 현지문화에 대해 잘 이해하는 것이 얼마나 중요한지 간파하고 있었다. 따라서 파병병사 교육은 민간인에서 군인으로 신분을 전환하는 필수교육보다 긴 기간으로 편성했다. 의무복무를 위해 징집되는 병사들은 통상 5주간의 훈련을 받는다. 하지만 이미 이 훈련을 이수한 자이툰부대원을 대상으로 6주간의 또 다른 교육훈련을 진행한 것이다. 이라크에 파병된 미국군의 경우는 단 16일 교육훈련을 받았지만 한국군 파병장병은 약 4주나 더 많은 6주 훈련을 받았다는 의미인데 이는 COIN 임무의 메커니즘을 고려한 결과라 평가할 수 있다.[131] 특히 자이툰부대 파병1진 병사들의 경우에는 6개월간 훈련을 받았는데 이는 임무 성공에 대한 강한 의지와 이에 부합하는 능력을 구축하려는 의도로 평가된다. 이와 같은 장기 고강도 교육훈련은 자이툰부대와 '주민 중심 접근법'을 시행하는 COIN 임무부대가 제대로 기능할 수 있게 해 주는 원천요소가 되었다.

교육훈련만큼 한국군이 중요시했던 것은 실질적인 조직 변화였다. 베트남전 경험을 토대로 한국군 COIN 임무부대가 '주민 중심 접근법'을 시행하려면 조직의 유연성이 필요하다고 판단했다. 그 이유는 대게릴라/안정화 작전은 군사적 임무뿐만 아니라 비군사적 임무도 포함하는 비전통적 군사 메커니즘을 포함하고 있기 때문이었다. 따라서 맞춤형 하부조직 구성을 통해 파병군 조직을 유연하게, 나아가 COIN 임무에 효과가 있도록 편성하였다. 구체적으로 맞춤형 기능조직으로 협력위원회, 정치-군사협의체(POL-MIL), 민사협조본부(CIMIC)를 구성하였다.

우선 협력위원회를 살펴보자. 한·쿠르드 협력위원회는 자이툰부대와 쿠르드 자치정부 간 협력의 장을 제공하는 기능을 위해 편성되었다. 특히 자이툰부대의 핵심 추진 분야인 재건지원을 위해 지역 공식 대표조직과의 공식적 협력채널로서 이 협력위원회를 운영했다. 이 협력위원회는 2004년 9월 최초로 가동을 시작한 이후 줄곧 한국군 COIN 임무부대의 핵심적 조직으로 기능하였다. 필요시 프로젝트별로 실무 그룹을 구성하여 구체화하는 절차도 거치고 현장 실사와 사업 추진계획을 함께 토의하기도 하는 등 실질적으로 기능하는 조직이었다.[132] 협력위원회는 재건지원이라는 임무가 자이툰부대만의 일이 아니고 한국군과 지역정부가 함께 추진하는 공동의 일이라는 것을 부각시켜 공감대를 형성하는 데 기여한 측면이 크다. 이러한 조직운영은 일반 군사조직에는 없는 조직이라는 측면에서 조직의 유연성을 확인할 수 있는 대목이다.

둘째, 정치-군사협의체(POL-MIL)도 임무환경에 부합하는 맞춤형 조직으로 기능했다. 자이툰부대는 정치적 분야와 군사적 분야를 유기적으로 연결하는 하부조직을 구성하여 COIN 임무의 다양한 상황에 유연하게 대처했다. 군의 리더와 민간 리더의 공동 토의기구로서 기능한 POL-MIL은 COIN 임무부대가 이라크의 비전통적 전투라는 길을 잘 따라갈 수 있도록 안내자로서 역할을 해냈다. 이라크 파병 전부터 이 임무가 단순 군사임무가 아니라는 점을 간파하고 있었던 한국군은 현지 도착 후 얼마 되지 않은 시점인 2004년 10월 26일 POL-MIL을 편성하여 토의기구로 자리를 잡아갔다.[133]

POL-MIL은 자이툰부대장, 주이라크 대사, 외교통상부 직원 및 기타 정부요원들로 구성된 협의체였다. 구성원 현황을 통해 알 수 있듯이 군사적 임무와 비군사적 임무를 연계시켜 주는 조직 창출이 필요했기 때문에 이러한 유연한 조직의 구성이 가능했다. 자이툰부대가 임무를 수행하는 동안 한국인이 공격을 받는 사건 등이 발생하면 국내행위자인 국민들로부터 자이툰부대의 철수 목소리가 강해질 수 있다. 이런 상황에 처하면 COIN 임무의 특성인 임무기간을 확보하지 못해 전장을 일찍 떠나 결국 임무실패로 이어지기 십상이다. 따라서 재건사업에 참가하는 한국 국적의 민간인을 보호하고 통제할 수 있도록 방법을 구상할 필요가 있었는데 이를 협의할 구성체로서 POL-MIL이 기능했다. 특히 자이툰부대의 한국 센터가 한국 국민을 보호하는 핵심적인 역할을 담당했다. 나아가 이 센터는 다양한 정·첩보를 취합하여 통합하고 분석하는 조직으로서 기능하여 게릴라 공격으로부터 자이툰부대원을 보호하는 데도 기여했다.

셋째, CIMIC도 자이툰부대가 보유한 특화된 COIN 임무조직이었다. 자이툰부대 지휘부, 정부기관 대표, 지역 기관장 및 단체장, NGO 및 국제 지원기구 등 다양한 사람들이 참가하는 CIMIC은 민사작전, 인도적 지원, 친화활동을 보장하는 맞춤형 임무조직이었다.[134] 이 조직은 파병을 기획할 당시인 2003년 12월 미국, 영국, 이탈리아의 민사 업무를 벤치마킹하여 한국군에 적용토록 발전시킨 후 2004년 2월 정식적으로 자이툰부대 내 조직으로 편성되었다.[135] CIMIC은 민사작전 전반을 지휘 및 관리하는 중심조직으로서 제 기능을 수행했다.

지금까지 살펴본 한국군이 적용한 COIN 임무조직은 단순 군사임무를 넘어 다차원 임무를 수행해야 하는 '주민 중심 접근법'을 구현할 수 있는 맞춤형 기구였다. 이는 조직의 유연성에 대한 가설 '2B'의 적실성을 알려 준다고 할 수 있다. 이러한 유연한 조직은 최고의 부대와 정예 병사가 부대원으로 구성되면서 시너지 효과를 창출하게 된다.

3. 임무에 효과적인 자산

1) 최상의 부대: 부대 규모 판단 및 정예 부대 구성

부대 규모는 임무 수준에 부합될 수 있도록 구성하는 것이 중요하다. 임무에 비해 부대 규모가 작으면 임무 성공을 보장하기 어렵고 너무 크면 낭비적 요소뿐만 아니라 국가안보에 공백이 발생할 수도 있으며 국내행위자로부터의 강한 반대에 부딪힐 수도 있다. 특히 중무장을 한 대규모 병력을 게릴라 활동이 많지 않은 곳에 파병하면 지역주민은 그 군인을 점령군으로 인식하여 '민심 잡기'가 실패로 돌아갈 수 있다. 또한 오직 비전투원으로 구성된 지원부대만 파병하면 COIN 부대는 게릴라 공격에 취약해지는 단점이 발생할 뿐만 아니라 지역주민의 치안을 담당하는 역할도 해낼 수 없는 무기력한 부대가 될 수 있다. 이런 측면에서 전장환경을 주도면밀하게 분석하여 임무수준에 부합도록 적정 부대 규모를 판단하는 것은 매우 중요한 과정이었다.

그렇다면 한국군은 이라크 임무에 적합한 부대 규모를 어느 수준이라 판단했을까? 앞서 살펴본 것처럼 한국군은 사단 규모를 이라크에 파병했다. 사단을 부대 규모로 결정한 것은 이 조직이면 아르빌 지역에서 독립적인 COIN 작전 수행이 가능하고 동시에 부대가 과도하게 크지 않아 소규모 부대작전도 가능하다는 판단에 따른 것이라 할 수 있다. 나아가 쿠르드 자체 치안군이 아르빌에 대한 치안임무를 수행하고 있었기 때문에 과도한 전투원 구성보다는 지역 재건에 특화된 병력으로 구성하면서 전투원은 자체 치안 위주로 임무수행이 가능한 적절한 부대 규모가 사단이었던 셈이다.

자이툰부대는 2개 민사여단(특수부대원 1,000명), 공병 및 의료부대(600명), 치안병력(특수부대원 500명, 중화기중대원 200명, 해병대 100명) 그리고 기타 부대(1,200명)로 구성되었다.[136] 특히 건군 이후 한국 해외파병사에서 최초로 베트남에 파병된 전투부대라는 명성을 갖고 있는 해병대가 한국대사관 경계 및 부대 보호임무를 수행했다.[137] 해병대는 1개 중대가 파병되었는데 자이툰부대 보호 및 경계임무라는 고강도 임무를 담당하였다. 자이툰부대 구성에서 가장 흥미로운 점은 1,000명의 특수부대원이 민사작전을 책임지고 있었다는 것이다. 이러한 부대 구성은 민사작전부대가 민사작전을 수행하면서 동시에 대게릴라전 수행이 가능한 부대라는 다목적성을 내포하고 있다는 것을 의미한다. 이를 통해 한국군 COIN 임무부대의 능력이 현지 상황에 맞추어 잘 구성되었다는 것을 엿볼 수 있다.

2) 최상의 병사: 정예 병사 모병 및 양성

개별 병사의 능력은 정규전보다 대게릴라/안정화작전에서 더 중요하다. 한국군은 1960년대에 베트남에 정예 병사를 파병하여 전술적 승리를 거둔 역사를 가지고 있었다. 이러한 역사적 경험이 자이툰부대 파병병사를 선발하고 양성하는 데 그대로 반영되었다. 베트남전처럼 한국군은 파병장병으로 선발되는 것을 대단한 영광으로 인식하였기 때문에 경쟁률이 14.8 대 1일 정도로 높았다.[138] 자이툰부대원은 자신들이 높은 경쟁률을 뚫고 선발된 한국 국가 대표 군인이라는 긍지가 매우 높았다. 한국군은 아주 까다로운 기준에 의해 최종적으로 3,494명을 최초 파병장병으로 선발하였고 교대장병도 엄선하여 선발하면서 정예 장병이 이라크에서 임무를 수행할 수 있는 기반을 구축하게 된다. 나아가 정예 장병이 지속해서 이라크 임무에 지원할 수 있도록 『국방일보』를 이용하여 파병장병 모집 홍보를 계속하기도 했다. 해외작전 임무 경험이 있거나 현지어에 능통한 장병들은 선발 시

가점을 주어 자이툰부대가 맞춤형 능력을 구비토록 유도했다. 나아가 자이툰부대는 병사들의 임무교대 주기를 지정하여 기존 임무수행 병사들이 매너리즘에 빠지기 전에 한국에서 새롭게 선발된 병사들과 임무교대를 하도록 함으로써 피로도도 최소화하고 부대 전체가 높은 사기와 능력을 지속 유지하도록 조치하였다.

한국군은 이처럼 지원병 중에서도 능력 있는 병사를 선발했을 뿐만 아니라 '주민 중심 접근법'에 최적화된 부대를 선정하는 데도 많은 노력을 기울였다. COIN에서 최적의 방안으로 '주민 중심 접근법'을 적용하려면 최고의 병사는 저격수나 명사수가 아니라 공병대원과 의료진일 것이다. 이런 원칙이 이라크 COIN에서 잘 적용되었다. 지원한 공병 및 의료진 중에서 가장 유능한 대원을 엄선하여 이라크 전장으로 보냈다. 또한 한국군은 베트남전에서 통역요원의 중요성을 경험했기 때문에 이라크 임무에서도 통역요원 선발에도 심혈을 기울였다. 한국군은 아랍어에 능통한 46명의 장병을 선발한 후 12주 동안 훈련 과정을 진행했다. 뿐만 아니라 41명의 민간 통역요원도 선발하여 현지 언어 소통능력을 극대화하기 위한 노력을 기울였다. 자이툰부대는 이처럼 건물도 잘 짓고 의료지원도 잘하며 현지인과 아랍어로 소통할 수 있는 능력을 갖추고 있었다. 그러면서 동시에 자이툰부대원의 절반이 특수부대와 해병대 병력이라는 점에서 전투능력도 탁월했다. 즉 이라크 COIN 임무부대는 민사작전뿐만 아니라 게릴라가 공격할 시 이에 대처할 수 있는 능력을 갖춘 맞춤형 조직이었던 셈이다.

한국군은 이렇게 선발된 정예 장병을 대상으로 이라크 현지에 특화된 전문병사로 거듭날 수 있도록 양성화 교육훈련을 진행했는데 이 교육훈련의 두 가지 축은 임무전문화 및 이라크 문화교육이었다. 특히 임무전문화 교육훈련 중 첫 단계에서는 부대보호 분야에 집중하고 2단계에서는 기계 및 가전제품 수리, 그리고 현지어 대화능력을 향상시키는 훈련에 집중하여 민사작전능력을 증대시켰다. 나아가 한국군은 파병이 얼마 남지 않은 시점

인 2004년 3월 육군교육사령부에서 출간한 『파병부대』라는 책자를 "자이
툰부대의 야전교범" 성격으로 활용하여 파병 전 교육훈련을 체계화하였
다.[139] 이러한 과정을 체계적으로 진행함으로써 자이툰부대는 이라크 임무
에 특화된 조직으로 거듭나게 되었고 특히 '주민 중심 접근법'을 바로 시행
할 수 있는 능력을 갖추게 된다.[140]

　'주민 중심 접근법'을 이라크 임무의 주 처방약으로 결정한 한국군에게
가장 중요한 임무자산은 물리적 전투능력이 아니었다. 가장 중요한 무기는
건물을 짓고 도로를 정비하며 가전제품을 수리하는 능력이었다. 이와 맥을
같이하여 자이툰부대는 아르빌에서 경제적·사회적 인프라를 구축하는 데
필요한 트럭 등 건설장비를 구비하는 데 심혈을 기울였다. 주 처방약에 부
합되는 자산을 구비하는 조화로운 절차적 준비였던 셈이다. 뿐만 아니라 자
이툰부대는 칠판이나 분필 같은 비군사적 자산도 중요하게 생각하여 적극
확보에 나섰다. 이라크 임무가 정규전이었다면 이런 처방이 사치였을지도
모른다. 하지만 이라크 임무는 COIN의 성격이 있는 임무였기 때문에, 그리
고 '민심 사로잡기'가 우선시되어야 하는 임무였기에 그에 부합하는 처방
측면에서 지역주민들의 교육을 위해 필요한 칠판과 분필이 중요한 임무자
산이었던 것이다. 예를 들어 2008년 1월 자이툰부대가 53번째로 건립한 학
교를 쿠르드 지방정부에게 인계하는 자리에서 칠판과 분필 등 2만 9,000점
의 교육물자도 제공하며 지역사회의 교육에 많은 투자를 함으로써 '민심 잡
기'에 큰 기여를 하게 된다.[141]

　한편 한국군은 파병 전 교육훈련에 시설이나 가전제품을 수리하는 과
정을 포함시켜 병사들이 현지주민들을 도울 수 있는 능력을 구비시켰다. 나
아가 한국군은 파병장병들의 수리능력 향상을 위해 삼성, LG전자 등 가전
제품을 만드는 민간기업에 파병 예정 병사들을 파견시켜 전문기술 습득의
기회를 부여한다.[142] 이는 이라크인들은 삼성, LG전자 등 한국 기업에서 생
산한 가전제품을 많이 사용하고 있었기 때문에 이 민간기업에서 기술교육

을 받으면 현지인들을 도와 민심을 잡는 데 크게 기여할 수 있다는 판단에 따른 것이다. 이라크 임무에서 군부대와 민간기업의 공조는 이에 그치지 않고 자이툰부대원들이 현지에서 수리 부속이 부족하면 민간기업이 이를 제공하는 수준으로까지 확대된다. 예로 한국 기업의 UAE 지부에서 자이툰부대에 수리 부속을 제공해 준 사례를 들 수 있다.

이처럼 이라크 임무에 최적화된 병사, 즉 최정예 병사를 파병시켰다는 점에서 한국 COIN 임무부대는 보다 전문적이고 보다 효과적인 인적자산을 구비했다고 평가될 수 있다. 특히 이 최정예 병사들은 재래식 전투에서 필요한 물리적 전투무기보다는 '주민 중심 접근법' 구현에 적합한 비군사적 무기를 더 많이 보유하고 있었기에 임무 성공을 이끌어 낼 수 있었다. 이와 같은 병사들의 능력과 자이툰부대의 보유자산은 '최상의 부대와 최정예 자산' 가설인 '2C'의 적실성을 입증해 준다.

지금까지 15~16장에서 한국군이 이라크 COIN을 성공할 수 있도록 해 준 첫 번째 추동력으로서 '임무 특수성'—의지와 능력—을 살펴보았다. 한편 한국군에게는 한국이라는 국가적 차원의 지위에서 오는 이점도 있었는데 이는 이라크 COIN의 두 번째 추동력으로서 기능하고 있었다.

제17장
한국군의 이라크 COIN '지위적 이점' 기능

1. 유형적(물질적) 환경상 지위: 한국의 정치 지위적 이점

한국은 베트남전에서 국가 자체가 보유한 정치 지위적 이점으로 인해 COIN 임무 성공의 추동력을 얻을 수 있었다. 주지한 바와 같이 네 가지 이점은 바로 비강대국으로서 약자를 이해하는 경험(non-great power experience), 상대적으로 적은 힘의 비대칭성(lack of power asymmetry), 지형에 대한 숙달(familiarity with terrain and geography), 작지만 강한 조직을 가진 군대 보유(organized military)였다. 이러한 유형적(물질적) 환경상 지위인 정치적 차원의 이점은 한국이 이라크에서 COIN 임무를 수행하는 데도 성공의 추동력으로 작용했다.

1) 비강대국 경험

비강대국으로서 한국이 처했던 경험이 베트남 COIN에서 장점으로 작용했던 것처럼 이라크 COIN에서도 비강대국 경험은 임무수행의 이점으로 기능하였다. 그렇다면 구체적으로 이라크 COIN에 임하는 한국에게는 비강대국 경험이 어떻게 유리하게 작용했겠는가? 이는 국가건설 과정의 역사적 궤적, 베트남 COIN 경험, 경제발전의 역사적 경험, 한국을 동등한 파트너로 인식하는 구조적 위치로 압축될 수 있다.

먼저 국가건설 과정 측면에서 살펴보자. 강대국의 대리전쟁 성격이 있었던 6·25 전쟁 직후 비강대국 한국은 심각한 전쟁 후유증에 시달렸다. 국토는 전쟁으로 황폐해지고 생활 기반은 붕괴되었으며 사회는 와해 직전 상황에 직면했다. 이러한 환경하에 한국은 미국과 같은 외국의 원조를 받아 국가를 재건해야 하는 처지를 경험했다. 이런 전쟁 후유증을 극복하기 위해 한국인들은 무수히 많은 땀을 흘리고 엄청난 시간을 투자해야만 했다. 이 과정에서 소위 한국 사회 전체는 이 고난을 경험했다. 이처럼 전쟁 후유증을 이겨내기 위해 피와 땀을 흘려 국가를 재건하는 과정을 경험한 한국은 그 어느 국가보다 이라크 상황을 이해하기 쉬운 위치에 있었다. 특히 전쟁 후유증 극복은 단지 한두 사람의 어려움이 아니고 모든 국민의 어려움이었기에 이 역사적 궤적은 한국 사회에 깊이 내재하고 있었다. 따라서 한국에서 파병된 자이툰부대원들은 어느 국가의 군보다 이라크 사람들의 처지와 어려움을 잘 이해할 수 있는 지위적 이점을 갖고 있었다.

그렇다면 이 지위적 이점이 어느 메커니즘을 통해 COIN 성공을 견인했겠는가? 가난을 경험해 본 사람이 가난한 사람을 잘 이해하고 그들이 원하는 것을 제대로 도와주기 쉽다. 물론 가난과 어려움을 한 번도 겪어 보지 않은 사람도 남을 도울 수 있지만 가난한 사람들을 이해하는 능력은 떨어질 수밖에 없고 그들을 이해하려고 노력한다 하더라도 시간이 걸리게 마련이다. 한국 사람들은 전쟁 후유증을 극복하기 위해 1950~1960년대에 혹독한 경험을 하며 국가를 재건시킨 경험을 보유하고 있었기 때문에 이라크 상황을 이해하거나 현지주민의 어려움을 파악하는 데 필요한 시간을 줄일 수 있었다. 즉 한국의 경험이 이라크에서 '적응비용'을 최소화하는 데 기여했던 셈이다. 2006년 당시 장삼열 MNF-I 사령부 협조단장은 이라크 전역에 울려 퍼진 자이툰부대의 찬사에 관한 기고문에서 "과거 한국 전쟁 이후 우리 민족이 겪었던 군사 원조 시기의 뼈아픈 경험"을 성공 비결의 하나로 꼽았다.[143]

둘째, 한국의 베트남전 참전 경험도 이번에는 명실상부한 중견국으로 성장한 한국이 중동에서 또 다른 COIN 임무를 수행하는 데 지위적 이점으로 가동되었다. 한국은 약 40여 년 전 대한민국 수립 후 처음으로 해외에 병력을 보내는 과정에서 6·25 전쟁 전후 한국 내 빨치산 게릴라와의 전투 경험을 통해 베트남 현지 임무의 COIN 메커니즘 확인을 하는 데 있어 '적응템포'를 줄일 수 있었다. 한편 세계무대 속의 당당한 중견국으로 성장한 한국이 중동 지역에서 또 다른 비정규전 임무를 수행하는 데 있어 이번에는 빨치산 대게릴라전 경험뿐만 아니라 베트남 COIN 임무까지 경험이 누적되어 이라크 전장에서의 '적응템포' 가속화에 유리하게 작용되었다. 6·25 전쟁 전후 대게릴라전-베트남 COIN-이라크 COIN의 역사적 경험이 순차적으로 임무 성공의 선순환 구조를 만들어 내고 있었던 셈이다.

한국군의 베트남 COIN 처방약을 다시 살펴보자. 한국군은 베트남전에서 주 임무방법으로 '적 기반 접근법'을 채택하고 2단계로 '주민 기반 접근법'을 추가로 도입하였다. 게릴라 활동이 극에 달하던 상황에서도 '주민 기반 접근법'을 놓지 않았던 이유는 한국군이 COIN 메커니즘을 간파하고 있었기 때문이었다. 채명신 주월 한국군사령관은 지역주민의 마음을 사로잡는 것이 임무 성공을 위해 얼마나 중요한 일인지 잘 알고 있었다. 그리고 채 사령관의 처방은 베트남에서 그 효능을 발휘하였다. 채 사령관의 베트남 경험과 노하우는 자이툰부대원에게 그대로 전수되었다. 예를 들어 채명신 장군(예)은 2004년 3월 27일 교육훈련 중인 자이툰부대원을 대상으로 자신의 베트남전 경험에 관한 특별강연을 실시하여 베트남 COIN 성공 비결을 전수해 주었다. 그는 강연에서 "베트남에서 맹활약한 선배 장병들이 일궈 낸 고귀한 성과와 체험을 교훈 삼아 현지주민들을 늘 따뜻하게 대하고 절대 교만한 행동을 하지 말라"고 강조했다.[144]

또한 자이툰부대는 베트남전의 교훈을 이라크 COIN 임무에 잘 적용하기 위해 구체적 사례와 참전장병의 증언에 관심을 가졌다. 이를 위해 자이툰부대는 『실전적인 파병을 위한 임무유형별 사례·교훈집』을 발간하여 활용하였는데 이 책자에는 "100명의 베트콩을 놓치더라도 1명의 양민을 보호하라"는 채 사령관의 지휘철학도 담겨 있었다.[145]

한국군이 베트남에서 수행한 COIN 경험은 이라크에서 자이툰부대가 임무를 수행하는 데 있어 '적응템포'를 최소화하는 데 기여했다. 특히 베트남에서 2단계로 도입한 '주민 기반 접근법(a population-based approach)'의 경험은 이라크에서 '주민 중심 접근법(a population-centered approach)'으로 진화될 수 있도록 도약판(springboard)으로 기능하며 단기간에 아르빌 지역에서 제반 인프라를 구축하고 민심을 잡는 데 기여하게 된다. 예를 들어 한국군이 베트남에서 시행한 직업교육이 이라크에서는 보다 확대되어 기술교육센터 운영으로 이어졌고 베트남의 외과 이동병원의 성공은 이라크에서 자이툰 병원으로 진화했다.

셋째, 베트남 COIN 임무와 유사하게 한국인들의 경제개발 경험이 이라크에서 경제 인프라를 구축하는 데 큰 이점으로 기능했다. 한국은 1970년대 집중적인 경제발전 노력을 통해 가난을 탈출한 역사적 경험이 있었고 이는 이라크 COIN 임무부대가 지역 경제발전을 위한 독창적 방법을 만들어 내는 데 기여하게 된다. 주지하다시피 박정희 대통령 주도하에 모든 한국 사람들은 "더 잘살아 보자"는 기치 아래 '새마을운동'에 참가한 경험이 있었고 이는 한국 사회 전반에 스며들어 내려오고 있었다. 이 운동은 외국이 부러워할 정도로 큰 성공을 이루며 한국이 세계 10대 경제대국으로 위상을 갖는 데 크게 기여하게 된다.

특히 한국인들의 경제발전 경험은 이라크 COIN 작전 시 더욱 이점이 많았는데 그 이유는 아르빌 지역경제 상황이 1970년대 한국의 경제 사정과 비슷했기 때문이었다.[146] 따라서 아르빌 지역은 새마을운동이 효과를 발휘할 수 있는 최적의 장소라 판단되었다. 이에 자이툰부대 지휘관들은 새마을 중앙연수원에서 연수를 받으며 이라크 아르빌 지역 재건에 어떻게 새마을운동을 접목시킬 수 있는지에 대해 심층교육을 받게 된다.[147] 파병 준비 기간 중 이러한 노력들이 모아져 자이툰부대는 아르빌 도착 직후 '새마을운동 시범사업'이라는 이름으로 현지 경제발전을 위한 지원을 본격화했다. 1단계로 새마을운동 연수원을 건립하고 2005년 사업 대상으로 20개 농촌 마을을 선정하고 지역 지도자를 대상으로 연수도 준비하는 등 발 빠르게 한국 경제발전 경험을 현지에 적용하게 된다.[148] 특히 2004년 이미 2개 마을—바히르카(Bahirka)와 세비란(Sebiran)—을 시범 마을로 선정할 정도로 빠르게 추진되었는데 이는 자이툰부대의 '적응템포'가 매우 빨랐음을 입증하는 것이다.[149] 특히 아르빌에서 새마을운동을 본격적으로 시작한 2005년 9월에는 지역 새마을 지도자를 40명을 대상으로 소집교육을 실시하였다.[150] 이 새마을운동 시범사업은 아르빌 주민들에게 단순히 물고기를 주는 것이 아니라 물고기 잡는 법을 가르쳐 주는 데 그 목적이 있었다.

자이툰부대는 새마을운동 적용의 일환으로 현지주민들에게 농법기술도 전수해 주는 역할을 한다. 농법 전수에서 가장 성공적인 사례 중 하나는 비닐하우스 농법이었다. 비닐하우스 농법 전수는 지역주민의 소득증대에 크게 기여하게 된다. 비닐하우스 농법을 전수받아 3년 만에 오이를 수확하게 된 농장 주인 무하마드 살림은 "초기에는 실패가 많아 그만두고 싶었는데 용기를 갖고 다시 시작한 것이 오늘과 같은 결실을 가져왔다. … 우리 농민들에게 희망을 준 한국에 감사한다"고 말하며 자이툰부대의 노력에 찬사를 보냈다.[151] 새마을운동 사업의 가장 큰 장점은 자이툰부대가 단순히 물질적 지원만 한 것이 아니라 현지주민들이 직접 마을의 발전을 위해 두 발로 뛰게 했다는 것이었다.

넷째, 이라크 국민들이 한국을 동등한 파트너로 인식하게 하는 구조적 위치도 지위적 이점으로 기능케 했다. 한국인들은 외국의 통치를 받은 경험이 있었기 때문에 자이툰부대원들은 아르빌 주민들이 무엇을 원하는지, 그리고 독립이라는 것이 그들에게 얼마나 소중한 가치인지 잘 이해하고 있었다. 한국인들은 약소국 시절 한국이 자유와 독립을 위해 강대국의 힘을 필요로 할 때 그 강대국이 그들을 통제하는 지배국이 아니라 한국과 동등한 파트너가 되어 주기를 바랐던 국제정치 구조 차원의 역사적 경험이 있었다.

따라서 한국 COIN 임무부대는 동등한 파트너라는 개념하에 쿠르드 지역이 자치구로서 원활히 작동될 수 있도록 적극적으로 도왔다.[152] 요약하면 비강대국으로서 한국의 지위에서 출발한 상기 네 가지 요소는 이라크 COIN에서 임무 성공의 이점으로 작용했는데 이는 한국이라는 국가적 차원에서보유한 임무자산이었다.

2) 한국의 구조적 지위: 힘의 균형(Power symmetry)

A와 B국가 간에 국력 차가 크면 상대방을 동등한 파트너로 인식하기힘든 구조에 직면하기 쉽다. 특히 이 두 국가가 같은 장소에 있으면 동등한파트너로 인식하지 못하는 경향은 더욱 커진다. 이러한 인식의 차는 A라는국가가 약소국이고 B라는 국가가 강대국이면 더욱 심해진다. 마찬가지 이유에서 B국가의 군대가 A국가의 영토에서 질서 회복을 돕기 위해 COIN임무를 수행할 경우에도 A국가 사람들은 B국가 군대를 점령군으로 인식하게 되는 경향이 생긴다. 이는 COIN 임무군 '현지주민의 민심 잡기'를 어렵게 만드는 방해요소로 작용한다. 힘의 불균형은 정규전에서는 힘이 센 국가에게 절대적인 장점으로 작용하지만 COIN 임무 수행 시에는 불리한 요소가 될 수도 있는 아이러니에 봉착하는 셈이다.

미국군은 이라크에서 이와 같은 불리한 구조하에 COIN 임무를 수행해야만 했다. 2002년 미국과 이라크는 엄청난 국력 차이가 존재했다. 2002년당시 미국의 GDP는 약 10조 달러로 전 세계 GDP의 1/4에 해당하는 최고의 경제력을 가졌지만 이라크의 GDP는 미국의 1/500 수준인 180억 달러에 불과했다.[153] 경제력뿐만 아니라 군사력 측면에서도 미국과 이라크는 힘의 차이가 극명했다. 2002년 당시 이라크군 병력은 43만 2,000명이었던반면 미군의 병력은 이라크보다 3배 이상이 많은 142만 명이었다.[154] 군사비 지출 규모 측면에서는 두 국가 간 힘의 차이가 더 두드러졌다. 2004년미국은 GDP의 3.93%를 군비로 지출하고 이라크는 GDP의 2.38%를 지출했지만 두 국가 간의 GDP 차이가 500배 이상인 점을 고려하면 군비 지출은 비교할 수 없을 정도로 큰 차이가 나는 수치였다.[155] 뿐만 아니라 이라크는 보병 중심의 재래식 군사력을 보유했던 반면 미국은 첨단무기에 핵무기까지 보유한 세계 최강의 군사국가였다. 결국 물리적 군사력에서 미국과 이라크의 차이는 비교 자체가 의미 없는 엄청난 차이였다. 이러한 힘의 불균형은 이라크의 질서를 회복시키겠다는 COIN 임무군을 점령군으로 인식하게 하는 구조적 상황이었다.

반면 한국은 이와 같은 힘의 불균형으로 인해서 창출된 불리한 구조에서 자유로울 수 있었다. 경제적 측면에서 한국-이라크 간 차이는 미국-이라크 간 차이와는 훨씬 적었다. 2002년 한국의 GDP는 5,750억 달러로 이라크보다 약 30배 높았지만 500배 높은 미국에 비해서는 훨씬 적은 경제규모 차이였다.[156] 한국-이라크 간 군사력 차이는 경제력 차이보다 훨씬 적었다. 2002년 한국의 병력은 약 69만 명이었는데 이는 이라크보다 약간 많은 수준이었다. 또한 한국은 GDP의 2.47%를 군사비로 지출하고 있었는데 이는 이라크와 유사한 수준으로 GDP 대비 군사비 사용은 비슷하였다.[157] 게다가 미국과 달리 한국은 타 강대국을 견제하기 위해 세계 수준의 막강한 물리적 군사력을 갖추고 있는 것이 아니라 중견국 수준에 부합하는 군사력 구축을 추진하고 있었으며 핵무기도 보유하지 않은 국가였다. 이처럼 한국-이라크 간에는 군사력에서 큰 차이가 없는 반면 이라크가 한국보다 2배 큰 국토를 보유하고 있어서 영토 크기 측면에서는 오히려 이라크가 한국보다 강국이었다.

이처럼 이라크가 한국을 불평등한 파트너로 인식할 수준의 힘의 차이가 없었기 때문에 자이툰부대는 점령군으로 인식될 수 있는 경향이 덜하다는 지위적 이점이 있었다. 한편 한국처럼 비강대국인 이라크의 국민들은 강대국에서 파견되어 온 미군에 대해서는 점령군이라는 우려의 시각이 존재하였다. 이런 측면에서 한국은 상대방을 위협할 정도의 경제력, 군사력을 보유하여 위협으로 인식게 할 정도의 강대국이 아니었다는 구조적 위치가 한국군을 미군보다 더 자연스럽게 받아들이게 하는 메커니즘이 되었다.

3) 전투지형에 대한 전문성

앞서 살펴본 바와 같이 한국 전장과 이라크 전장은 전투지형 측면에서 유사한 점이 많았다. 한편 이라크 전장은 전투지형 측면에서 한국 전장과 베트남 지형 수준의 유사점은 없었다. 한국은 산악지형이고 4계절이 뚜렷한 반면 이라크는 사막지대였다. 그럼에도 불구하고 안보지형 측면에서 한국과 이라크는 큰 차이가 없었다. 6·25 전쟁 이후 줄곧 한반도의 DMZ는 세계에서 가장 군사적 긴장감이 높은 지역이었는데 이라크에서도 군사적 긴장감은 오랫동안 지속되었기에 안보지형에서 큰 차이가 없었다 할 수 있다. 군사적 긴장감이 높은 한국에서 파병된 병사들은 강한 군사대비 태세로 책임지역을 지켜 내는 방법에 익숙하였기 때문에, 자살공격이 난무하여 높은 긴장감이 지속되는 이라크 전장에서 어떻게 임무를 수행해야 하는지에 대한 대처능력을 이미 상당 수준 갖추고 있는 상태였다.

이처럼 최고도의 긴장이 감도는 안보지형이라는 유사성은 한국 COIN 임무군의 '적응템포'를 가속화시켜 주었다. 한국군의 주둔지역에 대한 경계와 보호는 민사작전을 성공적으로 수행하기 위한 선결조건이었다. 그 이유는 그 주둔지가 모든 작전의 본부로서 기능하는 핵심 노드이기 때문이었다. 자이툰부대는 이라크 전장에 도착한 즉시 5단계 정밀검문체계를 갖춘 기지 방호시스템을 구축한다. 특히 방문자통제소를 통해 이를 중앙집권적으로 통제하고 장거리 감시장비를 이용하여 24시간 철저하게 경계활동을 펼치게 된다. 『국방저널』 조진섭 기자는 자이툰부대의 방호시스템에 관련해 "한국의 비무장지대와 동일한 수준의 감시활동"이라는 평가를 하기도 했다.[158] 자이툰부대가 이처럼 발 빠르게 방호시스템을 구축한 것은 그들의 조국인 한국의 안보지형에서 비롯된 노하우가 있었기에 가능한 것이었다. 자이툰부대는 이 방호시스템을 통해 게릴라의 공격을 사전에 차단하여 민사작전에 노력의 집중을 함으로써 '민심 잡기'에 성공하게 된다.

4) 정상국가의 조직화된 군대(The organized military of a functioning state)

자이툰부대가 이라크에서 임무를 수행하면서 한국이라는 그들의 국가로 인해 받은 또 다른 지위적 이점은 바로 중견국가의 조직화된 군대체계를 갖추었다는 것이었다. 한국 정부가 자이툰부대를 파병하던 2004년 당시 한국은 이미 세계 10위 수준의 군사력을 보유한 것으로 평가되었다. 군조직을 제대로 갖추고 있지 못한 약소국이 해외파병임무를 수행하고 싶어 한다고 그 의지만으로 이 임무를 성공적으로 완수할 수는 없다. 파병조직을 빨리 만들고 또 전장에 가서 바로 적응하는 것은 그만큼 이미 군조직을 체계적으로 갖추고 있기에 가능하다. 중견국가는 이런 측면에서 이점이 있다. 대부분의 경우 중견국가는 수준 높은 경제력을 바탕으로 체계화된 군사조직도 갖추고 있다. 한국도 예외가 아니었다.

한국은 경제발전으로 창출된 자산을 기반으로 군사조직을 발전시키고 최첨단 무기와 장비를 갖추고 있었다. 또한 한국은 2004년 당시 이미 68만 7,700명의 정규병력을 보유하고 있었고, 육군의 경우 3개의 군사령부, 1개의 특수전사령부 등 조직체계를 갖추고 있었으며, 해군의 경우 43척의 수상전투함 외에도 10여 척의 상륙함 등 다양한 해상전력을 보유하고 있었고, 해병대는 2개 사단과 1개 여단, 공군은 540여 대의 전투기, 28대의 헬기 등을 보유하고 있었다.[159] 즉 한국은 강대국 전쟁 주도는 어렵더라도 중견국가 수준의 군대를 보유하고 있어 약소국과 달리 해외파병이 가능한 수준의 군사력을 갖추고 있었다 할 수 있다.

이처럼 한국은 파병 논의 당시 이미 중견국에 부합하는 군대조직을 갖추고 있었는데 이 조직체계는 자이툰부대가 이라크에서 임무를 수행할 수 있는 조직적 기반이 되었다. 또한 중견국가인 한국은 자이툰부대에 대한 지속적인 장비 및 물자지원도 가능하였다. 중견국가 한국이 보유한 기술력도 자이툰부대 임무수행에 한몫을 했다. 예를 들어 자이툰부대 경계능력 강화를 위해 탐지 및 감시카메라와 K-2 소총이 장착된 '이지스(Aegis)' 로봇 2대를 배치하고 폭발물 탐지활동 시 인명피해를 막기 위해 '롭해즈(ROBHAZ)-DT3' 폭발물 탐지로봇 4대도 운영하였다.[160] 자이툰부대가 이라크 COIN 임무에 이러한 첨단기술까지 사용했다는 점에서 한국군은 약소국가의 군대와 달리 COIN의 군사적 자산 측면에서는 이라크전 주도국가인 미국에도 뒤지지 않았음을 말해 주고 있다.

지금까지 살펴본 유형적 차원의 자산은 한국이라는 국가가 이라크에서 COIN 임무를 수행하는 데 지위적 이점으로 작용하였다. 한편 한국은 이처럼 눈으로 드러나는 지위적 자산 외에도 쉽게 나타나지는 않지만 부지불식간에 우리의 사회와 문화 속에 자산으로 자리를 잡고 있던 지위적 이점도 있었다. 지금부터는 이러한 한국의 사회-문화 지위적 이점이 이라크 COIN 임무를 어떻게 승리로 추동할 수 있었는지 그 과정을 추적해 보기로 한다.

2. 무형적(비물질적) 환경상 지위: 한국의 사회-문화 지위적 이점

베트남 COIN에서와 유사하게 한국은 이라크 COIN에서도 무형적, 비물질적 이점이 있었는데 이는 네 가지로 분류할 수 있다. 이 네 가지 이점은 사회-역사적 위치(한국-이라크 사회의 연계성), 한국군에 대한 첫인상, 문화적 위치(전장문화에 대한 폭넓은 이해) 그리고 무형적·정신적 자산으로서 국내행위자의 역할로 구분될 수 있다.

1) 사회-역사적 위치: 한국-이라크 사회의 연계성

한국 사회와 한국의 역사적 궤적은 이라크 사회 및 역사와 괴리감이 크지 않았다. 그렇다면 한국 사회와 이라크 사회는 어떠한 측면에서 유사성이 있었기에 COIN 임무에 있어 지위적 이점이 되었는가? 첫째, 강대국 정치의 틈바구니에서 독립을 쟁취했던 한국의 역사적 경험이 이라크 상황을 이해하는 데 큰 지위적 자산으로 작용했다. 한국이라는 국가를 사회-역사적 측면에서 본다면 주변 강대국으로부터 주권을 지켜 온, 또한 빼앗겼던 주권을 다시 되찾아 온 슬프고 힘든 경험이 있다는 특성을 가지고 있다. 한국은 역사적 투쟁을 이겨 내며 약 5,000년 동안 독립국가로서 살아남아 왔고 이러한 노력이 결실을 맺어 이제는 OECD 국가이자 세계 10대 경제대국이 된 성공 스토리를 쓴 국가이다. 슬픔을 이해할 수 있는 능력, 그리고 나아가 이를 극복하는 노하우를 아는 국가인 셈이다.

이와 같이 사회-역사적 궤적이 내재된 한국에서 파병된 병사들은 지역 주민들이 바라는 실질적인 자치(autonomy), 나아가 독립에 대한 그들의 간절

〈표 17-1〉 자이툰부대원의 일반적 심득사항 및 대민활동 시 유의사항

[일반적 심득사항]

3. 점령자나 정복자 같은 태도와 행동은 절대로 삼가라.
8. 일반 서민의 전반적인 생활환경을 주기적으로 주의 깊게 확인하라.
13. 민사요원이 실수를 할 경우 주민의 반발은 생각보다 빨리 온다. 지역주민들은 우리의 기대와는 달리 급속도로 실망해 버릴 수도 있다는 것을 명심하라.
17. 지역 지도자들로부터 신뢰를 잃을 경우, 일반 주민들에게 미치는 파급효과가 매우 크다는 것을 명심하라.

[대민활동 시 유의사항]

2. 상대방과 대화할 때에는 선글라스를 벗는 것이 좋다.
3. 왼손은 부정한 손으로 간주되므로 매사에 가급적 오른손을 사용한다.
4.6. 스포츠 중 축구를 매우 좋아하므로, 축구를 함께 하거나 대화의 화제로 삼으면 쉽게 친해질 수 있다.
4.7. 대화를 할 때는 가급적 가까이에서 하라. 팔이 닿을 수 있는 거리만큼 가까이 접근하라.

출처: 대한민국 국방부 군사편찬연구소, 『해외파병사 연구총서 1』, 2006, pp. 304~306.

함을 이해하기 좋은 위치에 있었다. 따라서 한국 COIN 지휘부는 병사들이 아르빌에서 임무를 수행하면서 반드시 지켜야 할 가이드라인을 제시했는데 이는 한국의 사회-역사적 궤적으로 인해 '적응비용'을 줄일 수 있었던 사례로 평가될 수 있다. 임무 중 유의사항을 중심으로 상세히 기술된 이 가이드라인은 파병 예정 병사들 모두에게 배포되었다(〈표 17-1〉, 〈표 17-2〉 참고).

이 가이드라인은 일반적 심득사항 25개 항, 대민활동 시 유의사항 8개 항, 생활관습 관련 유의사항 5개 항, 민간주택 방문 및 식사 시 유의사항 8개 항, 종교인 및 부족 대표 접촉 시 유의사항 5개 항, 어린이 및 여성 접촉 시 유의사항 10개 항, 종교 행사 관련 유의사항 12개 항, 운동 시 유의사항 4개 항, 현지 언론 접촉 시 유의사항 3개 항, 의료지원 유의사항 4개 항, 현지 비즈니스맨 접촉 시 유의사항 3개 항 등으로 구체화되어 있었다.

〈표 17-2〉 자이툰부대원의 이라크 사회 관련 유의사항

[생활관습 관련 유의사항]
1. 이라크인들의 자존심을 상하게 해서는 안 된다.
3. 이라크가 부족 중심 사회인 점에 유의하여 연장자나 지역 지도자급 인사들에게 각별한 예우를 갖춰 대하라.
5. 잘 다듬어진 수염은 남자의 상징이며, 수염을 기르는 것은 하나의 종교적 미덕으로 간주한다.

[민간주택 방문 및 식사 시 유의사항]
2. 여성에 대한 과도한 관심과 질문은 최소화하라.
3. 무기를 활용한 위협적인 행동을 유의하라(공포심 조성 방지).
4. 손으로 식사하는 문화를 이해하고 비하나 혐오감 표시를 하지 마라.

[종교인, 부족 대표 접촉 시 유의사항]
1. 종교인으로 인정된 지위를 최대한 예우한다.
3. 잘못되고 비합리적인 일이 있어도 부족장을 공개적으로 험담하지 마라.
5. 현지 주민과 접촉 시 우리 방식으로 예의를 표해도 무방하나, 가능한 현지인의 방식으로 예의를 표시하고 쿠르드어, 아랍어로 간단히 인사한다.

출처: 대한민국 국방부 군사편찬연구소, 『해외파병사 연구총서 1』, 2006, pp. 307~308.

자이툰부대는 이 가이드라인을 포켓북 크기로 만들어 장병들이 수시로 확인할 수 있도록 했다. 한국 COIN 부대의 이러한 노력은 지역주민들로 하여금 한국군이 그들의 자치권을 적극 지원한다는 인식을 갖게 하는 데 기여했다. 더 흥미로운 점은 한국 병사들은 이 규칙을 너무도 잘 준수했는데 이는 그들의 조국인 한국의 사회-역사적 경험을 바탕으로 주권과 자치권이 얼마나 중요한 가치인지 마음속 깊이 체득하고 있다는 것에 기인했다.

둘째, 이라크 사회는 한국 사회에 대해 낯설게 생각하지 않는 환경에 있었다. 이라크 사회에서 삼성, LG와 같은 한국 제품들은 이라크전 이전부터 매우 인기가 높았다. 또한 많은 이라크 사람들은 현대와 같은 한국산 차량을 보유하고 있었다. 2002년 이미 한국은 8,600만 달러 상당의 제품을 이라크에 수출할 정도로 두 사회는 긴밀하게 연결되어 있었다.[161] 이와 같은 두 국가 간의 경제적 교류는 사회적 소통도 활성화시키는 데 기여했다. 따라서 사회적 수준에서 이라크 국민은 한국을 아주 먼 곳에 있는 적국이 아니라 가까이 있는 이웃국가로 인식하고 있었다.

셋째, 이라크 사회는 한국 사회와 공유할 수 있는 것들이 많다는 점에서 두 사회는 연결 통로가 존재했다. 대표적인 것이 축구였다. 한국과 이라크에서 모두 축구는 대중적인 스포츠였고 대화의 통로로서 기능하고 있었다. 따라서 한국 COIN 임무병사는 이라크 사람들과 축구를 함께 하면 친구가 될 수 있다는 것을 잘 알고 있었다. 이런 이점을 극대화하기 위해 자이툰부대는 축구경기를 자주 가졌다. 특히 자이툰부대가 이라크라는 낯선 임무지역에 도착한 지 얼마 되지 않은 시점인 2004년 11월 27일~12월 12일에는 자이툰컵 고교축구대회를 개최했다.[162] 나아가 아르빌 체육협회와 공동으로 다양한 문화행사를 실시하고 이를 지역 언론매체를 통해 홍보함으로써 지역 전체에 한국군에 대한 친근한 이미지를 만들도록 노력했다. 뿐만 아니라 이 대회 우승팀을 2005년 4월 한국으로 초청하여 한국 고교팀과 친선경기를 하고 이 소식 또한 쿠르드 전 지역에 전파하여 두 사회가 연결되어 있음을 인식도록 유도하였다. 이런 과정은 현지인들이 한국군을 더욱 친구로 인식하는 계기가 되었는데 이와 같은 긍정적 결과는 자이툰부대가 두 사회의 유사성과 민간외교를 적극적으로 활용했기 때문에 가능한 것이었다.

마지막으로 한국과 이라크는 수천 년이라는 긴 역사를 가지고 있다는 측면에서 유사성이 있었다. 이러한 긴 역사는 국민들의 자부심으로 자리를 잡고 있었고 한국인들은 이 유사성이라는 이점 때문에 그들의 자부심을 잘 이해할 수 있었다. 특히 긴 역사를 가진 국민들에게 국가유산은 무엇보다 중요한 자산이었다. 이를 간파하고 있는 자이툰부대는 전쟁으로 인해 부서지고 파손된 이라크의 국가유산을 복구하는 데도 힘을 썼다. 대표적인 사례가 '아르빌 성채마을 구호(Ello's Heaven) 작전'이었는데 이는 아르빌 지역에서 가장 중요한 문화유산으로 평가되는 성채마을을 대상으로 환경미화 지원 등을 통해 구호하는 것으로 한국군이 지역문화를 존중한다는 이미지를 구축할 의도로 추진되었다.[163] 자이툰부대의 이런 노력들은 지역주민들로 하여금 한국군이 자신들의 문화와 전통을 중요시한다고 인식하게 하는 좋은 계기가 되었다.

지금까지 살펴본 한국이라는 국가가 보유한 사회-역사적 위치는 이라크에서 임무를 수행하던 다른 국가의 군대에서는 쉽게 찾아 볼 수 없는 지위적 이점이었다. 특히 미국군의 경우 이러한 지위적 강점이 아니라 지위적 약점만 존재했다. 작은 거인 한국군에는 강대국 미국이 갖지 못한 특수무기가 있었던 셈이다.

2) 한국군에 대한 첫인상

한국의 지위적 이점과 관련된 또 다른 것으로 한국군에 대한 첫인상을 들 수 있다. 주지한 바와 같이 쿠르드 주민의 자치에 대한 열의는 매우 높았다. 이런 지역 분위기 속에서 외국군인 한국군이 주둔하면 자신들의 자치권이 약화되지 않을까 의심할 수도 있는 상황이었다. 더욱이 한국인들은 인종적인 측면에서 다르기 때문에 베트남에서 누렸던 비슷한 외모로 인해 상대적으로 친근감을 느끼게 하는 이점도 약했다. 그럼에도 불구하고 쿠르드 주민들은 다른 외국군에 비해 한국군에 대한 적대감이 많지 않았다. 한국이라는 지위 덕분에 자이툰부대에 대한 첫인상에서 손해를 보지 않은 셈이다. 또한 한국이 영토적 야심이 있는 강대국 혹은 제국으로 비칠 위치에 있지 않았기 때문에 지역주민은 자이툰부대를 점령군으로 인식하지 않았다. 더욱이 앞서 언급한 사회-역사적 위치로 인해 쿠르드 주민들은 한국군에 대해 의심보다는 친근감을 드러내는 성향이 나타났다. 조금 있었던 의심의 시각도 한국의 지위적 이점과 자이툰부대의 주민 친화적 COIN 접근법으로 긍정적 이미지로 바뀌게 되었다. 2007년 나우자드 하디 마우르드 아르빌 주지사는 "처음에는 군인이라는 선입견 때문에 두려움과 의심으로 당신들을 맞이했습니다. 하지만 당신들이 보여 준 헌신적인 노력과 우리를 친구로 대하는 모습을 보면서 우리는 처음으로 이방인에게서 우정을 느낄 수 있었습니다. 이제 자이툰은 더 이상 이방인이 아닌 우리 사회의 일원이 되었습니다"라고 밝히기도 했다.[164]

한국군은 COIN 임무 수행에서 첫인상, 즉 이라크 주민이 COIN 임무군을 처음에 어떻게 인식하는가의 중요성을 강조했다. 따라서 한국군은 '퀵임팩트(quick impact) 효과' 달성을 위해 임무지역 도착 즉시 빠른 템포로 민사활동을 추진하게 된다.[165] 한편 한국 COIN 임무군은 아르빌 주민들에게 마을 개선사업에 동참하길 제안했지만 그들은 한국군의 제안에 적극적이지 않았다. 그래서 한국군 병사들은 지역주민이 동참하지 않더라도 묵묵히 악취가 나는 마을을 청소하는 등 마을 개선에 솔선수범하였다. 시간이 흐르면서 마을 주민들은 한국 병사들을 돕기 위해 모이기 시작했고 일부 주민들은 한국 병사들에게 인사를 하기도 했다.[166] 임무지역 도착과 동시에 보여 준 자이툰부대의 솔선수범은 '퀵임팩트 효과'를 달성하는 데 큰 기여를 했다.

자이툰부대가 지역주민을 돕는다는 인식이 확산되는 가운데 2005년 4

월 11일 쿠르드 지역 내 한 초등학교가 감사의 표시로 자이툰부대를 그들의 전통문화행사에 초청해 "We are friends"라는 슬로건으로 행사를 개최하기도 했다.[167] 2005년 4월 19일 자이툰부대는 보답의 일환으로 이 학교 학생 및 교사 200여 명을 부대로 초청하여 사진 100여 점을 전시하여 함께 관람하고 호떡과 뻥튀기 등을 만들어 주었다.[168]

〈그림 17-1〉 이라크 초등학생이 자이툰부대에 보낸 엽서

출처: 『국방저널』 no. 377, 2005. 5., p. 47.

이처럼 지역주민들이 COIN 임무부대와 적극적으로 소통하고 각종 사업에 앞서서 참여하자 다국적군도 한국군의 민사작전에 큰 관심을 보이기 시작했다. 2006년 5월 11일 MNF-I 주임원사단 11명은 자이툰부대의 COIN 노하우를 현장에서 확인하고자 방문했는데 주임원사단 대표부사관인 멜리저 원사는 "이라크 주민들이 한국군의 프로그램에 적극 동참하고 있는 모습에 매우 놀랐다. 이라크에서 이렇게 활기찬 곳은 처음 본다. MNF-I 사령관 케이시 대장에게 소상히 보고하겠다"며 감회를 털어놓았다.[169] 이처럼 타국군이 부러워할 정도로 주민 친화적으로 임무를 수행하는 가운데 이라크 어린이들까지 한국군에게 "꾸리 넘버원!"이라 외치며 친근함을 표시하는 수준으로 임무성숙도가 높아지게 된다.[170]

한국군은 이처럼 빠른 기간 내에 첫인상을 아주 호의적으로 만들려는 목표를 이루게 되면서 COIN 임무에 강한 추동력을 얻게 된다. 그리고 지역에서 한국군은 반드시 필요한 존재로 위상을 갖게 된다. 한국군이 철수를 준비하자 지역주민들은 좀 더 함께 있어 달라고 요청까지 할 정도였다. 2007년 말 한국 국회에서 파병 연장안을 통과시키자 이라크 주민은 기뻐했다.

자이툰부대에서 현지 통역인으로 활동하는 이라크인 하마드는 "필요할 때 친구가 진짜 친구"라고 말하면서 파병 연장을 통해 이라크 주민들이 한국군을 더 신뢰하게 될 것이라 소회를 밝혔다.[171] 자이툰부대의 완전 철수 1달여를 앞둔 2008년 12월 나우자드 하디 아르빌 주지사는 "자이툰부대는 쿠르드의 문화를 존중해 주었고 지금 쿠르드 사회의 일원이자 우리 시민으로 인식되고 있으며, 자이툰부대의 철군은 우리 쿠르드 입장에서 무언가를 잃는 허전함을 느끼게 합니다"라고 철수의 아쉬움을 토로했다.[172] 네체르반 바르자니 쿠르드 지방정부 총리도 "지난 수천 년 동안 박해와 죽음으로 고생해 왔던 우리 쿠르드인들은 오늘날 자이툰의 도움을 받고 그들의 삶에 희망을 갖게 되었습니다"라고 말하며 지역 재건에 혼신의 힘을 다한 자이툰부대에 감사함을 표명했다.[173] 왜 지역주민들은 한국군의 철군을 아쉬워했을까? 이라크 주민이 한국군에 느낀 첫인상은 강대국의 그것과는 달랐기 때문이다. 그리고 자이툰부대가 이러한 상대적으로 좋은 첫인상을 잘 활용하고 나아가 이를 극대화하여 실제 한국군을 신뢰하게 만들도록 지혜를 발휘한 결과였다.

3) 문화적 위치: 전장문화에 대한 폭넓은 이해

한국 사회에 내재된 문화적 위치도 자이툰부대원들이 이라크에서 COIN 임무를 수행하는 데 지위점 이점으로 기능했다. 한국과 이라크 사이에 문화적 공통점이 존재했던 것이다. 개인주의 문화가 내재되어 있는 미국과 달리 한국은 이라크처럼 공동체 문화를 중요시하는 사회이다.[174] 따라서 한국군은 공동체에 기반한 문화를 가지고 있는 아르빌 지역에서 지역주민을 이해하는 데 미국군보다 유리한 위치에 있었다. 한국 사회가 보유한 문화가 이라크 COIN 임무에서 이점으로 작용한 셈이다. 이와 같은 문화적 공통점에 기반하여 자이툰부대원들이 지역 문화를 이해하는 데 앞서가자 이는 아르빌 지역을 빠르게 안정화시키는 데 기여하는 시너지 효과를 창출하게 된다.

그렇다면 구체적으로 문화적 위치가 이라크 COIN 임무에 어떻게 긍정적 영향을 미쳤을까? 첫째, 문화적 차원에서 한국군이 가장 큰 힘을 발휘하는 데 기여한 것은 한국 고유의 전통적 문화인 '정'이라는 관념이었다. 한국의 '정' 문화는 이라크에서 민심을 잡는 데 가장 적합한 자산으로 전환되었다. 오랜 기간에 걸쳐 한국인들에게 내재되어 온 '정'은 타인을 돕고 이웃을 존중하는 것의 중요성을 강조하는 문화로 특히 타인과의 관계에서 합리적 계산보다는 비물질적 끈끈함을 소중히 생각하는 개념이다. 바로 이러한 '정' 문화가 한국 병사들로 하여금 이익보다는 마음을 앞세워 지역주민을 친구로 만들게 하는 정신적 자산으로 기능하였다.

한국의 '정' 문화는 개인주의가 아닌 공동체 문화가 내재된 아르빌 지역의 사람들과 그들의 문화를 자연스럽게 이해하고 나아가 존중하게 해 주는 원동력이었다.[175] 한 자이툰부대원은 "한국 특유의 정을 갖고 그들과 함께 어울리고 그들의 문화를 존중해 주는 자이툰부대원들의 헌신적인 모습이 그들의 마음을 열게 만들었다"고 말하며 '정' 문화의 힘을 강조하기도 했

〈그림 17-2〉 종교센터 개원식
출처: 대한민국 국방부 군사편찬연구소, 『해외파병사 연구총서 1』, 2006, p. 383.

다.[176] 더욱 흥미로운 점은 굳이 '정'이라는 표현을 사용하지 않더라도 아르빌 주민들은 정이 많은 문화적 속성을 가진 사람들이었기에 한국 병사들과도 소위 문화적 코드가 잘 맞았다.[177] 한국 COIN 임무군은 현지에서 "문화와 관습을 존중하는 문화적 접근(Korean Iraqi Kurd Culture)"이라는 방법을 채택하여 지역주민의 공감대를 도출하고자 시도했는데 이는 그들의 조국인 한국이 보유한 문화적 자산에 의해 추동된 것이라 이해하는 것이 맞는 표현일 것이다.[178] 한국이 보유한 '정'은 자이툰부대가 작은 거인으로 활약할 수 있게 하는 특수무기로서 기능한 것은 분명하다.

둘째, 공동체에 익숙했던 한국 COIN 임무군은 이라크에서 종교 공동체가 사회의 근간이라는 점에 주목했다. 이에 한국군은 이라크 임무에서 종교에 대한 이해 없이 성공을 거두기는 힘들다고 판단하고 파병 이전부터 이슬람 종교에 대해 알기 위해 노력했다. 따라서 한국군은 파병 준비 기간 동안 무종교 장병을 대상으로 종교체험행사를 갖고 이를 계기로 37명이 서울 소재 이슬람 사원에서 이슬람교 입교식에 참가함으로써 종교적 동질성을 활용하여 현지인들과의 친화에 도움이 되도록 유도하였다.[179] 뿐만 아니라 자이툰부대가 아르빌에 도착한 후에는 이슬람 사원을 위해 컴퓨터, 복사기, 카펫, 냉장고, 발전기 등 다양한 물품을 지원해 주었다.[180] 나아가 자이툰부대는 주둔지역 내에 이슬람 사원을 설치하여 이슬람 신자와 현지 이라크 고용인이 예배를 함께 하는 여건을 만들어 줌으로써 한국군이 현지 종교에 대해 예의를 다한다는 인식을 형성하도록 하였다.[181]

한국군은 베트남에서처럼 지역 종교 지도자와 좋은 관계를 유지하였다. 한국군은 종교센터 개원식에 이슬람 종교 지도자 10명을 초대하는 등 종교에 대한 존중의 생각을 수시로 표현했다.[182] 또한 앞서 살펴본 것처럼 장병들에게 종교인 접촉 시 유의사항을 배포하는 등 종교 공동체를 존중하는 것을 COIN 임무 성공의 중요한 요소로 간주하였다. 이런 노력의 결과 자이툰부대와 현지 종교 지도자 간에는 친화적인 네트워크가 형성되었고 쿠르드 지역의 발전은 자이툰부대가 그들의 종교를 존중하였기 때문에 가능했다는 목소리가 현지 지도자로부터 흘러나왔다. 나아가 종교 지도자들이 나서서 자이툰부대에게 더 많은 역할을 요청할 정도로 소통이 활발해지면서 자이툰부대는 점령군이 아닌 원조군으로 인식되는 선순환의 길에 들어서게 된다.

셋째, 공동체에 기반한 사회에서 온 자이툰 병사들은 쿠르드 공동체 사회를 빨리 이해함으로써 '적응비용'을 줄일 수 있었다. 유심히 보면 한국 사회와 이라크 사회에는 미묘한 차이가 존재했다. 한국 사회는 가족, 이웃, 학교, 직장 같은 다양한 공동체가 존재하는 곳이었던 반면 이라크 사회는 부족 중심의 환경이었다. 그럼에도 불구하고 두 사회는 모두 개인주의적 사회가 아닌 공동체적 사회라는 점에서 아주 유사했다. 이런 유사점에 힘입어 아르빌 지역의 공동체적 문화를 이해하는 데 필요한 시간을 줄여 즉각적으로 COIN 방안을 시행할 수 있었다. 공동체 지도자들과 우호적인 관계를 구축하고 지역주민들에게 한국군이 그들의 지도자를 존중한다는 인식을 확산시키기 위해 자이툰부대원들은 현지 지도자들이 다소 이상한 행동을 할 때도 지역주민들 앞에서 그들을 험담하지 않았다.[183] 또한 한국군은 현지 지도자를 존중하기 위해 많은 고민을 하여 세부적인 행동규범을 만들었다. 예를 들어 자이툰부대원들은 지역주민에게 선물이나 지원물품을 제공하기 전에 지역 지도자들을 통해 지역공동체 윤리를 확인하는 절차를 거쳤다.

넷째, 한국인들의 공동체 문화는 자이툰부대원과 지역주민 간의 문화적 소통의 템포를 가속화시키는 데 기여했다. 한국에서 공동체 전통은 이웃을 만나면 인사를 잘하는 것을 소중히 여긴다. 마찬가지로 한국의 문화는 친구와 이웃의 소중함을 강조한다. 이에 영감을 받은 한국군은 부대원과 이라크인들이 문화적으로 소통할 수 있는 기회의 마련을 위해 '한국의 날' 행사를 개최하여 서로를 가짜 친구가 아닌 진짜 친구로 인식하게 하였다.[184]

한국군은 베트남 COIN 임무 시 한국의 전통무술인 태권도를 잘 활용하였었다. 마찬가지로 자이툰부대는 이라크에서 지역주민과 가까워지는 매개체로 태권도를 활용하였다. 한국군은 이라크에서 바하르카 등 5개 지역에서 태권도 교실을 운영하면서 한국의 무술전통을 이라크 사회에 전수하며 문화적 소통을 하는 계기로 만들었는데 이것이 결실을 맺어 '쿠르디스탄 태권도협회'까지 창설하게 된다.[185] 태권도를 통한 COIN 임무 수행은 무술 연마를 통해 자연스럽게 소통하고 친해지는 장점을 극대화시켜 주민의 마음을 잡는 데 기여하게 된다. 특히 태권도는 한국의 전통무예이기 때문에 문화적 소통이라는 측면에서 친화적 분위기를 사회 대 사회로 확산시키는 효과를 유도하게 된다.

지금까지 살펴본 공동체 문화적 접근을 통해 한국 COIN 임무군은 지역주민들에게 적군 혹은 점령군이 아니라 원조군, 나아가 그들 공동체의 일원으로 인식되게 되었다. 중요한 점은 한국군은 오로지 지역주민의 민심을 잡는 데만 집중한 것이 아니었다. 오히려 반대로 자이툰부대원들이 그들의 마음을 지역주민에게 줌으로써 지역주민이 그들을 마음으로 받아들인 결과로 '민심 잡기'가 이루어졌다. 요약하면 한국군은 그들 조국의 공동체적 문화라는 지위적 이점에 힘입어 이라크 현지문화를 다른 외국군보다 더 잘 이해할 수 있었고 나아가 쿠르드 주민들과 문화와 전통을 교류하고 공유하는 데 성공할 수 있었다.[186] 결국 현지문화를 잘 이해한 것이 '민심 잡기' 비결 중 하나였던 셈이다.

4) 무형적 · 정신적 자산: 국내행위자의 역할

자이툰부대가 이라크 임무에서 누렸던 또 다른 무형적 측면의 이점은 바로 국내행위자의 성원과 역할이었다. 주지하다시피 COIN 임무는 오랜 기간이 요구되는 힘든 여정이기 때문에 국내행위자가 이를 계속 성원해 주지 않으면 임무를 마무리하지 못하고 전장을 떠나야만 하는 결과를 초래한다. 한국 COIN 임무군은 이라크에서 이런 상황에 직면하지 않았다.

베트남 임무보다 이라크 임무가 한국 국민들에게 상대적으로 적은 지지를 받은 것은 사실인데 그 이유는 이념전쟁의 부재와 시민사회 강화에서 찾아 볼 수 있다. 첫째, 이념전쟁의 부재 측면에서 이라크전은 베트남전과 달리 민주주의의와 공산주의의 대결이 아니었다. 한국 국민들 입장에서 이라크전에 참가하지 않는다고 한국이 공산화될 위험에 처한다는 절박함은 없었던 셈이다. 따라서 한국군의 이라크 임무 참가는 국가생존에 핵심적인 사안이 아니라는 인식이 팽배하였다. 둘째, 이라크 파병 당시의 시민사회는 민주화에 힘입어 베트남 파병 당시와도 비교할 수 없을 정도로 활성화되었고 그들의 목소리도 이전보다 훨씬 강해져 있었다. 이런 환경 속에 전투군인을 해외로 보내는 것은 시민사회의 목표와 거리가 있었고 이는 파병 결정 과정 속에 고려요소가 되지 않을 수 없었다. 특히 시민사회는 해외에서의 군인들의 군사폭력 사용에 대해 강한 반감을 표명하였다.[187] 이러한 이유로 인해 COIN 임무의 4대 행위자 중 하나인 국내행위자로서의 한국 국민은 군대를 외국 땅에 보내 전투를 하도록 하는 것을 달가워하지 않았다.

　　그럼에도 불구하고 한국 국민들은 한국군의 이라크 임무가 국가위상을 위해 매우 중요하다는 점은 인식하고 있었다. 더욱이 한국군이 '비전투병'으로 파병군을 구성하여 '주민 중심적 접근법'을 적용한다는 것을 인식하자 한국 국민들은 정치적 그리고 경제적으로 혼란에 빠진 이라크 사람들을 도울 수 있다고 판단하여 이 임무에 공감을 하게 된다. 한국사회여론연구소(KSOI)에서 실시한 조사에 따르면 응답자의 53%가 전쟁으로 황폐해진 이라크에서 인프라를 구축하는 임무를 위한 파병에 찬성했다.[188]

　　한국 국민들은 이라크 임무를 중요하게 생각하면서도 그 방법에 대해 이견이 있었는데 이에 '비전투병' 위주의 파병이라는 해답을 제시함으로써 자이툰부대의 구성이 탄력을 받게 된다. 결과적으로 COIN 임무군에게 성공의 추동력이었던 '임무 특수성'이라는 논리가 국내행위자에게도 작동되었던 셈이다. 극심한 반대 속에 강행되어 한국군을 파병했다면 임무 중 발생한 작은 문제에도 철군 문제가 이슈화되었을 것이기에 국내행위자의 지지 속에 자이툰부대가 이라크를 향해 떠나는 것은 매우 중요한 일이었다. 자이툰부대가 궁지에 처한 이라크 사람들을 제대로 돕는 모습이 결과로 나타나면서 한국 국민들은 한국군의 임무에 대해 더욱 지지를 보내게 된다. 2007년 국방대와 현대리서치(주)에서 공동으로 실시한 여론조사에서 일반 국민 응답자의 56.2%가 자이툰부대의 임무성과에 대해 '긍정적'이라고 대답했고, 반면 13.9%의 응답자만이 '부정적'이라 대답했다.[189]

　단순 지원뿐만 아니라 국내행위자는 '민심 잡기'를 위해 적극적인 역할까지 하며 자이툰부대의 임무 성공에 한몫을 하기도 한다. 한국 국민들은 이라크 국민들과 공감대를 형성하기 위해 노력했다. 이에 보조를 맞추어 정부는 자이툰부대 파병전에 국민들과 함께 공공외교의 일환으로 이라크와 우호적인 관계 형성을 시도했다. 축구가 이라크에서 가장 인기 있는 스포츠였기에 국내행위자가 주관이 되어 2004년 4월 6일 한국과 이라크 간 올림픽 축구 대표팀 친선경기를 갖고 한국 국민, 파병 예정 장병들이 모여 양국을 향해 응원을 했다. 이 경기를 계기로 이라크 국민들은 자이툰부대 파병전에 이미 이라크에서 임무를 수행 중이던 한국군 서희부대 장병들에게 "꾸

〈그림 17-3〉 올림픽 축구 대표팀 친선경기 응원 장면
출처: 『국방일보』, 2004. 4. 8., p. 1.

리는 영원한 친구"라 말하는 등 한국에 대한 우호적인 인식을 표명하고 이를 더욱 확산시키게 된다.[190] COIN 임무군의 국가 내 행위자가 주관이 되어 치러진 이 행사를 통해 앞으로 파병될 자이툰부대원들을 친근한 사람들로 받아들이는 계기를 제공했다는 측면에서 전장 밖에서도 COIN 임무 성공을 위한 노력이 존재했었다는 의미로 평가할 수 있다.

국내행위자가 COIN 임무 성공을 위해 적극적인 역할을 수행한 또 다른 분야는 의료지원이었다. 한국 국민들은 이라크 환자들을 한국으로 초청하여 치료를 받을 수 있도록 적극적으로 지원하였다. 예를 들어 2006년 4월 경희대학교와 경희의료원은 만성 중이염과 성장장애로 고생하는 이라크 어린이를 초청하여 수술 및 치료를 해 주기도 했다.[191] 한편 자이툰부대원은 파병 수당 중 1%를 한국심장재단에 기부했는데 금액이 어느 정도 모이자 자이툰부대에서는 심장병 환자를 한국으로 초청할 것을 제안한다. 이에 2007년 3월 한국심장재단, 세종병원이 주도가 되어 이라크 심장병 환자 5명을 한국으로 초청하여 수술을 해 주기도 하였다.[192] 또한 2007년 12월 한국 COIN 임무군은 폭격으로 다리를 잃은 이라크 소년을 한국으로 보내 수술 및 치료를 받게 했고 그 소년은 인공 다리를 통해 다시 걸을 수 있게 되었다. 이를 지켜본 한국 주재 이라크대사는 한국인들과 이라크인들의 우정을 다지는 계기가 되었다고 찬사를 보냈다.[193]

일반 시민과 같은 국내행위자 외에도 국회도 한국군의 임무에 지원을 아끼지 않았다. 2005년 11월 유재근 국방위원장은 자이툰부대를 방문하여 쿠르드인들을 돕고 있는 한국군 병사들을 격려해 주었다.[194] 2007년 7월에는 장영달 의원 일행이 자이툰부대를 방문하여 "대한민국을 대표해 국제사회의 일원으로서 이라크의 평화와 재건을 위해 헌신하고 있는 장병 여러분이 자랑스럽다"고 말하며 한국군의 임무에 성원을 해 주었다.[195]

17장에서 살펴본 한국이 보유한 '지위적 이점'은 '임무 특수성'과 함께 이라크 COIN에 강력한 추동력을 제공해 주었다. '지위적 이점'은 유형적(정치적) 차원과 무형적(문화-사회적) 차원에 기인한 것으로 한국이라는 국가가 보유한 독특한 자산이었다. 이 자산은 COIN 임무 수행 시 긍정적 요소로 작용했는데 이를 통해 '정치적·사회-문화적 이점'에 관한 '가설 3'의 적실성을 확인하였다.

제18장
한국군의 이라크 COIN 임무 성공 함의

1. 의지와 능력의 변화 유무

한국군은 베트남과 이라크에서 모두 그들의 임무를 잘 수행했다. 그러나 매우 흥미로운 한 가지 차이점이 존재했다. 그것은 무엇일까? 베트남 임무에서는 시간이 흐르면서 한국군의 의지와 능력이 낮아졌지만 이라크 임무 시에는 오히려 의지와 능력이 점점 증대되었다는 것이다. 한국군의 이라크 임무 수행 의지와 능력의 증가는 철수를 앞둔 시점에도 자이툰부대가 보여 준 우수한 임무실적을 통해 확인할 수 있다. 한국군은 철수 2개월 전에 '자이툰 도서관'을 훌륭히 완공하여 이라크 시민사회에 제공해 주었다. 나아가 임무병력이 2006년 3,000명에서 2007년 2,000명으로 감소하였음에도 불구하고 재건사업 실적은 거의 비슷했다. 2006년 재건사업 실적은 63건이었지만 철군을 앞둔 시점인 2007년 초에도 자이툰부대는 신규 재건사업으로 56건을 계획했는데 이는 자이툰부대의 임무수행 의지와 능력이 지속되었음을 보여 주는 수치이다.[196] 『국방일보』도 2007년 3월 14일 자 기사를 통해 "병력은 줄어들어도 자이툰부대의 아르빌 재건 노력과 의지는 조금도 약해지지 않았다"고 언급하는 등 자이툰부대의 모습은 베트남전에서 철수 논의가 진행되던 시점에서의 한국군과는 분명 달랐다.[197] 즉 '의지와 능력'이라는 변수에서 차이가 있었던 셈이다.

무엇이 이러한 차이를 만들어 냈을까? 베트남전 상황과 달리 이라크 전장에서는 한국군이 임무를 시작한 2003년부터 철군한 2008년까지 '임무 특수성' 논리가 변함없이 기능했다. 베트남전 당시 한국군이 임무를 잘 수행하던 중 COIN 주도국가인 미국이 철군 논의를 시작하면서 '의지와 능력' 요소가 변화되기 시작했다. 하지만 이라크 전장에서는 한국군이 철군한 이후에도 미군이 이라크에 지속 주둔하며 임무를 수행함에 따라 한국군의 '의지와 능력'이 불리하게 변화될 상황을 피할 수 있었다. 나아가 어려움에 처한 이웃 국가를 돕기 위한 임무방식인 '주민 중심적 접근법'은 임무기간 내내 자이툰부대원들에게 국가위상을 높이는 데 매우 중요한 것으로 인식되었다. 철군을 2개월 앞둔 2008년 10월 박선우 자이툰부대장은 "국익을 극대화하기 위해 자이툰부대가 조금 더 주둔했으면 하는 게 사단장의 개인적인 욕심"이라 밝히며 한국군이 마지막까지 한국의 대표 선수라는 의식을 견지하고 있음을 내비쳤다.[198]

2. 한국군 COIN 부대의 이라크 임무 성공 충분조건

베트남 COIN 작전과 유사하게, 이라크 COIN 작전에서도 '임무 특수성'의 논리에 힘을 받아 한국군은 임무 성공에 대한 강한 열의를 보유하였다. 또한 이런 임무열의는 한국군이 이라크 임무에 최적의 방법인 '주민 중심적 접근법'을 선택하게 하는 선구안으로 전환됨으로써 맞춤형 COIN 능력을 구비하는 방향으로 진화하게 된다. 이처럼 임무의 본질적 특성이 이라크 COIN 성공의 추동력 중의 하나였고 또 다른 추동력은 한국이 보유한 정치·사회-문화 차원의 지위적 이점이었다. 한국은 역사적으로 이라크와 비슷한 국제정치적 상황에 봉착한 국가였고 이라크와 사회-문화적으로 동질적 속성을 가지고 있는 국가이기도 했다. 이러한 지위는 한국군이 '적응비용'을 줄이는 자산으로 가동되는 원동력을 제공했다. 이러한 측면에서 '임무 특수성'과 '지위적 이점'은 한국군의 COIN 성공의 충분조건으로 기능했다.

반면 미군은 임무방법에 대한 선구안도 부족했고 나아가 '지위적 강점'이 아닌 '지위적 약점'으로 둘러싸여 있었다. 미군은 이라크전 사전준비 단계에서 한국군과 달리 임무방법에 대한 치밀한 연구가 부족했다. 특히 미국은 이라크 전쟁을 준비하면서 후세인 정권 제거 후 상황에 대한 여러 가정을 상정해 놓고 연구를 하였지만 대규모 저항세력 부상으로 인한 COIN 임무 소요 가능성은 예측하지 못했다.[199] 이라크전에 정규전의 시각으로만 접근했고 이에 따라 COIN 접근법은 임무시작 단계에서 고려되지 않았다. 그결과 임무의 첫 단추를 잘 맞출 기회를 상실하면서 끝이 보이지 않는 터널에 갇히는 모양새가 되고 만다. 나아가 COIN 작전에 적합한 선구안이 부족하다 보니 맞춤형 능력 구축에도 한계에 봉착하는 악순환의 고리에 붙잡히게 된다.

이처럼 미군은 전장환경에 대한 이해 부족으로 제대로 된 임무방법을 채택하지 못했고, 동시에 한국과 달리 국가에서 오는 지위적 이점도 누리지못했다. 미군은 한국군처럼 첫인상이 좋다든지, 사회적으로 공감대가 있다든지 하는 지위적 이점을 보유하기는커녕 극단적인 국력 차와 사회에 대한이해 부족으로 인해 점령군으로 인식되었고 이에 아무리 게릴라를 소탕해도 또 다른 게릴라가 양성되는 악순환에 시달리게 된다. '작은 거인' 한국은이라크 전장에서 강대국 미국이 부러워할 정도로 임무의 승자로서 평가되었고 이는 중견국이 국제무대에서 안보역할을 확대할 수 있음을 보여 주는또 다른 중요한 사례가 되었다고 의미를 부여할 수 있다.

제19장
베트남 · 이라크 임무 사례를 통해 본
COIN 작전 성공의 일반화

1. 베트남 · 이라크 임무의 핵심 공통점

지금까지 한국군이 베트남과 이라크라는 두 개의 임무지역에서 COIN 작전에 성공한 사례를 추적해 보았다. 이 두 사례를 추적하여 공통점을 추출해 낼 수 있다면 COIN 작전 성공에 필요한 핵심 원리에 대한 일반화가 가능할 것이다. 그렇다면 이 두 임무의 공통적 요소는 무엇일까?

한국군의 베트남과 이라크 임무의 첫 번째 공통점은 이 COIN 작전이 단순 반복 임무가 아닌 매우 드물고 독특한 임무였다는 것이다. 이 두 가지 임무 이전에 한국이 처한 국가안보 상황은 매우 위중하였다. 북한 정규군 위협의 고도화로 한국군은 정규전에 집중하여 대비하고 있었다. 정규전 중심으로 전투준비 태세를 갖춤으로써 북한 정규군의 전면전 도발을 억제하고, 나아가 억제가 실패하면 평소 준비한 정규전 수행능력을 통해 전승을 달성한다는 개념이 한국군의 핵심 임무였던 것이다. 이처럼 국가안보 위협이 위중한 시기에 해외에서 수행하는 임무, 그것도 비정규전 형태의 임무는 매우 드물기도 하면서 동시에 독특한 임무일 수밖에 없었다. 정규군에 대비하는 단순 반복적 경계임무와는 임무성격이 차별화된 임무였으며 파병 전까지 매진하던 물리적 군사력만을 중요시하는 정규전 성격과도 전혀 다른 임무였던 것이다. 따라서 이 두 전장에서의 COIN 작전은 임무 매너리즘에서 자유로울 수 있다는 장점을 내포하고 있었다.

나아가 베트남·이라크 임무는 모두 한국에게 국내적 차원과 국제적 차원의 기대효용이 높다는 특수성을 보유하고 있었다. 국내적 차원의 기대효용으로 베트남 임무는 빈곤국가 탈출 기회를 통한 경제발전이라는 효용과 군현대화를 통해 북한위협에 대비할 수 있다는 측면의 국가안보 효용이 있었다. 이라크 임무는 주한미군의 한반도 밖 이동을 차단하여 북한이 오판을 하지 않도록 해 준다는 측면에서 국가안보적 효용이 존재하였다. 또한 국제적 차원의 기대효용으로 이 두 가지 임무는 모두 국제무대에서 한국의 위상을 높여 줄 절호의 기회라는 성격이 존재하였다.

　　한국군이 수행한 이 두 가지 임무의 두 번째 공통점은 COIN 임무군이 전장환경에 대한 심층 연구 및 조사를 통해 임무전장에 효과적인 최적의 COIN 접근법을 구상하여 적용했다는 것이다. 베트남에서 한국군은 전장 지역에서 게릴라의 활동이 우세하다는 점을 간파하여 '적 지향 접근법'을 채택하면서도 베트남전이 본질적으로 COIN 임무라는 점을 인식하여 '주민 기반 접근법'을 단계적으로 접목시켰다. 한편 이라크에서는 '주민 중심 접근법'을 채택하여 지역 재건에 노력을 집중하는 혜안을 발휘했다. 이는 정규전과 달리 하나의 SOP를 모든 전장에서 적용해서는 COIN 작전에 성공할 수 없음을 방증하는 의미도 있다.

　　세 번째 공통점으로 한국군은 베트남과 이라크 전장에서 임무 성공에 대한 열의가 매우 높은 실질적 안보행위자였다는 것을 들 수 있다. 이 두 전장에서 한국군은 스스로를 전장의 땅을 밟는다는 것 자체에만 의미를 둔 단지 상징적인 존재로만 인식한 것이 아니라 제대로 임무를 수행하는 실체적 행위자로서 인식했다. 이는 한국군이 강대국의 강요와 보상 제공에 영향을 받아 참가국의 깃발만 하나 추가하는 상징적 존재가 아니라 당당하게 국제 안보 행위자로서 활동한 의미 있는 조직체였음을 의미하는 것이다. 나아가 한국군은 높은 임무 성공 의지에 탄력을 받아 임무에 급박하게 뛰어드는 함정에도 빠지지 않았다. 임무에 반드시 성공해야 한다는 열의가 발동되어 심층적으로 임무연구를 실시하고 단계적으로 임무에 개입하는 주도면밀함을 보여 주었다. 반면 미군은 베트남과 이라크 전장 모두에서 임무개입에 있어 즉흥적이고 또한 준비가 치밀하지 못한 모습을 보였고 이는 임무실패라는 결과로 이어졌다.

네 번째 공통점으로 한국군의 독립작전권 보유에 대한 강한 의지와 이 집착이 성공을 이끈 견인차가 되었다는 것을 들 수 있다. 한국군이 베트남과 이라크 전장에서 승리하려면 이 임무의 주도국가와 차별화된 작전이 필요하다는 판단을 하여 국가 지도자와 군 수뇌부는 미군으로부터 독립작전권을 획득하기 위해 치열한 노력을 기울였다. 국가안보를 위해 한미동맹 체제가 매우 중요하고 작전의 통일을 위해 한반도에서조차 미군에게 작전권이 주어져 있던 환경하에 한국이 독립작전권을 주장했다는 것은 그만큼 독립작전권을 임무 성공의 중요한 요소로 판단했다는 방증이었다. 실제로 한국군은 독립작전권을 보유하여 미군과 차별화함으로써 지역주민들로부터 점령군으로 인식되는 함정에 빠지지 않았고 나아가 한국만의 독창적인 전술 및 전법 적용도 가능하였다.

한국군이 수행한 베트남전과 이라크전의 다섯 번째 공통점은 임무 성공에 대한 강한 열의가 자연스럽게 맞춤형 COIN 능력으로 진화했다는 점이다. 한국군은 임무에 반드시 성공하겠다는 의지적 자산이 활성화됨으로써 임무 성공에 필요한 실질적 자산을 확보하는 선순환의 고속도로를 타게 된다. 특히 한국군은 최정예 병사와 최고 부대를 파병군에 편성함으로써 부대 규모는 강대국보다 작지만 질적 전투 혹은 임무수행 측면에서 강대국보다 월등한 '작은 거인'으로 구성된 임무수행 부대를 보유하게 된다. 나아가 임무 성공을 위해 현지에 최적화된 다양한 전술과 임무방법을 구상하여 시행함으로써 명실상부한 맞춤형 COIN 작전 능력을 구비하게 되었다는 공통점이 있었다.

여섯 번째 공통점은 한국군은 베트남과 이라크에서 조국이 겪은 역사적 경험이 유리하게 작용하여 '적응비용'을 줄일 수 있었고 문화적 이점을 극대화함으로써 임무 성공에 유리한 환경을 조성하였다는 것이다. 즉 COIN 임무군의 조국이 보유한 정치적·사회-문화적 이점은 한국군을 보다 효과적인 임무군으로 만들어 주었다. 예를 들어 이 두 COIN 작전에서 한국군은 그들 조국의 전통무예인 태권도를 COIN 임무 수행의 보조 수단으로 적극 활용하였다.

일곱 번째 공통점은 COIN 작전을 효과적으로 수행할 정도로 '적응템포'가 빨랐다는 것을 들 수 있다. COIN 부대가 임무 초기에 기본적인 자산을 잘 구비하고 있어도 변화하는 전장에 수시로 적응하지 못하면 임무 초기의 성공을 이어 가기 힘들다. 이런 차원에서 '적응템포'가 빠른 것은 지속적인 임무 성공을 위해 매우 중요한 요소이다. 베트남에서 한국군은 시행착오를 최소화하는 가운데 대게릴라전을 통해 임무지역을 빠른 템포로 평정한 후, 지역주민들이 한국군에게 등을 돌리기 전에 재빨리 '주민 중심 접근법'을 채택하여 '민심 잡기'를 시도했다. 또한 한국군은 이라크에서 '지역 중심 접근법'을 임무 초기부터 본격적으로 시행하여 '민심 사로잡기'에 성공한다. 이러한 성공을 통해 임무 첫 단계부터 한국군은 전문적인 군인이자 친절한 원조군으로 이미지를 구축하게 된다. 이러한 우호적인 이미지의 성공을 반영하듯 베트남에서 한국군은 '따이한'이라 불렸고 이라크에서는 '꾸리'라 불렸다.

마지막 공통점은 국제정치 무대의 강대국이 예단했던 것과 달리 한국군은 상징적 존재가 아니라 실체적 행위자였기 때문에 한국이 개발하고 적용한 COIN 전술과 전법이 강대국을 포함한 타국군에게 본보기가 되었다는 점이다. 한국군이 베트남 임무에서 독창적으로 적용한 '중대전술기지' 전법은 미군에 의해 'Fire Base'라는 이름으로 전수되었다. 또한 한국군이 이라크에서 적용한 주민 친화적 전법인 '그린에인절' 개념은 『자이툰 민사작전 핸드북』으로 출간·배포되어 미군을 포함한 외국군에게 전수되었다.

〈표 19-1〉 한국군의 베트남 및 이라크 COIN 작전 공통점

구분	내용	세부 사항	
		베트남	이라크
임무 특성	특별·중요	• 현대 역사상 최초의 해외 파병 임무	• 베트남전 이후 최대 해외파병 임무
기대효용	높음·성취	• 안보 및 경제 효용 • 국제적 기대효용	• 안보 효용 • 국제적 기대효용
처방전	상황에 적절	• 적 기반 접근법 (주민 기반 전술로 지원)	• 주민 중심 접근법
의지	매우 높음	• 심층적 임무연구 • 단계적 개입 1. 군사고문단 2. 비전투부대 3. 전투부대 • 독립작전권	• 심층적 임무연구 • 단계적 개입 1. 고문단 2. 기본 비전투부대 3. 주요 비전투부대 • 독립작전권
능력	맞춤형 능력	• 독창적 전술 → 중대전술기지 • 최고 부대/최정예 병사 → 지원자 중 엄선	• 독창적 전술 → 그린에인절 프로그램 • 최고 부대/최정예 병사 → 지원자 중 엄선
정치· 사회-문화적 이점	내재	• 국가적 차원의 경험 – 국내 대게릴라전(빨치산) • 태권도 활용 • 아시아 문화(유교 관념)	• 국가적 차원의 경험 – 베트남 COIN – 경제개발 경험 • 태권도 활용 • 공동체적 문화(정 개념)
적응템포	매우 빠름	• 초기에 작전구역 평정	• 'Quick impact' 성공
한국군 이미지	전문적 군인 친절한 군인	• '따이한'으로 불림	• '꾸리'로 불림
COIN 스승으로서 역할		• 중대전술기지 → Fire Base	• 자이툰 민사작전 핸드북
임무 결과	성공	• 책임구역 평정 → 베트콩 효과적 제압	• 책임구역 인프라 구축 → 민심 사로잡기

이러한 사실은 한국군이 베트남과 이라크 임무에서 단지 상징적 존재에 그치는 것이 아니라 전장을 주도하고 앞서가는 안보행위자였음을 명확

히 보여 주고 있다. 나아가 중견국 한국이 성취한 이러한 결과는 국제정치에서 강대국만이 주 행위자이고 다른 국가는 강대국 정치의 부산물일 뿐이라는 현실주의 국제정치 이론의 확장에 제동을 거는 데 긴요한 사례로 평가될 수 있다. 지금까지 살펴본 베트남과 이라크 임무의 공통점은 〈표 19-1〉과 같이 정리될 수 있다.

2. COIN 임무 수행 원칙 일반화에 대한 통찰

한국군이 베트남과 이라크에서 수행한 COIN 임무는 이처럼 제 요소에서 긍정적 신호들이 많았고 이런 신호들이 모여 한국군은 임무 성공이라는 성과를 달성했다. 이러한 분석이 주는 더 중요한 점은 중견국가 한국의 성공이 COIN 작전 일반 원칙에 대한 혜안을 제시한다는 점이다. 즉 한국 성공 사례에 대한 심층 분석 결과를 바탕으로 일반화(generalization) 시도가 가능하다는 것이다.

그렇다면 한국군에 대한 연구가 COIN 작전 측면에서 어떠한 일반화를 제공하는가? 첫째, COIN 주도국가의 정치적·군사적 위치가 다른 COIN 연합군의 임무열정에 영향을 줄 수 있다는 것을 들 수 있다. 국제안보 차원에서 진행되는 COIN 작전은 아무리 강대국이라 할지라도 홀로 임무를 수행하지 않는다. 군사작전의 명분을 국제적으로 얻기 위한 것 때문이기도 하지만 COIN 작전이 많은 병력과 많은 시간을 투자해야 하는 임무이기 때문이기도 하다. 이에 COIN 주도국은 동맹국, 우방국 등과 연합하여 다국적군을 구성하거나 유엔의 지원 속에 다른 국가 군대와 함께 임무를 수행한다. 이 경우 주로 강대국이 COIN 주도국가가 되고 다른 국가는 지원국가가 되는 임무구조가 창출된다. 강대국을 포함한 COIN 연합군은 비국가행위자인 게릴라와 싸우는 동맹집단이기 때문에 강대국의 정치적·군사적 위치가 함께 임무를 수행하고 있는 타국의 군대 임무의지에 중대한 영향을 미칠 수밖에 없다. COIN 주도군의 국가 내부에서 커지는 철군의 목소리는 잘 싸우고 있는 중견국가 군대의 행진을 멈추게 하는 파괴력을 가지고 있다. COIN 작전을 주도하는 국가의 내부에서 임무를 거부한다는 것은 임무 자체의 명분과 임무지속의 필요성을 상실하고 있다는 징표이고 이 문제는 함께 싸우고 있는 동맹군에게 부정적으로 영향을 미친다. 철군 이슈는 임무기간이 장기 소요되는 COIN 작전에서 성패의 방향을 전환시키는 정도의 주요 변수인 것이다. 베트남 COIN에서 미군의 철수 논의가 시작되자 전장을 주름잡던 한국군의 임무의지가 약화되기 시작했다.

　게릴라 입장에서는 COIN 주도국 본토를 내부적으로 흔들면 게릴라전에서 승리하고 그들의 목표를 달성하기 유리하다는 것으로 해석될 수 있다. 즉 한 국가(COIN 주도국가)가 철군 문제로 인해 내부적으로 분열되면 전장에서 싸우고 있는 자국군 병사뿐만 아니라 동맹군의 병사에게도 부정적 영향을 미치므로 게릴라들은 이 점을 악용하여 제2전선을 형성하여 심리전, 여론전을 수행할 수 있다. COIN 작전 시 국가 내부적 분열은 외부와 싸우는 힘을 약화시킨다는 점을 다시 한 번 상기해야 하는 이유이다.

　두 번째 일반화로 COIN 작전에서 각 군대의 독립작전권 보유의 중요성을 들 수 있다. 대규모 전면전 혹은 정규전에서는 노력의 통합과 지휘의 통일이 매우 중요하지만, COIN 작전은 게릴라와의 전투이고 지역주민과 소통이 필요한 임무이므로 분권형 지휘가 적합하고 이러한 지휘가 제대로 가동되려면 독립작전권의 보유가 절대적으로 중요하다. 각 국가의 군대가 독립작전권을 보유하면 자신이 보유한 물리적 군사력과 독특한 지위적 이점을 기반으로 독창적 전술 및 전법 개발을 촉진시키는 추동력을 가질 수 있다. 한국군은 독립작전권 보유에 탄력을 받아 임무전장 상황에 적합한 독창적 전술과 전법을 개발하여 적용할 수 있었다. 한편 COIN 주도국가가 임무에 고전을 겪고 있을 때에는 독립작전권의 보유가 더욱 중요해진다. 독립

작전권 보유는 COIN 지원국가가 COIN 주도국가의 잘못된 전철을 밟지 않게 하는 데 기여할 뿐만 아니라 지역주민들에게 점령군으로 인식되지 않게 하는 데도 도움이 될 수 있다. 나아가 독립작전권을 보유한 군대는 임무에 대한 자부심이 더욱 강해지고 그 책임도 높아지기 때문에 반드시 성공해야겠다는 열정과 의지가 높아져 임무 성공을 견인하는 데 기여하는 선순환 구조를 창출하게 된다.

셋째, COIN 작전에서는 급박한 개입을 최대한 피해야 한다. 한 번에 대규모 병력을 투입하는 것보다는 게릴라 활동 양상 등 전장상황을 면밀히 파악하면서 단계적으로 개입하는 것이 임무 성공에 유리하다. 한국군은 이러한 단계적 개입 절차를 잘 밟으며 임무 성공에 유리한 임무기반을 구축했다. 한국군은 베트남과 이라크 임무 전에 군사고문단을 파견하여 '적응비용'을 최소화하는 기회를 가졌다. 또한 한국군은 이 두 임무에서 초기에는 소규모 부대를 파병하여 상황을 면밀히 주시한 후 단계적으로 대규모 부대를 파병하는 인내력과 끈기를 발휘한다. 반대로 이해하면 COIN 작전에서 성급함은 실패를 가져온다는 통찰력을 제공해 주는 셈이다.

마지막으로 COIN 주도국가에게는 함께 임무를 수행하는 국가 중 어느 국가의 군대가 COIN 작전의 실질적 행위자인지를 심사숙고하는 노력이 필요하다. 일반적으로 미국과 같은 COIN 주도국가는 자국이 가장 강한 물리적 군사력을 보유했다는 정규전식 판단에만 집중하는 경향이 있다. 이러한 자국 중심적 사고로 타 국가의 군대는 상징적 존재로 인식하는 경향이 강하고 이 결과 타 국가의 군에게 그 국가 수준의 역할과 책임을 부여하는 것을 꺼리게 된다. 따라서 잘 싸우는 다른 국가의 군대의 노하우를 전수받는 데 주저하게 되고, 그 결과 계속 실패해 왔던 자신들만의 임무방식을 고수하게 되어 결과적으로 임무실패에 봉착하게 된다. 특히 COIN 주도국가는 임무전장과 유사한 사회-문화적 자산을 지닌 국가의 군대를 최대한 활용하여 임무 메커니즘을 게릴라가 아닌 COIN 임무군에 유리하도록 전환시켜야 한다. COIN 지원국가가 이러한 지위적 자산을 잘 활용해서 전술적으로 성공한다고 해도 COIN 주도국가가 이 성과를 잘 활용하지 않거나 의미심장하게 받아들이지 않으면 이 전술적 성과가 전략적 성공으로 이어지기 힘들다. 다시 말해 한 지역의 성공이 임무지역 전체로 확산되는 긍정적 도미노가 발생되기 어렵다는 것이다. 마찬가지 이유로 COIN 주도국가에게는 게릴라가 활동하는 전장과 역사적으로 유사한 경험을 한 국가의 군대를 적극 활용하는 노력이 요구되고 때로는 그 국가의 군대에게 주도권을 주는 결단도 필요하다. COIN 주도국가가 한국과 같은 중견국가의 역할을 확대할 수 있도록 여건을 마련해 주고 임무 로드맵에 있어 전략적 수준의 임무까지 부여해 준다면 '적응비용 최소화'라는 효과가 COIN 연합군에게 전반적으로 확대되는 시너지 효과 창출이 가능할 것이다.

PART V

한국, 중견국가 그리고 미래안보

제20장
중견국과 국제관계 이론

한국군이 국제무대에서 수행한 대게릴라/안정화작전에 대한 분석 결과는 국제관계 이론과 안보정책 차원에서 중요한 함의를 제공한다. 우선 국제관계 이론 측면에서 한국군의 성공 스토리는 강대국 행위자(player) 중심으로 구조화된 국제관계 이론에 중견국 행위자(player)의 비중을 높이는 통찰력을 제공한다. 지금까지 안보연구에서도 강대국 행위자 중심의 국제정치 구조에 집착한 나머지 중견국과 같은 행위자는 크게 주목하지 않은 것도 사실이다. 마찬가지 이유에서 COIN에 관한 다양한 연구가 있지만 강대국의 실패 사례를 중심으로 한 연구가 대부분이고 기타 국가는 상징적으로 참여했다거나 현지군을 활용했다는 식의 지엽적인 분석이 주류를 이룬다. 하지만 강대국이 실패했던 COIN 작전을 작은 거인 한국이 성공했고 강대국이 생각했던 것처럼 상징적 존재가 아니라 실체적 행위자였음을 입증하였다. 따라서 중견국 한국군의 성공 스토리는 중견국 COIN 이론 구상에 대한 통찰력을 제공해 주기에 충분하다. 나아가 중견국 COIN 이론은 강대국만을 주 행위자로 인식하는 국제정치 이론에 그 영역을 확장시켜 줄 수 있는 기회도 제공해준다.

둘째, 한국군의 베트남 및 이라크 해외파병 임무성공 스토리는 한국의 안보정책 및 군사전략 진화에 대한 시사점을 제공해 준다. 안보정책과 군사전략 측면에서 강대국과 한국의 가장 큰 차이점은 전자는 국가안보에만 집착하지 않고 국제안보도 중요시하는 데 반해, 후자의 경우는 국가안보에 지나치게 치중하여 국가안보와 국제안보가 상호 연결되어 안보적 시너지를 창출하다는 시각이 부족하다는 점이다. 국제안보 무대에서 강대국이 실패하고 중견국이 성공한 상황에서 중견국이 국가안보에만 치중하는 것은 국제적 안보 공공재를 방치하는 결과를 초래하게 된다. 또한 성장하는 중견국에게 국제적 역할 확대는 선택의 문제가 아니라 시기의 문제이고 이 시기적 템포를 주도하는 국가가 선진국, 나아가 강국으로 진화하는 기회가 주어진다. 따라서 한국의 안보정책 혹은 군사전략이 내부 지향적 모습에서 탈피하여 외부도 지향할 수 있도록 그 영역을 확대하고 국제무대에서 국가이익을 적극 지원토록 구상해야 한다.

셋째, 한국군의 임무성공 메커니즘이 안보정책 차원에서 제공하는 또 다른 시사점으로 한반도 COIN 작전에 대한 가이드 기능을 들 수 있다. 한반도에서는 북한 지역의 불안정, 통일 과정에서의 기득권 상실 세력의 저항, 북측 지역 정치권력 공백으로 인한 국제 게릴라 유입 등 여러 이유로 게릴라 조직이 창출되어 그 결과 COIN 임무 소요가 급부상할 수 있다.[1] 현재의 안보에만 집착하여 미래안보를 고민하지 않는다면 갑작스럽게 닥친 COIN 임무에 미국처럼 실수를 반복하는 트랩에 빠질 수 있다. 그러지 않으려면 미래안보 차원에서 이를 치밀하게 준비해야 하며 이를 위해 한국군의 COIN 작전 성공 경험을 기반으로 하여 한반도 COIN 독트린을 사전에 준비해야 한다.

그러면 우선 제20장을 통해 국제관계 이론 차원의 시사점을 살펴보기로 하자. 한국군의 COIN 임무 성공에 대한 추적은 국제안보에서 중견국가의 역할에 관한 이론 발전에 통찰력을 제공해 준다. 특히 강대국의 국제정치학자 혹은 정책입안자들이 예단하는 것과 달리 COIN 작전과 같은 비전통적 군사임무에서 중견국은 실체적 행위자(a substantial player)로 국제안보에 기여할 수 있다. 나아가 이는 기존의 국제관계 이론의 확장에 대한 담론에 시동을 거는 역할도 가능하다.

1. 중견국과 COIN

　한국군의 베트남 및 이라크 임무 사례를 통해 COIN 임무군이 사기와 맞춤형 능력을 구비하고 있고 나아가 정치적·사회-문화적 이점을 보유하고 있을 때 COIN 작전 성공 가능성이 높아지는 것을 확인하였다. COIN 작전은 물리적 군사력이 강하다고 성공 가능성도 높아지는 임무가 아니다. 물리적 군사력과 임무 성공의 상관관계가 다소 떨어질 수도 있다. 역사적으로 강대국은 대부분 COIN 작전에 실패했다. 오히려 과도한 군사력 사용으로 무고한 피해자가 발생하면 불난 곳에 부채질을 하는 격이 되어 임무성공 메커니즘이 게릴라의 편으로 전환될 수 있다. 하지만 강대국은 국제무대에서 다른 강대국을 제압하거나 강대국 후보국의 도전을 억제하는 차원에서 강대국 정치 속에 막강한 물리적 군사력을 구축하여 전쟁에 대비하고 필요시 전쟁까지 수행하려는 관성이 있다. 미군은 베트남, 아프가니스탄, 이라크에서 막강한 물리적 군사력을 가장 중요한 자산으로 동원했다. 이런 측면에서 중견국은 국제안보 임무에 총체적 군사력을 동원하여 대응하지 않기 때문에 강대국처럼 정규전식으로 임무를 수행하는 트랩에서 상대적으로 자유로울 수 있다. 물론 중견국도 국가안보를 위해 정규전이 중요하고 이에 무게중심을 두는 것도 사실이지만, 국제무대에서 전면전을 상정하는 강대국 정치 메커니즘으로부터는 상대적으로 자유롭기 때문에 해외파병 임무 시 특화된 조직 구성이 가능하다. 따라서 중견국가 군대는 COIN 임무 성공을 위한 환경이 강대국 군대보다 유리하다. 특히 COIN 임무가 강대국 중심인 국제무대에서 국가위상을 높일 수 있는 절호의 기회라는 기능이 가동된다면 중견국의 임무성공 가능성은 더욱 배가된다.

　이처럼 COIN 작전은 그 자체의 속성으로 인해 강대국보다는 중견국에게 보다 효과적인 임무이고, 나아가 중견국에게 COIN 임무는 국제무대 진출이라는 기대효용이 있기 때문에 의지와 능력을 끌어올리는 추동력이 제공된다. 동시에 중견국은 분란전 발생 국가와는 국력 차가 강대국에 비해 적기 때문에 COIN 작전에 유리한 국제정치적 이점이 있다. 상대적으로 작은 국력 차라는 구조적 환경은 중견국을 점령군으로 인식하지 않도록 하는 데 도움을 준다는 점에서 COIN 작전 수행 시의 이점이라 할 수 있다. 또한 중견국의 사회와 문화가 전장지역의 사회와 문화와 공통점이 있다면 중견국의 국제정치적 이점이 배가된다.

2. COIN 수행 행위자로서 중견국에 대한 정의

이처럼 COIN 작전에서 중견국은 의지, 능력, 나아가 지위적 이점까지 있기 때문에 승리 쟁취의 가능성이 강대국보다 높다. 그렇다면 '중견국'은 어떻게 정의될 수 있을까? 다시 말해 어느 국가가 중견국인가? 중견국에 대한 합의된 정의는 없지만 중견국이 분명 강대국 혹은 패권국도 아니면서 약소국도 아니라는 데에는 이견이 없다. 사실 중견국은 21세기에 등장한 개념도 아니다. 이탈리아 정치철학자인 조반니 보테로(Giovanni Botero)는 16세기 후반 국가를 제국, 중견국, 약소국이라는 세 가지 유형으로 나누었다. 최근에는 중견국을 연구하는 움직임도 있지만 강대국과 대등한 행위자로서 인식하기보다는 외교적 측면에서 국제정치 질서에 기여한다는 측면의 '중견국가 외교(middle power diplomacy)'에 관심을 갖는 경향이 강하다. 『브리태니커 백과사전』은 중견국을 "다른 국가가 막대한 영향을 미치는 강대국 아래에 위치하면서 동시에 국제적 사건에 어느 정도 영향을 줄 수 있는 국가"로 정의하고 있다.[2] 스콧 스나이더(Scott Snyder)를 비롯한 몇몇 학자는 충분한 자산을 바탕으로 세계 문제 해결에 도움을 줄 수 있는 국가로 중견국을 상정하면서 대표 국가로 한국을 언급하기도 한다.[3]

또한 중견국을 정의하는 방법에는 위상, 행동, 정체성이라는 세 가지 접근법도 있다. 위상(position) 접근법은 국가의 GDP, 인구, 군사력, 방위비 등 물리적 자산에 관심을 두고 있고, 행동(behavior) 접근법은 그 국가가 어떻게 행동하는가에 관심을 두며, 정체성(identity) 접근법은 정책입안자에 의해 구성된 시각으로 접근하는 방법이다.[4] 앤드루 카(Andrew Carr)는 '시스템적 영향 접근법(a systemic impact approach)'을 주장하며 중견국을 "자국의 핵심이익을 지킬 수 있고 현 국제질서의 특정 영역에 변화를 주도할 수 있는 국가"로 정의한다.[5]

이와 같은 중견국 정의에 관한 여러 주장을 염두에 두면서 여기서는 중견국을 '강대국 수준의 위상을 보유하고 있지 않아 강대국 정치에 휘말리지 않으면서도 국제안보의 특정 영역에 영향을 미칠 수 있는 수준의 물리적, 비물리적 자산을 보유한 국가'로 정의한다. 개념 구체화를 위해 네 가지 차원에서 중견국의 특징을 살펴보면 우선 중견국은 국제정치 질서에서 강대국 정치에 휘말리지 않는다. 중견국은 강대국과 달리 중앙권위체가 부재한 (anarchic) 국제체제에서 다른 모든 국가에게 영향을 미치는 국가가 아니다. 따라서 중견국이 국제질서에 영향을 미치는 임무를 수행하는 것은 그들의 일상행위(routine affairs)도 아니고 가능하지도 않다. 그럼에도 불구하고 중견국은 약소국과 달리 일부 국가 혹은 국제질서의 특정 분야에 영향을 미칠 정도의 자산은 보유하고 있다. 즉 중견국은 국제무대에서 일부 영역에 대해서만 영향력 있는 행동을 하기 때문에 그 임무를 국가위상을 위해 매우 중요한 것으로 인식한다는 특징이 있다.

둘째, 중견국은 국제체제에서 강대국 혹은 패권국에 도전하는 국가(the second tier countries)와 달리 균형화(balancing behaviors)를 추구하지 않는다. 균형화-반균형화는 강대국이 국제무대에 더 많이 개입할 수밖에 없는 메커니즘을 제공해 주고 이 상황을 주도하기 위해 강대국의 해외임무는 빈도가 높을 수밖에 없어 결국 국제안보 문제 개입은 통상임무가 되고 만다. 반면 중견국은 강대국 정치구조에서 상대적으로 자유롭기 때문에 이와 같은 균형화를 추구하지 않아 결과적으로 해외임무도 상대적으로 적으므로, 이런 임무 소요가 발생할 시 이를 통상임무가 아닌 특별한 임무로 받아들이는 경향이 있다.

셋째, 중견국은 강대국이 보유한 국제질서 유지의 핵심 행위자로서의 경험을 보유하지 않고 있다. 반대로 중견국의 상당수는 약소국과 유사하게 강대국 혹은 패권국에게 지배 혹은 통제를 받은 역사적 경험을 가지고 있다. 침탈받은 경험을 보유한 중견국은 그들이 임무를 수행하는 전장의 국가와 공감을 형성하기에 유리하다. 위상적 접근 측면에서 판단하면 21세기 영국과 일본은 중견국이다. 하지만 COIN 임무를 고려하기 위해 강대국 경험 유무를 포함해서 재분류하면 영국과 일본은 COIN 임무를 효과적으로 수행 가능한 중견국으로 분류되기에 제한되는 측면도 있다. 영국은 19~20세기에, 그리고 일본은 2차 세계대전 기간 동안 강대국으로서 타국을 지배한 경험을 가지고 있기 때문이다. 반대로 한국은 2차 세계대전 이후 약소국으로서 강대국의 정치적 통제를 받아 분단된 역사적 경험이 있으면서 동시에 국제무대에서 특정 영역에 변화를 줄 수 있는 정도의 자산도 보유하고 있으므로 COIN 임무 수행 측면에서 중견국에 해당된다.

마지막으로 중견국은 자국의 안보를 주도할 정도의 국가자산을 보유하고 있으면서 나아가 특정 분야에 대한 해외파병 임무처럼 국제체제의 일부 영역에서 변화를 주도할 수준의 물질적, 비물질적 자산도 가지고 있다. 예를 들어 중견국은 약소국과 달리 국제안보를 위해 군을 파병할 수 있는 조직화된 군대를 보유하고 있다.

지금까지 살펴본 중견국의 4개 특징 중 첫 번째와 두 번째 특징은 중견국으로 하여금 해외 COIN 임무를 매우 특별한 것으로 인식하게 해 주는 기능을 한다. 또한 세 번째와 네 번째 특징은 중견국에게 필요한 물질적, 비물질적 자산을 제공해 주고 나아가 임무환경을 그들에게 유리하게 해 주는 기능을 한다. 이런 네 가지 측면을 면밀히 고려하면 적어도 COIN 작전 측면에서는 한국, 호주, 뉴질랜드, 캐나다, 이스라엘, 터키 등의 국가가 중견국으로 분류될 수 있다.

이런 중견국은 분명 COIN 작전에서 더 잘 싸우는 모습을 보인다. 이러한 사례는 지금까지 살펴본 한국의 경우가 유일한 것도 아니다. 호주도 COIN 작전에서 강대국보다 우수한 모습을 보여 주었다. 임무의 특수성과 물질적 차원의 이점에 힘입어 호주 COIN 임무군은 베트남에서 대게릴라전을 수행하는데 의지와 능력의 수준이 높았다. 그보다 이전인 1955년에 호주 COIN 부대는 말라야 COIN 작전도 성공적으로 수행하였고 그 결과 국가위상을 높이는 기대효용도 현실화하였다.

호주 COIN 작전은 특히 베트남전 초기인 1962~1965년 사이에 매우 효과적이었다. 호주는 AZNUS 동맹국—미국, 호주, 뉴질랜드—의 일원으로 미국을 돕기 위해 베트남전에 참가했다. 결국 미국은 COIN 주도국이 되고 호주는 COIN 지원국이 되는 구조로 참가한 셈이다. 그런데 적어도 전술적 수준에서는 호주군이 미군보다 베트남 COIN에서 더 효과적으로 임무를 수행했다. 호주는 임무 초기 "정글전투 전문가 30명으로 구성된 고문단(a thirty man group of jungle warfare specialists)"을 보내어 전장환경을 치밀하게 살폈다.[6] 이런 과정을 거친 후 시간이 지나면서 단계적으로 임무개입 수준을 강화했다. 특히 임무 초기 자문 수준에 머물렀던 역할을 확대하여 적극적인 민사작전을 실시했다. 호주군은 1964~1965년에 '콜럼보 계획(the Columbo Plan)' 하에 의료지원팀을 보내 베트남 주민들에게 의료혜택을 제공했다.[7] 국가위상 제고라는 추동력에 힘입어 호주군은 의지와 능력의 수준이 높았고, 이는 베트남전 초기 임무성공을 위해 임무조직을 유연하게 만들어 주는 추동력이 되어 주었다. 또한 호주의 지리적 위치, 조직화된 군대 보유 등의 요소도 임무 초기 우수한 성과의 추동력이 되었다.

이렇듯 호주군은 임무 초기에 COIN 작전에서 우수한 성과를 달성했지만 한국군에 비해 작전 효과가 떨어지고 성공의 지속성도 부족했다. 그렇다면 호주군은 한국군과 무엇이 달랐을까? 호주군은 한국군이 보유했던 비물질적 자산(사회-문화적 이점)이 없었다. 베트남 지역주민은 호주군을 서방 세계에서 온 준미국군(a quasi-American soldiers)으로 인식했다. 호주군이 원조군보다는 점령군으로 인식되는 경향이 강했던 것이다. 본질적으로 호주와 베트남은 문화적 연대가 거의 없었다. 호주군은 베트남 마을의 질서를 유지하는 전통적 원칙인 유교 개념에 대한 인식이 부재했다. 또한 그들은 지역주민과 사회적 관습도 공유하지 못했다. 따라서 호주군은 임무 초기 성과를 지속하거나 시너지적 효과를 창출하지 못했다.

분명 호주군은 미국군보다 임무 초기 COIN 작전에서 더 잘 싸우는 군대였다. 중견국이 강대국보다 COIN 작전에 유리하다는 측면을 방증하기에 충분했다. 그럼에도 불구하고 호주군은 한국군과 분명한 차이가 존재했다. 이를 이해하기 위해 일반적 중견국과 지역 중견국의 차이를 집어 볼 필요가 있다. 일반적으로 중견국은 해외 COIN 임무를 국가위상을 드높이는 매우 중요한 기회로 인식한 결과 병사들의 임무의지 수준이 높고 이는 능력 신장으로 이어진다. 또한 앞서 수차례 언급했듯이 COIN 임무는 호주군에게도 평상임무가 아닌 특별임무였기에 임무 매너리즘에 빠지지도 않는 중견국의 이점도 향유했다. 하지만 모든 중견국이 전 세계에서 발생하는 모든 유형의 분란전에 일관되게 효과적인 것은 아니다. 중견국이 분란전 발생 국가와 사회-문화적 연계가 있을 경우 중견국의 이점이 신장되어 시너지를 창출하는 것이다. 즉 일반적 중견국이 아닌 지역 중견국이 COIN 작전 성공에 더 유리한 메커니즘을 제공하는 것이다. 그 이유는 지역 중견국이 분란전이 발생한 국가와 다양한 분야를 공유하기 때문에 원조군으로서 인식될 가능성이 높기 때문이다.

그렇다면 지역 중견국은 어떤 의미일까? 이는 두 차원으로 정의될 수 있다. 첫째, 지역 중견국은 분란전이 발생한 국가와 지리적으로 가까이 위치한 국가로 개념화될 수 있다. 둘째, 지역 중견국은 분란전 발생 국가로부터 거리상으로 떨어져 있지만 사회-문화적 공통분모가 존재하는 국가로 정의될 수 있다. 지역 중견국은 임무지역 주위에 위치하여 전장상황을 근본적으로 잘 이해하고 있거나 거리는 떨어져 있어도 사회-문화적 공감대를 형성하여 '적응비용'을 줄일 수 있는 국가들이다. 일반적 중견국과 달리 지역 중견국의 경우에는 COIN 작전 수행 시 물질적 이점뿐만 아니라 비물질적 이점까지 향유하게 된다. 특히 사회-문화적 이점 시각에서 본다면 지역 중견국은 일반적 중견국보다 세 가지 차원—COIN 임무군에 대한 반감 감소, 적응비용 최소화, 첫인상 효과 가능—의 이점을 활용하는 데 유리하다. 호주군과 달리 한국군은 물질적 이점과 비물질적 이점 모두를 활용할 수 있는 위치에 있었고 결과적으로 호주군보다 성공적인 결과를 만들어 냈다.

3. 국제정치, 국가위치 그리고 COIN

앞서 언급한 중견국에 대한 분석을 염두에 두고 중견국과 강대국의 비교를 통해 중견국 COIN의 메커니즘을 보다 구체화할 필요가 있다. 우선 해외파병 COIN 작전은 강대국에게 국제체제에서 그 위상을 지속하기 위해 늘 개입해야 하는 통상임무적 성격이 강하다. 강대국은 또 다른 강대국에 대항하기 위해 정규전을 치러야 하는 상황에 많이 노출되어 왔다. 대표적인 사례가 제1, 2차 세계대전이다. 동시에 강대국은 세계질서의 주도국으로서 그 지위를 지켜 내기 위해 무수히 많은 작은 전쟁, 나아가 비정규전에도 개입하여 왔다. 따라서 강대국 군인들은 끊임없이 전쟁을 치러 왔고 해외파병 임무도 군인의 일상이 되었다.

중견국 COIN 이론을 구상하는 차원에서 살펴보아야 할 또 다른 점은 비전통적 전투(unconventional warfare)의 난이도 문제이다. 강대국들은 국제무대에서 수많은 COIN 작전을 수행하여 왔기에 이와 같은 비전통적 전투가 얼마나 어려운 임무인지 잘 알고 있다. 미군은 이미 오래전인 1899~1902년에 필리핀에서 COIN 작전을 수행한 경험을 가지고 있다.[8] 미군은 또한 1920년대에도 아이티와 같은 해외의 여러 국가에서 비전통적 전투에 개입하였다.[9] 하지만 이러한 모든 임무에서 제대로 된 성과를 내지 못했고 그러한 과정에서 비전통적 전투의 어려움을 체득했다. 따라서 강대국 군대는 정규전을 선호하고 COIN 작전과 같은 비정규전을 꺼려 하는 경향이 나타났다. 꺼리는 임무에 높은 열의를 가질 수는 없다. 또한 강대국은 정규전과 비정규전 등 그 군사임무의 유형에 관계없이 국제안보에 수없이 개입하는 과정에서 COIN 작전을 통상임무로 취급하면서 동시에 매우 탐탁지 않은 임무로 여기게 된다. 이런 상황에서 강대국은 맞춤형 자산을 투입하거나 임무 성공을 위해 치밀하게 기획하려는 의지가 떨어질 수밖에 없다.

전투능력 및 임무자산과 관련하여 강대국은 정규전을 핵심 임무로 간주하고 국가행위자만을 최우선적 위협으로 인식하여 이에 대비하면서 자신을 정규전식으로만 무장하려는 경향이 강하다. 강대국은 타 강대국과의 전쟁이라는 최악의 상황(worst case scenarios)을 염두에 두고 국제정치에서 힘의 극대화(power maximization)가 생존에 필수 불가결한 요소라 판단하여 군의 능력을 극대화하려 한다.[10] 따라서 강대국은 정규전 수행에 유리한 조직을 갖추고 정규전 교전규칙을 정교화하며 나아가 정규전 무기 무장을 통해 타 강대국의 도전을 억제하고자 한다. 결국 강대국은 군조직 구조가 강대국 정치에서 생존하기 위한 것에 집중되어 있어서 '작은 전쟁(small wars)'에 대처하는 능력은 부족하게 되는 결과를 초래한다. 또한 정규전 중심으로 구조화된 조직은 COIN 작전에 필요한 조직의 유연성을 떨어뜨린다.

마찬가지 이유로 강대국은 국제질서의 주도권을 놓치지 않기 위해 필요 이상으로 막대한 군사자산을 보유하게 된다. 그런데 이러한 많은 자산이 작은 전쟁에서는 불리하게 되는 상황에 처하게 된다. 강대국은 막대한 재원과 막강한 군사력을 보유하고 있어 작은 전쟁이든 큰 전쟁이든 관계없이 임무 소요가 생기면 보유하고 있는 모든 자원을 투입하여 단기간에 임무를 종결하려고 시도한다. 이런 관성의 힘에 사로잡혀 강대국은 COIN 작전에도 화력이 막강한 정규전 무기, 첨단 유도무기, 공격형 드론 등을 투입한다. 이런 무기들은 다른 강대국의 도발을 억제하거나 나아가 제압하는 데는 효과적일지 몰라도 게릴라라는 소인을 제압하기에는 그다지 효과적이지 못하다. 또한 이러한 과정에서 COIN 전장에서 지역주민과 게릴라를 구분할 수 없다는 메커니즘을 등한시하게 되어 게릴라를 싫어하던 지역주민들도 게릴라의 편에 가담하게 만들게 되는 실수도 범한다. 강대국 미국은 초강대국 지위를 유지하기 위해서 F-35, F-22, 전략폭격기, 항공모함, 전략잠수함 등 최첨단 무기를 지속적으로 확보·배치하고 있다. 이러한 무기들은 COIN 작전에는 그다지 효과적인 자산이 아니지만 강대국은 세계에서 가장 강력한 군사력을 보유하고 있다는 사실에만 집착하여 COIN 임무에서도 이러한 무기를 활용하여 승리를 쟁취할 수 있다는 오판을 범한다. COIN 작전을 수행하는 야전지휘관에게는 전략폭격기보다는 큰 기지 없이 쉽게 이착륙이 가능하고 수시로 활용할 수 있는 구형 헬기가 더 필요할 수도 있다.[11]

마찬가지 이유로 항공모함은 지상 COIN 작전에는 효용가치가 없는 자산이다. 항공모함은 분명 강대국 미국이 국제질서를 유지하고 타국에게 영향력을 행사하여 국익을 극대화하기 위해 매우 중요한 군사자산이다. 사실 항공모함은 미군의 자산 중 가장 중요하다 해도 과언이 아닐 정도로 중요하며 단순히 해군의 자산이 아니라 미국의 전략적 자산이라 할 수 있다. 그리고 미군이 타 강대국과의 재래식 전쟁에서 전장의 주도권을 조기에 장악하고 승리하기 위해 반드시 필요한 자산이기도 하다. 또한 항공모함은 임무의 확장성이 뛰어나 국제안보 측면에서 그 효용가치가 매우 높다. 미국이 중동지역에서 치른 많은 전쟁에서 항공모함의 활약이 없었다면 좋은 성과를 낼 수 없었을 것이다. 나아가 항공모함은 미국의 외교력을 극대화시켜 주는 국가자산이기도 하다. 이처럼 항공모함의 효용가치는 말할 수 없을 정도로 높지만 지상 COIN 작전에서만큼은 그 효용성이 떨어진다. 항공모함이라는 거인이 지상에 있는 게릴라와 싸우는 것은 코끼리가 모기와 싸우는 것처럼 어려운 싸움인 것이다. 이 경우 항공모함은 지상 COIN 작전에 투입되는 것이 아니라 타 강대국의 도전이 심화되고 있는 다른 전장에 투입되는 것이 효과적이다.

이처럼 강대국은 최첨단 무기, 대형 함정 등 막강한 무기체계를 가지고 있지만 이러한 무기들이 모든 군사임무에 적합한 것은 아니다. 그럼에도 불구하고 강대국은 이러한 무기의 전지전능에 대한 인식을 쉽게 포기하지 않는다. 이런 군사자산이 강대국 정치 메커니즘에서 생존의 문제라 인식하기 때문에 강대국 정치 이하의 문제는 당연히 이 정도 무기로 쉽게 해결될 것이라 오판하기 쉽다.

한편으로는 많은 무기를 가진 국가가 특정 군사임무에 참여하는데 이 것저것 불필요한 무기는 놔두고 필요한 몇 가지 무기만 챙겨서 가는 것도 쉽지 않은 일이다. 그렇다고 무기가 너무 많으면 이러한 불합리성이 발생한다고 해서 군사력 수준을 일부러 낮출 수도 없다. 군비를 감축하고 군사력 수준을 낮추면 국제무대에서 강대국의 위상을 유지하는 것이 어렵고 다른 강대국의 도전이라는 위협에 바로 노출되기 때문이다. 예를 들어 중국이 경제적 신장을 바탕으로 항공모함 확보 등 군사력의 급성장을 추구하는 상황에서 미국이 군사력을 줄일 수는 없는 노릇이다. 결국 강대국은 군사력을 줄이는 대신 군사력을 강화하는 관성을 지속할 수밖에 없고 이는 강대국의 군대를 더욱 정규전 중심의 조직으로 고착시키는 악순환의 고리로 몰고 간다. 이러한 환경 속에 강대국은 COIN 작전 성공을 위해 가장 중요한 '조직의 유연성'이라는 특성과는 점점 멀어지게 된다.

따라서 강대국은 비전통적 전투인 COIN 작전에서도 자신의 상대가 소인이라는 인식을 애써 외면한 채 막대한 군사무기를 동원하여 정규전식으로 임무를 수행한다. 그러나 거인이 소인과 정규전식으로 싸우는 것은 길고 어려운 싸움이 될 수밖에 없다. 킹콩이 코끼리를 제압하는 것은 단기간에 가능할지 몰라도 킹콩이 모기를 잡는 것은 오랜 기간이 필요할 수밖에 없고 심지어 지쳐 포기하는 상황에 처할 수도 있다. 강대국은 소인과 많은 싸움을 하면서 이 임무가 쉽지 않다는 것을 잘 알고 있다. 그럼에도 불구하고 강대국은 COIN 작전에 참가한다. 강대국은 COIN 작전에 성공하여 정치·전략적 목표를 성취하기 위해 지속적으로 개입하기보다는 국제체제에서 주도권을 빼앗기지 않기 위해 마지못해 참가하는 상황에 처하는 것이다. 미국은 공산진영 지도국인 소련에게 국제질서의 주도권을 빼앗기지 않기 위해, 그리고 강대국 정치 메커니즘에서 유리한 환경을 지속하기 위해 베트남에 병력을 파병하였다. 이처럼 강대국이 지속적으로 집착하는 국제질서 주도의 목표는 지역안보 질서 회복 및 재건이라는 COIN 작전의 목표와 본질적으로 다르다. 이러한 상충적 상황으로 인해 강대국은 막대한 군비를 투자하고도 COIN 임무에서 전략적 실패를 되풀이하고 만다.

강대국의 군사력에 기인한 '알력이라는 속성(the kinetic nature)' 외에도 강대국이 비전통적 전장에 있다는 것 자체만으로도 지역주민과 마찰을 유발한다. 거인이 소인국에 와서 한 걸음 한 걸음 걸을 때 그곳에 사는 주민들은 도와주러 왔다는 거인의 의도에 의심을 품게 된다. 분란전이 발생한 국가의 많은 주민들은 대부분 약소국인 경우가 많아 제국, 패권국, 강대국으로부터 식민지 지배라는 쓰라린 역사적 경험을 가지고 있다. 그들이 겪은 혹독한 시련은 강대국과 그들 국가와의 엄청난 국력 차 때문이라 생각하며 지나치게 큰 힘을 보유한 강대국에 반감을 품는다. 따라서 강대국이 자신의 국가에서 COIN 작전을 시행하면 그들은 강대국을 원조군이 아닌 점령군으로 생각하게 될 가능성이 높게 마련이다. 베트남 사람들은 쓰라린 식민지 경험이 있었기 때문에 강대국에서 보낸 미군이 베트남 전장에 도착했을 때 점령군으로 인식하는 경향이 많았다. 즉 강대국은 군사무기는 막강하지만 중견국이 보유한 구조적 이점이 없는 셈이다.

설상가상으로 작은 전쟁에 참가하는 강대국의 과대무장(over-armament)은 지역주민들의 의심의 눈초리를 심화시킨다. 미군은 강대국 정치의 일환으로 베트남전에 개입했기 때문에 비전통적 전투에서 승리하기 위해 필요한 임무조직의 변화를 추구하지 않았다. 반대로 한국군은 강대국 정치를 위해 베트남 전장에 발을 디딘 것이 아니라 해외 COIN 작전이라는 매우 특별한 임무를 수행하기 위해 자부심을 가득 싣고 베트남에 도착했다. 강대국 정치에 휘말릴 필요가 없는 한국은 과대무장을 하지도 않았고 조직화된 군 시스템을 보유하고 있었기에 소무장(under-armament)을 하지도 않았다. 반면 강대국은 국제질서 주도국으로서 위상 견지에 대한 열의와 이를 위해 구축된 정규전 중심의 군사자산, 그리고 막강한 힘을 보유한 구조적 지위라는 특성으로 인해 COIN 작전에서 성공할 가능성이 낮아지게 된다.

지금까지 살펴본 것처럼 강대국은 분명 COIN 작전에 우수한 전사가 아니다. 그렇지만 국제적으로 비전통적 군사임무 소요는 강대국 정치 이상으로 중요한 비중을 차지하게 되었다. 국제안보에서 중요한 비중을 차지하게 된 COIN 작전임무를 강대국이 제대로 해결하지 못하고 있으니 약소국(weak powers)에게 이 임무를 맡기면 임무를 효과적으로 달성할 수 있을까? 약소국이 COIN 작전에 참가한다면 강대국 정치에 휘말릴 필요도 없고, 국제적 역할이 거의 없다는 입장을 생각한다면 매우 독특한 임무가 아닐 수 없기에 군의 임무의지가 높을 수도 있다. 특히 약소국 병사들은 해외임무를 자신들이 국가를 대표하여 국가위상을 높이는 귀중한 임무로 생각하기에 싸우려는 열의가 높을 것이다. 약소국이 지리적으로 가까운 이웃 국가에 투입되면 지형, 기후 등 전장환경에 적응하는 데 드는 비용을 지불할 필요도 없다. 또한 국민들 간 정신적 유대감이 많은 국가에 투입되어 COIN 작전을 수행한다면 정치적·사회-문화적 이점까지 누릴 수 있다. 또한 약소국은 분란전 발생 국가와 힘의 차이가 거의 없기 때문에 지역주민들이 그들을 점령군으로 인식할까 봐 전전긍긍할 필요도 없다. 강대국에게 느끼는 극단적 힘의 불균형(power asymmetry)을 약소국에게는 느끼지 않는 것이다.

이처럼 약소국은 해외 COIN 작전에 참가하면 임무의지가 높을 수 있고 비물질적 이점까지 활용할 수 있는 장점이 있다. 그렇지만 약소국도 강대국처럼 COIN 작전에 적합한 행위자는 아니다. 그 이유는 무엇일까? 그 해답은 약소국 자체에 있다. 약소국은 조직화된 군시스템이 부족하고 임무 지속을 위해 필요한 물질적 자산을 충분히 보유하고 있지 않다. 따라서 약소국에게는 해외 COIN 작전이라는 임무가 잘 맡겨지지 않는다. 혹시라도 COIN 주도국가가 약소국에게 이런 요청을 한다면 그 이유는 약소국이 이 임무의 성공에 도움이 될 것이라는 기대보다는 상징적인 역할이라도 해서 국제사회의 지지를 받는 명분을 쌓는 데 도움이라도 될까 하는 동기일 것이다.

강대국의 과도한 힘의 보유와 약소국의 힘의 부재라는 공백을 메워 줄 행위자가 바로 중견국이다. 한국과 같은 중견국은 해외파병 COIN 임무에 대한 강한 의지를 보유하고 상당한 임무자산도 있다. 이런 중견국이 분란전 발생 국가와 정치적·사회-문화적으로 공유하는 점도 있다면 임무성과가 배가될 수 있다. 강대국, 중견국, 약소국의 COIN 작전에 대한 성과 기대치는 〈표 20-1〉에서 보는 바와 같이 분명한 차이가 존재한다.

〈표 20-1〉 국가 유형에 따른 COIN 임무 성과 기대치

COIN 수행 국가 유형	COIN 임무군		임무 성과 기대치
	의지	능력	
강대국 (무장과대 군대)	낮음 (통상임무)	과도한 무기 (정규전 중심 무기)	성공에 불리 (거인적 존재)
중견국 (적절히 무장한 군대)	높음 (특별임무)	맞춤형 능력 (조직의 유연성)	성공에 적합 (실체적 존재)
약소국 (무장결핍 군대)	높음 (특별임무)	빈약한 무기 (임무능력 부재)	성공에 불리 (상징적 존재)

중견국은 강대국 정치라는 덫에 빠지지 않기 때문에 강대국처럼 필요 이상으로 중무장을 하지 않는다. 따라서 중견국은 임무수행에 필요 이상으로 무기를 동원할 일이 없고 따라서 적절한 수준의 무기만을 동원하게 된다. 특히 중견국은 우연한 기회에 드물게 찾아오는 해외 COIN 작전을 강한 열의로 받아들인다. 이러한 병사들의 높은 성공의지는 임무조직을 유연화시켜 COIN 임무군이 대규모 물리적 전투에 집착하지 않고 소규모 전투 수행을 잘할 수 있도록 이끌어 준다. 중견국의 높은 임무의지가 맞춤형 능력으로 전환되는 것이다.

이처럼 임무의지가 높고 맞춤형 능력도 구비하면서 동시에 강대국처럼 조직화된 군대를 보유하고 있기 때문에 정예 병사를 COIN 임무장병으로 활용할 수 있다. 또한 중견국은 분란전 발생 국가와 국력 차이가 크지 않기 때문에 약소국처럼 반감에 크게 시달리지 않고, 지역 중견국의 경우에는 사회-문화적 이점까지 활용할 수 있다. 요약하면 중견국은 COIN 작전 수행 시 강대국과 약소국의 강점은 그대로 유지하면서 이 국가들의 약점은 피하게 되는 메커니즘을 바탕으로 임무성공에 다가가게 된다.

4. 국제관계 이론에서의 중견국, 그리고 한계를 뛰어넘어

앞서 살펴본 바와 같이 중견국은 국제체제 속에서 창출된 COIN 작전 임무에 매우 유리한 행위자이다. 이러한 중견국의 강점은 국제관계 이론의 다양화에 통찰력을 제공할 수 있다. 국제관계 이론은 중견국 행위자를 어떠한 시각으로 바라보고 있는가? 국제관계 이론에는 다양한 패러다임과 시각이 있지만 크게 현실주의, 자유주의, 구성주의, 비판주의로 나누어 볼 수 있다. 현실주의자(realist)는 국제관계를 끝없는 마찰과 갈등으로 설명한다. 국제관계 이론 중 가장 오랜 전통을 가진 현실주의 이론은 기원전 431~404년 아테나와 스파르타 전쟁의 현상을 분석하면서 힘의 역학적 구조 속에서 국가 간 전쟁을 할 수밖에 없는 현실을 분석한 투키디데스에게 그 기원을 두고 있다.[12] 현실주의는 힘(power)을 강조하기 때문에 강대국을 주 분석 대상으로 삼는 경향이 강하다. 특히 무정부적 상태의 국제체제하에서 힘의 정치만이 국가이익을 극대화하고 나아가 생존하는 비결이라 주장한다. 특히 신현실주의자는 국가 내부 속성은 국가행동에 영향을 주는 변수로 생각하지 않는 경향이 강하다.

자유주의(liberalism)는 평화에 대한 여지가 거의 없는 현실주의에 대한 비판으로 등장했다. 현실주의자는 국제정치를 갈등의 공간으로 보는 반면 자유주의자는 협력을 위한 투쟁의 공간으로 본다. 구체적으로 전통적 자유주의는 국제체제를 무정부 상태로 보지 않고 제도, 도덕 등에 의해 나름대로의 질서가 유지되기 때문에 평화의 가능성이 높다고 본다. 한편 신자유주의는 국제체제의 무정부 상태를 수용하는 등 현실주의의 가정에 기반을 두고 있으면서도 경제적 상호의존과 제도 등이 기제가 되어 국가 간 협력의 가능성이 있다고 본다.[13] 자유주의자는 국가가 유일한 행위자가 아니며 국가의 목표가 오직 생존이라 국한할 필요도 없고 나아가 군사력이 외교정책에서 가장 중요한 도구가 아닐 수도 있다고 주장한다. 그러면서 초국가행위자(transnational actors)에도 관심을 갖는다. 또한 국가는 국제체제의 영향을 받는다는 현실주의자와 달리 자유주의자는 국가 내부의 속성도 국가행동에 영향을 준다고 주장하는데 대표적인 것이 민주평화론이다. 민주주의, 공산주의는 국가 내부의 정치체제인데 이 내부 속성에 따라 국가 외부의 행동이 달라진다고 주목하면서 민주주의 국가 간에는 전쟁할 가능성이 줄어든다고 주장한다.[14] 국제정치를 국제체제라는 결정론적 시각에서 탈피하여 국가 내부 속성이 국제체제에 영향을 줄 수 있다고 보는 대목에 주목할 필요가 있다.

구성주의(costructivism)는 국제정치를 구조(structure)라는 관념으로 보기보다는 구성(construct)의 시각으로 관찰한다. 국제체제는 이미 결정되어 변할 수 없는 존재가 아니라 새로운 구성을 통해서 변화될 수 있는 것으로 인식한다. 이런 이유에서 현실주의자들이 주장하는 국제체제의 무정부적 상태로 인해 발생하는 힘의 극대화나 생존을 위한 자조(self-help)와 같은 것들은 이미 결정되어 있는 것이 아니라 국가들이 만들어 낸 것이라 주장한다.[15] 구성주의자들은 믿음, 가치, 정체성에 따라 달리 인식될 수 있음을 강조하면서 무정부적 상태도 이를 우호적으로 보는 사람과 갈등적으로 보는 사람이 있을 수 있다고 주장한다.[16]

비판 이론(critical theory)은 실증주의(positivism)와 과학적 접근법을 거부하며 현실주의와 같은 주류 국제관계 이론을 문제해결식(problem solving) 접근이라 낮게 평가하며 자신의 영역을 비판적 접근이라 주장한다.[17] 비판 이론은 성찰주의로도 지칭되는데 탈구조주의나 페미니즘이 이에 해당된다. 비판주의자들은 현실주의자들의 국가행위자 중심의 가정에 반대한다. 그러면서 주류 국제관계 이론가들이 만든 구조를 붕괴시켜야 한다고 주장한다. 현실주의자들이 'why'에 관심을 둔다면 비판주의자들은 'how'에 관심을 둔다. 나아가 비판주의자들은 이론을 만들려고 시도하는 것 자체가 또 다른 잘못을 창출한다고 주장하며 이론 개발보다는 이론의 재구성, 나아가 붕괴에 관심을 쏟는다.

이 네 가지 이론 중 중견국 행위자의 위치를 확대하려면 어느 이론에 주목해야 할까? 중견국은 국가행위자이고 군사임무에서 힘의 중요성을 간과할 수 없다. 그러면서 게릴라와 전투를 하고 지역주민과는 화합을 하는 COIN 임무의 특성도 고려해야 한다. 이 네 가지 이론 중 국가행위자에 관심을 갖는 이론은 현실주의와 자유주의인데 이 중 현실주의는 국가행위자를 유일한 행위자로 간주하고 국제정치에서 힘의 영향에 큰 관심을 갖는다. 또한 COIN 작전에서 국가가 내부적으로 경험한 역사적 사례, 사회-문화적 환경이 외부 행동의 결과에 영향을 미치는 점을 주목하고 있다는 점에서 국가 내부 변수도 인정하는 자유주의도 주목의 대상이다. 이 모든 점을 고려하면 중견국 이론 적용을 위해 현실주의가 가장 적합하며 이를 중심으로 국가 내부라는 변수에도 관심을 갖는 자유주의의 가정도 일부 인정할 필요가 있다. 따라서 중견국 이론에 대한 통찰력을 제공하기 위한 이론으로 현실주의에 주목하면서 국가 내부를 변수로 인정하는 현실주의 이론을 찾아 볼 필요가 있다.

그렇다면 현실주의 이론을 어떻게 확대시켜 중견국 이론에 적용할 수 있을까? 현실주의 패러다임은 고전적 현실주의(classical realism), 신현실주의(neorealism), 공격적 현실주의(offensive realism), 방어적 현실주의(defensive realism) 그리고 신고전적 현실주의(neoclassical realism)로 구분할 수 있다. 정치적 현실주의라고도 불리는 고전적 현실주의는 자기중심적이고 이기적인 인간의 본성이 권력(power)을 추구하게 만들고 이는 갈등 유발의 핵심 요소라 보는 입장이다. 홉스와 모겐소는 인간의 본성에 주목하면서 국가의 권력 및 이익 추구를 설명한다는 점에서 고전적 현실주의자로 분류된다. 고전적 현실주의는 인간의 본성에 기반하여 국가 간 마찰과 갈등을 설명한다는 측면에서 중견국 이론을 발전시키는 데 있어 이론의 확장성이 떨어진다.

신현실주의는 월츠(Waltz)가 국가행위를 국제체제라는 관점에서 설명하면서 국제관계 이론의 주 이론으로 등장했는데 인간의 본성이 아니라 체제를 강조한다는 점에서 구조적 현실주의로도 지칭된다.[18] 신현실주의자는 국제체제에는 질서를 유지시키는 원칙(an ordering principle)이 존재하는데 이것은 바로 중앙권위체의 부재—무정부적 상태—라고 주장한다.[19] 또한 국제체제를 정의하는 데 능력의 배분(the distribution of capabilities)에 주목하면서 여기서 능력은 단순한 군사력 이상의 통합된 힘이라 여긴다. 국제정치 구조 속에서 국가 간 힘의 배분이 국제체제를 설명한다는 측면에서 중견국의 역할 신장이 힘의 배분에 영향을 줄 수 있으므로 이 대목도 관심을 가질 필요가 있다. 한편 신현실주의자는 국제체제하에서 국가안보를 위해 외부의 지원보다는 스스로의 능력에 의존해야 한다는 '자조(self-help)'를 강조한다.[20] 신현실주의 이론은 지나치게 결정론적이기 때문에 중앙권위체 부재라는 원칙이 작동되는 국제체제에서 강대국 외의 행위자는 배제하는 경향이 강하다.[21]

고전적 현실주의자는 권력(power) 자체를 국가목표로 간주하지만 신현실주의자에게 권력은 안보(security)를 위한 수단에 불과한 것으로 간주된다. 이런 차원에서 신현실주의자는 권력이란 무제한적으로 추구하는 것이 아니라 안보에 필요한 만큼만 추구하는 것이라고 본다. 신현실주의는 국제체제에 중심을 둔 설명으로 국가행위자의 다양성은 인정하지 않는다. 따라서 신현실주의자는 국제관계의 모든 것을 국제체제가 결정해 준다고 주장하면서 국가행위자를 모두 동일한 것으로 생각하기 때문에 국제관계의 다양성과 국가의 개별 행위를 설명하는 데 한계가 있다. 따라서 신현실주의는 중견국 이론 확장을 위해 적용하는 데 제한이 따른다.

그럼에도 불구하고 국제체제 설명의 중요한 논리인 힘의 배분에는 주목할 필요가 있다. COIN 작전과 같은 비전통적 군사임무의 비중이 높아지고 국가 간 재래식 정규전의 가능성이 줄어드는 환경이 굳어지면서 강대국과 중견국의 힘의 배분(the distribution of power)도 변화되고 있고 이는 결국 국제체제의 지각변동을 수반하지 않을 수 없기 때문이다.[22]

그렇다면 공격적 현실주의와 방어적 현실주의 이론은 중견국 이론 확장을 위해 어떠한 통찰력을 제공하는가? 공격적 현실주의와 방어적 현실주의의 가장 큰 차이점은 전자는 국가를 끝없이 힘을 추구하는 행위자(power maximizer)로 간주하고 후자는 힘을 이용해서 안보를 추구하는 행위자(security maximizer)로 본다는 점에서 다르다. 미어샤이머(Mearsheimer)나 자카리아(Zakaria)와 같은 공격적 현실주의자는 중앙권위체 부재라는 국제체제로 인해 상대방이 언제 힘을 키워 도전할지 모르기 때문에 국가는 끊임없이 힘을 키울 수밖에 없다고 주장한다. 안보를 보장할 정도의 힘에 도달하면 더 이상 힘을 키우지 않는다는 월츠(Waltz)와 달리 미어샤이머는 국가들은 무한정 힘을 키워 패권국이 되려고 한다고 주장한다. 월츠나 미어샤이머가 생각하는 국가는 기본적으로 강대국이다. 특히 미어샤이머는 강대국이 타 강대국과의 갈등에서 생존하려면 힘을 끝없이 키워 패권국이 되려고 하는데 사실 세계적 패권국이 되는 것은 불가능하고 기껏해야 지역적 패권국을 목표로 삼는다고 주장한다.[23] 나아가 강대국이 상대방보다 더 강한 힘을 보유하려는 과정에서 전쟁을 피하지 못하는 비극에 도달한다고 주장한다. 이처럼 공격적 현실주의자는 국가를 힘을 극대화하는 단일 행위자(unitary actors)로 보고 있으며 특히 국가행위자로 주로 강대국을 상정한다. 국제체제에서 중견국의 입지는 고려하고 있지 않은 셈이다.

방어적 현실주의자는 국가가 힘을 무한정 추구하지 않기 때문에 전쟁과 마찰이 불가피한 것이 아니라 주장한다. 마찬가지로 군사력을 증강하여 안보를 추구하지만 상대방도 군사력을 증강함으로써 안보는 점점 불안해지는 안보딜레마도 극복할 수 있다고 본다. 방어적 현실주의는 국가를 단일 행위자로 보지 않는다. 국가의 다양성을 인정하는 것이다. 월츠, 글레이저(Glaser), 크리스텐슨(Christensen), 스나이더(Snyder)와 같은 방어적 현실주의자는 '힘의 배분' 대신에 위협인식, 기술력, 의도, 공격능력 등 국가 내부적 변수에 의해 국가행위가 달라질 수 있음을 암시하고 있다. 특히 방어적 현실주의자는 공격적 현실주의자와 달리 국제관계에서 힘의 정치가 많은 것이 아니라 안보의 정치가 많다고 생각한다. 이 대목은 중견국 이론 발전의 힌트를 제공한다. 국가를 단일 행위자로 보지 않으면서 중견국이라는 국가 내부적 자산에 따라 달라질 수 있는 국가의 유형을 분석 대상으로 삼을 수 있는 가운데, 이 중견국이 안보역할을 보다 강화할 수 있다면 국제정치에 영향을 줄 수 있기 때문이다. 따라서 방어적 현실주의는 중견국 이론 발전에 통찰력을 제공할 수 있다.

마지막으로 신고전적 현실주의는 국제체제라는 구조적 변수만을 중심으로 한 설명에 반대한다. 슈웰러(Schweller), 자카리아, 울포츠(Wohlforth)와 같은 신고전적 현실주의자는 국가의 행동은 무정부적 상태의 국제체제의 결과일 뿐만 아니라 개별국가의 동기, 바람의 결과이기도 하다고 주장한다. 특히 신고전적 현실주의자는 개별 국가의 독트린, 군사전략과 같은 국가 내부적 변수를 통해 국가의 행동을 설명한다.[24] 자카리아는 국가 내부의 힘이 커지면서 국가는 외부 지향적이 된다고 설명하면서 국가 내부적 변수가 국가행동을 설명할 수 있다고 주장한다.[25]

그렇다면 앞서 언급한 현실주의 이론을 기반으로 중견국 이론을 확대하여 국제관계 이론의 확장에 기여하기 위한 단초를 제공하는 개념은 무엇일까? 첫째, 신고전적 현실주의의 국가 내부적 변수의 강조에 주목할 필요가 있다. 사실 지금까지 살펴본 현실주의 이론 중 중견국 이론 발전에 가장 중요한 통찰력을 제공하는 것은 신고전적 현실주의이다. 중견국은 국가 내부적 힘의 성장으로 인해 외부 지향적 행태를 보이며 국제무대에서 역할을 확대한다. 하지만 동시에 강대국처럼 패권국을 추구하지 않기 때문에 모든 국제안보 임무에 관여하는 것을 꺼린다. 한편 강대국은 강대국 정치 메커니즘에 휘말려 국제안보에서 작은 전쟁과 같은 분야에는 능력을 제대로 발휘하지 못하는 상황에 처한다. 이런 공백을 채울 수 있는 행위자가 바로 중견국이다. 중견국은 강대국 정치 소용돌이에서 자유로울 수 있기 때문에 COIN 작전 시 유리한 환경하에 임무를 수행할 수 있고 이는 결과적으로 국제안보에 기여하게 된다. 또한 신고전적 현실주의는 개별 국가의 동기에도 관심을 갖는데, 중견국이 매우 특별한 해외 COIN 임무의 정치적, 경제적 기대효용으로 인해 임무수행 동기가 활성화될 수 있다는 통찰력을 제공해 주기도 한다.

둘째, 방어적 현실주의자의 일부 주장도 중견국 이론 발전에 중요한 팁을 제공해 준다. 먼저 국제관계에서는 힘(power)의 논리만 존재하는 것이 아니라 안보(security)의 논리가 존재하고 사실 안보는 국제무대에서 많이 찾아볼 수 있다는 대목에 관심을 가질 필요가 있다. 이 주장은 국제정치에서 안보 메커니즘이 상당 부분 가동되고 있기 때문에 무정부적 상태의 국제체제가 질서를 유지한다는 의미인데, 중견국이 이 안보 유지의 특정 영역에 기여를 할 수 있다는 측면에서 이 주장은 통찰력을 제공한다. 또한 유형과 동기 등 국가의 내부적 요소는 변수가 아니라는 신현실주의자와 달리 방어적 현실주의자는 국가를 단일한 행위자로 보지 않는데 이는 강대국, 중견국, 약소국이라는 국가 유형 분류의 가능성을 열어 주는 의미가 있다.

셋째, 패권국을 추구하는 강대국의 비극적 결말을 예측하는 공격적 현실주의도 중견국 이론 발전에 통찰력을 제공해 줄 수 있다. 강대국 정치 메커니즘에 빠져 강대국이 지역적 패권국을 추구하는 과정에서 국제안보 문제가 미해결되는 가운데, 해결사로 중견국이 등장하면서 국제정치의 지각변동이 가능하다는 측면에서 중견국 이론 구상에 대한 공격적 현실주의의 가치가 있다.

넷째, 신현실주의가 제시하는 국제체제도 그 의미를 참고할 필요가 있다. 능력의 배분이 국제체제의 변화에 영향을 미친다는 가정은 중견국 이론 구상에 중요한 아이디어를 제공할 수 있다. 중견국은 필요 이상으로 힘을 키우지 않으면서도 국제안보의 일정 분야에서 역할을 할 수 있는 자산을 가지고 있으므로 외부 지향적 행동을 한다. 이러한 과정에서 강대국 정치 수준의 힘의 배분은 아니더라도 일부나마 국제체제에 영향을 미치는 힘의 배분은 이루어진다. 이러한 힘의 배분은 국제체제를 변치 않는 상수로 놔두질 않게 할 것이다.

결론적으로 여기서 제시하는 중견국 이론과 가장 유사한 가정을 갖고 있는 신고전적 이론을 토대로 국제관계 이론의 확장에 대한 담론을 형성하되 방어적 현실주의, 공격적 현실주의, 그리고 신현실주의의 일부 가정도 수용할 필요가 있다. 이를 통해 중견국 이론이 국제관계 이론의 한 분야로 발전한다면 국제안보를 위한 한 걸음 진전이라는 평가가 가능하리라 본다.

5. 중견국 한국의 군대

지금까지 국제정치에서 주행위자는 강대국 혹은 패권국인 것으로 설명되어 왔고 기껏해야 패권국에 도전할 가능성이 있는 잠재국 정도만 의미 있는 행위자로 인식하는 경향이 있어 왔다. 강대국이 이처럼 국제정치에서 주목을 받는 이유는 그들이 막강한 군사력과 경제력으로 국제적 갈등과 공공문제를 다루는 해결사로서 역할을 하여 왔기 때문이다. 또한 강대국이 그러한 일들을 할 수 있는 이유는 첨단 군사력, 막강한 화력, 대규모 병력, 부강한 경제 등 막대한 자산을 보유하고 있기 때문이다. 특히 국가 간 대규모 군사력 충돌인 정규전에서 이러한 자산은 승리를 보장하는 필요조건으로 기능하여 왔다.

하지만 지금까지 살펴본 것처럼 대게릴라/안정화작전과 같은 비전통적 전투에서는 막강한 정규전식 군사력만으로 전장에서 승리할 수 없다. 그렇다면 어떠한 문제가 발생할까? 국제무대에서 안보 문제 해결의 공백이 발생할 수 있고 이를 해결하지 못하고 오래 지속되면 국제안보 불안이 고착화되어 점점 더 해결할 수 없는 나락으로 빠질 가능성이 있다. 이런 공백을 메울 수 있는 국가가 한국과 같은 중견국이다. 한국은 중요한 국제안보 문제에서 상징적 역할이 아닌 실체적 역할을 함으로써 작은 거인임을 여실히 증명했다. 이런 중견국인 한국군에게서 배우기 위해 외국군이 한국으로 오는 경향까지 생겼다. 2017년 기준 한국으로 군사유학을 온 사관생도와 장교의 숫자가 100명을 돌파했다.[26] 이제 한국은 국제안보무대에서 주 행위자로서의 큰 걸음을 내딛어야 하는 시기를 맞이하고 있다. 이와 같은 한국의 사례는 중견국 이론 담론 형성에 중요한 기회의 창을 만들어 줄 것이다.

제21장

중견국 한국의 안보정책 및 군사전략

1. 현 한국의 군사전략과 군사조직

군사전략은 미래의 위험을 흡수하고 예기치 못한 상황을 포함한 다양한 임무를 수행할 수 있도록 확장성이 있어야 한다. 작전은 현재의 안보를 보장하지만 전략은 미래의 안보를 보장해 준다. 현재의 군사전략과 군사조직을 진단하는 것은 미래를 내다볼 수 있는 안보정책과 군사전략을 수립하기 위해 반드시 거쳐야 하는 과정이다. 그렇다면 한국의 군사전략은 어떠한 특징이 있는가? 한마디로 북한 정규군과의 전면전 중심적 군사전략이라 할 수 있다. 한국은 6·25 전쟁을 거치면서 전 국토가 황폐화되고 국가 인프라가 붕괴되며 더욱이 수많은 군인과 민간인이 죽거나 다치는 고통스러운 경험을 했다. 이와 같은 역사적 경험이 한국의 군사전략과 군사조직에 깊숙이 내재되어 있다. 따라서 한국군에게 가장 중요한 임무는 북한 정규군의 전면전 위협을 억제하여 제2의 6·25 전쟁 발발을 방지하는 것이고 억제가 실패하여 전쟁이 발발하면 조기에 승리하는 것이다. 이에 따라 한국군은 정규전 중심의 군사전략과 군사조직을 구축하여 왔고 현재도 이런 인식에는 큰 변화가 없다.

이처럼 한국군은 재래식 전쟁에 집중하면서 북한군의 정규전 능력을 예의 주시하며 이에 대응할 수 있는 작전의 수립과 전력의 건설에 매진하고 있다. 물론 최근 북한이 지속적으로 핵실험을 감행하고 무수히 많은 탄도탄 발사시험을 하면서 정규전 외에 북한의 비대칭적 위협이 급부상하기는 했지만 그렇다고 이것이 북한의 정규군 위협에 대한 인식이 다소 떨어졌다는 것을 의미하는 것은 아니다. 정규군 위협 대응도 쉽지 않은 상황에서 강력한 비대칭적 위협까지 부상했다는 인식이 보다 바른 표현일 것이다.

그렇다면 6·25 전쟁이 휴전을 한 지 60년이 넘었음에도 불구하고 한국의 군사전략은 왜 북한 정규군 중심적 전략과 군사조직을 고수하고 있을까? 그 이유는 한반도가 마지막 냉전지로 기능하고 있고 한국군과 사회에 6·25 전쟁에 대한 혹독한 경험이 아직도 크게 자리를 잡고 있음과 함께 최악의 시나리오를 상당히 가능성 높은 시나리오로 인식하려 하는 관성적 힘에 기인한다. 또한 한국군의 전통적 전략 고수는 정규전에 대한 전문성을 군인에게 가장 중요한 능력으로 인식하고 있는 한국의 군사문화에 기인한다. 한국군에게는 PKO 파병, 심리전, 군사협력, 대민지원 등 많은 임무가 주어지지만 이런 임무는 북한 정규군과의 대결이라는 임무에 비하면 그 가치가 떨어지는 것으로 인식하려는 경향이 강하다.

하지만 혹시 전쟁이 발발한다 하더라도 6·25 전쟁과 같은 방식으로 전투와 군사임무가 이루어지지 않을 확률이 높다. 제2의 6·25 전쟁과 동일한 형태의 전쟁이 발발하기 힘든 이유는 첨단무기, 정밀유도탄 등 무기체계가 변화했다는 이유도 있지만 국제정치적 지형이 많이 바뀌었다는 이유가 더 클 수도 있다. 우선 공산블록의 리더였던 소련은 사라졌고 중국과 북한의 혈맹관계는 많이 이완되었다. 중국이나 러시아가 6·25 전쟁 식으로 북한을 돕는 상황이 쉽게 발생하지 않을 수도 있고 혹시 지원한다 하더라도 대규모 병력지원 등의 형태는 아닐 수도 있는 것이다.

국제정치 지형의 변화는 강대국들의 한반도 통일에 대한 생각의 변화에서도 찾아 볼 수 있다. 6·25 전쟁 후 최근까지 강대국들은 한반도 통일을 바라지 않는다는 인식이 팽배했다. 그러나 한국과 북한의 삶의 질의 차이가 커지고 북한이 전 세계를 대상으로 한 도발을 지속하는 상황 속에서, 심지어 세계 강대국들에서도 조심스레 한국 중심의 평화통일이 해결 방안이라는 목소리가 흘러나오고 있다. 물론 강대국들이 북한의 붕괴를 적극적으로 나서서 유도하려 하지는 않을 것이다. 그러나 통일의 기회가 찾아오면 강대국들이 통일을 막을 명분도, 나아가 차단할 기제도 크게 나타나지 않을 것이다. 전략국제문제연구소(CSIS) 마이클 그린 선임부소장은 미국은 "한국 주도의 통일"을 바라고 있고, 일본도 통일 반대에서 통일 찬성으로 입장을 선회하고 있으며 중국조차 남북한 "자주통일"을 희망하고 있다고 주장하기도 했다.[27]

북한 정규군을 막아 낼 힘을 키우고 이에 대비하여 전력을 증강하며 훈련을 하는 것도 매우 중요하지만 이를 과대하게 인식하여 한국군에게 주어지는 많은 다른 임무의 중요성을 떨어뜨리는 실수를 범해서도 안 된다. 나아가 군사전략은 미래를 내다보고 치밀하게 구상되어야 한다. 북한 정규군 중심의 임무는 현 작전개념을 통해서 대비하고 미래 군사전략은 북한 정규군 전면전 도발 억제뿐만 아니라 강한 중견국, 나아가 선진국으로 자리를 잡으면서 한국군이 맡게 될 다양한 국제안보 임무 수행에도 높은 비중을 두어야 한다. 또한 군사전략은 확장성과 유연성이 있어야 한다. 그렇지 않으면 우발적 안보위기 상황에 대처하는 능력이 떨어질 수밖에 없다. 예를 들어 한반도 내 북측 지역의 안정화작전은 우발적 상황으로 발생 가능하지만 북한이 더욱 고립되고 극심한 경제난에 시달리면서 우발적 상황이 필연적 상황으로 그 메커니즘이 빠르게 전환될 수 있다.

한국군은 북한 정규전 대비 중심의 군사문화로 인해 비대칭적 성격이 있는 군사임무에는 지속적인 관심이 덜할 수밖에 없는 구조에 처하게 된다. 최근 북한 핵무기나 탄도탄이라는 비대칭적 무기에 대한 대응에 많은 관심과 투자를 하고 있지만 이 분야도 엄밀히 말하면 정규군의 비대칭적 무기 사용에 대한 대응이지, 북한 정규군에 대한 대응 이외의 임무도 균형적 시각으로 중요성을 높였다는 의미가 아니다. 하지만 북한 주민 동요로 인한 정치권력 붕괴, 대량 탈북 등 북한 내부 상황으로 인해 군사임무 소요가 발생한다면 6·25 전쟁 식으로 임무가 진행되지 않을 가능성이 높다. 오히려 안정화작전과 같은 비전통적 형태의 군사임무 소요가 더 가능성이 높다. 또한 중견국으로서 한국이 더욱더 국제안보 임무에 참가 요구를 받게 될 수밖에 없는 상황에서, 한국군은 한국 정규군과 그 지역 정규군과의 전투보다는 지역 안정화나 질서 회복 등의 비전통적 임무를 수행할 가능성이 높다. 하지만 대규모 정규전 중심의 군사문화로 인해 한국군은 이와 같은 임무 소요의 가능성을 최악의 시나리오나 가능성 높은 시나리오로 인식하지 않게 되는 환경에 놓여 있다.

이와 같은 이유로 베트남과 이라크 COIN 임무에서의 소중한 경험이 군사전략에 제대로 반영되지 않는 경향이 있어 왔다. 더욱이 COIN 임무가 없는 시기에는 이와 같은 비전통적 경향은 군사전략이나 군사작전에서 소외되는 경향마저 생기기도 한다. 실제로 한국의 군사조직은 비정규전에 효과적으로 대비할 조직이라 보기 어려운 것도 사실이다. 국방부나 합참과 같은 군조직은 북한 정규군 대비에는 적절한 조직이지만 다양한 비정규전에 대비하기에는 제한점이 많다. 국방부나 합참 내에는 비정규전, COIN 작전 등 비전통적 군사임무를 전문적으로 다루는 부서는 없다. 국방대학교 내 국제평화활동센터에서 비전통적 군사임무를 연구하고 파병장병의 교육을 지원하고 있는 수준에 머물러 있다.

『2016 국방백서』에서도 해외에서 안정화 임무를 시행했다는 수준의 언급에 그칠 뿐 비전통적 군사임무에 대한 언급의 비중은 크게 높지 않다. 반면 북한의 정규전 혹은 핵·미사일에 대한 군사위협은 비중 있게 다루고 있다. 전통적 군사임무와 비전통적 군사임무의 균형화가 부족한 대목이다.

또한 한국군이 수행하는 주요 훈련과 연습은 정규전 중심의 한국 군사문화를 그대로 반영한다. 6·25 전쟁과 같은 대규모 정규전을 효과적으로 수행하려면 대규모 병력이 동원된 물리적 군사력 위주의 훈련과 연습이 필요하다. 『2016 국방백서』에 제시된 주요 훈련 및 연습은 북한과의 전면전을 효과적으로 수행하는 데 집중된 임무라는 특징이 있다(〈표 21-1〉). 전면전 이전이나 이후에 발생할 가능성이 있는 COIN 임무만을 집중적으로 다루는 주요 훈련이나 연습은 부족한 것이 사실이다.

〈표 21-1〉 주요 훈련 및 연습

구분	명칭	형태	내용
한미 연합연습	을지프리덤 가디언(UFG)	군사지휘소 및 정부연습	• 위기관리 절차 연습 • 전시전환 절차 연습 • 작전계획 시행 절차 연습 ⋮
	키리졸브/ 독수리연습	지휘소 연습 및 야외 기동훈련	• 위기관리 절차 연습 • 전시전환 절차 연습 • 작전계획 시행 절차 연습 ⋮
한국군 합동연습 및 훈련	태극연습	전구급 지휘소 연습	• 다양한 위협 대비 작전수행 절차 연습
	호국훈련	작전사급 야외 기동훈련	• 국지도발 및 전면전 관련 작계시행훈련 • 작전수행 절차 적용 훈련
	후방 지역	권역별 민 · 관 · 군 · 경 통합방위훈련	• 침투 · 국지도발 대비작전 • 전시전환 • 전면전 대비작전

출처: 대한민국 국방부, 『2016 국방백서』, p. 253.

전면전에 대비하는 것은 분명 중요하지만 전쟁 혹은 전투 전후의 위기관리로 COIN 작전과 같은 비전통적 군사임무가 많이 부상할 것이라는 점도 비중 있게 인식할 필요가 있다. 또한 비전통적 군사임무는 국가의 다양한 요소들이 함께 가동되지 않으면 성공하기 어렵다. 예를 들어 한국군의 베트남과 이라크 임무에서 보듯이 COIN 작전은 정치적, 경제적, 문화적, 외교적, 그리고 군사적 요소들이 모두 기능이 발휘되면서 성공을 향해 나아갈 수 있다. 이런 측면에서 COIN 작전에는 범정부적 노력이 필요하고 특히 국방부와 외교부는 그중에서도 중심기관으로서 기능해야 한다. 균형적 군사전략에는 비전통적 군사임무 비중을 높여 정규전만큼 중요한 것으로 인식시키고 나아가 범정부적 노력을 위한 방향도 담아낼 필요가 있다.

이제부터 본격적으로 균형적 군사전략 수립을 위한 구상에 착수해야한다. '균형적 군사전략'은 정규군 위협을 효과적으로 억제하면서 동시에 현재 혹은 미래의 비전통적 군사임무 소요를 주도할 수 있도록 방향도 제시해야 한다. 중견국 한국의 군사전략은 한반도 내에서의 전면전뿐만 아니라 한반도 상 안정화작전, 나아가 한반도 밖의 국제안보에 보다 더 큰 기여가 가능토록, 특히 이런 임무의 중요성이 균형적으로 배분될 수 있도록 혜안이 담겨 있어야 한다.

한국의 군사문화에 전면전이 가장 중요한 임무라는 인식이 내재되어 있어 균형적 군사전략 구상이 힘든 환경 속에서도 중견국으로서 담당해야 할 비전통적 군사임무의 중요성에 대한 목소리가 조금씩 반영되고 있는 것은 긍정적 신호이다. 대표적인 것인 해외파병 상비부대가 만들어져 운영되고 있다는 점이다. 2009년 12월부터 3,000여 명 규모로 운영되는 해외파병 상비부대는 파병 소요 발생 시 1~2개월 이내에 파병이 가능토록 상시 준비하는 부대이다. 이와 같은 비전통적 군사임무를 수행하는 부대의 확대는 균형적 군사전략 수립 및 중견국 군사조직으로의 진화에 기여할 것이다.[28]

〈표 21-2〉 상비부대 파견 인원

2010~2016. 11.

동명부대	오쉬노부대	아크부대	한빛부대	계
1,071명(8개진)	991명(8개진)	1,650명(11개진)	1,758명(7개진)	5,470명

출처: 대한민국 국방부, 「2016 국방백서」, p. 159.

2. 미래 한국의 군사전략과 군사조직 지향점

앞서 수차례 분석했듯이 COIN 작전은 정규전과 매우 다른 특성을 가지고 있다. 한편 9·11 테러 이후 국제안보 무대에서 시작된 수많은 COIN 작전은 아직도 진행형이다. 이런 환경하에 미국 내에서도 미래 군사전략에 관한 4개 학파가 존재한다. 첫째, 전통주의 학파(the traditionalist school)는 정규전의 중요성을 강조한다. 전통주의자는 국제안보적 측면에서 비전통적 군사임무의 존재를 아예 외면하지는 않지만 그래도 대규모 군사력을 투입하는 전통적 전쟁을 가장 중요한 임무로 간주한다. 따라서 전통주의자는 COIN 작전에 깊숙이 개입하는 것을 꺼린다. 이런 전통주의자는 최근 중국, 러시아 등 국가행위자의 위협이 증대하면서 그 목소리를 점차 키우고 있다.[29]

비전통주의 학파(the non-traditionalist school)는 국제무대에서 증가하고 있는 비전통적 군사임무의 중요성을 강조한다. 특히 비전통주의자는 소규모 군사분쟁, 비대칭전, COIN 작전의 등장에 주목한다. 나아가 이들은 국제무대에서 파탄국가(failed states), 통제불능국가, 테러분자와 같은 안보 문제의 등장에 주목하면서 미래에 비전통적 군사임무 소요가 더욱 증가할 것이라 예측한다. 따라서 정책입안가와 군사전문가는 비전통적 군사임무 수행능력을 신장시킬 수 있도록 군조직의 변화를 모색해야 한다고 주장한다.

혼합 학파(the hybrid school)는 군은 정규전과 비전통적 군사임무를 포함한 모든 유형의 전투 및 전쟁을 잘 다루는 조직이어야 한다고 주장한다. 혼합주의자는 미군은 "모든 전쟁에서 이겨야 한다(win all wars)"고 언급한다.[30] 그들은 이분법적 사고를 지양하며 군은 국가가 주는 모든 임무를 능숙히 수행해야 함을 강조한다. 혼합 학파 주장의 가장 큰 문제점은 군이 이러한 능력을 갖추기 위해서는 막대한 예산이 필요하다는 점이다.

마지막으로 노동분화 학파(the division of labor school)는 군조직에는 두 트랙—정규전 및 비전통적 군사임무—의 장교가 있어야 한다고 주장한다. 이 주장의 문제점은 정규전 트랙 장교와 비전통적 군사임무 트랙 장교 간 임무 전환에 대한 융통성이 떨어진다는 점이다. 정규전 장교가 부족할 경우 비전통적 군사임무만 수행했던 장교를 배속시켜 활용해야 하는데 이 경우 교육훈련을 다시 시켜야 하는 등 임무전환이 쉽지 않다는 것이다. 또한 두 트랙의 전문가 양성을 위해서는 장교 정원 수 증가가 수반되어야 한다는 문제도 있다.

그렇다면 한국의 미래 군사전략은 어느 방향에 맞추어야 하겠는가? 미군의 세 번째와 네 번째 학파의 견해는 의미가 있어 보이긴 하지만 재원과 병력 규모를 고려하면 실현 불가능하기 때문에 한국군에는 세 가지 옵션—현상 유지(정규전 중심 전략), 비전통적 전략, 균형적 전략—이 있을 수 있다.

이 옵션 중 한국은 균형적 전략을 선택할 필요가 있다. 현상 유지 옵션은 한반도가 세계에서 마지막 냉전지역으로 남아 있다는 점에서 나름대로 의미가 있을 수도 있다. 하지만 이 옵션은 미래 비전통적 군사임무 소요를 대처하는 데 부족하다는 단점이 있다. 비전통적 전략은 미래 임무에는 효과적이지만 북한 정규군의 위협에 대비하는 능력의 감퇴를 가져올 수 있기 때문에 국가안보에 도움이 되지 못한다.

이처럼 1, 2번 옵션과 달리 균형적 군사전략은 현재와 미래 임무를 다 소화해 낼 수 있는 장점이 있다. 균형적 군사전략은 혼합 학파와 노동분화 학파의 중간지대와 같은 성격이 있다. 혼합 학파는 막대한 군사비를 필요로 하기 때문에 비현실적이지만 다양한 임무수행 능력을 갖추는 데는 유용하다는 장점은 분명 존재한다. 노동분화 학파는 모든 장교를 두 개의 트랙으로 나누어 보직 관리를 해 주어야 하므로 막대한 병력과 조직이 필요하다. 한국군의 군조직 규모를 고려하면 임무분화는 현실적이지 못하다. 하지만 임무분화는 군사적 전문성을 증대시켜 줄 수 있기 때문에 가치가 있다. 균형적 군사전략은 이 두 학파의 장점만을 살려 정규전과 비전통적 군사임무의 비중을 균형화시키는 데 주안점을 두는 전략이다. 균형적 군사전략이 현실화되려면 필요에 따라 다른 임무를 수행할 수 있도록 군조직을 유연화시켜야 한다. 그렇다면 왜 한국에게 균형적 군사전략으로의 진화가 절실한가? 그 해답은 비전통적 군사임무 소요의 증가에서 찾을 수 있다.

1) 비전통적 군사임무 소요의 증가

앞서 언급한 바와 같이 북한에서 김정은 체제 권력 와해, 극심한 경제난, 국제적 고립 등의 문제가 발단이 되어 분란전이 발생할 가능성이 높아지고 있다. 사실 제2의 6·25 전쟁 가능성보다 COIN 작전 가능성이 더 높다고도 할 수 있다.

한반도 밖에서의 비전통적 군사임무 소요도 지속되고 있는데 그 이유는 국제안보 환경 변화와 중견국으로서 한국의 위상이라는 두 가지에서 찾을 수 있다. 우선 국제안보 환경 변화는 두 가지 측면에서 살펴볼 필요가 있다. 첫째, 제2차 세계대전 후 강대국 간 전면전은 발생하지 않으면서 국가행위자 간 군사적 충돌이 전반적으로 감소되었다. 강대국 간의 무력충돌이 줄어들면서 약소국 간의 전쟁도 함께 줄어드는 현상이 일어난 것이다. 뮬러(Mueller)는 전쟁에 대한 문화가 변화되면서 현대국가 간 전쟁이 소멸되고 있다고 주장한다.[31]

둘째, 소련 붕괴 후 양극체제에서 단극체제로 전환되면서 비국가행위자로부터의 비대칭적 위협이 급속히 증가했다. 9·11 테러공격이 대표적 사례이다. 알카에다, 탈레반, IS, 해적과 같은 비국가행위자의 목소리가 국제안보에서 차지하는 비중이 높아졌고 그들과의 전쟁은 정규전보다도 더 힘든 싸움임이 경험을 통해 입증되었다. 알카에다, IS와 같은 무장 비국가행위자는 국제적 게릴라로 성장했고 미국은 이라크, 아프가니스탄, 시리아 등지에서 그들과 전투를 하면서 고전을 면치 못하고 있다. 즉 양극체제에서 한 축이 제거되면서 아이러니하게도 소규모의 폭력이 확산되면서 '새로운 세계질서(the new world disorder)'가 창출되었다.[32]

비전통적 군사임무 소요가 증가했다고 전 세계 모든 국가가 국제안보에 참여할 수도 없다. 국제무대에서 임무를 수행할 수 있는 자산과 능력을 갖춘 국가만이 그 역할을 해낼 수 있다. 이런 환경에서 제10대 경제대국으로 성장한, 그리고 이에 힘입어 중견국으로서 군사력도 갖추고 있는 한국의 역할은 주목을 받지 않을 수 없다.

신고전적 현실주의자가 주장한 것처럼 자원을 동원할 능력을 갖춘 국가는 외부 지향적 행동을 하게 마련이다. 한국은 경제적 발전에 탄력을 받자 이를 기반으로 군사력 증강에도 박차를 가했고, 그 결과 1991년 314명을 걸프전에 파병한 것을 시작으로 1990년대 이후 한반도 밖의 임무에 관심을 갖기 시작했다. 국가 내부의 성장은 내부 지향 정책을 외부 지향 정책으로 돌리는 필요조건이지만 충분조건은 아니다. 국제적 환경이 급격하게 바뀌는 상황에서 강대국 혼자 안보 문제를 해결하는 것이 어려워지고 있다는 사실은, 한국이 외부지향적 정책을 추진하는 데 있어 충분조건으로 기능하게 해 주는 조건을 만들어 주고 있다.

2) 한국의 외부 지향적 행동 추적

경제력, 군사력이 성장하면서 한국은 외부 지향적 국가전략에 조금씩 관심을 갖기 시작했다. 특히 2000년대 후반에 접어들면서 글로벌 코리아(Global Korea)라는 슬로건까지 등장하게 된다. 한국의 내부적 성장과 국제안보 환경의 변화가 맞물려 외부 지향을 본격화하기 시작한 것이다. 6·25 전쟁 직후에 한국은 내부 지향적 정책 외에는 다른 대안이 없었다. 전쟁으로 모든 인프라가 붕괴되었기에 외부에 관심을 돌릴 여건이 되지 않았기 때문이다. 또한 코앞의 위협인 북한의 존재로 인해 군사전략도 내부 지향적일 수밖에 없었다.

그러던 중 1960년대에 접어들면서 한국은 일시적으로 외부 지향 정책을 선택하게 되는데 이것이 바로 베트남전 참전 결정이다. 이 기간에 한국은 내부 지향적 정책을 시행하였는데 경제적, 군사적 기대효용이 동기가 되어 예외적으로 외부 지향 정책을 채택하게 된다. 이 시기는 내부 지향적 국가가 전술적으로 외부 지향적 임무에 참가했다는 점에서 중대한 전기라 평가될 수 있다.

하지만 베트남전 이후 한국은 경제성장이 가속화되었고 이에 힘입어 명실상부한 중견국의 지위를 갖게 된다. 1996년 OECD 회원국이 되었고 1999년 창설된 G20 국가에도 포함되게 된다. 이렇게 한국이 국제무대에서 그 역할을 확대하면서 한국군도 해외에서의 임무가 증가하게 된다. 2016년 기준으로 한국은 13개국에 군병력을 파견하여 국제무대에서 안보 유지 역할에 참여하고 있다(《표 21-3》). 이는 한국의 내부 성장이 외국 지향적 행동을 추동시켰다는 것을 알려 주는 지표라 하겠다. 그럼에도 불구하고 한국의 군사전략은 북한군 중심으로 수립되어 국가의 외부 지향적 모습과 부조화된 측면이 존재한다.

〈표 21-3〉 한국군 해외파병 현황

2016년 11월 30일

구분	임무		인원(명)
유엔 평화유지활동	부대 단위	레바논 동명부대	329
		남수단 한빛부대	293
	개인 단위	인도 · 파키스탄 정전감시단	7
		남수단 임무단	7
		수단 다푸르 임무단	2
		레바논 평화유지군	4
		코트디부아르 임무단	1
		서부 사하라 선거감시단	4

	부대 단위	청해부대	302
다국적군 활동	개인 단위	바레인 연합해군사령부	4
		지부티 연합합동기동부대	2
		미국 중부사령부	2
		미국 아프리카사령부	1
국방 교류협력활동	부대 단위	UAE 아크부대	146

출처: 대한민국 국방부, 『2016 국방백서』, p. 266.

　균형적 군사전략 구상을 통해 중견국 한국의 국제안보 임무 확대의 추동력을 제공해야 한다. 그리고 한국의 해외파병 성공 메커니즘을 잘 분석해야 한다. 한국의 베트남과 이라크 대게릴라/안정화작전의 성공 비결은 해외파병 임무에도 그대로 적용될 수 있다. 해외파병에서 임무군이 가장 먼저 해야 할 일은 임무지역 문화를 이해하고 주민들과 소통할 수 있는 방법을 찾는 것이다. 한국군은 베트남과 이라크에서 이것을 이해했기에 임무에 성공했는데, 대게릴라/안정화작전까지는 아니더라도 소규모 지역 안보를 위한 해외파병에서도 이러한 성공 비결은 그대로 적용될 수 있다. 이러한 노하우를 잘 활용하여 국제안보 임무에 성공함으로써 중견국 한국의 위상이 높아지고 국가이익 극대화에도 크게 기여하면서 국가전략과 조화를 이루는 군사전략의 모습을 갖추어 가야 할 것이다.

3) 국가전략과 군사전략의 조화

　국가전략과 군사전략의 조화를 이루는 것은 국가이익을 극대화하고 나아가 중견국으로서 그 위상을 확고히 하는 데 매우 중요하다. 그렇다면 구체적으로 어떻게 조화를 이룰 수 있을까? 앞서 언급한 균형적 군사전략이 해답에 대한 통찰력을 제공할 수 있다. 이 두 전략의 부조화—외부 지향적 국가전략 vs. 내부 지향적 군사전략—는 의도적(intentional)인 것이 아니라 우연한(accidental) 것이었다. 한국은 전 세계에서 유례를 찾아보기 힘들 정도로 아주 짧은 기간에 외부 지향적 행동을 할 정도의 자원을 축적했지만 세 가지 이유로 국제안보 환경 변화를 인식하지 않으려는 경향이 있었다.

첫째, 역사적 이유와 관계된 것으로 6·25 전쟁 경험으로 인한 한국군의 전면전에 대한 강조를 들 수 있다. 6·25 전쟁으로 한국은 250만 명의 사상자가 발생하고 전후에 모든 노력을 인프라를 복구하는 데 투자해야만 했던 쓰라린 경험이 있었다. 이런 전쟁 경험으로 국제안보 환경이 바뀌어도 정규전이 가장 중요하다는 인식이 바뀔 수 없었다. 둘째, 구조적 이유로 1991년에 냉전은 종식되었지만 한반도는 여전히 냉전지대로 기능하고 있었다. 셋째, 이와 같은 역사적 이유와 구조적 이유로 인해 한국군은 정규전 대비 중심의 군사조직을 강화하여 북한을 억제하고 억제 실패 시 조기에 전승을 달성하는 데 집중하게 된다.

따라서 정규전 중심의 사고방식이 군사조직문화에 깊숙이 내재되어 자리를 잡게 되었다. 모든 국가에서 군사조직문화가 변화되는 것은 쉽지 않다. 한국도 정규전 중심의 군사조직문화가 바뀌는 것은 쉽지 않았고 이는 결국 비전통적 임무가 부상하는 국제환경의 변화에 민첩하게 대응하는 데 단점으로 작용했다. 60년 이상 지속된 군사문화는 쉽게 바뀌지 않기 때문에 국가가 외부 지향적으로 변했다고 군사전략도 외부 지향적으로 자연스레 진행되는 것이 아니었다.

그럼에도 불구하고 한국이 국가전략과 군사전략의 조화를 이룬 경험이 있다. 베트남전 기간 한국에는 일시적으로나마 이 두 전략의 조화가 있었다. 이제 장기적 차원의 조화를 창출해야 할 시점이다. 균형적 군사전략은 이러한 조화의 창출에 추동체가 되어 줄 수 있다. 균형적 군사전략은 북한 COIN 작전 시 임무조직의 유연성에 긍정적 영향을 주어 임무성공에 기여하게 될 것이다. 베트남전과 이라크 임무에 참가했던 군인들은 비전통적 군사임무의 중요성을 경험했기 때문에 균형적 군사전략이라는 변혁에 핵심적 역할을 수행할 수 있을 것이다.

〈표 21-4〉에서 보는 바와 같이 한국군은 4세대 장교로 구분해서 생각해 볼 수 있다. 1세대는 6·25 전쟁 전후 세대 장교로 그들의 주 임무는 독립국가의 주권을 지켜 줄 현대 정규군을 제대로 갖추는 것이었다. 이 시기에 한국군은 북한 정규군과의 전면전에 대비하는 전통적 군사전략을 수립하였다. 이 시기 한국군은 북한에 동조하는 게릴라와의 전투도 경험했지만 6·25 전쟁은 정규전의 중요성을 다시 한 번 상기시켜 주었기에 전통적 군사전략은 그대로 유지되었다.

2세대 장교는 한국군의 베트남전 참전에 영향을 받은 세대이다. 1세대 일부 장교의 한국 내 빨치산 게릴라와의 전투 경험은 베트남전에서의 베트콩과의 전투를 승리로 이끄는 데 노하우가 되어 주었다. 2세대 장교들은 한국군이 베트남 COIN 작전에서 승리하는 것을 지켜보았지만 비전통적 군사임무가 군사독트린으로 진화하거나 군사전략의 일부로 반영되는 단계로 나아가지는 못했다. 여전히 북한이라는 국가행위자의 위협이 군사전략과 군사작전의 처음이자 끝이었다.

〈표 21-4〉 한국군의 4개 세대 장교

구분	특성	주요 임무/사건
1세대(1945~1963)	• 정규군 창설 • 정규전 대비 임무	• 6 · 25 전쟁 • 빨치산 대게릴라전
2세대(1964~1992)	• 군사력 현대화 • 해외 비정규전 경험	• 베트남전
3세대(1993~2008)	• 군사력 증강 • 해외파병 본격화	• 이라크전
4세대(2009~)	• 전환기 * 균형적 군사전략 or not	• 천안함 피격사건 • 연평도 포격도발 • 대해적작전

3세대 장교는 한국이 부강해지고 국제무대에서 역할을 키우면서 군병력을 해외에 파병하는 것에 익숙해지기 시작한 세대이다. 특히 이 세대 장교들은 베트남전 이후 최초의 대규모 파병인 이라크전 참가를 경험한 세대이다. 2세대 장교들의 베트남 COIN 노하우가 이라크 COIN 임무를 수행하는 3세대 장교들에게 전수되었다. 이 시기 군사전략에 큰 변화는 없었지만 국방개혁 추진을 통해 조금씩 조직의 변화에 시동을 걸면서 4세대 장교들의 전환기에 긍정적 영향을 미치게 된다. 4세대 장교들은 천안함 피격사건을 통해 적의 비대칭적 전술이라는 쓰라린 경험을 했고 소말리아 대해적 작전과 같은 비전통적 군사임무에 오랜 기간 참가했다. 4세대 장교들은 국내외적으로 안보환경이 변하면서 정규전 이외의 군사임무에도 눈을 뜨게 된 세대들이다. 그럼에도 불구하고 4세대 장교들은 연평도 포격도발을 경험하며 정규전의 무게감도 여전히 느끼고 있다. 4세대 장교들에게는 지금처럼 북한 정규군 중심의 군사전략을 고수할 것인지, 아니면 이라크 COIN 임무 경험과 국제안보 환경 변화를 반영하여 비군사적 군사임무와 북한 정규군 대비 임무 균형화를 추진할 것인지 선택을 해야 하는 과제가 주어져 있다. 후자를 선택하게 되면 국제안보 무대에서 중견국 한국의 역할을 확대하고 한반도 COIN 작전 소요 발생 시 한국군이 주도하여 임무를 수행하는 데 유리한 환경을 갖게 될 것이다.

4) 군사전략 정교화 방법

　　중견국 한국의 군사전략은 현 안보 문제뿐만 아니라 미래의 국제안보, 나아가 북한 정권 붕괴로 인한 우발 상황까지 유연하게 대처가 가능해야 한다. 특히 북한 문제와 관련하여 한국군은 북한 정규군이라는 현존 위협뿐만 아니라 가까운 미래에 발생할 수 있는 북한 김정은 체제 불안정에서 오는 비전통적 군사임무에도 대처해야 한다. 이를 위해 군사전략의 유연성이 매우 중요하다.

유연전략 추진을 위해 한국군에게는 두 가지 난제가 있는데 그것은 전통적 전투와 비전통적 전투 사이의 우선순위 문제와 조직개혁 이슈이다. 전자는 대규모 물리적 군사력에 기반한 정규전을 최우선 임무로 삼는 군사조직문화와 관련이 있다. 군과 같은 큰 조직에서 작전적 마인드(mindsets)를 변화시키는 것은 쉽지 않다. 그럼에도 불구하고 미래 위협에 대비하는 장기적 차원의 군사전략 수립을 위해서는 정규전 중심의 마인드를 유연화시킬 필요가 있다.

후자는 비전통적 군사임무의 중요도를 정규전에 대한 관심 수준으로 끌어올릴 수 있도록 조직을 개편하는 문제와 관련이 있다. 국방부 혹은 합참에서 COIN 작전, 비정규전, 비대칭전 등 비전통적 군사임무만을 전문적으로 다루는 부서를 만들어 미래 군사전략 진화의 촉매제로서 시너지 창출을 유도할 필요가 있다. 비전통적 군사임무 센터는 지상 센터와 해상 센터로 구성하여 전자는 PKO 파병과 같은 국제안보 역할 확대와 미래 북측 안정화작전 대비 핵심 거점으로 활용하고 후자는 대해적작전, 국제안보 공공재인 SLOC 보호, 그리고 미래 북측 안정화작전 중 해상 게릴라 차단을 핵심 거점으로 활용할 필요가 있다. 비들(Biddle)의 주장처럼 정규전에 능통하다고 자동적으로 비전통적 군사임무도 잘할 수는 없다.[33] 유연한 군사전략 없이 성격이 다른 이 두 가지 임무를 동시에 잘할 수 없는 것이다.

그렇다면 비전통적 군사임무 센터는 북한 COIN 작전 대비를 위해 무엇을 주시해야 하는가? 첫째, 적을 정확히 간파해야 한다. 북한 COIN 작전 시 적은 김씨 일가 중심의 공산체제의 잔당이다. 비국가행위자인 이 게릴라는 오랜 기간 주체사상으로 무장되어 왔기에 이 사상이 쉽게 변화되지 않아 공산체제 회복을 목표로 무력공격 및 심리전을 실시하거나 아니면 최소한 한국 중심 통일을 어렵게 만드는 방해활동에 치중할 것이다. 이 과정에서 6·25 전후 빨치산 게릴라 활동과 유사한 방식으로 COIN 임무군에 대적하려 들 것이다. 한국군은 베트남에서 공산사상으로 무장된 베트콩 게릴라를 평정한 노하우가 있고 '중대전술기지'와 같은 독창적 전법도 활용하여 타국군의 주목을 받은 경험이 있다. 비전통적 군사임무 센터는 이러한 경험과 노하우에 대한 데이터를 잘 수집하고 치밀하게 분석하여 군의 '학습기능(learning)'이 활성화되도록 해야 한다.

둘째, 비전통적 군사임무 센터는 비국가행위자와의 전투에서 승리할 수 있는 전술과 지략을 발전시켜야 한다. 이를 위해 한국군의 경험을 분석하여 전술과 전법을 구체화하고 이를 토대로 야전교범(a field manual)이나 공식화된 전술을 만드는 중추부대로 기능해야 한다.

셋째, 위와 같은 군사작전 위주의 독트린 구체화와 병행하여 범정부적으로 협력해야 하는 '주민 기반적 접근법'에 관심을 두면서 이를 구체화할 수 있는 다양한 옵션 개발에 착수해야한다.

넷째, 한국군의 베트남 및 이라크 임무 사례를 통해 알 수 있듯이 COIN 작전에서는 개별 병사의 역할과 능력—사격술, 태권도와 같은 무도능력, 특수작전 능력 등—이 정규전보다 중요하다. 따라서 COIN 작전에서 특수전 요원과 해병대 병사를 효과적으로 활용할 수 있도록 평시부터 준비해야 한다.

마지막으로 비전통적 군사임무 상비군을 만들어야 한다. 북한 COIN 작전에서 성공하려면 첫 단추를 잘 맞추어 '적응비용'을 최소화하는 것이 관건이다. 그러려면 평소에 이 임무만을 대비해 전술을 발전시키고 전문훈련을 실시하여 우발 상황 발생 시 바로 COIN 임무를 수행할 수 있는 부대가 필요하다. 앞서 언급한 해외파병 상비부대가 이러한 부대 창설의 통찰력을 제공할 수 있다.

그렇다면 이어지는 마지막 장을 통해 한국군이 베트남과 이라크에서 성공적으로 수행한 COIN 임무 사례를 주요 매개체로 하여 한반도 COIN 임무성공을 위한 혜안을 보다 구체적으로 살펴보기로 하자.

제22장

한반도 COIN 임무 소요와 대응지략

1. 북한의 현주소와 미래의 불확실성

국제정치, 시민혁명 등 국제정치·사회현상을 예측하는 것은 매우 어려운 일이다. 최근에는 국제정치·사회 분야의 학문에 과학이라는 기법까지 동원하여 적실성을 높이고 있지만 그래도 미래 현상에 대한 예측은 여전히 제한된다. 국제관계 이론의 주류 학파였던 현실주의자도 소련의 붕괴를 예측하지 못해 비판을 받았고 냉전 종식 이후 알카에다와 같은 비국가행위자가 국제안보무대에서 이처럼 큰 위협이 되리라 생각하지 못했으며 나아가 아랍 국가의 장기독재정권이 SNS의 힘으로 몰락하리라 예견하지도 못했다. 따라서 가장 불확실한 국가인 북한의 미래를 예단하는 것은 무리일 수 있다. 그럼에도 불구하고 현상을 분석하려는 노력은 미래의 불확실성을 조금이라도 줄여 주며 예기치 않게 닥칠 수 있는 일에도 미리 대비하는 혜안을 제공해 주기에 매우 중요한 일이 아닐 수 없다.

북한이 중국처럼 개혁·개방을 통해 국가진화의 길을 모색할지 아니면 고립정책을 지속하여 체제분열의 길로 들어설지 예단하기는 힘들다. 빅터 차는 북한이 고립을 하면 붕괴될 수밖에 없고 개혁을 하더라도 바로 이 개혁으로 체제가 분열될 수밖에 없는 딜레마에 있는 국가라고 주장한다.[34] 북한 문제 해결은 강대국이 COIN 작전에서 승리하는 것만큼 어렵다. 세계 초강대국 미국도 북한 문제 해결을 위해 다양한 해결 옵션을 제시하는 데 한계에 봉착하고 있다. 북한에 대한 영향력이 예전 같지 않은 중국도 북한에게 단호한 요구를 하지 못하고 있다. 사실 중국은 지나친 제재로 북한 체제가 붕괴될 것을 우려하는 입장이다. 하지만 강대국도 대안이 없을 정도로 교착 상태의 국가라는 사실 자체로 인해 북한 체제의 와해는 가속화될 가능성이 높다.

한국군이 한반도 북측 지역에서 COIN 작전을 수행하는 상황은 북한이 더 이상 국가기능을 하지 못하는 경우라 할 수 있다. 결국 현재의 북한 체제가 분열, 와해되어 심각한 권력 공백으로 소규모 집단이 우후죽순으로 생겨 게릴라화되는 경우를 상정할 수 있다. 그렇다면 구체적으로 어느 상황에서 이러한 권력 공백으로 인한 게릴라 등장 상황을 상정할 수 있을까? 북한 급변사태에 대한 연구는 1990년대 시작되어 2000년대를 거치면서 활발해지고 있는데 크게 북한 내부적 통제 불가 및 인도주의적 외부 개입이라는 두 축으로 압축될 수 있다.[35] 여기서는 내부적 동요가 전혀 없는 상태에서 외부적 개입은 있을 수 없다는 현실을 바탕으로 내부적 문제와 외부적 개입을 구분하지 않고 북한 체제 와해를 촉발시킬 수 있는 세 가지 상황을 살펴보기로 한다.

첫째, 도발-제재-도발의 악순환으로 인한 최종적 국가기능 마비 사태를 들 수 있다. 북한은 각종 도발을 통해 외교적 협상력을 끌어올리고 남남 갈등을 부추기며 나아가 김씨 일가 체제가 건재함을 과시하려 한다. 북한은 1999년 제1차 연평해전, 2002년 제2차 연평해전, 2010년 천안함 피격사건 및 연평도 포격도발, 2015년 목함지뢰 도발 등 무수히 많은 군사도발을 통해 이러한 목표를 이루려 하여 왔다. 또한 최근에도 핵실험 및 핵무기 경량화·표준화라는 도발 및 탄도탄 발사를 지속하고 있다. 하지만 북한 체제를 확고히 하기 위한 이러한 도발은 북한의 고립을 더욱 가속화시키고 있다. 북한의 도발에 국제사회는 2094호(2013년), 2321호(2016년) 등 다양하고도 강력한 유엔 안보리 결의안을 통해 제재를 가하고, 관련 국가는 개별적 제재를 통해 북한을 더욱 고립시키면서 이에 대응하고 있다.

이러한 제재에 맞서 북한은 체제의 건장함을 과시하기 위해 열악한 환경에서도 탄도탄을 발사하는 등 제재를 또 다른 도발로 대응하는 악순환을 이어 간다. 이러한 과정에서 국가기능이 점차 파탄으로 치달을 수 있다. 도발을 북한 생존의 수단으로 사용하고 있지만 이로 인한 역풍으로 북한 체제의 정상 기능이 조금씩 마비될 수 있다는 의미이다. 제재를 또 다른 도발로 대응하려면 자산이 필요하다. 즉 돈이 있어야 도발을 계속할 수 있는데 제재로 인해 돈을 벌 수 있는 수단이 점점 줄어들고 있다. 이를 타개하고자 북한은 해외에 노동자를 파견하여 돈을 벌게 한 후 이를 북한 당국에 상납하게 하고 있다. 중국 파견 북한 노동자는 하루 12시간 이상 쉴 틈 없이 일하고 월 200~300달러밖에 못 받는데 이도 2/3는 상납을 하는 처참한 상황이 반복되고 있다.[36]

또한 북한은 국가의 핵심적 외교기관인 대사관까지 동원하여 통치자금을 벌어들이고 있다. 북한은 전 세계에서 47개의 대사관을 운영하고 있는데 이 조직들은 마약 밀매, 식당 및 호텔 운영, 무기 판매 등으로 돈을 벌어들이고 있다. 유엔은 북한이 대사관을 통해 연간 15~23억 달러를 벌어들이고 이 중 60~90%는 소위 '충성 자금'으로 북한 당국에 상납되고 있다고 파악하고 있다.[37] 현대국가에서 국민들에게 해외 노동을 시키고 심지어 국가기관인 외교조직에게 불법적 일까지 시켜 돈을 벌어 바치라고 하는 국가는 북한 말고는 없다. 이러한 모습은 북한이 국가로서 정상적으로 기능하지 못하고 있음을 방증하는 것이며 국가기능 비정상화가 지속될수록 체제 분열이 가속화될 개연성이 높다.

둘째, 북한 내부의 심각한 불만으로 현 북한 지도체제가 와해될 수 있다. 북한에는 다양한 불만요소가 존재한다. 단지 김정은의 공포정치로 인해 이 불만요소가 수면 상으로 올라오지 못하고 있지만 이것이 불시에 수면 상으로 올라올 잠재적 폭발성이 존재한다.

우선 김정은 권력의 정당성에 대한 불만이 있을 수 있다. 2011년 12월 김정일이 사망하고 김정은이 후계자로서 권력을 인계받자 북한 국민들이 젊은 김정은을, 그것도 3대 세습을 마음속으로 인정할까 하는 의심이 많이 있었다. 사회주의 체제 속에서조차 그 유례를 찾아 보기 힘든 3대 세습이 북한에서 명분을 확보했으리라 보기는 어렵다. 세계적으로 3대 세습을 한 국가는 1960~1970년대 알바니아, 1947~1989년 인도에 불과하며 더욱이 사회주의에서 3대 세습을 한 국가는 거의 찾아 보기 힘들다. 김정은은 약한 권력의 명분을 극복하는 방법으로 공포정치를 활용하고 있다. 김정은 집권 5년간 숙청된 인원이 340명에 달한다는데 이 중에는 고모부인 장성택과 이복형인 김정남도 포함되어 있다.[38] 장성택 숙청, 김정남 암살로 인해 김정은 체제가 무너진 후 소위 백두 혈통이 그 자리를 차지할 수 있는 기반이 잠식되었다. 이는 북한 급변사태 시 다양한 권력추구집단이 급부상할 수 있다는 의미이다.

또한 극심한 경제난과 사회적 빈부격차도 내부 불만요소 중 하나이다. 통계청 지표에 따르면 2014년 기준 남한 경제규모는 북한의 43배에 달한다.[39] 1990년대 '고난의 행군' 사례에서 보듯이 정상적인 경제운영의 기초적 분야인 식량난도 해결하지 못하는 것이 북한 체제의 현실이다. 또한 평양 주민과 비평양 주민이 철저하게 구분되는 북한 사회에서 빈부격차가 더욱 벌어지고 있다. 북한은 경제적 어려움을 타개하기 위해 2009년 화폐개혁을 시도했지만 북한 주민들이 자신들이 가지고 있던 많지 않은 돈마저 휴지 조각에 불과한 상황이 도래하여 불만이 커지자 이 개혁은 실패로 돌아가고 만다. 오히려 북한 체제는 이 화폐개혁으로 불안해지는 결과를 초래했다. 화폐개혁으로 북한 원화 가치가 절하되자 달러화나 위안화가 일상 통화로 기능하면서 시장 기능이 활성화되었고 그렇다고 북한 당국도 시장을 없애기 힘든 상황이 도래된 것이다.[40]

나아가 북한 주민은 자신들의 삶의 여건에 회의를 품으며 외부 사회에 대해 조금씩 눈을 돌리고 있다. 북한 주민들이 직간접적으로 외부 사회에 접하면서 부와 자유에 대한 갈망이 조금씩 생기고 있다는 것은 북한 체제 와해의 전조라 할 수 있다. 북한은 전 세계에서 가장 폐쇄된 국가로 인터넷 도 자유롭게 사용할 수 없지만 그럼에도 불구하고 북한 주민들은 한국의 음 악과 드라마를 몰래 보면서 외부 사회에 대한 동경을 키워 가고 있다. 북한 주민들이 한국 문화에 친숙해지면서 말투까지 서울식으로 쓰고 있다는 입 소문도 전해질 정도이다.[41] 이처럼 북한은 내부적으로 잠재된 불만요소들이 많고 이를 해결할 의지와 방법이 없는 북한 체제는 와해라는 옵션으로 갈 수밖에 없는 처지에 있다.

셋째, 북한 체제를 포기하여 북한을 떠나는 사람들의 증가도 북한 체제 분열의 상징이라 할 수 있다. 두 번째 경우가 북한에 심각한 불만이 있어 체 제 전환을 바라지만 북한을 떠나길 바라는 상황이 아니라면, 세 번째 경우 는 불만 수준을 넘어 가능한 빨리 떠나려는 사람들이 증가하는 경우라 할 수 있다. 특히 앞서 살펴본 외부 사회에 대한 동경이 탈북을 부추기는 가장 큰 요소라 할 수 있다. 국민 없이 국가가 있을 수 없다. 동독의 국민이 서독 으로 탈출하면서 동독의 정치권력과 국가기능은 자연스럽게 무너졌다. 한 국 내 거주 탈북민 3만 명 시대를 맞아 그들의 목소리가 커지면서 북한 내 에 있는 주민들의 탈북 욕구가 더 증가할 수 있다. 2017년 6월 23일에는 북 한군 훈련병이 "잘사는 남한 사회를 동경"하여 귀순했다고 진술하는 등 탈 북하는 사람들의 계층도 다양화되고 있다.[42]

앞서 살펴본 세 가지 요소는 북한이 정상적으로 기능하지 못하는 국가 이고 또한 많은 불확실성으로 둘러싸여 있음을 보여 주고 있다. 이런 불확 실성으로 인해 북한 체제가 서서히 잠식되는 것이 아니라 갑자기 와해될 가 능성을 배제할 수 없다. 이렇게 되면 북한 지역의 질서 회복이 필요할 수밖 에 없고 그러한 과정에서 COIN 작전이 가장 중요한 임무로 다가오게 될 것이다. 더불어 이런 상황 외에도 북한의 도발로 전면전이 발발하여 정규전 을 수행하는 가운데 한국군이 차지한 자유화지역에 남아있는 김정은 체제 잔당의 게릴라 활동으로 인해 COIN 작전 소요가 있을 수 있다.

2. 북측 지역 게릴라 유형

그렇다면 한국 COIN 임무군이 상대해야 할 북한 지역의 게릴라는 어떠한 속성을 갖는 그룹일까? 첫째, 북한 체제 붕괴 후 김정은 체제하에 혜택을 받은 정치 지도자 출신을 중심으로 게릴라가 세력화될 수 있다. 이 그룹은 북한 지역 내에서 정치권력을 회복하여 공산주의 정권을 재창출하려는 목표를 가질 가능성이 높다. 특히 이 게릴라 세력은 격렬한 무력투쟁을 벌일 가능성이 높다.

둘째, 북한 체제 붕괴와 함께 해산된 북한군의 전 수뇌부와 간부들을 중심으로 자신의 과거 위상을 회복할 목적으로 게릴라가 세력화될 수 있다. 이 세력은 북한 공산주의 정권이 지난 70여 년간 축적한 군사자산을 동원하고 활용하기 쉬운 위치에 있다. 따라서 이 세력은 북한 정규군 못지않게 강력한 무장공격을 감행할 수 있다.

이 두 게릴라 세력은 중국 정치 지도자나 군수뇌부와의 네트워크를 바탕으로 중국의 은밀한 후원 속에 활동할 가능성도 배제할 수 없다. 이 경우 권력 공백을 찾아다니며 지역 게릴라를 돕고 자신의 정치적 목표를 달성하는 이슬람 극단주의자 게릴라의 유입 가능성도 배제할 수 없다.

셋째, 평소 김정은 체제에 불만을 품어 왔지만 내색하지 않던 반체제 세력이 북한 체제 와해의 틈을 기회로 활용하여 세력화될 수도 있다. 이 게릴라 세력은 수용소 출신 정치범이나 군인을 중심으로 규합될 가능성이 높다. 이 세력은 김정은 체제의 잔재를 완전 제거할 목표를 가지고 있지만 동시에 외국의 힘이 아닌 자신의 힘으로 북한 내 권력 공백 사태를 해결하길 원할 것이다.

넷째, 경제적으로 소외받는 사람들을 중심으로 게릴라가 세력화될 수 있다. 북한 내 권력 공백기에 남북한 경계 소홀의 틈을 이용해 남북한 사람들이 이전보다 쉽게 접하는 환경에 처할 수 있다. 이 경우 평소 한국의 민주주의와 자본주의 체제를 달가워하지 않았던 북한 사람들 중 일부는 부유한 한국 사람과의 높은 빈부격차에 좌절할 것이다. 따라서 자신들이 2등 국민이 되지 않기 위해 그들 자신들이 주도가 되어 북한 체제를 복구하려는 움직임이 있을 것이며 이 경우는 북한 체제가 민주주의로 전환되지 않을 수 있다.

다섯째, 이념적 충돌과 관련하여 게릴라 그룹이 세력화될 것이다. 한반도가 60년 이상 냉전지로 기능하면서 남북한 간에는 이념적 마찰이 극단화되었다. 북한은 김씨 일가 체제하에 있었지만 남한은 다양성이 인정되는 민주주의하에 다양한 지도자들이 존재했다. 이런 이념적 차이로 인해 한국을 대상으로 이념적 전투를 시행하는 게릴라가 부상할 수 있다. 이 경우 북측 지역주민들이 공산주의 이념으로 다시 귀화하지 않도록 사회적 처방을 활용하여 사고의 차이를 줄이려고 노력해야 한다. 이 역할에는 COIN 임무군이 직접 나서는 것보다 한국의 종교단체, 인권단체, 자선단체와 민주화를 바라는 북한 세력이 그 역할을 하는 것이 보다 효과적일 것이다.

특히 한국 COIN 임무군은 민주화를 추진하는 북한 내 세력과 제휴하여 좋은 관계를 유지하면서 그들이 제공하는 정보를 잘 활용할 필요가 있다. 통일 과정에서 경계가 허물어진 가운데 보다 많은 북한 주민들이 한국의 정치적, 경제적 발전에 대한 정보를 습득하게 될 것이다. 이때 한국 COIN 임무군은 이들이 북한 체제의 잔당 편이 아니라 그들의 편에 설 수 있도록 지략을 발휘하여야 한다. 한국 COIN 임무군은 그들의 작전지역에서 민주적 방법으로 질서를 회복할 수 있도록 민주화 추진 북한 세력과 긴밀히 협조하여야 한다.

3. 북한 급변사태 대응 시나리오

그렇다면 김정은 체제가 붕괴한 이후의 북한은 어떠한 상황에 놓일까? 이를 위해 김씨 체제 전복 후 북한 내 가능 상황 및 외부행위자 개입 시나리오라는 두 가지 측면에서 따져 볼 필요가 있다. 이는 결국 통일 과정에 한국이 겪어야 할 상황으로 한국이 이 문제의 해결을 주도하기 위해서 사전에 치밀하게 분석하여 준비할 필요가 있다.

그러면 김정은 체제 분열 후 북한은 어떠한 상황이 전개될까? 첫 번째 가능한 시나리오로 북한 잔당 중 일부가 김정은 정권이 보유했던 핵무기나 화학무기를 손에 넣는 것을 상정할 수 있다. 이 세력은 이 대량살상무기를 비이성적으로 사용할 가능성이 높고 또한 알카에다, IS와 같은 국제테러조직에게 넘겨 이권을 챙기려 할 수 있다. 이 경우 한반도 COIN 작전은 단순히 국가안보를 넘어 국제안보로까지 확대될 수 있다.

두 번째 가능한 시나리오로 앞서 언급한 대량 탈북사태를 생각해 볼 수 있다. 북한 지역의 질서가 회복되지 않은 상황에서 무작위적 탈북사태는 한국 COIN 작전을 어렵게 할 뿐만 아니라 탈북자가 자신의 국가로 유입되는 것을 심각한 안보위협으로 인식하는 중국을 자극하여 한반도 사태에 개입하게 하는 결과를 초래할 수도 있다.[43] 대량 탈북에 대처하는 치밀한 계획 없이 한국 COIN 작전이 성공을 거두는 것이 어려울 수 있다는 의미이다.

세 번째 가능한 시나리오는 김정은 체제가 무너진 직후 북한 군부가 군사력을 동원하여 북한 체제 전복을 막으려 권력을 인수하는 것을 생각해 볼 수 있다. 이 경우 김정은 충성 그룹과 군부 그룹 간에 무력적 충돌이 발생할 수 있다. 이런 상황이 발생하면 그다음 질문은 리비아 사태 혹은 시리아 내전처럼 외부행위자가 개입해야 하는지에 대한 논의일 것이다.

마지막 시나리오는 한국, 미국, 유엔 등 외부행위자가 북한 권력 공백으로 인한 정치적 무질서를 회복하기 위해 주도적 역할을 하는 경우를 들 수 있다. 이처럼 외부행위자가 북한 지역 내에 도착한 즉시 게릴라 세력이 폭발적으로 부상할 수 있다. 특히 이 마지막 시나리오는 한국 COIN 작전과 긴밀한 연관성이 있으므로 보다 구체적으로 전개 양상을 판단해 볼 필요가 있다.

북한 지역 안정화에 주도권을 잡는 외부행위자가 누구인지에 따라 전개 양상이 크게 달라질 것이다. 우선 김정은 체제가 전복된 후 유엔 주도하에 평화유지작전을 시행하는 것을 생각해 볼 수 있다. 북한 급변사태가 발생하면 유엔은 안전보장이사회를 열어 대처 방안을 논의하게 될 것이다. 이를 통해 6·25 전쟁 시 유엔 병력을 파병한 형태 아니면 평화유지작전 수준의 병력을 보내 질서 회복을 시도할 것이다. 유엔에서 쉽게 결론이 나지 않을 경우 미국 등 강대국이 주도가 되어 연합군을 편성하여 파병할 수도 있다.

하지만 북한 체제 붕괴사태에 따른 주변국의 이익이 충돌하면서 개별 국가가 단독으로 개입할 수도 있다. 가능성 높은 개입국가로 중국을 상정할 수 있다. 북한 지역은 중국에게 미국을 중심으로 하는 서방진영과의 무력완충지대로 기능하여 왔기 때문에 중국의 개입 가능성이 적지 않다 하겠다. 또한 중국은 대규모 탈북사태를 구실로 이를 자신의 국가안보와 관련지어 개입의 템포를 가속화할 수도 있다. 중국이 개입하면 주변 국가들이 도미노현상처럼 우후죽순으로 개입하면서 한반도뿐만 아니라 동북아 안보상황 전체가 불안해지는 형세가 될 것이다.

다음으로 중국이 개입하기 전에 주한미군을 동원하여 미국이 우선 개입하는 것을 상정할 수 있다. 미군의 개입은 동맹국 한국의 안보를 위한 것도 있지만 한반도 상에서 중국의 영향력을 차단하는 강대국 정치의 일환이라는 목표와도 관련이 없지 않을 것이다. 하지만 두 번째 전개 양상처럼 미국의 직접적인 개입은 중국과의 군사적 충돌로 이어질 가능성이 높다.

마지막으로 한국이 북한 급변사태에 주도적으로 관여하는 것을 상정할 수 있다. 한국의 직접적 개입은 한국 주도의 통일을 이룩할 수 있다는 기회로 인식되기 때문에 매우 가능성 높은 시나리오이다. 한국은 COIN 임무 리더국가로서 헌법적으로 보장된 측면도 있다. 헌법 제3조는 "대한민국의 영토는 한반도와 그 부속도서로 한다"고 규정되어 있는데 이는 한반도 북측지역이 북한이 불법 점령한 미수복지역임을 의미한다.[44] 이 규정은 한국군이 COIN 작전의 주도권을 확보하기 위한 법적 정당성을 보장해 주는 데 매우 중요한 사항이다.

4. 한반도 COIN 임무 주도행위자

이처럼 다양한 행위자가 북한 급변사태에 개입할 수 있는 상황에서 임무효과 측면에서 한반도 COIN 임무성공에 가장 최적화된 국가는 어디일까? 우선 주지하다시피 약소국은 임무수행 자산이 부족하기 때문에 북한지역에서 COIN 작전을 수행할 수 없다. 더욱이 동북아 지역 내에 약소국은 존재하지도 않기 때문에 먼 타 지역에서 약소국이 이 임무를 수행하러 오는 것도 현실적이지 않다.

반대로 강대국은 역내 영향권 확대를 위해 앞서 임무 주도국가가 되려할 개연성이 높다. 마지막 냉전지가 와해되고 있는 시점에 제2차 세계대전 후 영향력 확대를 위한 강대국 간 치열한 경쟁을 하던 방식으로 이 임무를 자국의 국가이익 극대화를 위한 기회의 창으로 간주할 것이다. 앞서 언급한 것처럼 우선 미국이 중국의 영향력이 확대되기 전에 주한미군을 즉각 투입하여 주도권을 잡으려 할 수 있다. 중국 또한 완충지대 제거 상황과 대규모 탈북사태를 우려하며 북한 체제 붕괴 이후 상황에 개입하여 미국과 대치할 개연성이 높다.

이처럼 미국과 중국이 북한 급변사태에 개입하면 이 상황의 본질을 잃어버리고 강대국 정치의 논리로 전락할 수 있다. 즉 이 임무의 본질인 COIN

적 성격, 즉 안보 회복 및 재건이라는 임무가 퇴색되고 강대국이 영향력을 극대화하려는 방향으로 전개될 수 있다. 이렇게 되면 COIN 임무는 장기화되고 결국 성공을 이루기 어렵게 되는 상황에 처하고 말 것이다.

뿐만 아니라 강대국은 이 상황을 COIN 임무로서 받아들이면서 이에 성공하는 것이 한국 통일의 기회를 창출한다는 개념에서 접근하지 않을 가능성이 있다. 대신 강대국이 역사적으로 늘 해 왔던 강대국으로서의 임무 중 하나로 그 메커니즘이 전락할 것이다. 이 경우 통상임무를 수행하는 강대국의 의지와 능력은 다시 찾아오지 않을 수도 있는 소중한 기회라고 판단하여 임무를 수행하는 한국의 의지와 능력과는 그 차이가 클 수밖에 없다. 미국과 중국은 대규모 군사력을 준비하면서 이 임무를 COIN 작전으로 대하는 것이 아니라 강대국 정치의 일환인 정규전으로 오인할 가능성이 크다. 무정부적 국제체제에서 패권국이 되기 위해 무한정 힘을 키우려는 강대국 정치의 덫에 사로잡혀 미국과 중국의 군조직의 유연성이 떨어지게 될 것이고 이는 결국 COIN 작전 수행을 어렵게 만들 것이다.

또한 미국, 중국 등 강대국은 정치적·사회-문화적 이점에서도 불리하다. 북한 주민들은 70년 이상 미국을 적대국가로 인식하여 왔기 때문에 미군이 북측 지역에 도착하면 그들을 바로 점령군으로 인식할 가능성이 높다. COIN 작전을 시작하기도 전에 지역주민들의 강한 반감을 불러일으킬 수 있는 것이다. 마찬가지 이유로 북한 체제 전복에 환호하는 일반 북한 주민들까지 미군 개입 상황을 우려하며 게릴라 세력에 가담하게 되는 사태를 초래할 수도 있다.

나아가 미국은 북한과 사회-문화적 공감대도 없고 지리적 인접국가도 아니어서 연계성은 거의 없고 적대성만 많은 상황에 노출되어 있다. 미군은 또한 북한 지역 산악전투에 익숙하지도 않고 북한 주민들의 언어, 관습 등에 낯설기 때문에 COIN 작전이 아닌 정규전식으로 임무를 수행하려 할 수도 있다. 결국 지역주민이 미군을 점령군으로 인식하고 정치적·사회-문화적 이점도 없는 상황에서 미군은 막대한 '적응비용'을 지불할 수밖에 없고 이 과정에서 COIN 임무 실패의 길을 걷게 될 개연성이 높다.

북한과의 동맹관계를 고려하면 중국군이 미군보다 북측 지역 안정화작전에서 더 유리한 위치에 있을 수 있다. 하지만 중국은 COIN 임무에 유리한 정치적·사회-문화적 자산을 보유하지 못하고 있다. 북한 주민은 미국인보다 중국인들에게 적개심을 덜 갖고 있지만 중국도 북한 입장에서는 여전히 외부행위자이다. 중국의 문화와 전통은 북한과 상당히 다르다. 더욱이 중국은 과거의 유교적 관념도 많이 잃어버린 상태이기 때문에 유교적 자산을 활용하는 능력도 부족할 수밖에 없다. 뿐만 아니라 역사적으로 중국은 한민족의 친구라기보다는 적으로 존재해 왔다. 따라서 김정은 체제가 무너지면 마지못해 유지해 왔던 중국과의 가식적인 친밀감은 급속히 퇴색될 것이다. 중국군은 북한 지역주민과 언어적 문제도 발생할 것이고 이 지역의 문화와 관습을 이해하는 데 오랜 기간을 필요로 하게 될 것이다. 따라서 중국도 많은 '적응비용'을 지불해야만 할 것이고 이는 COIN 작전 실패로 귀결될 가능성이 높다.

한반도 COIN 임무에서 약소국은 능력이 없고 강대국은 반감이 심한 상황에서 가장 효과적인 COIN 주도국은 한국일 수밖에 없다. 한국에게 한반도 COIN 임무는 통일을 향한 일생일대의 기회라는 점에서 베트남과 이라크 임무보다 성공에 대한 열의가 더욱 강할 것이다.

첫째, 한반도 COIN 작전은 '임무 특수성'이 매우 남다르다. 한국군이 이 임무에 성공하면 자신들은 COIN 임무의 주역을 넘어 통일의 주역이 된다는 기대치가 있다. 통일의 기회라는 기대효용으로 인해 한국 COIN 임무군은 사기와 긍지로 충만되어 미군이나 중국군이 가지지 못한 '의지적 자산'을 갖추게 될 것이다. 그들의 임무는 분명 통일한국의 위상이라는 기대효용이 있다. 따라서 한국군은 베트남과 이라크 임무에서 그랬듯이 조직적 유연성을 십분 발휘하여 맞춤형 COIN 능력을 구비하게 될 것이다. 또한 한국은 중견국으로서 경제력을 바탕으로 국가재원을 적절히 투입하여 북한 주민들을 위한 제반 인프라 구축에 집중 투자할 수 있다.

둘째, 한국군은 정치적·사회-문화적 이점도 보유하고 있다. 북한 주민들의 적대감은 개입 가능한 국가 중 한국에 대해서 가장 낮을 것이다. 북측 지역주민들은 한국군을 외부행위자로 보지 않을 것이며 같은 한민족이라는 공감대가 활성화될 수 있는 잠재적 자산도 있다. 따라서 첫인상 측면에서 한국군은 최상의 부대로서 그 위치를 점할 수 있다.

한국군은 한반도 북측 지역의 물질적/비물질적 환경에 가장 익숙한 행위자다. 우선 물질적 환경 측면에서 한국군은 지형, 기후가 동일한 북측 지역에서 임무를 수행한다는 장점이 있다. 한국군은 평소 훈련했던 지형과 기후에서 임무를 수행하기에 '적응비용' 자체가 거의 없다 할 수 있다. 한국군은 이미 이러한 지형에서 빨치산 게릴라와의 전투를 경험했기에 내재된 노하우도 있다. 나아가 비물질적 환경 측면에서 한국군은 북한 주민과 언어, 문화, 전통을 공유하고 있다는 큰 이점이 있고 이는 '적응비용' 지불을 불필요하게 해 줄 것이다. 요약하면 임무의 특수성과 정치적·사회-문화적 자산을 보유한 한국군은 한반도 COIN 임무의 충분조건을 이미 갖추었다 할 수 있다.

5. 동맹국 미국의 역할

한국이 COIN 임무의 주도국이 된다면 동맹국 미국은 무슨 역할을 해야 할까? 주지하다시피 미군이 북측 지역에 직접 투입되어 COIN 작전을 수행하면 암흑의 터널에 빠질 가능성이 높지만 한국군 COIN 작전 성공을 위해 미국이 반드시 해 주어야 할 중요한 역할이 있다. 한국군의 COIN 작전 수행 시 미군이 후방에서 강대국 정치적 시각에서 지원 역할을 해 주어야 한다. 중국이나 러시아가 북측 지역에서 게릴라를 지원하려 하면 이를 차단하는 기제를 제공하며 한국을 후방지원 해 주어야 한다. 이런 역할 없이 한국군이 COIN 임무를 주도적으로 수행하는 것은 매우 제한된다. 한국군이 COIN 임무를 주도하고 미국이 후방에서 타 강대국 개입을 차단해 주면 한국은 COIN 작전 성공으로 통일을 달성하고 미국은 강대국 정치의 덫에 빠지지도 않는 일석이조의 효과를 달성할 수 있을 것이다.

특히 중국의 개입 가능성은 매우 높기 때문에 동맹국 미국의 후방지원 역할이 매우 중요할 것이다. 역사적으로 중국은 한반도 문제에 수없이 개입하여 왔다. 중국의 한반도 개입은 근대 역사에서도 예외가 아니었다. 중국은 1950년 6·25 전쟁에 막대한 병력을 파병하며 통일의 기회를 저지하였다. 현재까지도 중국은 북한의 행동을 달가워하지 않으면서도 자신의 국가안보를 위해 어쩔 수 없이 가까이 지내야 하는 국가로 인식하면서 북한의 각종 도발에 단호히 대응하는 것을 자제하고 있다.

중국은 지금도 북한의 입장을 두둔하려는 모습이 엿보이는데 이는 한반도에 대한 영향력을 지속하기 위한 전략적 판단의 결과라 할 수 있다. 2010년 천안함 피격사건으로 유엔 안전보장이사회가 개최되었을 때 중국은 북한을 공격주체로 명시하는 데 강한 반대를 표명했다.[45] 또한 같은 해 연평도 포격도발 당시에도 중국은 미국, 일본, 러시아와 달리 북한을 비난하지 않았다.[46] 최근까지도 중국은 북한이 유엔 안보리 결의안을 위반하며 핵실험과 탄도탄 발사를 하는 상황에서도 강력한 비난이나 미국 수준의 강력한 제재는 꺼리며 한반도 비핵화 및 안정을 원한다는 원칙적인 입장만 고수하고 있는 실정이다.

중국이 한반도 상황에 개입하면 미국이 강대국 정치 메커니즘을 가동시켜 중국이 막대한 군사력을 동원하는 것을 억제시켜야 한다. 중국의 정규군 개입을 막지 못하면 한반도 COIN 작전은 비전통적 임무 메커니즘을 지속하지 못하고 정규전화됨으로써 중동 지역 COIN 임무와 비슷하게 끝없는 터널에 갇히게 될 것이다. 동맹국 미국의 중요성이 여기에 있다.

6. 한반도 COIN 임무에 대한 지혜

그렇다면 한국군은 COIN 임무 리더로서 어떻게 임무를 수행해야 하는 가? 언제 어디서나 과거는 미래에 대한 가이드로서 통찰력을 제시해 준다. 그렇다면 COIN 작전 측면에서 과거는 어떠한 통찰력을 제공해 주는가? 한국군은 베트남과 이라크 COIN에서 성공을 거두었다. 이 두 COIN 작전에서 한국군은 리더가 아니었기에 전술적 성공에 그쳤지만 한반도 COIN 작전에서는 리더가 됨으로써 전략적 성공을 이룰 수 있을 것이다.

한국 합참도 북한 지역 안정화작전의 중요성을 조금씩 인식하기 시작했다. 합참이 2006년 UFG 연습 시 안정화작전을 도입하고 2010년에는 『합동안정화작전』이라는 합동교범을 발간한 것도 이러한 맥락이다.[47] 그럼에도 불구하고 현재 구상하고 있는 한반도 COIN 작전에는 몇 가지 제한점이 있다.

첫째, 안정화작전을 군사작전 성격으로 인식하는 경향이 강하다. 안정화작전이라는 용어 대신 대게릴라/안정화작전(COIN)이라는 포괄적 용어로 변경하고 국가적 임무로 위상을 변화시키는 것이 필요하다. 『합동안정화작전』교범에는 안정화작전을 "자유화지역에서 안정된 환경을 조성하고 통치질서를 확립하기 위해 군이 정부 및 민간 분야와 협력하여 인도적 지원과 기반시설 복구, 민간의 안전 및 통제체계를 구축하는 제반 군사활동"이라 정의하고 있다.[48] 이 정의는 COIN 임무를 포괄적으로 담아내기에는 부족함이 있어 보인다. 우선 안정화작전은 자유화지역 외에서도 시행될 수 있다. 분란전 발생 지역의 특징은 지역의 이동성이 심하다는 점이 있다. 게릴라와 지역주민은 자유화지역에도 있을 수 있고 한반도 남측 지역까지 활동할 수도 있다. 또한 이 정의에는 '게릴라와 지역주민 분리', '지역주민 민심 잡기'와 같은 COIN 임무의 핵심 요소가 담겨 있지 않다. 나아가 안정화작전을 군사활동이라 표현함으로써 이 임무가 범정부적인 노력의 통합을 요구한다는 인식을 저하시키고 있다. 따라서 이러한 인식을 극복하기 위해 이 책에서는 임무 메커니즘 전체를 표현하는 측면에서 대게릴라/안정화작전(COIN)이라는 용어를 주로 사용하였다.

둘째, 수행 개념의 정교화가 부족하다. 예를 들어 '적 기반 접근법', '주민 중심 접근법' 등 COIN 작전의 대원칙 개념이 있어야 하고 이를 구체적으로 수행하기 위해 '중대전술기지', '그린에인절 프로그램'과 같은 세부 과제들이 있어야 한다. 또한 베트남 파병부대나 자이툰부대의 장병들이 임무수행 중 준수했던 행동규범 등에 대한 연구도 시행되어 지속 보완되어야 한다.

셋째, 한국형 COIN 작전에 대한 인식이 부족하다. 한반도 급변사태와 관련된 대부분의 연구는 강대국의 안정화작전을 위주로 하거나 한국군의 해외파병 사례를 부분적으로 연구하는 수준에 머무르고 있어 한국군이 주도할 수 있는 한국형 COIN 독트린을 개발하는 추동력은 제공하지 못하고 있다. 하지만 한국군이 수행한 베트남전과 이라크전 사례 분석을 통해 한반도 COIN 작전 전반에 대한 통찰력 제공이 가능하다.

그렇다면 우선 한국군이 주도가 되는 한반도 COIN 작전을 위한 처방약으로는 '주민 기반', '적 기반' 접근법 중 어떠한 것이 더 유리할까? 이에 대한 해답은 책상에서 찾을 수 없다. 한국군이 베트남과 이라크에서 했듯이 고문단 파견, 현장조사 등을 통해 당시 상황에 부합하는 처방약을 찾아야 한다. 게릴라 활동이 우세하면 '적 기반 접근법'이 유리할 것이나, 게릴라 활동이 적은데 처음부터 '적 기반 접근법'을 적용하면 지역주민들의 반감을 사게 되어 '민심 잡기'에 실패할 것이다. 하지만 어느 접근법을 선택하든 궁극적 목적은 '지역 파괴'의 논리가 아니라 '지역 재건'의 논리에 두어야 한다. 게릴라들이 '지역 재건'을 어렵게 방해한다면 그들을 찾아내 평정하는 것이지 게릴라 무력화를 위해 '마을 안정화 및 재건'을 뒷전으로 미루고 게릴라만을 찾아다니면 안 된다는 것이다.

한반도 COIN 작전 구체화를 위해 본 책의 도입 부분에 제시한 COIN 메커니즘의 4대 행위자—국내행위자, 지역주민, 게릴라, COIN 임무군—의 상호작용을 중심으로 맞춤형 처방법을 진단해 보자. 첫째, 국내행위자 측면을 살펴보자. 북한 주민은 한민족이라는 정체성을 공유하고 있기 때문에 국내행위자는 한국 COIN 임무군이 한반도 북측 지역에서 물리적 군사력을 주 무기로 하여 임무수행하는 것을 꺼려 할 가능성이 높다. 물론 북한의 선제공격으로 전쟁이 발발하여 그 후속조치로 COIN 작전을 수행하면 이런 목소리가 크지 않겠지만, 전면전 수준의 무력충돌이 소강상태에 있거나 북한 내부적 문제로 대규모 전쟁 없이 COIN 작전을 수행할 경우 분명 과도한 물리적 군사력 사용에 반대의 목소리가 있을 것이다. 특히 한국의 시민사회는 자이툰부대 파병 의사결정 당시와 유사하게 대규모 군사폭력 가능성에 반감을 드러낼 것이다.

따라서 국내행위자가 지속적으로 COIN 임무군을 지원해 줄 수 있는 방안을 찾아내야 할 것이다. 이를 위한 방편의 하나로 국내행위자의 능동적 역할 부여 방안을 모색할 필요가 있다. 자이툰부대 사례처럼 위중한 북한 환자를 한국으로 보내 치료를 받게 하고 한국 내 시민단체가 탈북민과 각종 행사를 가지면서 북한 주민 해방을 위한 성원이 지속될 수 있도록 관심을 기울이는 것도 좋은 방안이 될 수 있을 것이다. 또한 종교 지도자 중 지원자를 받아 COIN 임무군의 특별부서 인원으로 활용하여 지역주민에게 종교의식을 심어 주어 어려운 환경을 극복하는 정신적 조언자 역할을 부여하는 것도 생각해 볼 수 있다.

또한 국내행위자 중 탈북민 인프라를 적극 활용해야 한다. 탈북자 3만 명 시대를 맞아 이제 한국은 북한 사회의 전 계층, 전 지역에서 온 다양한 탈북자라는 인적자산을 보유하고 있다. 북측 지역에서 COIN 작전 시 탈북자들이 한국군에게 조언과 정보를 제공하도록 역할을 부여하기 위해 그들을 COIN 조직 내 특별전문가 그룹으로 편성시킬 필요가 있다. 특히 탈북자들은 핍박을 받는 북한 주민의 해방에 자신들도 큰 역할을 해 줄 수 있다는 측면에서 임무참여 의지가 매우 높을 수 있기 때문에 가치 있는 인적자산으로 기능하여 줄 것이다.

다음으로 지역주민 행위자 측면을 살펴보자. 북한의 주민들은 오랜 기간 동안 주체사상에 세뇌되어 왔기 때문에 COIN 임무 초기에 이념투쟁 성격의 환경이 조성될 것이다. 그들은 북한이 최악의 인권탄압국가라는 점을 모른 채 세계에서 제일 살기 좋은 국가라는 인식이 팽배하고 있을 것이다. 물론 북한 주민들은 한국 드라마와 영화를 보면서 이러한 사고가 조금씩 변하고 있지만 COIN 임무 초기 자신들의 국가가 침탈된다는 인식을 주면 이런 관성적 사고가 다시 급부상할 것이다.

국내행위자와 지역주민 행위자 측면을 고려하면 한국군의 COIN 처방은 '적 기반 접근법'보다 '주민 기반 접근법'이 우선이 되는 것이 유리할 수 있다. 따라서 북한 주민의 민심을 잡기 위한 다양한 세부 방안이 시행되어야 한다. 한국군이 베트남 및 이라크 COIN에서 성공한 다양한 전법이 여기에 활용될 수 있다. 또한 지역 재건을 위해 제반 인프라 구축에 심혈을 기울여야 한다. 정치적 인프라 구축을 위해 민주주의 체제에 대한 교육을 진행하고 자치제를 활성화시켜야 한다. 이를 위해 현지 북한 주민을 활용하여 치안을 유지하는 혜안이 필요하다. 북한 국민의 1/3 이상이 현역 군인이거나 예비군이라는 것을 생각하면 이들에게 치안 유지 역할을 맡기는 것은 COIN 작전에 막대한 병력이 필요한 문제를 해결하고 나아가 이들이 게릴라화되는 것을 방지하는 데도 도움이 될 것이다.

안보 인프라 확충에도 많은 관심을 가져야 한다. 북한 주민들이 한국군을 환영한다 하더라도 김정은 잔당 세력은 그들의 개인안보를 위협하면 한국군에 협력하거나 정보를 제공하는 것을 꺼릴 수 있다. 따라서 그들에게 완벽한 치안을 제공해 주는 것이 필요하다. 이를 위해 베트남 COIN 작전 시 한국군이 성공을 거둔 재구촌 개념 등을 북한 지역에 확대·적용하여 안전지대를 만들어야 한다. 특히 재구촌 사례처럼 지역주민들이 한국 병사들에게 와서 그들을 지켜 주도록 요청하는 상황을 만들도록 대게릴라전의 전문가가 되면서 동시에 북한 주민의 마음을 얻는 COIN 처방이 필요하다. 또한 현지 치안병력에 대해 장비를 지원해 주고 교육훈련을 지원해 주는 것이 요구된다.

경제적 인프라 구축을 위해 북한 기득권층의 지위를 인정하여 지역 재건에 앞장서 줄 수 있도록 기회를 부여해야 한다. 이 경우 주의할 점은 지역 주민의 입장에서 김정은과 같은 반감을 갖고 있는 기득권층의 경우에는 이런 지위를 주지 않도록 해야 한다. 한편 북한 지역에서 이미 형성되어 있는 장마당을 더욱 활성화하여 자발적으로 경제활동을 할 수 있는 환경을 구축해 주어야 한다. 베트남 COIN 임무군이 했던 것처럼 장마당의 치안이 유지될 수 있도록 현지 치안인원과 긴밀히 협조해야 한다. 베트남의 꾸몽(Cu-Mong) 고개 시장의 성공 사례를 잘 참고할 필요가 있다. 이 시장은 단기적으로는 경제여건 개선의 효과를 제공하고, 장기적으로는 자본주의를 터득하는 기회로 활용될 것이다. 또한 식량난으로 고생하고 있는 북한 주민들에게 농법기술을 전수하여 스스로 자립할 수 있는 기반을 마련해 주어야 한다. 나아가 자이툰부대가 성공한 기술교육센터도 적극 활용하고 현지인 고용정책을 마련해 지역주민 개개인이 직업을 갖도록 유도하는 것이 필요하다.

사회적 인프라 구축도 매우 중요한 과제이다. 북한 주민들이 주체사상이라는 이념을 버리고 사회라는 공동체적 마인드를 구축하고 한민족이라는 동질감을 회복할 수 있도록 유도해야 한다. 이를 위해 모든 개별 부대가 마을과 자매결연을 맺어 북한 주민과 소통할 수 있는 기회를 확대해야 한다. 지역주민의 건강관리 편익을 제공하기 위해 지역병원을 건설하거나 이동병원을 지원할 필요도 있다. 김정은 체제 붕괴 이전부터 관심을 두었던 한국 드라마와 영화를 상시 시청할 수 있도록 방송 기지국도 건설해야 한다. 기지국 설치가 원활하지 않을 경우 모니터와 CD를 제공해 한국 문화에 접할 수 있는 환경을 구축해 주어야 한다. 한류문화를 통해 동질감을 확산시켜야 하는 것이다. 자이툰부대가 성공한 '그린에인절 프로그램'을 '아리랑 프로그램' 등 한국의 상황에 맞는 프로그램으로 확대·적용시켜야 한다. 노래 교실, 태권도 교실 등 레크리에이션 활성화를 통한 소통도 좋은 방안 중의 하나일 것이다. 이 모든 것에 '정' 문화 활용이 매우 효과적일 것이다.

셋째, '주민 기반 접근법'이 효과를 발휘하기 시작할 때 게릴라 행위자를 염두에 두고 다양한 전술이 적용되어야 한다. 북한 체제 잔당은 산악지형을 최대한 활용하여 무장공격 등을 통해 지역의 안보질서를 파괴하려 할 것이다. 이를 위해 '적 기반 접근법'을 동원하여 게릴라를 평정하는 노력이 필요하다. 베트남전 당시 한국군의 '중대전술기지'와 같은 전술의 개발이 필요하다. 북한 산악지형을 세부적으로 분석하여 데이터를 미리 유지하는 것은 맞춤형 전술 개발에 유용한 자산이 될 것이다. 또한 북한 핵무기와 화학무기가 게릴라의 손에 넘어가지 않도록 차단하는 데도 심혈을 기울여야 한다. 만약 게릴라가 대량살상무기를 확보하면 협상력을 잃게 되어 한국군의 COIN 작전 주도권이 약화될 수 있다. 북한 정규군이 게릴라화되지 않도록 북한군을 해산시키는 대신에 치안병력으로 전환시키는 방안도 강구되어야 한다. 이라크의 사례에서 보듯이 정규군을 해산시키자 그들은 게릴라에 가담했다. 게릴라의 병력 양성 논리를 방해하려면 정규군 해산에 신중해야 한다.

넷째, COIN 임무군이라는 행위자에 유념하여 구체적 방안을 구상하고 시행해야 한다. 북한 주민의 반감을 최소화하기 위해 외국군이 COIN 임무군으로 전면에 나서지 않도록 해야 한다. 또한 유연한 조직을 만들어 다양한 상황에 대처할 수 있어야 한다. 나아가 이를 통해 맞춤형 능력을 구비해야 한다. COIN 임무군의 지휘방식은 중앙집권적 지휘와 분권형 지휘의 조화가 적절하다. 이를 위해 두 지휘방식이 조화를 이룰 수 있는 유연한 조직이 필수적이다. 중화기 부대를 최소화하고 소화기 부대 위주로 임무조직을 구성해야 한다. 베트남전에서 한국군이 중화기중대를 소화기중대로 변경 운용할 것을 참고할 필요가 있다. 모병과 부대선정에도 심혈을 기울여야 한다. 또한 조직 측면에서 비전통적 조직운영에 주목해야 한다. 지역 대표·주민과 소통하는 자이툰부대의 CIMIC과 같은 맞춤형 조직이 필요하다.

〈표 22-1〉 한반도 COIN 작전 가이드라인

행위자	구성요소	가이드라인
국내행위자	국민, 정부, 정치인, 종교인 기업, 탈북민 등	• 국내행위자 지속 성원 필요 * 장기전 수행에 반드시 필요한 요소 • 국내행위자 적극적 역할 요청 − 북한 환자 중 일부 한국에서 치료조치 − 시민단체−탈북민가 각종 행사 − COIN 임무에 종교 지도자 참가 • 탈북민 인프라 활용
지역주민	북한 지역주민	• '지역주민 기반 접근법': 북한 주민 민심 잡기 • 북한 주민이 한국군을 점령군으로 인식지 않도록 유의 • 지역 인프라 구축 1) 정치 인프라: 민주주의 교육, 자치제 활성화, 현지인 중심으로 치안 유지 2) 안보 인프라: 치안 안전지대 확충(재구촌 개념), 현지 치안군에게 장비, 교육훈련 지원 3) 경제 인프라: 기득권층 지역 재건 참여조치, 장마당 활성화, 농법기술 전수, 기술교육센터 운영, 현지인 고용 4) 사회 인프라: 자매결연 프로그램, 지역병원/이동병원 지원, 한국 방송 기지국 설치, 아리랑 프로그램, 레크리에이션, '정' 문화 활용

게릴라	북한 체제 잔당	• 북한 체제 잔당과 북한 주민의 분리 • '적 기반 접근법' 구체화 　– '중대전술기지' 전법 등 확대 적용 　– 북한 산악지형 사전 분석 　– 게릴라의 대량살상무기 확보 차단 　– 북한 정규군 치안군 전환
COIN 임무군	한국군	• 유연한 조직, 맞춤형 능력 구비 　– 중앙집권적 지휘와 분권형 지휘의 조화 　– 소화기 위주의 부대 구성 　– CIMIC과 같은 맞춤형 조직 구성 　– 용맹한 분대장, 소대장, 중대장 선발 　– COIN 자문단 구성 　– 병사 임무수행 가이드라인 제작·배포 • 적정 병력 산출

COIN 작전에는 근접전이 자주 발생하기 때문에 용맹한 분대장, 소대장, 중대장이 선발되어 소규모 부대를 지휘하도록 해야 한다. COIN 작전 유경험자를 중심으로 자문단을 구성해야 한다. 베트남전, 이라크전에 참가한 유경험자의 자문 역할이 중요할 것이다. 병사들에게는 임무수행 중 가이드라인을 제작·배포하여 북한 주민들에 대한 예의를 갖추고 사회를 이해하는 지표로 삼아야 한다.

나아가 평시 북한 국민 수를 고려하여 적절한 COIN 병력 규모를 산출해 놓아야 한다. 베트남 및 이라크 COIN에서 가장 크게 다른 점을 인식해야만 한다. 이 두 COIN에서 한국군은 COIN 지도국가가 아니었다. 따라서 일부 책임지역에서 제한된 임무를 수행하였다. 하지만 한반도 COIN에서 한국이 주도국으로 활약하려면 이를 뛰어넘는 COIN 조직을 갖추어야 한다. 이를 위해 가장 중요한 것은 적정한 규모의 인력이다. COIN 작전에는 많은 군병력과 지원 민간인원이 필요하다. 이라크에서 고전을 면치 못하던 미국이 2007년 이후 '병력 증원(Surge)'을 통해 그 효과를 입증하기도 하였다. 따라서 북한 주민 수를 고려하여 COIN 작전에 필요한 인력 규모를 사전에 치밀하게 파악하고 군조직을 이에 부합도록 조정하며 소요 인력 관련 논의를 위해 타 정부기관 및 민간단체와 협의체를 구성해야 한다.[49]

지금까지 살펴본 COIN 작전의 4개 행위자 중 하나의 행위자만을 염두에 두고 임무접근법을 구상하는 실수를 범하지 말아야 한다. COIN 작전에서는 이 4개 행위자가 상화작용하면서 임무 메커니즘이 변화무쌍하게 움직인다. 따라서 이런 메커니즘을 시의적절하게 파악하여 상황에 따른 접근법을 선택할 수 있는 종합적 선구안이 필요할 것이다. 지금까지 살펴본 한반도 COIN 작전은 지상작전에 중심을 두었다. 하지만 한반도는 삼면이 바다라는 점에서 해상 COIN 임무가 중요하지 않을 수 없다.

7. 해상 COIN 임무

해상 COIN 임무에서 '해상'의 의미는 바다 관련 전문조직이 중심이 되어 연안, 해안, 섬, 또한 해안 마을 지역에서 해상게릴라를 평정하고 바다를 매개로 삶을 살아가는 지역주민들의 제반 인프라를 지속 제공하는 것을 말한다. 해군이 중심이 되어 해상 COIN 임무를 수행하되 해경, 어업지도선 등 관공선과 협력하고 나아가 동원선박 등도 활용하여 해상 COIN 자산을 추가로 확보하여 지상 COIN 작전 못지않게 체계적으로 임무 준비를 해야 한다.[50]

해상 COIN 임무에 대한 준비는 바다에서의 다윗과 골리앗 간 싸움의 메커니즘을 이해하는 노력에서 출발해야 한다. 해상에서 거인과 소인이 싸우면 반드시 거인이 이길까? 해상에서도 거인과 소인 간 싸움의 메커니즘은 육지와 다르지 않다. 고래가 상어와 싸우는 것은 쉬워도 멸치와 싸우는 것은 어렵다. 고래의 눈에 멸치는 쉽게 띄지도 않기 때문에 인지하지 못한 사이 바로 코앞에 있을 수도 있다. 함대결전과 같은 해상정규전이라면 힘이 센 거인이 승리할 가능성이 높지만 비정규전 전장에서 기습을 노리는 공자(攻者)의 힘은 거인보다 강할 수 있다. 또한 어민과 섞여 있는 해상게릴라를 함대함유도탄으로 제압할 수는 없다. 해상의 거인이라 할 수 있는 이지스함이 어선군에 섞여 있는 북한 해군 잔당으로 전락한 해상게릴라를 식별해서 무력화하는 것은 어렵다. 2010년 10월 거인인 미국 해군 이지스 콜함(the USS *Cole*)은 해상으로 은밀히 접근하는 소인인 게릴라에게 공격을 허용하고 말았다.[51] 그 결과 승조원 중 17명이 전사하고 39명이 부상당했고 함정은 임무를 중단하고 긴급수리를 위해 본국으로 돌아가야 했다. 거인이 소인에게 무참히 패배한 것이다.

해상 COIN 임무군은 작은 거인의 특성을 지녀야 한다. 관성적으로 해상정규전에만 대비하는 인식에 제동을 걸어야 한다. 또한 중국, 일본 등 주변국의 위협에 대비하는 전력의 임무와 해상 COIN 임무를 구분해야 한다. 후자에 투입되는 전력은 게릴라라는 소인에 대응하기 위해 첨단함정과 항공기이면서도 어선군과 해안 혹은 연안에 근접 가능한 플랫폼으로 구성되어야 한다. 전자에 투입하는 전력은 후자의 부대가 해상 COIN 임무를 잘 수행할 수 있도록 후방지원하면서 주변국이 혼란한 틈을 이용해 관할권을 한국의 해역까지 확대하는 것을 차단해야 하고, 이는 정규전 형태의 방법으로 차단해야 한다. 그 이유는 주변국의 해군력은 막강한 정규전력으로 구성되어 있기 때문이다.

그럼에도 불구하고 주변국 대응전력도 해상게릴라의 기습공격에 대한 대비태세를 잘 갖추어야 한다. 이지스함과 같은 최첨단 전투함, 그리고 독도함과 같은 대형함정도 소병기와 같은 무기를 확대·구비하여 근접전투가 가능토록 해야 한다. 해적에 대항하기 위해 활용되고 있는 음향무기, 전기펜스, 강력한 물대포 등이 필요할 수 있다. 나아가 이러한 작은 자산들이 지속적으로 개발되어 통일 과정상에 부각될 수 있는 해상 COIN 임무에 미리 대비해야 한다. 통일 과정의 해군은 주변국이라는 거인으로부터 파생되는 대칭적 위협과 해상게릴라라는 소인으로부터 파생되는 비대칭적 위협 모두에 대비해야 하기 때문이다.

그렇다면 구체적으로 해양세력도 COIN 임무에 적극적으로 참여해야 하는 이유는 무엇일까? 첫째, COIN 작전은 막대한 병력과 자산이 투입되어야 하는 국가적 수준의 임무이다. COIN 작전은 모든 곳에서 잘해도 한 곳에서 임무군이 실수를 범하면 COIN 작전 전체가 와해되는 도미노 현상이 초래되는 특성을 가지고 있다. 오인공격으로 민간인 살상이 발생하면 게릴라들의 심리전에 말려들어 COIN 작전의 주도권을 상실할 수 있는 것이다. 전 작전요소가 같은 COIN 독트린으로 같은 마인드하에 작전을 수행해야 하는 이유이다. 군뿐만 아니라 정부, 민간기업, 시민단체까지 참가하는 이 임무에서 해양세력의 적극적 참가는 너무도 당연한 것이다.

둘째, 전장영역의 측면을 들 수 있다. COIN 작전은 임무지역에서 게릴라와 지역주민을 분리시키고 지역을 재건하는 데 주안점을 두고 있다. 그런데 이 지역인 한반도 전구에는 지상이라는 공간과 해상이라는 공간이 있다. 해상이라는 공간은 해군, 해경, 해양수산부 등 해양세력이 주도가 되어 그 전문성을 발휘하는 가운데 COIN 작전이 이루어져야 한다. 그리고 이 해상이라는 공간에는 단순히 바다를 넘어 바다를 삶의 터전으로 살아가는 사람들의 인프라인 항구, 해안 마을 등도 포함되어야 한다.

셋째, 이 해상 전장영역을 활용하여 해상게릴라가 활동할 수 있다는 점이다. 북한 체제가 붕괴하는 과정에서 북한 해군의 자산이 북한 해군 잔당의 손에 고스란히 들어가 해상게릴라 자산으로 변모될 수 있다. 북한 해군의 자산이 해상게릴라 자산이 되지 못하도록 이를 주도적으로 관리하는 행위자가 필요한데 이는 해군이 담당해야 할 분야이다. 해군자산에 대한 전문성을 바탕으로 북한 해군 해산 시 병력은 해안 혹은 해상 치안군으로 전환하고 함정, 잠수함과 같은 정규전 자산은 한국 해군이 관리하며 게릴라 손으로 들어가는 것을 막는 역할을 해상 COIN 임무군이 수행해야 한다. 또한 일부 해상게릴라는 권력 공백기를 틈타 해적활동을 벌일 수도 있다. 이 경우 해군은 소말리아 대해적작전 노하우를 최대한 활용하여 해상질서를 회복해야 한다.

넷째, 해상 COIN 임무군의 적극적인 활약의 필요성은 게릴라의 활동 특성과도 관련이 있다. 게릴라는 특정 지역에 머무르지 않고 권력 공백이 발생한 곳이나 COIN 임무군과 떨어져 있는 지역주민을 찾아 움직이는 경향이 있다. 지상 COIN 작전이 일정 지역에서 성공을 거두면 게릴라는 그 지역을 떠나 활동이 여유로운 곳으로 이동할 수 있다. 이때 해양세력이 해상, 섬, 해안 마을 등지에서 해상 COIN 작전을 시행하지 않으면 이 게릴라들이 이곳으로 이동하여 진지를 구축함으로써 COIN 작전에 누수가 발생할 수 있다.

다섯째, 해양세력은 이 지역에서 대게릴라전과 안정화작전을 수행할 수 있는 조직을 갖추고 있다. UDT와 같은 특수전 병력, SSU와 같은 구조병력 그리고 최정예 해병대 병력이 있고 어민들이 해상게릴라의 공격으로부터 안보를 확보하는 가운데 조업활동을 할 수 있도록 해양통제를 유지하는 함정, 항공기, 잠수함 등의 전력이 있다. 또한 바다와 관련된 재건에 그 역할을 다할 수 있는 기동건설단이 있다.

그렇다면 해양세력은 무엇에 주안점을 두고 해상 COIN 임무를 수행해야 할까? 첫째, 지상 COIN 작전과 해상 COIN 작전의 책임지역이 명확히 구분되어야 한다. 전자는 내륙 도시 및 마을 그리고 산악지형 등을 중심으로 책임지역을 지정받아 임무를 수행하고 후자는 해상, 섬, 해안 마을 등 바다와 관련된 제반 인프라가 기능하는 지역에서 COIN 임무를 수행해야 한다.

둘째, 상기 책임지역에서 원활하게 임무를 수행하기 위해 독립작전권이 필요하다. COIN 전체 작전은 합참에서 중앙집권적으로 지휘하되 지상 COIN과 해상 COIN 세부 작전에 대해서는 지휘권을 위임하고 각 제대별 COIN 지휘부는 예하부대에게 분권형 지휘를 하도록 여건을 마련해야 한다. 독립 지휘권을 바탕으로 해상게릴라와 어민들이 한 장소, 한 해역에 있지 못하도록 해상 및 마을 경계 임무 등을 실시해야 한다. 이를 통해 어업활동 인프라가 잘 유지될 수 있도록 현장 중심의 COIN 임무 수행이 필요하다. 또한 독립 작전권을 보유하면 해상게릴라의 해적활동으로 상선 등이 납치되었을 때 신속한 해상게릴라 제압작전이 가능할 것이다.

셋째, 주민 친화적 방안을 도입하여 해안 주민이나 섬마을 주민들의 민심을 잡을 수 있도록 해야 한다. 이를 위해 SSU를 이용, 항구 내 조업장애물을 제거하고 기뢰전함을 투입하여 어선의 출·입항 항로에 대한 기뢰 제거 지원을 해 주어야 한다. 또한 상륙함을 이용하며 섬마을 봉사활동이나 의료 지원 등도 활성화할 필요가 있다. 특히 한반도는 모든 지역이 바다로 연결되기 때문에 병원선을 확보하여 해역을 돌며 환자를 돌보는 역할을 함으로써 북한 주민의 마음을 얻을 수 있도록 해야 한다. 이를 위해 베트남 진료활동, 해군의 도서지역 대민진료 노하우 등에 대한 치밀한 임무연구가 필요하다. 해상 COIN 임무군의 이러한 노력을 통해 바다를 터전으로 사는 주민들이 해상게릴라 관련 정보를 COIN 임무군에 제공함으로써 임무성공의 시너지 창출이 가능하게 될 것이다.

넷째, 조직적 변화에 관심을 둘 필요가 있다. 우선 해상 COIN 임무군에 민사참모도 편성하여 지역주민과의 소통채널로 적극 활용해야 한다. 또한 공보참모도 제2의 민사참모 수준으로 지역과 유대관계를 형성하는 창구가 되어 주어야 한다. 또한 광범위한 해역에서 COIN 작전을 원활히 수행하기 위하여 해상안정화사령부 창설이 필요하다. 해상안정화사령부는 해군 플랫폼뿐만 아니라 해경, 해수부 소속 함정까지 포함하는 국가급 조직으로 국가함대(National fleet) 개념과 연계하여 추진할 필요가 있다.

다섯째, 해양질서유지 안정화작전 개념이 수립되어야 한다. 이 개념에는 어민들이 정상적인 어로활동을 할 수 있도록 지원하고 COIN 작전과 연계하여 해상교통로를 보호하며 피난민을 구호하는 작전 등이 포함되어야

한다. 베트남전 당시 해군의 피난민 구조작전인 1975년의 십자성작전을 잘 참고할 필요가 있다.[52]

여섯째, 해상 COIN 작전 시 근해나 원해에 위치하여 해양통제라는 정규작전을 실시하는 중·대형함도 해상게릴라와의 소규모 전투에 대비해야 한다. COIN 기간에는 해상게릴라의 기습공격에 상시 대비해야 한다. 이지스함을 포함하여 중·대형함도 소병기를 확대 배치하여 적극적으로 운용해야 한다. 정박 중 혹은 협수로 연안항해 중 지상게릴라로부터 기습공격을 받을 수도 있다는 점을 명심해야 한다. 베트남전 시 한국 해군의 북한함이 1968년 6월 11일 베트콩으로부터 기습공격을 받은 사례를 상기해야 한다.[53] 베트남에서 백구부대 함정은 수로를 통과할 때 기관총, 소병기 등 소화기를 이용해서 전투태세를 강화하며 이동했다.[54] 이런 철두철미한 준비로 해군은 다양한 임무에 성공하며 남베트남 해군 내에서는 한국 해군을 본받으라는 소문까지 돌았다.[55] 이런 역사적 경험을 참고하여 최신예 함정도 작은 전투에 대비하는 지혜가 필요하다.

일곱째, 해상 COIN 임무 매뉴얼을 개발할 필요가 있다. 매뉴얼 개발에는 해군, 해경, 해양수산부가 모두 참여해야 한다. 이 매뉴얼에는 해병대, 특전단, 구조전대, 해경 및 해수부 함정이 통합적으로 운용될 수 있는 방안이 담겨 있어야 한다. 나아가 청룡부대와 백구부대의 베트남 COIN 경험이 잘 반영되도록 치밀한 연구가 선행되어야 할 것이다. 특히 이 매뉴얼은 해군, 해경, 해양수산부 등 해양 분야 전문가들에게 COIN 작전에 대한 이해도를 증대시키는 촉매체로 기능토록 유도해야 한다.

8. 작은 거인으로서의 한국

작은 거인 한국은 낯선 해외에서도 대게릴라/안정화작전에 성공했다.

이러한 성공의 핵심 추동 메커니즘을 제공한 '임무 특수성'과 '지위적 위치'는 한반도의 대게릴라/안정화작전에서 더 강력한 힘이 될 수 있다. 작은 거인 한국의 역할이 그들 조국의 땅에서는 더 단단한 작은 거인이 될 수 있다는 이야기다. '임무 특수성' 측면에서 북한 지역을 안정화시켜 자유 대한민국으로 통일하는 것은 대한민국에 있어서 단 한 번밖에 찾아오지 않는 그야말로 극히 드문 임무이다. 북한 지역 안정화에 성공하여 강대국 반열에 들 수 있다는 자부심, 외세가 아닌 스스로의 힘으로 자유통일을 이룩하는 대표선수라는 자긍심이 COIN 임무군에 내재될 것이다.

또한 '지위적 위치' 측면에서 한국 COIN 임무군에게는 공통의 언어를 사용하고 역사적으로 오래된 문화를 함께 공유했던 같은 민족이라는 문화적 유대감이라는 자산이 있기 때문에 한국군이 미군 혹은 유엔군보다 임무성공에 훨씬 유리하다. 나아가 한국의 입장에서는 작은 거인이 자신의 땅에서 대게릴라/안정화작전에 성공하여 '보다 큰 작은 거인'으로 진화할 수 있다는 기대효용이 있기 때문에 외부행위자에 의한 안정화작전 수행보다 성공에 다가가는 데 유리한 점이 많다. 이러한 과정에서 '임무 특수성'과 '지위적 위치'에서 추출된 메커니즘이 성공을 향한 안내자로서 기능할 것이다.

한반도는 한민족이 반만년 이상 삶을 영위하던 지역으로, 한민족에게는 외국군이 자신의 지역에 와서 대게릴라/안정화작전의 주체가 되는 것에 상당한 반감의 가능성이 있기 때문에 한국군이 주도가 되는 COIN 작전이 임무성공에 매우 유리할 것이다. 자신의 힘으로 이를 하기 힘든 국가라면 외세의 도움을 어쩔 수 없이 받아들여야 할 수도 있다. 하지만 한국은 COIN 작전 성공을 위한 '의지'와 '능력' 모두를 구비한 중견국이다. 더욱이 미국, 중국, 유엔 등 외부행위자는 북한 주민들에게 적법하지 못한 행위자로 인식되어 COIN 작전을 더욱 어렵게 만들 것이다. 6·25 전쟁 중 북한 점령지역 주민들은 한국군이 소외된 채 유엔군이 중심이 되어 그들을 통제하는 것에 상당한 불만을 가졌음을 잊지 말아야 할 것이다.

작은 거인 한국은 베트남과 이라크 COIN 작전을 통해 비전통적 군사 임무에서 거인보다 더 잘 싸울 수 있음을 입증하였다. 그 작은 거인은 이제 더 부강한 중견국이 되어 앞으로 항진하고 있다. 이에 국제안보 임무에서 그 역할을 더 확대하여 위상을 강화할 것이며 한반도 COIN 작전 소요 발생 시 주도국으로서 그 임무를 수행할 것이다. 작은 거인 한국을 기대해 본다.

주석

Part I

1 9·11 테러에 대한 대응은 아이러니하게도 미국으로 하여금 대게릴라/안정화작전이라는 장기전쟁에 돌입하게 만들었다. 첫 번째 포문은 2001년 '항구적 자유작전(Operation Enduring Freedom)'으로 진행된 아프가니스탄 전쟁이었고 이어 2003년 개시된 '이라크 자유작전(Operation Iraqi Freedom)'이었다. 이 전쟁의 원인을 제공한 조직인 알카에다의 지도자 오사마 빈라덴은 2011년 '제로니모 작전(Operation Geronimo)/넵튠 스피어 작전(Operation Neptune Spear)'에 의해 사살되었지만 이후에도 국제 게릴라는 지속 양성되었다. 최창훈, 『테러리즘 트렌드』(서울: 좋은땅, 2014), pp. 143~145.

2 IS는 단일 위계질서를 가진 국가 차원의 조직으로 중동에 칼리파 국가를 수립하여 이교도를 몰아낸다는 목표를 가지고 있다. 알카에다는 이교도를 타도하고 국가를 건설하려고 하는 반면 IS는 먼저 국가를 건설하고 이교도를 타도한다는 목표를 가지고 있다. 홍준범, 『중동 테러리즘』(파주: 청아출판사, 2015), pp. 303~334 참고.

3 미국의 잘못된 정책이나 군사임무 과정의 실수로 반미감정이 자극된 것도 있지만 강대국이라는 위상 자체로 인해 증오를 유발하는 측면도 있다. 이런 측면에서 한국과 같은 중견국가는 증오라는 부분에서 미국보다 자유로울 수 있고 이는 대게릴라/안정화작전의 유리한 요소로 작용할 수 있다. 라쿼(Laqueur)는 미국이 테러분자에게 증오의 대상이 되는 것은 강한 국가이기 때문이라고 주장한다. Walter Laqueur, *No End to War*(New York: Continuum, 2003), p. 161.

4 중국도 미국과 견줄 수 있는 강대국이 되기 위해 소프트파워 구축의 필요성을 직시하여 전 세계적으로 유교문화원 등에 많은 자본을 투자하고 있다. 하지만 『이코노미스트』(*The Economist*) 지는 소프트파워는 정치체제, 문화 등 시민사회로부터 자연스럽게 나오는 것이지 정부만 주도가 되어 자본을 많이 투자한다고 형성되는 것이 아니라고 지적한다. "Soft Power: Buying Love", *The Economist*(2017. 3. 25.), pp. 26~28.

5 합참은 '안정화작전'을 "합동작전기본개념 중 '통합작전'을 구현하는 작전유형 중

의 하나"로 보고 '민군작전'을 "특정 임무나 과업을 완수하기 위한 군사작전 형태 중의 하나"로 본다. 하지만 이 개념은 COIN이라는 비전통적 전투의 특성을 고려, 상하의 개념이라 간주하기보다는 임무 초기부터 수준의 통합을 통해 임무를 진행하는 것이 목표달성에 유리하다. 합동참모본부, 『합동안정화작전』(서울: 합참, 2016), pp. 부-28~30.

6   『2016 국방백서』, p. 253.

7   민주국가인 한국과 공산국가인 북한은 이 마지막 냉전지에서 정전 상태를 지속하고 있다. 따라서 전 세계에서 가장 오랜 기간 냉전체제하에 있는 곳이 바로 한반도이다. 이러한 환경은 한국 사회로 하여금 전쟁이라 하면 6·25 전쟁과 같은 전통적인 싸움이 전부라는 사고가 내재화되게 하였다.

8   한국 장교들은 주로 전통적 전쟁에 대한 연구를 선호하고 비대칭적 전투는 부차적인 것으로 인식하는 경향이 있다. 한국군의 표준작전절차는 전통적인 북한의 위협에 기반을 두고 있고 이에 대한 전면적인 개혁은 꺼려 한다. 한국군 조직의 이와 같은 전통적 전쟁에 치우치는 성향은 군사전략이 내부 지향적으로 치우치게 하고 있고 이는 결국 국가의 외부 지향적 전략과 상충되는 결과를 초래한다.

9   뉴넘(Newnham)은 이라크 전쟁에서 미국과 함께 싸운 연합군은 자발적 동기로 참가한 것이 아니라 미국이 제공한 경제적, 그리고 안보적 인센티브 때문에 참가한 것이라고 주장한다. 실제로 미국은 참가국에게 경제적, 군사적 원조를 제공했다. 게다가 동유럽 국가들이 이라크 전쟁에 참전한 것은 러시아의 부활에 걱정하던 그들에게 미국이 안보지원을 약속했기 때문이었다고 주장한다. 이 주장은 결국 연합국은 대게릴라/안정화작전의 주 행위자였던 것이 아니라 상징적 행위자에 불과했다는 의미로 해석될 수 있다. 하지만 이런 주장은 한국군의 성공 사례는 설명하지 못하는 단점이 있다. Randall Newnham, "Coalition of the Bribed and Bullied? U. S. Economic Linkage and the Iraq War Coalition", *International Studies Review* vol. 9, no. 2(2008), pp. 183~200.

10 작계 5029에서 가정하는 급변사태는 ① 정권교체, ② 쿠데타 또는 주민봉기에 의한 내란, ③ 대량살상무기 탈취 및 반출, ④ 북한 주민 대량 탈북, ⑤ 대규모 재난, ⑥ 북한 내 한국인 인질사태 등 여섯 가지 상황이다. "북 급변사태 땐… '작계 5029' 발동", 『국민일보』(2016. 8. 22.), http://news.kmib.co.kr(검색일: 2017. 4. 12.).

11 U. S. Department of Defense, *Quadrennial Defense Review Report*(Washington D. C., 2014), pp. 3, 8.

12 강대국에 비해 중견국은 임무지역 국가와 국력의 차이가 적기 때문에 점령군으로 인식되는 경향이 적은 강점이 있다. 또한 중견국은 임무지역 주민과 강대국 군대

의 갈등의 중재자로서 역할을 할 수 있다. 더불어 중견국가는 특별한 임무수행 시 사기가 높고 임무성공에 대한 강한 의지로 무장된다. 마지막으로 비슷한 문화와 가치를 가지고 있는 주변 중견국에서 온 군대의 병사들은 해당 지역 주민과 소통하는 데 강점을 가진다. 이런 강점을 잘 활용함으로써 한국군은 베트남과 이라크에서 임무에 성공할 수 있었다. Kiljoo Ban, "The ROK as a Middle Power: Its Role in Counterinsurgency", *Asian Politics & Policy* vol. 3, no. 2(2011), pp. 225~247.

Part II

1 U. S. Department of the Army, *Field Manual 3-24 Counterinsurgency*(Headquarters Department of the Army, 2006), p. 1-1.

2 U. S. Interagency Counterinsurgency Initiative, *U. S. Government Counterinsurgency Guide*(January 2009), p. 6.

3 *Field Manual 3-24 Counterinsurgency*, p. 1-1.

4 *Ibid.*

5 *U. S. Government Counterinsurgency Guide*(January 2009), p. 12.

6 아프가니스탄 대게릴라/안정화작전의 미군 사령관이었던 맥크리스털 장군은 전통적 전투와 대게릴라/안정화작전의 차이를 설명하면서 지역주민들 중에서 동원되는 게릴라 양성 역학관계에 주목한다. 그는 "전통적 전투에서는 10명 중 2명을 죽이면 8명이 남지만 대게릴라/안정화작전에서는 10-2명이 0이 될 수도(생존자가 싸움을 멈추는 경우) 있고 20이 될 수도(사망자의 친인척이 게릴라에 합류하는 경우) 있다"고 주장한다. "Obama's faltering war", *The Economist*(2009. 10. 17.), p. 32.

7 전통적 전투와 대게릴라/안정화 작전의 차이점을 설명하는 고전문헌은 David Galula, *Counterinsurgency Warfare: Theory and Practice*(Westport, Connecticut: Praeger Security International, 1964), pp. 50~60 참고.

8 Ibid., p. 54.

9 내글(Nagl, 2006)은 전투방식의 일반화 여부에 관련해서 전통적 전투는 일관성이 필요하고 대게릴라/안정화작전에서는 상황별로 다른 유연성이 필요하다고 주장한다. John A. Nagl, "Forward", in Galula, *Counterinsurgency Warfare*, p. vii. 여기서는 대게릴라/안정화작전과 대비되는 개념으로 전통적 전투(Conventional warfare)라 지칭하며 대게릴라/안정화작전이 비전통적 전투임을 강조한다. 한편 일반

적으로 전쟁의 분류는 다양할 수 있다. 섬멸전, 소모전, 마비전, 기동전 등은 수행 전략적 측면의 구분이고 전면전쟁, 국지전쟁은 공간적 차원의 분류이며 정규전, 비정규전, 유격전, 전복전 등은 수행방식 차원 분류이다. 이를 고려하면 대게릴라/안정화 작전은 비정규전, 국지전쟁에 가깝다고 할 수 있다. 전쟁의 분류에 대한 자세한 분석은 군사학연구회, 『군사학개론』(서울: 플래닛미디어, 2014), pp. 107~109 참고.

10 Charles Dunlap, "We Still Need the Big Guns", *The New York Times*(2008. 1. 9.).

11 Samuel Oyewole, "Making the Sky Relevant to Battle Strategy: Counterinsurgency and the Prospects of Air Power in Nigeria", *Studies in Conflict & Terrorism* vol. 40, no. 3(2017), pp. 211~231.

12 Matthew Bennett, "The German Experience", in Ian F. W. Beckett. ed., *The Roots of Counter-Insurgency*(Reed Business Information, Inc., 1988).

13 Mohammad Yahya Nawrozand Lester Grau, "The Soviet War in Afghanistan: History and Harbinger of Future War?", *Military Review*(September 1995).

14 James T. Quinlivan, "Force Requirements in Stability Operations", *Parameters*(Winter 2005), pp. 59~69.

15 Deborah Avant, "The Institutional Sources of Military Doctrine: Hegemons in Peripheral Wars", *International Studies Quarterly* vol. 37, no. 4(1993), pp. 409~430.

16 John Nagl, *Counterinsurgency Lessons from Malaya and Vietnam: Learning to Eat Soup with a Knife*(Chicago: University of Chicago Press, 2002), p. 11.

17 Francisco X. Zavala, "Victory in Counterinsurgency", *Marine Corps Gazette* vol. 100, no. 11(2016), pp. 56~61.

18 Scott McMichael, "The Soviet Army, Counterinsurgency and the Afghan War", *Parameters*(December 1989), pp. 21~35.

19 Daniel Byman, "Friends like These: Counterinsurgency and the War on Terrorism", *International Security* vol. 31, no. 2(2006), pp. 79~115.

20 Phillipe Pottier, "GCMA/GMI: A French Experience in Counterinsurgency during the French Indochina War", *Small Wars and Insurgencies* vol. 16, no. 2(2005), pp. 125~146.

21 Yoav Gortzak, "Using Indigenous Forces in Counterinsurgency Operations: The French in Algeria", *Journal of Strategic Studies* vol. 32, no. 2(2009), pp. 330~331.

22 Andrew Mack, "Why Big Nations Lose Small Wars: The Politics of Asymmetric

Conflict", *World Politics* vol. 27, no. 2(1975), pp. 175~200.

23 Christopher Tuck, "Northern Ireland and the British Approach to Counterinsurgency", *Defense and Security Analysis* vol. 23, no. 2(2007), pp. 165~183.

24 Ted Gurr, "Psychological Factors in Civil Violence", *World Politics* vol. 20, no. 2(1968), pp. 245~278.

25 David Kilcullen, *The Accidental Guerilla: Fighting Small Wars in the Midst of a Big One*(New York: Oxford University Press, 2009).

26 Barry Desker and Arabindra Acharya, "Counting the Global Islamist Threat", *Korean Journal of Defense Analysis* vol. 18, no. 1(2006), pp. 59~83. Max Abrahms, "What Terrorists Really Want: Terrorist Motives and Counterterrorism Strategy", *International Security* vol. 32, no. 4(2008), pp. 78~105.

27 U. S. Interagency Counterinsurgency Initiative, *U. S. Government Counterinsurgency Guide*(January 2009), p. 29.

28 전장에서 개인의 생명을 지키기 위해 노력한다는 합리적 선택에 입각하여 연역적으로 분석한 글은 Stathis Kalyvas, *The Logic of Violence in Civil War*(Cambridge: Cambridge University Press, 2006) 참고.

29 Yelena Biberman, Philip Hultquist, and Farhan Zahid, "Bridging the Gap between Policing and Counterinsurgency in Pakistan", *Military Review*(November~December 2016), pp. 37~43.

30 Robert M. Cassidy, "The Long Small War: Indigenous Forces for Counterinsurgency", *Parameters*(Summer 2006), p. 59.

31 Marcus Schulzke, "The Antinomies of Population-Centric Warfare: Cultural Respect and the Treatment of Women and Children in U. S. Counterinsurgency Operations", *Studies in Conflict & Terrorism* vol. 39, no. 5(2016), pp. 405~422.

32 Wade Markel, "Dreaming the Swap: The British Strategy of Population Control", *Parameters*(Spring 2006), pp. 35~48.

33 Colin H. Kahl, "In the Crossfire or in the Crosshairs? Norms, Civilian Casualties, and U. S. Conduct in Iraq", *International Security* vol. 32, no. 1(2007), pp. 7~46.

34 John Newsinger, *British Counterinsurgency: From Palestine to Northern Ireland*(New York: Palgrave, 2002), pp. 60~83.

35 Sergio Catignani, "The Strategic Impasse in Low-Intensity Conflicts: The Gap Between Israeli Counter-Insurgency Strategy and Tactics During the Al-Aqsa Intifa-

da", *The Journal of Strategic Studies* vol. 28, no. 1(2005), pp. 57~75.

36 인티파다(Intifada)는 '반란'을 의미하는 아랍어로 팔레스타인들이 이스라엘에 저항한 운동을 일컫는다. 제1차 인티파다는 1987~1993년에 진행된 대이스라엘 저항운동으로 이 결과 오슬로 평화협정을 맺게 되었고 제2차 인티파다는 2000년 발생하였는데 이 결과로 오슬로 평화협정이 깨지는 계기가 된 사건이다.

37 Ivan Arreguin-Toft, "How the Weak Win Wars: A Theory of Asymmetric Conflict", *International Security* vol. 26, no. 1(2001), pp. 93~128.

38 Gil Merom, *How Democracies Lose Small Wars*(Cambridge: Cambridge University Press, 2003).

39 이것은 비강대국(non-great power)으로서의 경험이라 개념화할 수 있다. 비강대국으로서의 경험은 COIN 임무지역 국민과 공감대를 형성하는 데 유리하게 작용될 수 있다는 임무수행의 긍정적 측면이 존재한다.

40 Ian S. Lustick, "Rational Choice as a hegemonic project, and the capture of comparative politics", APSA-CP. Newsletter of the APSA Organized Section in *Comparative Politics* vol. 5, no. 2(1994), p. 31.

41 월트(Walt)는 세 가지 측면—논리적 일관성·정확성, 독창성, 경험적 타당성—에서 합리적 선택 이론이 안보연구에 부적합하다고 주장한다. Stephen M. Walt, "Rigor or Rigor Mortis?: Rational Choice and Security Studies", *International Security* vol. 23, no. 4(1999), pp. 12~13.

42 Ibid., p. 13.

43 Duncan Snidal, "Rational Choice and International Relations", in Walter Carlsnaes, ed., *Handbook of International Relations*(London: Sage, 2002), pp. 73~94.

44 Gerardo L. Munck and Richard Snyder, "Debating the Direction of Comparative Politics: An Analysis of Leading Journals", *Comparative Political Studies* vol. 40, no. 5(2007), pp. 5~31.

45 *Designing Social Inquiry*는 질적 연구(small-N 혹은 single-country analysis)는 양적 연구(large-N statistical analysis) 추론방식을 적용해야만 한다고 강조한다. Gary King, Robert O. Keohane and Sidney Verba, *Designing Social Inquiry: Scientific Inference in Qualitative Research*(New Jersey: Princeton University Press, 1994), p. 3.

46 Henry Brady and David Collier, ed., *Rethinking Social Inquiry: Diverse Tools, Shared Standards*(MD: Rowman & Littlefield, 2004). Alexander George and Andrew Bennet, *Case Studies and Theory Development in the Social Sciences*(MA: The MIT

Press, 2005). John Gerring, *Case Study Research: Principles and Practices*(Cambridge: Cambridge University Press, 2007).

47 John Gerring, "What Is a Case Study and What Is It Good For?", *American Political Science Review* vol. 98, no. 2(2004), p. 348.

48 본 연구의 존재론(Ontology)은 전략적 과정에 있다. 이러한 존재론과 방법론의 조화를 위해 과정추적(Process tracing)을 방법론으로 사용한다. 존재론과 방법론의 조화에 관한 세부연구는 Peter H. Hall, "Aligning ontology and methodology in comparative research", in James Majoney and Dietrich Rueschemeyer, ed., *Comparative Historical Analysis in the Social Sciences*(New York: Cambridge University Press, 2003), pp. 373~406 참고.

49 Stephen Van Evera, *Guide to Methods for Students of Political Science*(Ithaca: Cornell University Press, 1997), pp. 58~61.

50 Seymour Martin Lipset and Stein Rokkan, "Party Systems and Voter Alignments", in Seymour M. Lipset and Stein Rokkan. ed., *Party Systems and Voter Alignments*(NY: Free Press, 1967), pp. 1~64.

51 Van Evera, *op. cit.*, p. 64.

52 Gerring, *Case Study Research*, p. 20.

53 King et al., *op. cit.*, pp. 124~138.

54 Van Evera, *op.cit.*, pp. 77~88.

55 *Ibid.*, p. 77.

56 "1·21 청와대 습격사건 생포자 김신조 전격 증언", 『신동아』(2004년 2월호), http://shindonga.donga.com(검색일: 2017. 4. 23.).

57 "적으로 만나 친구로 늙어간다: 남과 북의 두 戰士 김신조·이진삼", 『신동아』(2016년 8월호), http://shindonga.donga.com(검색일: 2017. 4. 23.).

58 "1·21사태", 『한국민족문화대백과사전』, http://encykorea.aks.ac.kr(검색일: 2017. 4. 23.). 또한 정확한 손상평가를 피해 대한민국 국방부 군사편찬연구소 발간 『대비정규전사 2권(1961~1980)』도 참고했다. 대한민국 국방부 군사편찬연구소, 『대비정규전사 2권(1961~1980)』(1998), p. 47.

59 "울진·삼척지구 무장공비 침투사건", 『한국민족문화대백과사전』, http://encykorea.aks.ac.kr(검색일: 2017. 4. 24.).

60 대한민국 국방부 군사편찬연구소, 『대비정규전사 2권(1961~1980)』(1998), pp. 48~49.

61 위의 책, p. 49.

62 위의 책, p. 50.

63 위의 책, p. 50.

64 한국군은 이 사건을 경계실패의 대표적 사례로 인식하여 경계의 중요성을 강조하는 교훈으로 활용하여 왔다. 예를 들어 2016년 육군참모총장은 울진·삼척 무장공비 침투사건 당시 경계초소를 찾아 경계임무의 중요성을 강조했다. "장준규 육군총장, 무장공비 침투했던 동해 경계부대 점검", 『NEWSIS』(2016. 12. 8.).

65 대한민국 국방부 군사편찬연구소, 『대비정규전사 2권(1961~1980)』, p. 52.

66 위의 책, p. 56.

67 "Operation Paul Bunyan: 'Tree/Hachet Incident'", Global Security(1976. 8. 18.), http://www.globalsecurity.org(검색일: 2010. 9. 28).

68 "팔팔팔 도끼만행사건", 『한국민족문화대백과사전』, http://encykorea.aks.ac.kr(검색일: 2017. 4. 24.).

69 "김진 '박정희, 대한민국 민주화 최대 공신'", 『BreakNews』(2017. 3. 17.), http://www.breaknews.com(검색일: 2017. 4. 28.).

Part III

1 동남아시아조약기구는 미국, 영국, 프랑스, 필리핀 등 8개국이 공산진영을 막기 위해 1954년 결성한 군사동맹으로 방콕에 본부를 두고 있었으나 베트남 전쟁이 막을 내리면서 이 기구는 유명무실해졌으며 결국 1977년 해체되었다. 군사학연구회, 『군사학개론』(서울: 플래닛미디어, 2014), pp. 370~372.

2 한국군의 통제력은 그들의 전투장악력을 통해서도 쉽게 알 수 있다. 대표적 예로 백마사단은 1968년 10월 25일 실시된 백마 9호작전에서 한 명의 사망자 발생도 없이 적 204명을 사살하는 성과를 이루기도 했다.

3 U. S. Department of the Army, *Vietnam Studies: Allied Participation in Vietnam*(Washington D. C., 1975), p. 140.

4 3명의 전쟁포로도 탈출하거나 나중에 풀려났다. 최용호, 『통계로 본 베트남전쟁과 한국군』(서울: 대한민국 국방부 군사편찬연구소, 2007), p. 43.

5 특히 1966~1967년에 한국군의 전쟁포로 체포율은 베트남 연합군 중에 가장 높았다. Thomas C. Thayer, *A Systems Analysis View of the Vietnam War 1965~1972*(Washington D. C.: The U. S. Department of Defense, 1977), pp. 50~51.

베트남 전쟁의 결과에 관한 보다 많은 자료를 위해서는 http://cafe3.ktdom.com/vietvet/us/us/htm 참고.

6 최용호, 앞의 책, p. 44.

7 Thomas J. Barns, "Memorandum: Provincial and Regional Pacification in Vietnam"(2002. 1. 12.), http:www.vietnam.ttu.edu/virtualarchive(검색일: 2010. 3. 29.).

8 Ibid., p. 22.

9 U. S. Department of State, "Memorandum of Conversation", *Foreign Relations of the United States, 1964~1968* vol. 29, Korea(Washington D. C, 2000), pp. 181~182.

10 채명신, 『베트남전쟁과 나』(서울: 팔복원, 2006), p. 507. 마찬가지로 베트남에서 미군의 고문으로 활동했던 토머스 반스(Thomas Barnes)도 "한국군은 아주 우수한 전사(formidable combatants)"였다고 말했다. Thomas J. Barnes, "Memorandum: Provincial and Regional Pacification in Vietnam", *Vietnam Virtual Archive*(2002. 1. 12.), p. 22.

11 U. S. Department of State, "Telegram from the Embassy in Vietnam to the Department of State", *Foreign Relations of the United States, 1964~1968* vol. 29, Korea(Washington D. C, 2000), p. 288.

12 Ibid., p. 288.

13 U. S. Department of the Army, *op. cit.*, pp. 143~144.

14 동 보고서는 "가용자산, 전사비율 등의 측면에서 베트남에서 책임구역 내 한국군의 작전은 매우 전문적이었고, 치밀하게 계획되었으며 철저하게 시행되었다"고 말한다. Ibid., p. 153.

15 1971년 기록에 따르면 한국군은 월맹군/베트콩을 1:60의 전사비율로 무력화시켰다. Barnes, op. cit., p. 27.

16 대한민국 국방부 군사편찬연구소, 『증언을 통해 본 베트남전쟁과 한국군 (1)』(2001), p. 100.

17 위의 책.

18 위의 책, p. 375.

19 위의 책, p. 379.

20 "Excerpts: Foreign Relations Committee Report", Douglas Pike Collection: Unit 01. Assessment and Strategy(1972. 6. 29.), http://www.vietnam.ttu.edu/virtual

archive(검색일: 2010. 2. 21.).

21 대한민국 국방부 군사편찬연구소, 『증언을 통해 본 베트남전쟁과 한국군 (3)』 (2003), p. 958.

22 위의 책, p. 960.

23 Jonathan Randal, "Korean Fighters True to Nickname: Act Role of 'Fierce Tigers' in South Vietnam Duties", *The New York Times*(1967. 1. 12.), p. 8.

24 Katsuichi Honda, *Vietnam War: A Report through Asian Eyes*(Tokyo: Mirai-Sha, 1972), p. 241.

25 Ibid., pp. 244~245.

26 U. S. Department of the Army, *op. cit.*, p. 134.

27 최용호, 앞의 책, 서문.

28 최용호, 앞의 책, p. 26.

29 Young-Sun Ha, "American-Korean Military Relations: Continuity and Change", in *Korea and the United States: A Century of Cooperation*, eds. Youngnok Koo and Dae-Sook Suh(Honolulu, Hawaii: University of Hawaii Press, 1984), p. 119.

30 1953년에 체결한 한미 상호방위조약은 한국군의 조직 및 전략 발전에 많은 영향을 미쳤다. 이에 대한 많은 정보를 위해서는 Byoung Tae Rhee, "The evolution of military strategy of the Republic of Korea since 1950: The roles of the North Korean military threat and the strategic influence of the United States", Ph. D diss, The Fletcher School of Law and Diplomacy(2004).

31 최용호, 앞의 책, p. 144.

32 이 대화에는 한국의 김성은 국방장관, 브라운(Winthrop Brown) 주한 미국대사, 그리고 수 명의 장군 및 관료가 참가했다. U. S. Department of State, "Memorandum of Conversation", p. 81.

33 Ibid., pp. 110~112.

34 U. S. Department of State, "Memorandum From the Assistant Secretary of Defense for International Security Affairs(McNaughton) to Secretary of Defense McNamara", *Foreign Relations of the United States, 1964~1968* vol. 29, Korea(Washington D. C., 2000), p. 155.

35 U. S. Department of State, "Memorandum From the President's Special Assistant for National Security Affairs (Bundy) to President Johnson", *Foreign Relations of the*

United States, 1964~1968 vol. 29, Korea(Washington D. C., 2000), p. 164.

36 Arthur J. Dommen, "U. S. Promises Millions to Build S. Korea Defense", *The Washington Post*(1966. 5. 23.).

37 Franklin Baldwin, "America's Rented Troops: South Koreans in Vietnam", Critical Asian Studies 7(October~December 1975), pp. 36~37. ; 베트남전쟁과 한국군 홈페이지, http://www.vietnamwar.co.kr(검색일: 2010. 3. 4.).

38 Franklin Baldwin, *op. cit.*, pp. 36~37.

39 최용호, 앞의 책, p. 145.

40 대한민국 국방부 군사편찬연구소, 『증언을 통해 본 베트남전쟁과 한국군 (3)』, p. 772.

41 최용호, 앞의 책, p. 148.

42 U. S. Department of State, *Foreign Relations of the United States*, 1964~1968, p. 434.

43 한편 베트콩 게릴라는 이러한 점을 심리적으로 이용했다. 베트콩은 라디오 방송을 통해 한국이 자신들의 피를 싸게 팔아 돈을 벌려는 용병들을 보냈다고 비난했다. "Phul Yen Guerillas Deal Heavy Blow to Korean 'Mercenaries'", Douglas Pike Collection: Unit 02. Military Operation, The Vietnam Center and Archive, http://www.vietnam.ttu.edu/virtualarchive(검색일: 2010. 2. 27.).

44 *The Los Angeles Times*(1966. 3. 1.).

45 최용호, 앞의 책, p. 25.

46 The U. S. Department of State, "Memorandum from James C. Thomson of the National Security Council Staff to President Johnson", *Foreign Relations of the United States, 1964~1968* vol. 29, Korea(Washington D. C., 2000), p. 96.

47 Ibid., p. 95.

48 The U. S. Department of State, "Memorandum of Conversation", *Foreign Relations of the United States, 1964~1968* vol. 29, Korea(Washington D. C., 2000), pp. 97~98.

49 최용호, 앞의 책, p. 31.

50 위의 책, p. 165.

51 위의 책, pp. 145~146.

52 위의 책, p. 165.

53 위의 책.

54 Pak Chong-hui Statement, ROK to "Immediately Withdraw" Forces from Vietnam(1973. 1. 24.), http:www.vietnam.ttu.edu/virtualarchive(검색일: 2010. 2. 27.).

55 대한민국 국방부 군사편찬연구소, 『증언을 통해 본 베트남전쟁과 한국군 (1)』, p. 78.

56 대한민국 국방부 군사편찬연구소, 『증언을 통해 본 베트남전쟁과 한국군 (3)』, p. 624.

57 U. S. Department of State, *Foreign Relations of the United States, 1958~1960* vol. 18, Korea(Washington D. C., 1994).

58 U. S. Department of State, *Foreign Relations of the United States, 1961~1963*, vol. 22, Korea(Washington D. C., 1996).

59 U. S. Department of State, *Foreign Relations of the United States, 1964~1968*, vol. 29, Korea(Washington D. C., 2000).

60 U. S. Department of the Army, *op.cit.*, p. 135.

61 Ibid.

62 대한민국 국방부 군사편찬연구소, 『베트남전쟁 연구 총서 (3)』(대한민국 국방부, 2004), p. 257.

63 대한민국 국방부 군사편찬연구소, 『증언을 통해 본 베트남전쟁과 한국군 (1)』, p. 359.

64 위의 책, pp. 198~199.

65 대한민국 국방부 군사편찬연구소, 『증언을 통해 본 베트남전쟁과 한국군 (3)』, p. 16.

66 위의 책, p. 257.

67 위의 책, p. 17.

68 위의 책, p. 571.

69 대한민국 국방부 군사편찬연구소, 『증언을 통해 본 베트남전쟁과 한국군 (1)』, pp. 102~103.

70 위의 책, p. 252.

71 대한민국 국방부 군사편찬연구소, 『증언을 통해 본 베트남전쟁과 한국군 (3)』,

p. 135.

72 위의 책, pp. 130~131.

73 U. S. Department of State, "Memorandum of Conversation", *Foreign Relations of the United States, 1964-1968* vol. 29, Korea(Washington D. C., 2000), p. 112.

74 U. S. Department of State, "Memorandum from the Assistant Secretary of Defense for International Security Affairs (McNaughton) to Secretary of Defense McNamara", *Foreign Relations of the United States, 1964-1968* vol. 29, Korea(Washington D. C., 2000), p. 155.

75 U. S. Department of State, "Memorandum of Conversation", *Foreign Relations of the United States, 1964-1968* vol. 29, Korea(Washington D. C., 2000), pp. 181~182.

76 Honda, *op. cit.*, p. 242.

77 채명신, 앞의 책, pp. 469~471.

78 대한민국 국방부 군사편찬연구소, 『증언을 통해 본 베트남전쟁과 한국군 (1)』, p. 352.

79 최용호, 앞의 책, p. 50.

80 위의 책, p. 51.

81 대한민국 국방부 군사편찬연구소, 『증언을 통해 본 베트남전쟁과 한국군 (1)』, p. 646.

82 위의 책.

83 위의 책, p. 472.

84 최용호, 앞의 책, pp. 60~61.

85 한국군과 미국군의 작전개념상 차이점에 대해서는 위의 책, pp. 61~62 참조. '수색 및 파괴' 작전의 효과에 대해서는 학자들 간에도 이견이 있다. 안드라데(Andrade)는 베트남에서의 미군 실패의 원인은 웨스트모어랜드 장군이 사용한 '수색 및 파괴' 때문이라고 한 많은 전문가들의 주장에 이견을 제기한다. 그는 1965년 미군이 전장에 도착했을 때 남베트남 지역에 이미 정규 공산군이 있었기에 이 작전의 사용은 어쩔 수 없는 것이었다고 주장한다. 그는 또한 "웨스트모어랜드 장군은 적 정규군에 중점을 두어 1968년 게릴라 대공세에 소홀히 했고 에이브럼스(Abrams) 장군은 게릴라 진압작전에 중심을 두면서 1972년 적 정규군의 공세를 막지 못했다"고 주장한다. Dale Andrade, "Westmoreland was right: learning the wrong lessons from the Vietnam War", *Small Wars & Insurgencies 19*(June 2008), p.

174. 한편 톰즈(Tomes)는 1960년에 핵전략에 치중한 나머지 재래식 전략이 발전되지 않은 측면이 있다고 주장한다. Robert R. Tomes, *US Defense Strategy from Vietnam to Operation Iraqi Freedom*(New York: Routledge, 2007), pp. 32~95.

86 "South Korean Units Use Big Stick in Vietnam Pacification Drive", The New York Times(1967. 2. 13.), p. 7.

87 채명신, 앞의 책, pp. 133~134.

88 한국군의 작전권 문제에 관해서 미 육군 보고서는 "남베트남의 한국군이 실제로 미군의 작전통제를 받았는지 아니면 다른 동맹군들과 긴밀히 협력하는 가운데 별도의 작전권을 행사했는지에 대해서는 약간의 혼선이 있었다"고 밝히고 있다. U. S. Department of the Army, *op. cit.*, p. 133.

89 U. S. Department of the Army, *op. cit.*, pp. 134~135. 베트남에서 한국군을 용병으로서 분석한 글은 Robert M. Blackburn, *Mercenaries and Lyndon Johnson's 'More Flags': The Hiring of Korean, Filipino and Thai Soldiers in the Vietnam War*(Jefferson: McFarland & Company, Inc., 1994), pp. 31~66.

90 채명신, 앞의 책, p. 159.

91 위의 책, p. 159. 신창설 주베트남 대사는 당시를 회고하면서 베트남 사람들이 "한국군이 웨스트모어랜드 장군의 지휘하에 들어간다면 자기들은 고맙지만 한국군의 파병을 거절하겠다"고 이야기하는 것을 들었다고 회고한다. 대한민국 국방부 군사편찬연구소, 『증언을 통해 본 베트남전쟁과 한국군 (3)』, p. 716.

92 대한민국 국방부 군사편찬연구소, 『증언을 통해 본 베트남전쟁과 한국군 (1)』, p. 34. ; 독립 작전통제권이 COIN 임무 성공에 미친 영향에 대한 상세한 분석의 영문 논문은 Ban, Kiljoo, "Making Counterinsurgency Work: The Effectiveness of the ROK Military's Independent Operational Control in Vietnam and Iraq", *The Journal of East Asian Affairs* vol. 25, no. 1(Spring/Summer 2011), pp. 137~174.

93 대한민국 국방부 군사편찬연구소, 『증언을 통해 본 베트남전쟁과 한국군(1)』, p. 53.

94 내글(Nagl)은 영국군의 성공 사례와 미국군의 실패 사례를 비교함으로써 군조직에게 학습의 중요성을 강조한다. Nagl, *Counterinsurgency Lessons from Malaya and Vietnam: Learning to Eat Soup with a Knife*(Chicago: University of Chicago Press, 2002).

95 Max Boot, "The Lessons of a Quagmire", *The New York Times*(2003. 11. 16.)

96 최용호는 박정희 대통령 자신도 베트남전에 대한 임무분석에 많은 관심을 가졌고

이는 결국 COIN 임무군의 능력신장에 기여했다고 주장한다. 최용호, "베트남전쟁에서 한국군의 작전 및 민사심리전 수행방법과 결과", 경기대학교 박사논문 (2006), p. 174.

97 베트남전쟁과 한국군 홈페이지, http://vietnamwar.co.kr(검색일: 2010. 10. 8.).

98 U. S. Department of the Army, *op. cit.*, p. 121.

99 대한민국 국방부 군사편찬연구소, 『증언을 통해 본 베트남전쟁과 한국군 (3)』, p. 3.

100 대한민국 국방부 군사편찬연구소, 『증언을 통해 본 베트남전쟁과 한국군 (1)』, p. 876.

101 최용호, 앞의 책, p. 26. 이동외과병원은 한국군이 지역을 파괴하는 것이 아니라 평화를 위해 왔다는 이미지를 주는 데 큰 도움이 되었다.

102 베트남의 비둘기부대처럼 베트남 전장에 파병된 해군부대도 '자유와 평화 수호'라는 의미를 담아 백구부대라 명명되었다. 대한민국 해군, 『베트남전쟁과 한국해군작전』(해군본부, 2014). 베트남 전장에서 한국군의 부대명에 '평화'를 강조했던 것처럼 한국군이 이라크에서 수행한 COIN 임무부대의 명칭을 평화라는 의미를 가진 자이툰이라 명명했는데 이는 비전통적 전투라는 임무의 성격을 정확히 반영한 이름이라 할 수 있다. 한국군의 이라크 임무 과정은 Part IV에서 자세히 살펴볼 것이다.

103 위의 책, p. 63에서 재인용.

104 대한민국 국방부 군사편찬연구소, 『증언을 통해 본 베트남전쟁과 한국군 (1)』, p. 902.

105 위의 책, p. 48.

106 위의 책, p. 152.

107 최용호, 앞의 글, p. 114.

108 위의 글.

109 최용호, 앞의 책, p. 60.

110 위의 책, p. 133.

111 The U. S. Department of the Army, *op. cit.*, p. 120.

112 대한민국 국방부 군사편찬연구소, 『증언을 통해 본 베트남전쟁과 한국군 (1)』, p. 84.

113 최용호, 앞의 책, p. 135.

114 최용호는 베트남 임무 초기에는 한국군에게 대규모 작전이 효과적이었지만 나중에는 소규모 작전이 효과적이었다고 주장한다. 최용호, 앞의 글, p. IX.

115 위의 글, pp. 66~68.

116 채명신, 앞의 책, pp. 177~185.

117 대한민국 국방부 군사편찬연구소, 『증언을 통해 본 베트남전쟁과 한국군 (1)』, p. 159.

118 위의 책.

119 The U. S. Department of the Army, *op. cit.*, pp. 140~141.

120 소규모 부대 작전을 한국군 성공 비결로 언급한 곳은 Eun Ho Lee and Yong Soon Yim, *Politics of Military Civic Action: The Case of South Korean and South Vietnamese Forces in the Vietnamese War*(Hong Kong: Asian Research Service, 1980), p. 90.

121 한국군은 또한 베트콩과의 대게릴라전에서 심리전의 중요성을 인식했다. 따라서 한국 COIN 임무군은 병사들에게 태권도를 가르치고 나아가 주민들에게까지도 널리 태권도를 보급시켰다. 채명신 사령관은 자서전에서 한국군이 체포한 전쟁포로는 태권도를 수련한 한국군을 두려워했다고 밝혔다. 채 사령관은 이를 심리전의 일환으로 회고하기도 했다. 채명신, 앞의 책, p. 59.

122 최용호, 앞의 책, p. 62.

123 미 육군 보고서 Vietnamese Studies에 따르면 미군은 대규모 전투와 대게릴라전의 모두에 균형을 둔 전투개념의 중요성을 인식했다. 그럼에도 불구하고 미군은 여전히 "대규모 전투가 매우 중요한 전략의 일부로서 기능한다"고 믿었다. Nguyen Khac Vien ed., "American Failure", *Vietnamese Studies* 20(December 1968), p. 59.

124 대한민국 국방부 군사편찬연구소, 『증언을 통해 본 베트남전쟁과 한국군 (1)』, p. 86.

125 U. S. Department of the Navy, *Marine Corps Civil Affairs in I Corps Republic of South Vietnam April 1966-April 1967*(Historical Division Headquarters, U. S. Marine Corps, Washington D. C., 1970), p. 1.

126 Ibid., p. 9.

127 Ibid., p. 11.

128 내글(Nagl)은 미군의 이러한 전략적 실수를 분석하면서 "웨스트모어랜드는 CAP 개념이 미 육군에게도 전파되도록 관심을 기울이지 않았다"고 주장한다. Nagl, *op. cit.*, p. 157.

129 *Ibid.*, p. 116.

130 1961년 10월 23일에 영국은 자신의 말라야 COIN 성공 노하우를 전파하기 위해서 고문단을 베트남으로 파견했지만 미국의 유연하지 못한 군사문화 때문에 교훈을 배우는 과정은 제대로 이행되지 못했다. *Ibid.*, p. 10. 베트남에서의 미·영 간 협력에 대한 글은 Sylvia Ellis, *Britain, America, and the Vietnam War*(Westport, CT: Praeger Publishers, 2004) 참고.

131 대한민국 국방부 군사편찬연구소, 『증언을 통해 본 베트남전쟁과 한국군 (1)』, p. 87.

132 위의 책, p. 568.

133 채명신, 앞의 책, p. 71.

134 위의 책, pp. 279~286.

135 대한민국 국방부 군사편찬연구소, 『증언을 통해 본 베트남전쟁과 한국군 (1)』, p. 203.

136 위의 책, p. 493.

137 위의 책, p. 428.

138 위의 책, p. 287.

139 Robert Smith, "Vietnam Killings Laid to Koreans", *The New York Times*(1970. 1. 10.). ; The New York Times(1970. 1. 16.).

140 "DRV denounces massacre by S. Korean troops", Douglas Pike Collection: Unit 03. Allied War Participants(1972. 1. 8.), http://www.vietnam.ttu.edu/virtualarchive(검색일: 2010. 4. 23.).

141 *The New York Times*(1970. 1. 16.).

142 Hyun Sook Kim, "Korea's 'Vietnam Questions': War Atrocities, National Identity, and Reconciliation in Asia", *Positions* 9(Winter 2001), pp. 623~624.

143 채명신, 앞의 책, p. 489.

144 위의 책, pp. 486~488.

145 Honda, *op. cit.*, p. 242.

146 최용호, 앞의 책, p. 59.

147 위의 책.

148 채명신, 앞의 책, p. 186.

149 Honda, *op. cit.*, pp. 239~241.

150 Ibid., pp. 239~241.

151 Ibid., pp. 244~246. 재구촌의 유래에 대한 증언은 대한민국 국방부 군사편찬연구소, 『증언을 통해 본 베트남전쟁과 한국군 (1)』, pp. 289~293 참고.

152 *The New York Times*(1967. 2. 13.), p. 7.

153 대한민국 국방부 군사편찬연구소, 『베트남전쟁 연구 총서 (1)』(대한민국 국방부, 2002), p. 275.

154 위의 책, pp. 276~277.

155 재구촌에 대한 보다 상세한 내용은 대한민국 국방부 군사편찬연구소, 『증언을 통해 본 베트남전쟁과 한국군 (1)』, pp. 289~293 참고.

156 대한민국 국방부 군사편찬연구소, 『베트남전쟁 연구 총서 (1)』, p. 292.

157 대한민국 국방부 군사편찬연구소, 『증언을 통해 본 베트남전쟁과 한국군 (1)』, p. 292.

158 대한민국 국방부 군사편찬연구소, 『베트남전쟁 연구 총서 (1)』, p. 289.

159 Lee and Yim, *op. cit.*, pp. 87~88.

160 *The New York Times*(1967. 2. 13.), p. 7.

161 "ROK Army and Marines prove to rock-solid fighters and allies in Vietnam War", Talking Proud, http://www.talkingproud.us(검색일: 2010. 2. 28.). ; 최용호, 앞의 책, p. 137.

162 최용호, 위의 책, p. 136.

163 위의 책, p. 137.

164 대한민국 국방부 군사편찬연구소, 『증언을 통해 본 베트남전쟁과 한국군 (1)』, p. 256.

165 위의 책, p. 257.

166 위의 책.

167 위의 책, p. 288.

168 위의 책.

169 위의 책, p. 520.

170 Nicolas Ruggieru, "South Korean Forces Ending Task in Vietnam"(1973. 3. 12.),

http://www.vietnam.ttu.edu/virtualarchive(검색일: 2010. 2. 27.).

171 Lee and Yim, *op. cit.*, pp. 83~90.

172 베트남전쟁과 한국군 홈페이지, http://www.vietnamwar.co.kr(검색일: 2010. 4. 24.).

173 베트남전쟁과 한국군 홈페이지, http://www.vietnamwar.co.kr(검색일: 2010. 4. 30.).

174 Honda, *op. cit.*, p. 240.

175 대한민국 국방부 군사편찬연구소, 『증언을 통해 본 베트남전쟁과 한국군 (3)』, p. 150.

176 위의 책, p. 150.

177 U. S. Department of the Army, op. cit., p. 159.

178 대한민국 국방부 군사편찬연구소, 『증언을 통해 본 베트남전쟁과 한국군 (1)』, p. 107.

179 위의 책, p. 152.

180 월맹군의 보응웬지압 장군은 실제로 "장기적이고 지구적인 저항전략"을 기본에 두고 베트남전에 임했다. 혁명전 성격이 있고 주 행위자가 게릴라인 이 전쟁은 장기전이라는 속성을 뿌리 깊이 지니고 있었던 것이다. 대한민국 국방부 군사편찬연구소, 『베트남전쟁 연구 총서 (3)』, pp. 265~266.

181 대한민국 국방부 군사편찬연구소, 『증언을 통해 본 베트남전쟁과 한국군 (2)』 (2002), p. 145.

182 위의 책, p. 145.

183 위의 책, p. 144.

184 위의 책, p. 23

185 대한민국 국방부 군사편찬연구소, 『증언을 통해 본 베트남전쟁과 한국군 (1)』, p. 645.

186 위의 책, p.473.

187 최용호, 앞의 책, p. 130.

188 위의 책, p. 131에서 재인용.

189 대한민국 국방부 군사편찬연구소, 『증언을 통해 본 베트남전쟁과 한국군 (3)』, p. 715.

190 U. S. Department of the Army, op. cit., pp. 129~131.

191 대한민국 국방부 군사편찬연구소, 『증언을 통해 본 베트남전쟁과 한국군 (1)』, p. 155.

192 채명신, 앞의 책, p. 100.

193 대한민국 국방부 군사편찬연구소, 『증언을 통해 본 베트남전쟁과 한국군 (3)』, p. 14.

194 위의 책, pp. 1, 58.

195 채명신, 앞의 책, pp. 367~371. ; 일부 참전용사는 짜빈둥 전투 당시 적군이 월맹 정규군이 아니었다고 증언하기도 한다. 당시 여단 정보참모였던 최칠호 참전용사 는 적군의 시체를 확인한 결과 군복을 입고 있는 사람이 한 명도 없었다고 증언했 다. 대한민국 국방부 군사편찬연구소, 『증언을 통해 본 베트남전쟁과 한국군 (3)』, p. 249.

196 대한민국 국방부 군사편찬연구소, 위의 책, p. 170.

197 U. S. Department of the Army, op. cit., p. 140.

198 베트남전쟁과 한국군 홈페이지, http://www.vietnamwar.co.kr(검색일: 2010. 10. 8.).

199 채명신, 앞의 책, pp. 32~34.

200 채명신 장군의 대게릴라전 경험이 베트남 성공 비결 중의 하나였다는 분석은 다 른 곳에서도 쉽게 발견된다. 예를 들어 이와 임은 채명신 장군은 "공산주의자가 게릴라전을 어떻게 수행하는지 아주 잘 아는" 군인이었다고 분석한다. Lee and Yim, op. cit., p. 89.

201 채명신, 앞의 책, p. 39.

202 위의 책, pp. 100~102.

203 위의 책, pp. 103~104.

204 대한민국 국방부 군사편찬연구소, 『증언을 통해 본 베트남전쟁과 한국군 (1)』, p. 735.

205 U. S. Department of the Army, op. cit., p. 142.

206 대한민국 국방부 군사편찬연구소, 『증언을 통해 본 베트남전쟁과 한국군 (1)』, p. 195.

207 위의 책.

208 대한민국 국방부 군사편찬연구소, 『증언을 통해 본 베트남전쟁과 한국군 (3)』, p. 16.

209 위의 책, pp. 251~259.

210 대한민국 국방부 군사편찬연구소, 『증언을 통해 본 베트남전쟁과 한국군 (1)』, p. 214.

211 위의 책, p. 190.

212 대한민국 국방부 군사편찬연구소, 『증언을 통해 본 베트남전쟁과 한국군 (3)』, pp. 175~177.

213 위의 책, p. 143.

214 채명신, 앞의 책, p. 61.

215 최용호, 앞의 글, p. 160.

216 대한민국 국방부 군사편찬연구소, 『증언을 통해 본 베트남전쟁과 한국군 (3)』, p. 143.

217 미군도 PRC-25 통신기가 부족한 상황이었지만 한국군의 두코 전투 참가 시 미군은 한국군에게 PRC-25 통신기를 보급해 주었다. 대한민국 국방부 군사편찬연구소, 『증언을 통해 본 베트남전쟁과 한국군 (1)』, p. 377.

218 대한민국 국방부 군사편찬연구소, 『증언을 통해 본 베트남전쟁과 한국군 (2)』, p. 105.

219 The U. S. Department of State, "Telegram from the Embassy in Vietnam to the Department of State", *Foreign Relations of the United States*, 1964~1968, p. 284.

220 대한민국 국방부 군사편찬연구소, 『증언을 통해 본 베트남전쟁과 한국군 (1)』, p. 208.

221 위의 책, pp. 470~471.

222 최용호, 앞의 책, p. 119.

223 위의 책, p. 120.

224 Honda, *op. cit.*, pp. 239~241.

225 공산당 게릴라 그룹은 주로 산악지대에 본부를 설치하여 한국 정부시설을 공격했다. 또한 공산당 게릴라는 1946년 대구 사태 및 제주 사태에서도 갈등을 부추기는 역할을 수행했다.

226 대한민국 국방부 군사편찬연구소, 『증언을 통해 본 베트남전쟁과 한국군 (1)』, p. 84.

227 위의 책, p. 85.

228 위의 책, p. 376.

229 위의 책, p. 85.

230 Geraldine Fitch, "Letters to The Times", *The New York Times*(1964. 7. 25.).

231 최용호, 앞의 책, p. 135.

232 위의 책.

233 The Republic of Korea, The Korean Armed Forces Command in Vietnam, "Civic Action Records of the Korean Army in Vietnam"(Sagion, 1970).

234 최용호, 앞의 책, p. 139.

235 위의 책, p. 138.

236 위의 책, p. 139.

237 위의 책.

238 내글(Nagl)은 미국의 존슨 육군참모총장 PROVN에 대해서 자신의 참모와 토의 하길 원하지 않았다고 주장하면서 미군이 학습기관으로 기능하는 데 실패했다고 분석한다. Nagl, *op. cit.*, p. 160.

239 PROVN의 기원에 대한 자세한 분석은 Andrew J. Birtle, "PROVN, Westmore-land, and the Historians: A Reappraisal", *The Journal of Military History 72*(October 2008), pp. 1216~1217.

240 최용호, 앞의 책, p. 8.

241 위의 책, p. 9.

242 국가통계포털, http://kosis.kr(검색일: 2010. 10. 6.).

243 최용호, 앞의 책, p. 8.

244 위의 책, p. 9.

245 NationMaster, http://www.nationmaster.com(검색일: 2010. 10. 6.).

246 최용호, 앞의 책, p. 11.

247 위의 책, p. 22.

248 위의 책.

249 Honda, *op. cit.*, p. 243.

250 대한민국 국방부 군사편찬연구소, 『증언을 통해 본 베트남전쟁과 한국군 (1)』, p. 507.

251 위의 책, p. 179.

252 U. S. Department of State, *Foreign Relations of the United States*, 1958~1960, p. 452.

253 위의 책, p. 453.

254 위의 책, p. 454.

255 위의 책, p. 432.

256 대한민국 국방부 군사편찬연구소, 『베트남전쟁 연구 총서 (2)』, p. 94.

257 대한민국 국방부 군사편찬연구소, 『증언을 통해 본 베트남전쟁과 한국군 (3)』, p. 711.

258 대한민국 국방부 군사편찬연구소, 『증언을 통해 본 베트남전쟁과 한국군 (1)』, p. 73.

259 한국군이 베트남 전장에서 임무를 수행하는 데 있어 가장 부족했던 자산은 언어 차이로 인해 부족해진 소통이었다. 물론 베트남어 교육과정을 통해 이 부분을 해결하기도 했지만 소대나 중대급 부대에서 소통이 힘든 상황이 발생하기도 했다. 이럴 경우 한국군은 한문을 써서 베트남 사람들과 소통을 하기도 했다고 송정희 참전용사는 말한다. 대한민국 국방부 군사편찬연구소, 『증언을 통해 본 베트남전쟁과 한국군 (3)』, p. 410.

260 대한민국 국방부 군사편찬연구소, 『베트남전쟁 연구 총서 (1)』, p. 309.

261 대한민국 국방부 군사편찬연구소, 『증언을 통해 본 베트남전쟁과 한국군 (1)』, pp. 239~240.

262 위의 책, p. 73.

263 위의 책, p. 905.

264 위의 책, p. 577.

265 위의 책, pp. 233~234.

266 대한민국 국방부 군사편찬연구소, 『증언을 통해 본 베트남전쟁과 한국군 (2)』, p. 35.

267 채명신, 앞의 책, p. 196.

268 대한민국 국방부 군사편찬연구소, 『증언을 통해 본 베트남전쟁과 한국군 (3)』, p. 156.

269 위의 책, p. 159.

270 위의 책, p. 159.

271 채명신, 앞의 책, p. 194.

272 최용호, 앞의 책, p. 136. 설문조사를 한국군이 직접 수행했다는 점과 표본집단이 적절했는지에 대한 의문으로 설문결과에 편견(bias)이 있을 수 있다는 주장도 있을 수 있지만, 혹시 오차가 있다 할지라도 86%라는 수치는 참혹한 전쟁의 현장임을 고려하면 매우 높은 수치임에 틀림없다.

273 채명신, 앞의 책, p. 196.

274 대한민국 국방부 군사편찬연구소, 『증언을 통해 본 베트남전쟁과 한국군 (1)』, p. 120.

275 Honda, *op. cit.*, p. 240.

276 대한민국 국방부 군사편찬연구소, 『증언을 통해 본 베트남전쟁과 한국군 (1)』, p. 639.

277 특히 약 베트남 국민의 90%가 불교 신자였기에 한국군 병사들은 불교 지도자들과 좋은 관계를 맺으려 노력했다. 대한민국 국방부 군사편찬연구소, 『증언을 통해 본 베트남전쟁과 한국군 (3)』, p. 151.

278 위의 책.

279 위의 책, p. 150.

280 위의 책, p. 150.

281 대한민국 국방부 군사편찬연구소, 『증언을 통해 본 베트남전쟁과 한국군 (1)』, p. 127.

282 위의 책.

283 위의 책, p. 154.

284 대한민국 국방부 군사편찬연구소, 『증언을 통해 본 베트남전쟁과 한국군 (3)』, p. 160.

285 한국군의 베트남 전쟁 참전에 대한 박정희 대통령의 연설 내용은 대한민국 국방부 군사편찬연구소, 『베트남전쟁 연구 총서 (3)』, p. 14 참고.

286 최용호, 앞의 책, p. 26.

287 위의 책, p. 29.

288 한국군이 베트남에서 한국산 김치를 보급받게 된 배경은 채명신, 앞의 책, pp. 224~230 참고.

289 최용호, 앞의 책, p. 26.

290 대한민국 국방부 군사편찬연구소, 『증언을 통해 본 베트남전쟁과 한국군 (2)』, p. 5.

291 대한민국 국방부 군사편찬연구소, 『증언을 통해 본 베트남전쟁과 한국군 (3)』, pp. 622~623.

292 위의 책, p. 778.

293 위의 책.

294 위의 책, p. 376.

295 위의 책, p. 395.

296 베트남 참전용사의 회고록을 보면 임무 초반기보다 임무 후반기에 작전실패에 대해서 다루는 내용이 많은데 이것은 임무 후반부로 갈수록 성공 추동력이 떨어졌음을 알 수 있는 대목이라 할 수 있다. 위의 책, pp. 689~862.

297 베트남 전선에서 조철수 소대장은 20일 동안 별다른 성과 없이 정글을 헤매고 다녔는데 1971년 9월 19일 자기 소대가 7명의 게릴라를 사살하고 무기를 노획했다고 잘못 보도되었다고 증언했다. 대한민국 국방부 군사편찬연구소, 『증언을 통해 본 베트남전쟁과 한국군 (1)』, p. 775.

298 시기가 지나면서 한국군의 임무성과가 변했다는 것은 그들이 용병이 아니라 국가의 군대였다는 것의 방증이기도 하다. 한국군이 용병이었다면 국가를 위해 싸우는 것이 아니라 돈을 위해 싸우는 것이기 때문에 시간이 지나도 임무성과에 변화가 없어야 한다. 한국군은 시기에 상관없이 같은 액수의 돈을 받았지만 임무 초반기에 더 잘 싸웠다. 한국군이 임무 초반기에 잘 싸운 이유는 돈을 더 많이 받았기 때문이 아니라 그들의 임무가 한국을 대표해서 한국의 위상을 높일 수 있다는 확신 때문이었다.

299 대한민국 국방부 군사편찬연구소, 『베트남전쟁 연구 총서(1)』, p. 340.

300 위의 책, p. 341.

301 대한민국 국방부 군사편찬연구소, 『증언을 통해 본 베트남전쟁과 한국군 (1)』, p. 784.

302 대한민국 국방부 군사편찬연구소, 『베트남전쟁 연구 총서 (1)』, p. 348.

303 대한민국 국방부 군사편찬연구소, 『증언을 통해 본 베트남전쟁과 한국군 (1)』, p. 786.

304 위의 책, p. 790.

305 위의 책, p. 791.

306 대한민국 국방부 군사편찬연구소, 『증언을 통해 본 베트남전쟁과 한국군 (2)』, p. 805.

307 위의 책, p. 808.

Part IV

1 냉전의 원인에 대한 다양한 시각, 냉전 종전에 대한 분석 등은 조지프 나이(Joseph S. Nye), 양준희·이종삼 역, 『국제분쟁의 이해: 이론과 역사』(파주: 한울아카데미, 2009), pp. 187~249 참고.

2 '제국적 과대팽창(imperial overstretch)'은 제국은 자신의 능력을 초과하여 군사적, 경제적 공헌을 확장함으로써 결국 쇠락의 길을 걷게 된다는 개념으로 Paul Kennedy가 정립했다. Paul Kennedy, *The Rise and Fall of the Great Powers: Economic Change and Military Conflict from 1500 to 2000*(New York: Random House, 1987).

3 알카에다의 창설배경 및 조직운영 특성은 홍준범, 『중동 테러리즘』(파주: 청아출판사, 2015), pp. 172~176 참고.

4 미국의 아프가니스탄 전쟁 결정 과정에 대한 상세한 분석은 신승원, 『미국의 아프가니스탄 전쟁과 안정화작전』(서울: 국방부 군사편찬연구소, 2015), pp. 69~78 참고.

5 위의 책, p. 89.

6 아프가니스탄에서 대분란전에 교착상태에 빠져 추가병력 파병을 논의하는 상황에 대한 분석의 글은 "The war in Afghanistan: About-face", *The Economist*(2017. 5. 13.), p. 20.

7 신승원, 앞의 책, p. 85.

8 위의 책, p. 113.

9 "병원폭격 미군 '인간적 실수' 주장에 인권단체 '전쟁점죄' 반박", 『연합뉴스』(2015. 12. 22.), http:///www.yonhapnews.co.kr(검색일: 2017. 5. 25.).

10 한국군의 아프가니스탄 전쟁 참전 배경 및 활동은 신승원, 앞의 책, pp. 179~191 참고.

11 위의 책, p. 191.

12 아프가니스탄에서 한국의 지방재건팀 활약은 위의 책, pp. 186~190 참고.

13 '선제공격(preemptive strike)'은 적의 이측에 대한 공격이 임박하여 적극적 방어 차원에서 먼저 공격하는 작전방법 중 하나로 국제적으로 어느 정도 인정되는 공격이다. 반면 '예방공격(preventive attack)'은 적으로부터 급박한 위협은 없지만 추후에 위협이 될 수도 있다는 판단하에 공격을 통해 위협을 원천제거하려는 목적으로 감행하는 공격이다. 예방공격은 국제적으로 합법적 공격으로 인정받지 못하고 있다.

14 The Washington Post(2003. 5. 1.).

15 미군의 이라크 전쟁 기획 내용과 안정화 준비 부족에 대한 언급은 손석현, 『이라크 전쟁과 안정화작전』(서울: 국방부 군사편찬연구소, 2014), pp. 73~76 참고.

16 위의 책, p. 77에서 재인용.

17 이라크 전쟁 초기 미군의 실수에 대한 분석은 황재연, 『미국의 아프가니스탄과 이라크 전쟁사』(서울: 군사연구, 2017), pp. 112~114 참고.

18 '의지의 연합군'의 성격에 대한 분석은 Newham, "Coalition of the Bribed and Bullied"(2008), p. 184.

19 이라크 다국적군 사령부 확대개편에 대한 내용은 손석현, 앞의 책, pp. 176~180 참고.

20 위의 책, p. 179.

21 팔루자 전투 전개 과정에 관한 내용은 황재연, 앞의 책, pp. 115~117 참고.

22 이라크 저항조직의 전술 및 미군의 대응부족에 대한 내용은 위의 책, p. 124 참고.

23 『국방일보』(2008. 1. 3.), p. 9.

24 『국방일보』(2007. 3. 12.), p. 3.

25 "라이스 미 국무장관, 자이툰부대에 감사 편지, '자이툰부대 민사작전은 우리의 텍스트북'", 『국방저널』 no. 386(2006년 2월), p. 17.

26 『국방저널』 no. 386(2006년 2월), p. 17.

27 U. S. Department of Defense(2007. 1. 4.~5.), *Mission Report: Industrial Revitalization Initiative for Iraq, Institute for Defense and Business*, p. 16, http://www.idb.org(검색일: 2009. 9. 14.).

28 『국방저널』 no. 389(2006년 5월), pp. 75~76.

29 "Zaytun Divsion creates results"(2006), MNF-I 사령부 홈페이지, http://www.mnfiraq.com(검색일: 2009. 9. 13.).

작은 거인-중견국가 한국의 안정화작전 성공 메커니즘

30 『국방일보』(2007. 3. 28.), p. 2.

31 『국방일보』(2008. 4. 2.), p. 4.

32 『국방일보』(2006. 9. 12.), p. 3.

33 『국방일보』(2006. 10. 13.), p. 6. ; http://www.sonshi.com/news2006.html(검색일: 2010. 11. 1.).

34 『국방일보』(2006. 10. 13.), p. 6. ; http://www.sonshi.com/news2006.html(검색일: 2010. 11. 1.).

35 『연합뉴스』(2006. 12. 30.), http://www.yonhapnews.co.kr(검색일: 2017. 5. 28.).

36 이라크 평화·재건 사단, 『ZAYTUN 민사작전 핸드북』(2006. 9. 22.).

37 『서울경제』(2006. 12. 31.).

38 『국방저널』no. 389(2006년 5월), p. 76.

39 『국방저널』no. 398(2009년 2월), p. 92.

40 『국방저널』no. 398(2009년 2월), p. 93.

41 『국방일보』(2006. 9. 12.), p. 3.

42 『국방일보』(2006. 9. 12.), p. 3.

43 『국방저널』no. 406(2007년 10월), p. 81에서 재인용.

44 『중앙일보』(2009. 2. 25.).

45 『조선일보』(2007. 11. 1.), http://chosun.com(검색일: 2009. 9. 3.).

46 『국방일보』(2008. 1. 3.), p. 13.

47 "자이툰부대에서 배우는 고객 마음 사로잡는 비결", 『매경프리미엄』(2013. 3. 28.), http://premium.mk.co.kr(검색일: 2017. 5. 26.).

48 한국은 이라크 파병을 통해 국제무대에서 그 위상이 더욱 강화되었다. 그 결과 국제무대에서 안보 관련 활동이 크게 증가하였다. 그 예로 한국은 2016년 11월 30일 기준으로 유엔 평화유지활동으로 8개 임무, 다국적군 평화활동으로 5개 임무, 국방교류 협력활동으로 1개 임무를 위해 총 13개국에 1,104명을 파병시키고 있다. 대한민국 국방부, 『2016 국방백서』, p. 266.

49 한국군의 이라크 파병 관련 한국국방연구원(KIDA)의 한 보고서는 이라크 임무를 통해서 한국이 얻게 된 이득으로 국제무대에서의 한국의 위상 강화, 한미동맹에의 기여, 국가이익 증대, 한국군의 국제화를 들고 있다. 한국국방연구원(KIDA),

"이라크 파병성과와 향후과제"(2007. 12.), p. 93.

50 '확장억제'는 한국, 일본과 같은 미국의 동맹국 혹은 우방국이 북한과 같은 제3국으로부터 핵공격 위협에 노출될 시 미국의 핵무기 억제력을 이들 국가에까지 확장하여 제공하는 것을 말한다.

51 제35차 SCM 내용은 『오마이뉴스』(2003. 11. 17.), http://www.ohmynews. com(검색일: 2017. 5. 29.) 참고.

52 주한미군 이라크 파견에 따른 국내 반응은 『동아일보』(2004. 5. 17.) 기사 참고.

53 『한국경제』(2010. 10. 24.), http://www.hankyung.com(검색일: 2010. 10. 25.).

54 Miyoung Kim, "Asian Company and Markets: Iraq's Kurds sign oil deals with S. Korea firms", *Reuters*(2008. 6. 25.).

55 『국방저널』 no. 421(2009년 1월), p. 77.

56 『국방일보』(2007. 8. 10.), p. 1.

57 『국방일보』(2007. 8. 10.), p. 1.

58 대한민국 육군, "자이툰부대"(2009), p. 13.

59 『국방저널』 no. 394(2006년 10월), p. 53.

60 『국방일보』(2004. 3. 15.), p. 3.

61 『국방일보』(2004. 3. 15.), p. 3.

62 『국방일보』(2004. 7. 6.), p. 1.

63 『국방일보』(2005. 7. 26.), p. 9.

64 『국방일보』(2006. 10. 19.), p. 3.

65 대한민국 국방부, "해외파병 활동"(2007. 2. 13.), p. 13, http://www.mnd. go.kr(검색일: 2010. 10. 25.).

66 『국방일보』(2004. 9. 23.), p. 3.

67 『국방일보』(2006. 9. 12.), p. 3.

68 『국방일보』(2008. 10. 2.), p. 8.

69 『국방일보』(2008. 10. 2.), p. 8.

70 Major General Eui-Don Hwang, "Republic of Korea Forces in Iraq: Peacekeeping and Reconstruction", *Military Review*(2005. 11~12.), pp. 27~31.

71 『국방저널』 no. 391(2006년 7월), pp. 62~63.

72 『국방저널』no. 391(2006년 7월), p. 63.

73 국회 파병동의안에는 자이툰부대에 대한 지휘권한은 한국군에 있고 자이툰부대 장이 작전통제권을 갖는다는 내용이 포함되어 있다. 유재근, "이라크 자이툰부대 방문결과보고서"(2005. 12.), p. 58.

74 『국방일보』(2004. 10. 2.), p. 1.

75 대한민국 국방부, "해외파병 활동"(2007. 2. 13.), http://www.mnd.go.kr(검색일: 2010. 10. 25.).

76 『국방일보』(2004. 4. 12.), p. 1.

77 『문화일보』(2003. 12. 3.), http://www.munhwa.com(검색일: 2017. 5. 30.).

78 『연합뉴스』(2004. 9. 22.), http://www.yonhapnews.co.kr(검색일: 2017. 5. 30.).

79 대게릴라/안정화작전 등 비정규전은 역사적으로 보면 보통 수십 년이 걸리는 경우가 많다. 미국은 약 15년 동안 중동 지역에서 비정규전을 치르고 있고 이스라엘은 50년 동안 저항세력이라는 비국가행위자와의 싸움을 지속하고 있다. 『이코노미스트』(The Economist) 지는 '6일 전쟁'은 이스라엘과 아랍 국가와의 정규전을 이스라엘과 비 국가행위자인 저항세력과의 비정규전으로 전환시킨 전쟁으로 이스라엘은 50년이 된 지금까지 이 비정규전을 치르고 있다고 분석한다. "Six days of war, 50 years of occupation", The Economist, Special Report: Israel(2017. 5. 20.), p. 3.

80 대한민국 국방부 군사편찬연구소, 『해외파병사 연구 총서 (1)』(2006), p. 258.

81 위의 책, p. 261.

82 이라크 평화·재건 사단, 앞의 책, pp. 14~19.

83 위의 책, p. 45.

84 위의 책, p. 51.

85 위의 책, p. 15 ; 대한민국 국방부 군사편찬연구소, 『해외파병사 연구 총서 (1)』, p. 365.

86 『국방저널』no. 382(2005년 10월), p. 31.

87 『국방저널』no. 401(2007년 5월), p. 76.

88 '그린에인절'과 같은 민사작전이 성공하면서 한국군은 이라크 국민들로부터 찬사를 받게 된다. 무스타파(Mustafa Musa Taufik) 주한 이라크대사는 "한국군이 이라크 국민들로부터 존경을 받았다"고 평가했다. The Korea Times, "Korean Troops in Iraq Praised"(2008. 1. 13.), http://www.koreatimes.co.kr(검색일: 2009. 9. 3.).

89 대한민국 국방부 군사편찬연구소, 『해외파병사 연구 총서 (1)』, p. 281.

90 위의 책, p. 283.

91 위의 책, p. 286.

92 『연합뉴스』(2004. 11. 9.), http://www.yonhapnews.co.kr(검색일: 2017. 5. 31.).

93 『중앙일보』(2005. 1. 30.), http://www.joongang.joins.com(검색일: 2017. 5. 31.).

94 대한민국 국방부 군사편찬연구소, 『해외파병사 연구 총서 (1)』, p. 348.

95 위의 책, p. 349.

96 위의 책, p. 350.

97 위의 책, pp. 351~352.

98 『국방일보』(2006. 4. 10.), p. 6.

99 대한민국 국방부 군사편찬연구소, 『해외파병사 연구 총서 (1)』, p. 408.

100 이라크 평화 · 재건 사단, 앞의 책, p. 33.

101 위의 책, p. 35.

102 『국방일보』(2006. 3. 22.), p. 6.

103 『국방일보』(2006. 3. 22.), p. 6.

104 대한민국 국방부 군사편찬연구소, 『해외파병사 연구 총서 (1)』, p. 373.

105 위의 책, p. 419.

106 위의 책, p. 416.

107 위의 책, p. 422.

108 위의 책, p. 424.

109 위의 책, p. 425.

110 이라크 평화 · 재건 사단, 앞의 책, p. 127.

111 위의 책, p. 132.

112 위의 책, p. 66.

113 자이툰부대의 아르빌 의료지원에 대한 전반적 내용은 위의 책, pp. 66~79 참고.

114 『국방일보』(2008. 12. 16.), p. 2.

115 『국방일보』(2008. 10. 2.), p. 8.

116 『국방일보』(2008. 10. 2.), p. 8.

117 이라크 평화·재건 사단, 앞의 책, p. 75.

118 『국방일보』(2007. 11. 14.), p. 4. 한국인의 '정' 문화는 단순히 사회 인프라 확충에 도움을 준 것뿐만 아니라 한국 사회와 이라크 사회를 마음으로 연결시키는 강력한 자산으로 기능하였는데 이에 대한 자세한 내용은 정치적·사회-문화적 이점 섹션에서 다룰 것이다.

119 대한민국 국방부 군사편찬연구소, 『해외파병사 연구 총서 (1)』, p. 353.

120 『국방저널』 no. 411(2008년 3월), p. 75.

121 『국방일보』(2010. 12. 16.), p. 9.

122 대한민국 국방부 군사편찬연구소, 『해외파병사 연구 총서 (1)』, p. 431.

123 『국방일보』(2008. 10. 2.), p. 8.

124 『국방저널』 no. 420(2008년 12월), p. 77.

125 『국방저널』 no. 403(2007년 7월), p. 79.

126 『국방저널』 no. 388(2006년 4월), p. 73.

127 김순태, "군의 평화적 역할에 관한 연구", 『군사논단』 vol. 53(2008), p. 187.

128 『국방일보』(2008. 10. 2.), p. 8.

129 대한민국 국방부 군사편찬연구소, 『해외파병사 연구 총서 (1)』, p. 368.

130 대한민국 육군, 앞의 글, p. 44.

131 Diana Lyn Sargent, "The Role of Culture in Civil-Military Operations: U. S. and ROK Provincial Reconstruction Teams in Northern Iraq", MA thesis, Iwha University(2008), p. 68.

132 대한민국 국방부 군사편찬연구소, 『해외파병사 연구 총서 (1)』, p. 441.

133 김홍식, "자이툰부대 정치-군사협의체의 추진내용 및 분석", 합참 33(2007년 10월), p. 72.

134 대한민국 국방부 군사편찬연구소, 『해외파병사 연구 총서 (1)』, p. 281.

135 위의 책, p. 282.

136 최민호, "국제적 군사활동과 한국군 해외파병연구", 성균관대학교 석사학위논문(2004), pp. 70~71.

137 한국 해병대 파병 역사에 대한 글은 『국방저널』 no. 411(2008년 3월), p. 41 참고.

138 대한민국 국방부, "해외파병 활동", p. 9 참고.

139 『국방일보』(2004. 3. 17.), p. 3.

140 한국국방연구원(KIDA) 보고서도 최정예 병사 파병이 한국군의 이라크 임무 성공 비결의 하나라고 분석하고 있다. 한국국방연구원(KIDA), 앞의 글, p. 102.

141 『국방저널』 no. 410(2008년 2월), p. 79.

142 『국방일보』(2004. 5. 24.), p. 7.

143 『국방일보』(2006. 4. 28.), p. 2.

144 『국방일보』(2004. 3. 29.), p. 7.

145 『국방일보』(2004. 5. 25.), p. 11.

146 이라크 현지에 머물며 60일 동안 취재한 2004년 『국방일보』 기자 등 4명은 아르빌 현지 경제수준이 1970년대 한국 상황과 비슷했다는 경험담을 전했다. 『국방저널』 no. 372(2004년 12월), pp. 89~90.

147 『국방일보』(2004. 5. 17.), p. 7.

148 대한민국 국방부 군사편찬연구소, 『해외파병사 연구 총서 (1)』, pp. 424~425.

149 『국방저널』 no. 372(2004년 12월), p. 91.

150 『국방일보』(2005. 9. 26.), p. 6.

151 『국방저널』 no. 415(2008년 7월), p. 83.

152 이와 비슷한 논리로 사전트(Sargent)는 문화의 역할을 강조하면서 비슷한 역사적 고통을 공유한 사실은 이라크인들이 한국군을 자연스럽게 받아들이는 데 기여했다고 주장한다. Diana Lyn, Sargent, *op. cit.*, pp. 46~47.

153 The World Bank, http://www.worldbank.org(검색일: 2017. 6. 10.).

154 The World Bank, http://www.worldbank.org(검색일: 2017. 6. 10.).

155 The World Bank, http://www.worldbank.org(검색일: 2017. 6. 10.).

156 The World Bank, http://www.worldbank.org(검색일: 2017. 6. 10.).

157 The World Bank, http://www.worldbank.org(검색일: 2017. 6. 10.).

158 『국방저널』 no. 376(2005년 4월), p. 71.

159 The IISS(International Institute for Strategic Studies), The Military Balance 2006(London: Routledge. 2006), pp. 278~280.

160 "자이툰부대 '경계 이상무'… TOD·경계로봇 운영", 『연합뉴스』(2005. 5. 4.), http://www.yonhapnews.co.kr(검색일: 2017. 6. 10.).

161 대한민국 육군, "자이툰부대", p. 40.

162 대한민국 국방부 군사편찬연구소, 『해외파병사 연구 총서 (1)』, pp. 374~375.

163 위의 책, pp. 398.

164 『국방저널』 no. 404(2007년 8월), p. 95.

165 대한민국 국방부 군사편찬연구소, 『해외파병사 연구 총서 (1)』, p. 243.

166 『국방저널』 no. 391(2006년 7월).

167 『국방저널』 no. 377(2005년 5월), p. 47.

168 『국방저널』 no. 377(2005년 5월), p. 47.

169 『국방저널』 no. 390(2006년 6월), p. 65.

170 『국방일보』(2008. 1. 3.), p. 11.

171 『국방일보』(2008. 1. 7.), p. 1.

172 『국방저널』 no. 420(2008년 12월), p. 78.

173 『국방저널』 no. 420(2008년 12월), p. 79.

174 한국 사회와 미국 사회의 문화적 차이점에 대한 글은 졸저, 『북극곰사회: 미국의 사회자본과 우리의 미래』(서울: 뿌리출판사, 2011) 참고.

175 한국의 문화적 자산은 자이툰부대가 이라크에서 점령군으로 인식되지 않도록 하는 데 큰 역할을 하게 된다. 반대로 미군은 지역문화를 이해할 준비가 되어 있지 않았다. 이라크에 파견되었던 한 기자는 미국 병사들이 지역문화를 무시하고 예의에 어긋난 행동을 한 나머지 점령군으로 인식하는 빌미를 제공했다고 주장한다. 문갑식, 『자이툰의 전쟁과 평화』(서울: 나남, 2004), pp. 90~93.

176 『국방일보』(2008. 1. 3.), p. 11.

177 『국방저널』 no. 372(2004년 12월), p. 90.

178 대한민국 국방부 군사편찬연구소, 『해외파병사 연구 총서 (1)』, p. 323.

179 『국방일보』(2004. 5. 29.), p. 11.

180 대한민국 국방부 군사편찬연구소, 『해외파병사 연구 총서 (1)』, p. 382.

181 위의 책, p. 383.

182 위의 책, p. 383.

183 위의 책, p. 308.

184 위의 책, pp. 370~372.

185 『국방일보』(2006. 12. 6.), p. 1.

186 한국군과 달리 미군은 지역주민과 문화를 교류하고 공유하는 데 실패했다. 사전트(Sargent)도 미군은 문화적 교류에 큰 관심을 기울이지 않았다고 주장한다. Diana Lyn, Sargent, *op. cit.*, pp. 62~63.

187 심양섭은 한국군의 이라크 파병 결정 과정에서 국내적 파병반대운동 확산을 우려하여 '전투병'이라는 용어에 대해 민감하게 반응했다고 주장한다. 심양섭, "이라크 파병반대운동과 파병결정과정", 대한민국 국방부 군사편찬연구소 , 『해외파병사 연구 총서 (1)』, p. 10.

188 『조선일보』(2004. 7. 4.), http://chosun.com(검색일: 2009. 9. 5.).

189 『국방일보』(2007. 12. 31.), p. 2.

190 『국방일보』(2004. 4. 8.), p. 1.

191 『국방일보』(2006. 4. 28.), p. 6.

192 『국방일보』(2007. 3. 12.), p. 1.

193 Se-jeong Kim, "Korean Troops in Iraq Praised", The Korea Times(2008. 1. 23.), http://www.koreatimes.co.kr(검색일: 2009. 9. 3.).

194 유재근, "이라크 자이툰부대 방문결과보고서"(2005. 12.).

195 『국방일보』(2007. 7. 11.), p. 4.

196 『국방일보』(2007. 3. 14.), p. 3.

197 『국방일보』(2007. 3. 14.), p. 3.

198 『국방일보』(2008. 10. 2.), p. 8.

199 손석현, 앞의 책, p. 87.

Part V

1 저자는 북한 붕괴 및 한반도 통일 과정에 따른 대게릴라/안정화작전 부상에 관한 유사연구를 하였었는데 이번 연구에서는 이를 심화시키고 최근 현안을 포함하여 정교화시키고자 시도하였다. 기존 연구에 대해서는 졸저, 『국제 현실정치의 바다 전략: 해양접근전략과 균형적 해양투사』(서울: 한국해양전략연구소, 2012), pp. 436~492 참고.

2 Encyclopedia Britannica, https://www.britanica.com(검색일: 2017. 6. 21.).

3   Scott A. Snyder, Editor, *Middle-Power Korea: Contributions to the Global Agenda* (Council on Foreign Relations, 2015. 6.), https://www.cfr.org(검색일: 2017. 6. 21.).

4   Andrew Carr, "Is Australia a middle power? A systemic impact approach", *Australian Journal of International Affairs* vol. 68, no. 1(2014), pp. 70~84.

5   Ibid., p. 79.

6   U. S. Department of the Army, *Vietnam Studies: Allied Participation in Vietnam*, p. 88.

7   Ibid., p. 88.

8   Brian McAllister Linn, *The U. S. Army and Counterinsurgency in the Philippine War, 1899-1902*(Chapel Hill: University of North Carolina Press, 1989).

9   George C. Herring, *From Colony to Superpower: U. S. Foreign Relations since 1776*(New York: Oxford University Press, 2008), pp. 436~483.

10 John J. Mearsheimer, *The Tragedy of Great Power Politics*(New York: the Maple-Vail Book, 2001).

11 "Defense spending in a time of austerity", *The Economist*(2010. 8. 20.), p. 20.

12 Andrew Heywood, 김계동 역, 『국제관계와 세계정치』(서울: 명인문화사, 2013), pp. 251~252.

13 신자유주의에 대한 주장은 Robert Keohane and Joseph Nye, *Power and Interdependence*(Boston: Little Brown, 1977) 참고.

14 민주평화론에 대한 자세한 설명은 박재영, 『국제정치 패러다임』(파주: 법문사, 2013), pp. 488~492 참고.

15 Alexander Wendt, "Anarchy is what States Make of it: The Social Construction of Power Politics", *International Organization* vol. 46, no. 2(1992), pp. 391~425.

16 Andrew Heywood, 김계동 역, 앞의 책, p. 78.

17 Robert Cox, "Social Forces, States and World Orders: Beyond International Relations Theory", *Millennium* vol. 10, no. 2(1981), pp. 126~155.

18 Kenneth Waltz, *Theory of International Politics*(Reading, MA: Addison-Wesley, 1979).

19 John Baylis, Steve Smith, Patricia Owens, 하영선 외 역, 『세계정치론』(서울: 을유문화사, 2009).

20 Kenneth Waltz, *op. cit.*

21 Evelyn Goh, "Great Powers and Hierarchical Order in Southeast Asia: Analyzing Regional Security Strategies", *International Security* vol. 32, no. 3(2007), p. 116.

22 크리스천 다우니(Christian Downie)는 G20의 부상에 주목하면서 국제무대에서 힘의 분포가 변화하는 상황에서 국제체제가 변혁될 필요가 있다고 주장한다. Christian Downie, "One in 20: the G20, middle powers and global governance reform", *Third World Quarterly* vol. 38, no. 7(2017), pp. 1493~1510.

23 John J. Mearsheimer, *The Tragedy of Great Power Politics*(New York: the Maple-Vail Book, 2001).

24 Steven E. Lobell, Norrin Ripsman and Jeffrey Taliaferro, *Neoclassical Realism, the State, and Foreign Policy*(Cambridge: Cambridge University Press, 2009).

25 Fareed Zakaria, *From Wealth to Power: The Unusual Origins of America's World Role*(New Jersey: Princeton University Press, 1998).

26 『서울경제』, "'한국군 배우자'… 올 군사유학 입교생 100명 돌파"(2017. 5. 18.), http:// www.sedaily.com(검색일: 2017. 6. 25.).

27 마이클 그린, "강대국들은 한국 통일을 바라지 않는다고?", 『중앙일보』(2017. 4. 7.), p. 33.

28 대한민국 국방부, 『2016 국방백서』, pp. 158~159.

29 미 군사전략 관련 전통주의자와 비전통주의자의 논쟁은 Michael C. Horowitz and Dan A. Shalmon, "The Future of War and American Military Strategy", *Orbis* vol. 53, no. 2(2009), pp. 303~308 참고.

30 혼합주의자의 주장은 Gian P. Gentile, "Let's Build an Army to Win All Wars", *Joint Force Quarterly* vol. 52, no. 1(2009), pp. 27~33 참고.

31 전쟁의 감소를 설명하는 뮬러의 핵심변수는 전쟁을 "생각조차 할 수 없게(unthinkable)" 만든 문화적 변화이다. 또한 뮬러는 감소하는 전쟁과 아직 남아 있는 전쟁을 구분한다. 전자는 선진국 간의 대규모 전쟁이고 후자는 후진국 내부에서 발생하는 비전통적 전투인 내전을 지칭한다. John Mueller, *The Remnants of War*(Ithaca: Cornell University Press, 2004).

32 "After the Soviet Union: A globe redrawn", *The Economist*(2009. 11. 7.), pp. 26~27.

33 Stephen Biddle, *Military Power: Explaining Victory and Defeat in Modern Battle*(Princeton: Princeton University Press, 2006).

34 빅터 차(Victor Cha), 김용순 역, 『불가사의한 국가』(서울: 아산정책연구원,

2016).

35 북한 급변사태 연구 추이는 차돌, "북한 급변사태시 안정화 작전에 대한 연구", 『군사논단』 no. 68(2011), pp. 173~174 참고.

36 "중국 파견 북한 노동자들, 12시간 넘는 노동에 임금상납까지…", 『데일리안』 (2017. 6. 22.), http://www.dailian.co.kr(검색일: 2017. 6. 25.).

37 "美, 북한 '돈줄' 끊는다… 北과 교류시 외교·경제 연계 하향조정", 『이데일리』 (2017. 5. 31.), http://www.edaily.co.kr(검색일: 2017. 6. 25.).

38 "김정은, 집권 5년간 340명 총살·숙청", 『문화일보』(2016. 12. 29.), http://www.munhwa.com(검색일: 2017. 6. 25.).

39 "남북한 경제규모 43배 차", 『문화일보』(2014. 12. 26.), http://www.kookje.co.kr(검색일: 2017. 6. 25.).

40 "북한경제, '장마당 성장'으로 버텨… 올해 중국 제재로 타격 클 것'", Voice of America 한국어(2017. 2. 6.), https://www.voakorea.com(검색일: 2017. 6. 25.).

41 KBS 뉴스(2016. 1. 27.), http://news.kbs.co.kr(검색일: 2017. 6. 25.).

42 KBS 뉴스(2016. 6. 24.), http://news.kbs.co.kr(검색일: 2017. 6. 25.).

43 『이코노미스트』(The Economist)도 중국은 김정은 체제 붕괴 시 수백만의 북한 탈북자들이 자신의 국경을 넘어올 것과 북한 내부에서 핵무기 주도권을 잡는 치열한 싸움이 일어날 것을 우려하고 있다고 분석한다. "Lexington: Clear and present danger", The Economist(2017. 6. 10.), p. 34.

44 "헌법 제3조 영토조항" 개정의견에 대해 2017년 5월 국방부는 이 규정을 유지하기로 결론을 내렸다. 『세계일보』(2017. 5. 4.), p. 8.

45 『이코노미스트』(The Economist)는 "북한이 한국 함정을 침몰시켜 46명의 전사자가 발생했을 때 중국은 (북한에) 어떠한 비난도 하지 않았다"고 분석하고 있다. "The dangers of a risign China", The Economist(2012. 10. 4.), p. 15.

46 『이코노미스트』(The Economist)는 "북한이 지난달 한국의 섬을 포격했을 때 중국은 (북한) 비난을 꺼려 했다"고 분석한다. "Brushwood and gall", in A Special Report on China's place in the world, The Economist(2010. 12. 4.), p. 5.

47 차돌, 앞의 글, p. 172에서 재인용. 합참의 『합동안정화작전』은 2016년 개정을 거쳐 새로 출간되었다. 대한민국 합동참모본부, 『합동안정화작전』(서울: 합참, 2016).

48 대한민국 합동참모본부, 위의 책, p. 요-1.

49 COIN 작전에 필요한 적절한 병력규모는 연구 결과마다 다소 상이하지만 1,000 명의 지역주민이 있는 곳에서는 약 20명의 COIN 임무군이 필요하다는 주장이 구체화된 수치 중의 하나이다. James T. Quinlivan, "Burden of Victory: The Painful Arithmetic of Stability Operations", *RAND Review*(Summer 2003), https://www.rand.org(검색일: 2017. 6. 25.). John McGrath, *Boots on the Ground: Troop Density in Contingency Operations*(The U. S. Army, 2006).

50 저자는 한국에 요구되는 해양전략을 다루는 글을 통해 해양세력도 대게릴라/안정 화작전에 참가해야 할 필요성을 분석한 바 있다. 해상 COIN 임무를 다루는 이 파트는 이 분야의 내용을 확대 분석 및 추가 보완한 결과이다. 졸저, 『국제 현실정치의 바다전략: 해양접근전략과 균형적 해양투사』(서울: 한국해양전략연구소, 2012), pp. 454~463.

51 거인과 소인의 해상대결에 대한 분석은 졸저, "The Clash of David and Goliath at Sea: The USS *Cole* Bombing as Sea Insurgency and Lessons for the ROK Navy", *Asian Politics & Policy* vol. 2, no. 3(2010), pp. 463~485 참고.

52 대한민국 해군, 『베트남전쟁과 한국해군작전』(해군본부, 2014), pp. 217~257.

53 위의 책, pp. 150~151.

54 위의 책, p. 120.

55 위의 책, p. 121.

참고문헌

국문

군사학연구회,『군사학개론』(서울: 플래닛미디어, 2014).

김순태, "군의 평화적 역할에 관한 연구",『군사논단』, vol. 53(2008), pp. 182~196.

김홍식, "자이툰부대 정치-군사협의체의 추진내용 및 분석", 합참 33(2007년 10월), pp. 70~73.

대한민국 국방부 군사편찬연구소,『대비정규전사 2권(1961~1980)』(1998).

대한민국 국방부 군사편찬연구소,『증언을 통해 본 베트남전쟁과 한국군 (1)』(2001).

대한민국 국방부 군사편찬연구소,『증언을 통해 본 베트남전쟁과 한국군 (2)』(2002).

대한민국 국방부 군사편찬연구소,『증언을 통해 본 베트남전쟁과 한국군 (3)』(2003).

대한민국 국방부 군사편찬연구소,『베트남전쟁 연구 총서 (1)』(2002).

대한민국 국방부 군사편찬연구소,『베트남전쟁 연구 총서 (2)』(2003).

대한민국 국방부 군사편찬연구소,『베트남전쟁 연구 총서 (3)』(2004).

대한민국 국방부 군사편찬연구소,『해외파병사 연구 총서 (1)』(2006).

대한민국 국방부 군사편찬연구소,『해외파병사 연구 총서 (2)』(2007).

대한민국 국방부,『2016 국방백서』.

대한민국 국방부, "해외파병 활동"(2007. 2. 13.)

대한민국 육군, "지이툰부대"(2009).

대한민국 합동참모본부,『합동안정화작전』(서울: 합참, 2016).

대한민국 해군,『베트남전쟁과 한국해군작전』(해군본부, 2014)

문갑식,『자이툰의 전쟁과 평화』(서울: 나남, 2004).

박재영,『국제정치 패러다임』(파주: 법문사, 2013).

반길주,『국제 현실정치의 바다전략: 해양접근전략과 균형적 해양투사』(서울: 한국해양전략연구소, 2012).

반길주,『북극곰사회: 미국의 사회자본과 우리의 미래』(서울: 뿌리출판사, 2011).

손석현,『이라크 전쟁과 안정화작전』(서울: 국방부 군사편찬연구소, 2014).

신승원,『미국의 아프가니스탄 전쟁과 안정화작전』(서울: 국방부 군사편찬연구소, 2015).

이라크 평화 · 재건 사단,『ZAYTUN 민사작전 핸드북』(2006. 9. 22.).

유재근, "이라크 자이툰부대 방문결과보고서"(2005. 12.).

차돌, "북한 급변사태시 안정화 작전에 대한 연구",『군사논단』no. 68(2011), pp. 171~194.

채명신,『베트남전쟁과 나』(서울: 팔복원, 2006).

최민호, "국제적 군사활동과 한국군 해외파병연구", 성균관대학교 석사학위논문 (2004).

최용호,『통계로 본 베트남전쟁과 한국군』(서울: 대한민국 국방부 군사편찬연구소, 2007).

최용호, "베트남전쟁에서 한국군의 작전 및 민사심리전 수행방법과 결과", 경기대학교 박사논문(2006).

최창훈,『테러리즘 트렌드』(서울: 좋은땅, 2014).

한국국방연구원(KIDA), "이라크 파병성과와 향후과제"(2007. 12.).

홍준범,『중동 테러리즘』(파주: 청아출판사, 2015).

황재연,『미국의 아프가니스탄과 이라크 전쟁사』(서울: 군사연구, 2017).

Baylis, John, Steve Smith, Patricia Owens, 하영선 외 역,『세계정치론』(서울: 을유문화사, 2009).

Cha, Victor, 김용순 역,『불가사의한 국가』(서울: 아산정책연구원, 2016).

Heywood, Andrew, 김계동 역,『국제관계와 세계정치』(서울: 명인문화사, 2013).

Nye, Joseph S., 양준희 · 이종삼 역,『국제분쟁의 이해: 이론과 역사』(파주: 한울아카데미, 2009).

영문

Abrahms, Max, "What Terrorists Really Want: Terrorist Motives and Counterterrorism Strategy", *International Security* vol. 32, no. 4(2008), pp. 78~105.

Andrade, Dale, "Westmoreland was right: learning the wrong lessons from the

Vietnam War", *Small Wars & Insurgencies 19*(June 2008), pp. 145~181.

Arreguin-Toft, Ivan, "How the Weak Win Wars: A Theory of Asymmetric Conflict", *International Security* vol. 26, no. 1(2001), pp. 93~128.

Avant, Deborah, "The Institutional Sources of Military Doctrine: Hegemons in Peripheral Wars", *International Studies Quarterly* vol. 37, no. 4(1993), pp. 409~430.

Ban, Kiljoo, "Making Counterinsurgency Work: The Effectiveness of the ROK Military's Independent Operational Control in Vietnam and Iraq", *The Journal of East Asian Affairs*, vol. 25, no. 1(Spring/Summer 2011), pp. 137~174.

Ban, Kiljoo, "The ROK as a Middle Power: Its Role in Counterinsurgency", *Asian Politics & Policy* vol. 3, no 2(2011), pp. 225~247.

Ban, Kiljoo, "The Clash of David and Goliath at Sea: The USS *Cole* Bombing as Sea Insurgency and Lessons for the ROK Navy", *Asian Politics & Policy* vol. 2, no. 3(2010), pp. 463~485.

Ban, Kiljoo, *"The Reliable Promise of Middle Power Fighters: The ROK Military's COIN Success in Vietnam and Iraq"*, Ph. D Dissertation, Arizona State University(2011).

Ban, Kiljoo, *"The Reliable Promise of Middle Power Fighters: The ROK Military's COIN Success in Vietnam and Iraq"*, 『Strategy 21』 vol. 15, no. 1(2012), pp. 269~307.

Barnes, Thomas J., "Memorandum: Provincial and Regional Pacification in Vietnam", *Vietnam Virtual Archive*(2002. 1. 12.).

Bennett, Matthew, "The German Experience", in Ian F.W. Beckett. ed., *The Roots of Counter-Insurgency*(Reed Business Information, Inc., 1988).

Biberman, Yelena, Philip Hultquist, and Farhan Zahid, "Bridging the Gap between Policing and Counterinsurgency in Pakistan", *Military Review*(November~December 2016), pp. 37~43.

Birtle, Andrew J., "PROVN, Westmoreland, and the Historians: A Reappraisal", *The Journal of Military History* 72(October 2008), pp. 1213~1247.

Blackburn, Robert M., *Mercenaries and Lyndon Johnson's 'More Flags': The Hiring of*

Korean, Filipino and Thai Soldiers in the Vietnam War(Jefferson: McFarland & Company, Inc, 1994).

Biddle, Stephen, *Military Power: Explaining Victory and Defeat in Modern Battle*(Princeton: Princeton University Press, 2006).

Brady, Henry and David Collier, ed., *Rethinking Social Inquiry: Diverse Tools, Shared Standards*(MD: Rowman & Littlefield, 2004).

Byman, Daniel, "Friends like These: Counterinsurgency and the War on Terrorism", *International Security* 31, no. 2(2006), pp. 79~115.

Carr, Andrew, "Is Australia a middle power? A systemic impact approach", *Australian Journal of International Affairs* vol. 68, no. 1(2014), pp. 70~84.

Catignani, Sergio, "The Strategic Impasse in Low-Intensity Conflicts: The Gap Between Israeli Counter-Insurgency Strategy and Tactics During the Al-Aqsa Intifada", *The Journal of Strategic Studies* vol. 28, no. 1(2005), pp. 57~75.

Cox, Robert, "Social Forces, States and World Orders: Beyond International Relations Theory", *Millennium* vol. 10, no. 2(1981), pp. 126~155.

Desker, Barry and Arabindra Acharya, "Counting the Global Islamist Threat", *Korean Journal of Defense Analysis* vol. 18, no. 1(2006), pp. 59~83.

Christian Downie, "One in 20: the G20, middle powers and global governance reform", *Third World Quarterly* vol. 38, no. 7(2017), pp. 1493~1510.

Ellis, Sylvia, *Britain, America, and the Vietnam War*(Westport, CT: Praeger Publishers, 2004).

Galula, David, *Counterinsurgency Warfare: Theory and Practice*(Westport, Connecticut: Praeger Security International, 1964).

Gentile, Gian P., "Let's Build an Army to Win All Wars", *Joint Force Quarterly* vol. 52, no. 1(2009), pp. 27~33.

George, Alexander, and Andrew Bennet, *Case Studies and Theory Development in the Social Sciences*(MA: The MIT Press, 2005).

Gerring, John, "What Is a Case Study and What Is It Good For?", *American Political Science Review* 98, no. 2(2004), pp. 341~354.

Gerring, John, *Case Study Research: Principles and Practices*(Cambridge: Cambridge

University Press, 2007).

Goh, Evelyn, "Great Powers and Hierarchical Order in Southeast Asia: Analyzing Regional Security Strategies", *International Security* vol. 32, no. 3(2007), pp. 113~157.

Gortzak, Yoav, "Using Indigenous Forces in Counterinsurgency Operations: The French in Algeria", *Journal of Strategic Studies* vol. 32, no. 2(2009), pp. 307~333.

Gurr, Ted, "Psychological Factors in Civil Violence", *World Politics* vol. 20, no. 2(1968), pp. 245~278.

Ha, Young-Sun, "American-Korean Military Relations: Continuity and Change", in Youngnok Koo and Dae-Sook Suh, eds., *Korea and the United States: A Century of Cooperation*(Honolulu, Hawaii: University of Hawaii Press, 1984).

Hall, Peter H., "Aligning ontology and methodology in comparative research", in James Majoney and Dietrich Rueschemeyer, ed., *Comparative Historical Analysis in the Social Sciences*(New York: Cambridge University Press, 2003), pp. 373~406.

Herring, George C., *From Colony to Superpower: U. S. Foreign Relations since 1776*(New York: Oxford University Press, 2008).

Honda, Katsuichi, *Vietnam War: A Report through Asian Eyes*(Tokyo: Mirai-Sha, 1972).

Horowitz, Michael C. and Dan A. Shalmon, "The Future of War and American Military Strategy", *Orbis* vol. 53, no. 2(2009), pp. 303~318.

Kalyvas, Stathis, *The Logic of Violence in Civil War*(Cambridge: Cambridge University Press, 2006).

Kahl, Colin H., "In the Crossfire or in the Crosshairs? Norms, Civilian Casualties, and U. S. Conduct in Iraq", *International Security* vol. 32, no. 1(2007), pp. 7~46.

Kennedy, Paul, *The Rise and Fall of the Great Powers: Economic Change and Military Conflict from 1500 to 2000*(New York: Random House, 1987).

Kilcullen, David, *The Accidental Guerilla: Fighting Small Wars in the Midst of a Big*

One(New York: Oxford University Press, 2009).

Kim, Hyun Sook, "Korea's 'Vietnam Questions': War Atrocities, National Identity, and Reconciliation in Asia", *positions* 9(Winter 2001), pp. 621~635.

Major General Eui-Don Hwang, "Republic of Korea Forces in Iraq: Peacekeeping and Reconstruction", *Military Review*(2005. 11~12.), pp. 27~31.

Miyoung Kim, "Asian Company and Markets: Iraq's Kurds sign oil deals with S.Korea firms", *Reuters*(2008. 6.25.).

Keohane, Robert and Joseph Nye, *Power and Interdependence*, Boston: Little Brown(1977).

King, Gary, Robert O. Keohane, and Sidney Verba, *Designing Social Inquiry: Scientific Inference in Qualitative Research*(New Jersey: Princeton University Press, 1994).

Laqueur, Walter, *No End to War*(New York: continuum, 2003).

Lee, Eun Ho and Yong Soon Yim, *Politics of Military Civic Action: The Case of South Korean and South Vietnamese Forces in the Vietnamese War*(Hong Kong: Asian Research Service, 1980).

Lobell, Steven E., Norrin Ripsman and Jeffrey Taliaferro, *Neoclassical Realism, the State, and Foreign Policy*(Cambridge: Cambridge University Press, 2009).

Lipset, Seymour Martin and Stein Rokkan, "Party Systems and Voter Alignments", in Seymour M. Lipset and Stein Rokkan. ed., *Party Systems and Voter Alignments*(NY: Free Press, 1967), pp. 1~64.

Lustick, Ian S. "Rational Choice as a hegemonic project, and the capture of comparative politics", *APSA-CP. Newsletter of the APSA Organized Section in Comparative Politics* vol. 5, no. 2(1994).

Mack, Andrew. "Why Big Nations Lose Small Wars: The Politics of Asymmetric Conflict", *World Politics* vol. 27, no. 2(1975), pp. 175~200.

Markel, Wade, "Dreaming the Swap: The British Strategy of Population Control", *Parameters*(Spring 2006), pp. 35~48.

McAllister Linn, Brian, *The U. S. Army and Counterinsurgency in the Philippine War, 1899~1902*(Chapel Hill: University of North Carolina Press, 1989).

McGrath, John, *Boots on the Ground: Troop Density in Contingency Operations*(The U.

S. Army, 2006).

McMichael, Scott, "The Soviet Army, Counterinsurgency and the Afghan War", (December 1989), pp. 21~35.

Mearsheimer, John J., *The Tragedy of Great Power Politics*(New York: the Maple-Vail Book, 2001).

Merom, Gil, *How Democracies Lose Small Wars*(Cambridge: Cambridge University Press, 2003).

Mueller, John, *The Remnants of War*(Ithaca: Cornell University Press, 2004).

Munck, Gerardo L. and Richard Snyder, "Debating the Direction of Comparative Politics: An Analysis of Leading Journals", *Comparative Political Studies* vol. 40, no. 5(2007), pp. 5~31.

Nawroz, Mohammad Yahya and Lester Grau, "The Soviet War in Afghanistan: History and Harbinger of Future War?", *Military Review*(September 1995).

Nagl, John, *Counterinsurgency Lessons from Malaya and Vietnam: Learning to Eat Soup with a Knife*(Chicago: University of Chicago Press, 2002).

Newnham, Randall, "Coalition of the Bribed and Bullied? U. S. Economic Linkage and the Iraq War Coalition", *International Studies Review* vol. 9, no. 2(2008), pp. 183~200.

Newsinger, John, *British Counterinsurgency: From Palestine to Northern Ireland*(New York: Palgrave, 2002).

Nguyen Khac Vien ed, "American Failure", *Vietnamese Studies* 20(December 1968).

Oyewole, Samuel, "Making the Sky Relevant to Battle Strategy: Counterinsurgency and the Prospects of Air Power in Nigeria", *Studies in Conflict & Terrorism* vol. 40, no. 3(2017), pp. 211~231.

Pottier, Phillipe, "GCMA/GMI: A French Experience in Counterinsurgency during the French Indochina War", *Small Wars and Insurgencies* vol. 16, no. 2(2005), pp. 125~146.

Quinlivan, James T., "Force Requirements in Stability Operations", *Parameters*(Winter 2005), pp. 59~69.

Quinlivan, James T., "Burden of Victory: The Painful Arithmetic of Stability Operations", *RAND Review*(Summer 2003).

Rhee, Byoung Tae, *The evolution of military strategy of the Republic of Korea since 1950: The roles of the North Korean military threat and the strategic influence of the United States*, Ph. D diss, The Fletcher School of Law and Diplomacy(2004).

Sargent, Diana Lyn, *The Role of Culture in Civil-Military Operations: U. S. and ROK Provincial Reconstruction Teams in Northern Iraq*, MA thesis, Iwha University(2008).

Schulzke, Marcus, "The Antinomies of Population‒Centric Warfare: Cultural Respect and the Treatment of Women and Children in U. S. Counterinsurgency Operations", *Studies in Conflict & Terrorism* 39, no. 5(2016), pp. 405~422.

Snidal, Duncan, "Rational Choice and International Relations", in Walter Carlsnaes, ed., *Handbook of International Relations*(London: Sage, 2002), pp. 73~94.

Snyder, Scott A. Editor, *Middle-Power Korea: Contributions to the Global Agenda*(Council on Foreign Relations, 2015. 6.).

Thayer, Thomas C., *A Systems Analysis View of the Vietnam War 1965~1972*(Washington D. C.: The U. S. Department of Defense, 1977.).

The IISS(International Institute for Strategic Studies), *The Military Balance 2006*(London: Routledge. 2006).

Tomes, Robert R. *US Defense Strategy from Vietnam to Operation Iraqi Freedom*(New York: Routledge, 2007).

The Republic of Korea, The Korean Armed Forces Command in Vietnam, "Civic Action Records of the Korean Army in Vietnam"(Saigon, 1970).

Tomes, Robert R., *US Defense Strategy from Vietnam to Operation Iraqi Freedom*(New York: Routledge, 2007), pp. 32~95.

Tuck, Christopher, "Northern Ireland and the British Approach to Counterinsurgency", *Defense and Security Analysis* vol. 23, no. 2(2007), pp. 165~183.

U. S. Department of Defense, *Mission Report: Industrial Revitalization Initiative for Iraq*(Institute for Defense and Business, 2007).

U. S. Department of Defense, *Quadrennial Defense Review Report*(Washington D. C., 2014).

U. S. Department of the Army, *Vietnam Studies: Allied Participation in Vietnam*(Washington D. C., 1975).

U. S. Department of the Army, *Field Manual 3-24 Counterinsurgency*(Headquarters Department of the Army, 2006).

U. S. Department of the Navy, *Marine Corps Civil Affairs in I Corps Republic of South Vietnam April 1966-April 1967*(Historical Division Headquarters, U. S. Marine Corps, Washington D. C., 1970).

U. S. Department of State, *Foreign Relations of the United States, 1958-1960* vol. 18, Korea(Washington D. C., 1994).

U. S. Department of State, *Foreign Relations of the United States, 1961-1963* vol. 22, Korea(Washington D. C., 1996).

U. S. Department of State, *Foreign Relations of the United States, 1964-1968* vol. 29, Korea(Washington D. C., 2000).

U. S. Department of State, "Telegram from the Embassy in Vietnam to the Department of State", *Foreign Relations of the United States, 1964-1968* vol. 29, Korea(Washington D. C, 2000).

U. S. Interagency Counterinsurgency Initiative, *U. S. Government Counterinsurgency Guide*(January 2009).

Van Evera, Stephen, *Guide to Methods for Students of Political Science*(Ithaca: Cornell University Press, 1997.

Walt, Stephen M., "Rigor or Rigor Mortis?: Rational Choice and Security Studies", *International Security* vol. 23, no. 4(1999), pp. 5~48.

Waltz, Kenneth, *Theory of International Politics*(Reading, MA: Addison-Wesley, 1979).

Wendt, Alexander, "Anarchy is what States Make of it: The Social Construction of Power Politics", *International Organization* vol. 46, no. 2(1992), pp. 391~425.

Zakaria, Fareed, *From Wealth to Power: The Unusual Origins of America's World Role*(New Jersey: Princeton University Press, 1998).

Zavala, Francisco X., "Victory in Counterinsurgency", *Marine Corps Gazette* vol. 100, no. 11(2016), pp. 56~61.

일간지/주간지/월간지

『국방저널』
『국방일보』
『국민일보』
『국제신문』
『동아일보』
『데일리안』
『문화일보』
『서울경제』
『세계일보』
『이데일리』
『조선일보』
『중앙일보』
『연합뉴스』
『NEWSIS』
Dunlap, Charles, "We Still Need the Big Guns," *The New York Times*(2008. 1. 9.).
The Economist
The Korea Times
The Los Angeles Times
The New York Times
The Washington Post

온라인

국가통계포털, http://kosis.kr
『국방일보』, http://kookbang.mil.kr
『국제신문』, http://www.kookje.co.kr
대한민국 국방부, http://www.mnd.go.kr

『데일리안』, http://www.dailian.co.kr

『문화일보』, http://www.munhwa.com

『매경프리미엄』, http://premium.mk.co.kr

베트남전쟁과 한국군 홈페이지, http://www.vietnamwar.co.kr

『서울경제』, http://www.sedaily.com

『신동아』, http://shindonga.donga.com

『오마이뉴스』, http://www.ohmynews.com

『연합뉴스』, http:// www.yonhapnews.co.kr

『이데일리』, http://www.edaily.co.kr

『한국경제』, http://www.hankyung.com

『한국민족문화대백과사전』, http://encykorea.aks.ac.kr

『중앙일보』, http://www.joongang.joins.com

『조선일보』, http://chosun.com

『BreakNews』, http://www.breaknews.com

Council on Foreign Relations, https://www.cfr.org

Encyclopedia Britannica, https://www.britanica.com

Global Security, http://www.globalsecurity.org

Institute for Defense & Business, http://www.idb.org

KBS 뉴스, http://news.kbs.co.kr

MNF-I 사령부 홈페이지, http://www.mnfiraq.com

NationMaster, http://www.nationmaster.com

RAND, https://www.rand.org

Talking Proud Archives, http://www.talkingproud.us

The Korea Times, http://www.koreatimes.co.kr

The Vietnam Center and Archive Online, http://www.vietnam.ttu.edu/virtualar-chive

Vietnam Veterans(Korea), http://cafe3.ktdom.com/vietvet/us/us/htm

Voice of America 한국어, https://www.voakorea.com

The World Bank, http://www.worldbank.org

http://www.sonshi.com/news2006.html

http://www.maps.com

The University of Texas at Austin Libraries, http://www/lib.utexas.edu

반길주(해군 중령)

□ 학력

- 해군사관학교(해사 51기)
- 국방대학교 안전보장학(국제관계 전공) 석사(2005)
- 미국 애리조나주립대학교 정치학(국제관계 전공) 박사(2011)
  * 박사논문 : "The Reliable Promise of Middle Power Fighters: The ROK Military's
    COIN Success in Vietnam and Iraq"
  * 주 연구 분야 : 국제안보, 군사전략, 해양전략, 군사 및 전쟁 연구

□ 근무 경력

- 초계함·호위함·구축함 등 전투함 근무
- 2함대 고속정편대장, 1함대 속초함장
- 합참 전략기획본부 해상전력과 등 근무

□ 집필 경력

단행본

- 『북극곰 사회: 미국의 사회자본과 한국의 미래』, 뿌리출판사, 2011.
- 『국제 현실정치의 바다전략: 해양접근전략과 균형적 해양투사』, 한국해양전략연구
  소, 2012.

학술저널·기고문

- "Political or Religious Insurgencies and Different COIN Remedies: Insights from
  Identifying Distinction between Malaya Insurgency and Intifada", 『한국군사학논집』
  Vol. 65, No. 1(2009).

- "The Clash of David and Goliath at Sea: The USS *Cole* Bombing as Sea Insurgency and Lessons for the ROK Navy", *Asian Politics & Policy* Vol. 2, No. 3(2010).
- "The ROK as a Middle Power: Its Role in Counterinsurgency", *Asian Politics & Policy* Vol. 3, No. 2(2011).
- "Making Counterinsurgency Work: The Effectiveness of the ROK Military's Independent Operational Control in Vietnam and Iraq", *The Journal of East Asian Affairs* Vol. 25, No. 1(2011).
- "The Impact of North Korea's Asymmetric Attack on South Korea's Blue Water Navy Strategy: The Examination of the ROKN Choenan Incident", 『한국군사학논집』 Vol. 68, No. 2(2012).
- "The Reliable Promise of Middle Power Fighters: The ROK Military's COIN Success in Vietnam andd Iraq", 『STRATEGY 21』 Vol. 15, No. 1(2012).
- "지속가능한 해양안보를 위한 구상: K-Seapower 2050", 『E-Journal(한국해양안보포럼)』 No. 11(2016. 5.).
- "국가전력으로서의 항공모함 확보조건 분석", 『STRATEGY 21』 Vol. 19, No. 1(2016).
- "안보정책 정교화를 위한 고찰", 『해양전략』 제170호(2016. 6.).
- "공해전투의 한반도 군사임무 적용에 대한 고찰", 『해양전략』 제172호(2016. 12.).
- "미·중 경쟁/대립의 종착점: '투키디데스 함정'의 실현가능성은?", 『KIMS Periscope』 제95호(2017. 8. 21.).